Graphisch gestützte Datenanalyse

Von

Dr. Rainer Schnell

R. Oldenbourg Verlag München Wien

Anschrift des Verfassers:

Dr. Rainer Schnell
Universität Mannheim
Lehrstuhl für Soziologie
und Wissenschaftslehre
Gebäude A5, 434
68131 Mannheim

Die Deutsche Bibliothek - CIP-Einheitsaufnahme

Schnell, Rainer:
Graphisch gestützte Datenanalyse / von Rainer Schnell. -
München ; Wien : Oldenbourg, 1994
ISBN 3-486-23118-9

Gesamtherstellung: R. Oldenbourg Graphische Betriebe GmbH, München

ISBN 3-486-23118-9

Inhalt

Vorwort

"The purpose of computing is insight, not numbers." (Richard Hamming)

Dieses Buch behandelt Techniken zur graphischen Darstellung von Daten oder statistischer Größen im Rahmen von Datenanalysen ("Datenanalysegraphik"). **Nicht** behandelt werden Techniken zur Darstellung statistischer Ergebnisse ("Präsentationsgraphik").

Leider wird Datenanalysegraphik häufig mit Präsentationsgraphik verwechselt. Eine Folge dieser Verwechslung ist die verbreitete Auffassung, Datenanalysegraphik sei trivial, wenn nicht sogar unseriös. Entsprechend werden solche Verfahren in einem großen Teil der Lehrbuchliteratur zur Statistik ("written with a pair of scissors and a pot of glue", GOOD 1983:288) überhaupt nicht behandelt. Nicht zuletzt deshalb ist die vorhandene Fülle graphischer Verfahren zur Unterstützung der Datenanalyse bei Datenanalytikern in der Praxis weitgehend unbekannt, wie z.B. bereits ein flüchtiger Blick in die (sozialwissenschaftlichen) Fachzeitschriften zeigt (vgl. CLEVELAND 1984b).

Die weiteren Ursachen für die seltene Anwendung graphischer Techniken sind vielfältig. In der Ausbildung von Mathematikern und vielen Statistikern spielen tatsächliche Datenanalysen kaum eine Rolle. Da andererseits die mathematischen Kenntnisse bei Fachwissenschaftlern meist geringer sind, fällt die Ausbildung von Studenten in Datenanalyse (und das Verfassen der Lehrbücher) häufig an die anscheinend besser qualifizierten Experten für stochastische Prozesse oder lineare Algebra. An inhaltlichen Problemen (und damit an "echten Datensätzen") sind Statistiker aber häufig nicht interessiert. Für die immanenten Probleme der Stochastik oder der linearen Algebra benötigt man aber keine Plots. Diese werden daher auch kaum gelehrt. Aus dem gleichen Grund ist Datenanalysegraphik zumindest im deutschsprachigen Raum kein populäres Forschungsgebiet der Statistik, was sich nicht nur in den Lehrbüchern, sondern auch in den statistischen Zeitschriften zeigt.

Da im Gegensatz zu Statistikern Fachwissenschaftler Daten analysieren, um ein inhaltliches Problem zu klären und nicht um eine Technik zu demonstrieren, ist eine Unterscheidung zwischen Statistikern und Datenanalytikern nützlich[1] Datenanalytiker haben ein Interesse an der Analyse "tatsächlicher" Datensätze (mit vielen Beobachtungen, mit fehlenden Werten, mit Ausreißern, mit unsauberen Messungen). Bei einer technisch korrekten Datenanalyse realer Datensätze zeigt sich die prinzipielle Unverzichtbarkeit von Plots meist rasch.

Das hier vorgelegte Buch wendet sich vor allem an Sozialwissenschaftler. Zwar sind die Techniken unabhängig von ihrem Anwendungsgebiet, die Beispiele und die gelegentlichen Polemiken beziehen sich aber häufig auf die Sozialwissenschaften. Da die Darstellung als Hilfe für Datenanalytiker gedacht ist, wurde der mathematische Aufwand gering gehalten[2].

Die ersten sieben Kapitel des Buchs behandeln die grundlegenden Plots und Techniken, die nächsten drei Kapitel dagegen die exemplarische Anwendung dieser Basistechniken bei einigen Standardanalyseverfahren der multipler Regression, Varianzanalyse und Clusteranalyse. Weder bei den Basistechniken noch bei den Anwendungen kann mittlerweile "Vollständigkeit" der Darstellung ein realistisches Ziel sein: Die weitverstreute und zum Teil schwer zugängliche Forschungsliteratur zu graphischen Verfahren zeigt exponentielles Wachstum. Diese Darstellung ist daher notwendigerweise ebenso "unvollständig" wie alle existierenden Übersichten. Statt "Vollständigkeit" oder mathematischer Eleganz war das Kriterium dieser Darstellung "Nützlichkeit" bei tatsächlichen Datenanalysen. Entsprechend habe ich bei den Basistechniken diejenigen ausgewählt, die ich für praktisch sinnvoll und in absehbarer Zeit in Standardsoftware für realisierbar halte[3]. Einige wenige Ausnahmen von der Regel der subjektiven "Nützlichkeit" (wie z.B. Voronoi-Plots) gehen auf die Anfragen von Kollegen zurück, die ihre Datenanalyseprogramme zu verstehen suchen. Ich hoffe, daß die hier getroffene Auswahl der Techniken und die Art der Darstellung auch von anderen Datenanalytikern als nützlich empfunden wird.

---

[1] vgl. TUKEY (1962) und COOLEY/LOHNES (1971:v).

[2] Trotzdem sollte die Darstellung ausreichen, um die meisten Techniken programmieren zu können, falls man dies will. Die tatsächliche Programmierung der Techniken wirft häufig eine Reihe numerischer und algorithmischer Probleme auf, die man erst bei der Programmerstellung bemerkt. In den Fußnoten finden sich Hinweise auf Literatur, die Lösungen dieser Probleme enthält. Mit wenigen Ausnahmen wurden alle Techniken in diesem Buch in GAUSS oder FORTRAN programmiert. Diese Programme werden auf Anfrage vom Verfasser zur Verfügung gestellt.

[3] Angesichts der Tatsache, daß es weder eine brauchbare psychologische Theorie zur Wahrnehmung von Datenanalysegraphik noch eine "Theorie tatsächlicher Datenanalysen" gibt, scheinen mir andere Kriterien ebenso willkürlich.

Danksagung

Mein besonderer Dank gilt Leland Wilkinson für SYSTAT bzw. SYGRAPH. SYGRAPH und sein chaotisches Manual haben mein Interesse an Datenanalysegraphik erst geweckt. Ursprünglich war dieses Buch als ein SYGRAPH-Manual für den eigenen Gebrauch gedacht; die Arbeit daran sollte nur eine 10tägige Erholung von der sozialwissenschaftlichen Literatur sein. Das Ziel des Projekts veränderte sich während der Arbeit, die dann zwei Jahre in Anspruch nahm.

Die Vorarbeiten zu diesem Buch begannen zusammen mit Stefan Bender. Seine neuen Verpflichtungen am IAB (Nürnberg) machten seine weitere Mitarbeit unmöglich. Für eine Reihe von Diskussionen bin ich ihm zu Dank verpflichtet.

Den Mitarbeitern des SFB187 in Bochum, der Geschäftsstelle DV-Systeme der WISO-Fakultät der Universität Köln, des Mannheimer Zentrums für Europäische Sozialforschung, des Zentralinstituts für seelische Gesundheit und des Methodenlabors der Fakultät für Sozialwissenschaften danke ich für ihre Erlaubnis, ihre Hard- und Software zu benutzen. Siegfried Gabler stellte mir eine GAUSS-Subroutine zur Berechnung konvexer Hüllen zur Verfügung, die die Erstellung mehrerer Plots vereinfachte. Die Lösung vieler technischer Probleme wurde durch die Programm- und Datenbibliothek Statlib im Internet erleichtert.

Andreas Buja, Diane Cook, Stephan Klinke, Christian Posse und Deborah Swayne haben mir freundlicherweise unveröffentlichte Programme und Arbeitspapiere für die Abschnitte über Projection Pursuit und Grand Tour zur Verfügung gestellt, die mein Verständnis der Probleme und Vorzüge der beiden Techniken wesentlich vertieft haben. Lonnie Magee, John B. Burdidge und A. Leslie Robb waren so freundlich, mir ihr GAUSS-Programm zur Berechnung von Kernel-Smoothed-Quantileplots zu überlassen, ohne das die Plots im Abschnitt 5.3.1.2 kaum möglich gewesen wären.

Diskussionen mit Wolfgang Sodeur haben u.a. meine Sicht der Datenanalyse stark beeinflußt. Weiterhin bin ich ihm für eine detaillierte Kritik der Annahmen der theoretischen Teile des Manuskripts außerordentlich dankbar.

Hartmut Esser, Johann Handl, Walter Müller und Horst Stenger danke ich für eine generelle Einschätzung des Manuskripts. Frank Kalter bewahrte mich vor einigen groben mathematischen Fehlern. Johannes Kopp hat versucht, mich an mein Fach und an meine möglichen Leser zu erinnern. Bei der Minimierung der Zahl der Fehler in den Abbildungen und im Text waren Sonja Haug und Leonie Schollmeyer hilfreich.

Während der letzten Monate Arbeit an diesem Buch waren mir Diskussionen mit Herbert Matschinger eine große Hilfe. Ohne die vielfältige Unterstützung durch meine Freunde Peter Hauptmanns und Elke Esser hätte ich dieses Buch nicht zu Ende gebracht.

Mannheim, Juni 1994 — Rainer Schnell

Gebrauchshinweis

Datenanalyse kann man nur dadurch erlernen, daß man Datenanalysen durchführt. Dies gilt auch für graphisch gestützte Datenanalysen. Falls man die Techniken in diesem Buch erlernen will, ist es ratsam, einen eigenen Datensatz zu analysieren. Neben einem Datensatz und einem inhaltlichen Problem benötigt man dazu ein Analyseprogramm oder wahrscheinlicher: mehrere Programme. Die hier gewählte Darstellung bezieht sich aufgrund der raschen Veränderung der Programme auf kein bestimmtes Datenanalyse- oder Graphikprogramm. Einige Hinweise auf derzeit nützliche Programme finden sich im Anhang. Mit einem der genannten Programme sollten zunächst die Basisplots ausprobiert werden. Je nach dem verwendeten Programm können auch einige der Anwendungsplots der Kapitel 8 bis 10 mehr oder weniger problemlos erstellt werden. Für viele Plots bleibt allerdings derzeit nur die Möglichkeit, eigene Programme oder Macros zu schreiben. Hoffentlich hilfreiche Hinweise dazu finden sich im Anhang.

1 Grundprinzipien graphischer Datenanalyse

"Think and plot." (B.L.Joiner)

Kaum ein Datenanalytiker wird bezweifeln, daß graphische Darstellungen berechneter statistischer Größen deren Interpretation oft erheblich erleichtern[1]. Der größte Vorteil von Plots bei der Datenanalyse liegt aber an anderer Stelle und wird häufig übersehen: Datenanalyseplots sind meist weniger von statistischen Annahmen abhängig als zusammenfassende Statistiken wie z.B. Mittelwerte oder Streuungen. Dadurch, daß viele Datenanalyseplots die Beobachtungen selbst darstellen, werden häufig bemerkenswerte Einzelheiten, Strukturen und Muster in den Daten erkennbar, die mit anderen Techniken unbemerkt geblieben wären[2]. Durch die geringere Abhängigkeit von statistischen Annahmen erlauben Plots so die Entdekkung unvermuteter Regelmäßigkeiten oder ungewöhnlicher Beobachtungen: "Graphs force us to note the unexpected" (TUKEY 1977:157).

Die geringere Abhängigkeit der Plots von statistischen Annahmen kann jedoch zu einem weit verbreiteten Mißverständnis führen: Graphisch gestützte Datenanalyse wird häufig als Werkzeug einer angeblich theoriefreien deskriptiven Darstellung gegebener Daten betrachtet. Diese Auffassung ist zweifellos falsch. Die Zwangsläufigkeit der Verwendung theoretischer Modelle auch bei einer graphisch gestützten Datenanalyse läßt sich sowohl aus der Darstellung der Vorgehensweise bei Datenanalysen als auch durch die Ergebnisse der Wahrnehmungspsychologie belegen.

---

[1] Häufig finden sich Empfehlungen, daß erst bei größerer Anzahl von Datenpunkten (etwa mehr als 20) Graphiken anstelle von Tabellen verwendet werden sollten (z.B. WAINER/THISSEN 1993:396). Dies ist nicht in jedem Fall korrekt. Viele Datenanalytiker haben z.B. ohne Plots Probleme bei der Interpretation von Mehrwegsinteraktionseffekten in Varianzanalysen.

[2] Dieser Vorteil von Plots führt einige Datenanalytiker zu der Forderung, daß jede Interpretation einer Teststatistik von der Betrachtung geeigneter Plots begleitet werden sollte (vgl. z.B. HADI 1993:775).

1.1 Ablauf einer graphisch gestützten Datenanalyse

"Contemplation of raw observations with an empty mind, even when it is possible, is often hardly more beneficial than not to studying them at all." (J.W.Tukey/M.B.Wilk)

In der Entwicklung eines statistischen Erklärungsmodells können vier Phasen unterschieden werden (MALLOWS/WALLEY 1980:11):

1. Identifikation von Regelmäßigkeiten oder Mustern in den Daten,
2. Auswahl der Form eines Modells zur Beschreibung dieser Regelmäßigkeiten,
3. Anpassung des Modells,
4. Beurteilung der Anpassung des Modells; Berechnung der Abweichungen des Modells von den Daten; Iteration zu 1.

Statistische Lehrbücher betonen vor allem die Phase der Anpassung des Modells, also die Berechnung der Parameter eines gegebenen Modells. Der inhaltlich interessante Teil der Arbeit findet sich eher in den anderen Prozeßphasen und bei genau diesen Schritten sind graphische Techniken meist hilfreich. Viele erfahrene Datenanalytiker beginnen daher ihre Datenanalysen mit Plots. Zumeist wird dabei zunächst in univariaten Plots nach groben Datenfehlern und extrem schiefen Verteilungen gesucht. Anschließend werden die paarweisen Scatterplots der Variablen eines Datensatzes betrachtet (vgl. Kap.6.6). Dieser erste Schritt wird häufig durch einen Plot der Daten im Raum der ersten zwei oder drei Hauptkomponenten (vgl. Kap. 7.1.3) abgeschlossen. Wenn sich hier keine interessante Struktur in den Daten zeigt, werden auch die weiteren Analysen kaum etwas Aufregendes ergeben.

Für den weiteren Verlauf der Analyse sind die Abweichungen der Daten von einem vorläufigen Datenanalysemodell von zentraler Bedeutung. Die Abweichungen eines Modells von den Daten werden als "Residuen" bezeichnet. TUKEY (1977:208) hat das Grundprinzip mit seinen beiden "Gleichungen"

$$\text{data} = \text{fit} + \text{residuals}$$

bzw.

$$\text{data} = \text{smooth} + \text{rough}$$

zusammengefaßt.

Wenn der "fit" die bedeutsamsten Aspekte der Daten erfaßt, sollten die Residuen keine Struktur mehr erkennen lassen, sie sollten "reasonably irregular" (TUKEY 1977:549) aussehen. Um dies zu prüfen, ist es häufig sinnvoll zu versuchen, Gemeinsamkeiten der Beobachtungen mit gleich großen Residuen zu finden. Auch dazu werden die Residuen gegen eine große Zahl anderer Variablen geplottet (TUFTE 1970:444-445).

Residuenanalyse ist in der Datenanalysepraxis wenig verbreitet, obwohl die Analyse der Residuen eines Modells eines der wichtigsten Forschungswerkzeuge sein kann. TUKEY/ WILK (1970:387) betrachten die Koeffizienten einer linearen Regressionen in den seltensten Fällen als von eigenständigem Interesse. Im allgemeinen sei eine multiple lineare Regression lediglich nützlich als Generator für Residuen und als Lieferant für eine empirische Beschreibung der Daten[1]. Die Analyse der Residuen kann zur Entdeckung bisher im Modell unberücksichtigter Variablen oder anderer Formen des Zusammenhangs führen. Entsprechend neu spezifizierte Modelle ergeben neue Residuen. Man kann von einer "diagnosegeleiteten Fit-Revision" sprechen (MALLOWS/TUKEY 1982:126).

Graphisch gestützte Datenanalyse ist daher immer interaktiv und iterativ. Da kein Plot alle möglichen interessanten Aspekte der Daten zeigen kann, empfiehlt sich meistens eine Betrachtung der Daten aus vielen verschiedenen Perspektiven. Unterschiedliche Typen von Plots heben immer andere Stukturaspekte in den Daten hervor. Häufig gibt ein Plot Anlaß dazu, einen anderen Plot zu erstellen, der dann andere Eigenheiten der Daten betont. Einem Plot folgen in der Regel weitere Analysen oder Datentransformationen, denen neue Plots folgen usw. LUBINSKY/PREGIBON (1988:247) haben für diese Art der Datenanalyse den Begriff "Display/Action cycle" geprägt[2].

---

[1] Interessant ist dies auch in Hinsicht auf die jüngst von FREEDMAN (1985, 1987, 1991) erneut belebte Debatte um die sinnvolle Anwendung von Regressionsverfahren in den Sozialwissenschaften, vgl. Kap. 11.4.

[2] Eine solche Art der Datenanalyse setzt neben leistungsfähiger Hardware vor allem Software voraus, die die problemlose und schnelle Erstellung einer Vielzahl verschiedener Datenanalyseplots unterstützt. Einzelprogramme, die neben einem Standardpaket verwendet werden müssen, sind daher für praktische Datenanalysen dieses Typs meistens sinnlos.

Die Grundprinzipien einer graphisch gestützten Datenanalyse lassen sich somit kurz zusammenfassen (FRIENDLY 1991:35-41):

1. Berechnung der Residuen unter einem Modell,
2. Hervorhebung systematischer Tendenzen,
3. schrittweise Verbesserung des Modells.

Residuenanalyse ist daher der wichtigste Bestandteil graphisch gestützter Datenanalysen. Obwohl für graphische Residuenanalysen keine expliziten theoretischen Modelle benötigt werden (COX/SNELL 1968:249), sind theoretische Erwartungen jedoch unentbehrlich[1]. Man muß wissen, was an einem Plot relevant ist, um ihn interpretieren zu können. Praktisch gewendet: Man kann nur dann von einem Plot überrascht werden, wenn man **vor** der Betrachtung eines Plot explizite Erwartungen darüber besitzt, wie der Plot aussehen soll (vgl. HADI 1993:777). COX/GABRIEL (1982:80) bezeichnen dies als "inspired inspection of irregularities".

1.2 Datenanalyseplots und Wahrnehmungspsychologie

"In allem, was wir tun, wird Perfektion nicht dann erreicht, wenn nichts mehr hinzugefügt werden kann, sondern wenn nichts mehr weggelassen werden kann." (Antoine St.Exupéry)

Die Eigenheiten der menschlichen Informationsverarbeitung ermöglichen es, große Mengen an visuellen Informationen aufzunehmen, zu interpretieren und zu erinnern. Menschen können z.B. in Punktewolken nahezu sofort räumliche Konzentrationen oder isolierte Punkte identifizieren. Bemerkenswert ist es, daß es keine umfassende Erklärung für diese Leistungsfähigkeit des visuellen Systems gibt. Es gibt daher auch keine Theorie der Wahrnehmung statistischer Graphik[2]. Entsprechend gibt es nur wenige empirische Untersuchungen zu solchen Problemen[3]; die vorhandenen widmen sich allerdings fast ausschließlich Problemen der Präsentationsgraphik.

---

[1] TUKEY/WILK (1970:272): "Some prior presumed structure, some guidance, some objectives, in short some ideas of a model, are virtually essential, yet these must not be taken too seriously. Models must be used but must never be believed."

[2] vgl. KOSSLYN (1985). Die derzeit am weitesten entwickelten Theorieansätze finden sich bei KOSSLYN (1989) und PINKER (1990).

[3] Eine Übersicht über den Forschungsstand geben SPENCE/LEWANDOWSKY (1990).

Rang	Darstellungsform
1	Position entlang einer gemeinsamen Skala
2	Position entlang verschobener Skalen
3	Länge, Richtung, Winkel
4	Fläche
5	Volumen
6	Schattierung, Farbe

Tab. 1-1 Rangfolge der Leichtigkeit der Interpretation visueller Codes

Eine hingegen auch für viele Datenanalyseplots anwendbare und zumindest teilweise empirisch bewährte theoretische Grundorientierung geht auf die Arbeiten von CLEVELAND/ McGILL (1984a, 1987) zurück[1]. Ausgangspunkt ist dabei die Tatsache, daß bestimmte Wahrnehmungsaufgaben leichter und präziser zu bewältigen sind als andere. CLEVELAND/ McGILL (1984a) geben für die Leichtigkeit der Dekodierung graphischer Codes eine Abfolge an (vgl. Tab. 1.1). Entsprechend sind z.B. Unterschiede zwischen Beobachtungen leichter beurteilbar, wenn sich der Vergleich auf die Position auf einer Linie als auf den Vergleich von Winkeln bezieht. Mit dieser Abfolge lassen sich einige Konsequenzen für die Konstruktion und die Verwendung von Graphiken begründen[2].

Eine Konsequenz ist z.B. die Vermeidung von "Pie-Charts" zur Darstellung von Anteilswerten. Da Urteile über Winkel schwerer abzugeben sind als Urteile über die Länge parallel angeordneter Linien, sind Pie Charts Darstellungsformen mit unterschiedlich langen parallelen Linien unterlegen. Pie-Charts können und sollten daher auch immer durch andere, leichter zu beurteilende Darstellungsformen ersetzt werden[3].

[1] Eine ausführliche Darstellung gibt CLEVELAND (1985:229-295). Zu einer neueren Erweiterung des Ansatzes siehe CLEVELAND (1990).
[2] Die Abfolge der Decodierungsschwierigkeit wurde von CLEVELAND/McGILL (1984a) u.a. für die Konstruktion der "framed-rectangle"-Plots herangezogen.
[3] In seltenen Fällen mögen Pie-Charts ihre Berechtigung als Darstellungsmethode haben, allerdings kaum im Rahmen einer Datenanalyse.

Abb. 1-1 Pie-Chart für fünf annähernd gleich große Zahlen: Die Abfolge ist kaum zu erkennen

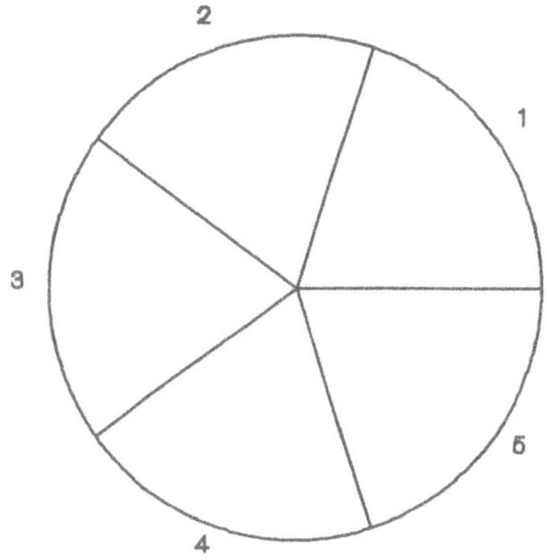

Abb. 1-2 Dot-Chart für die gleichen fünf annähernd gleich großen Zahlen: Die Abfolge ist klar erkennbar

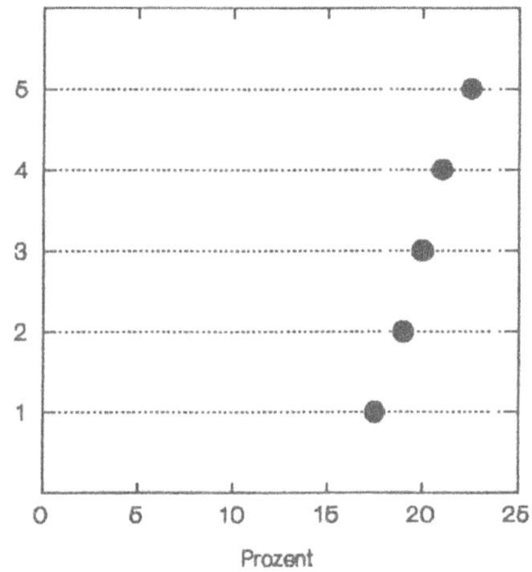

Die Abbildungen 1.1 und 1.2 illustrieren dies am Beispiel eines Pie-Charts und eines "Dot-Charts" (vgl. Kap. 3.3.1) der gleichen Daten[1]. Es ist nahezu unmöglich, anhand des Pie-Charts Aussagen über die Abfolge der Größe der Segmente zu machen. Der Dot-Chart ist hingegen eindeutig.

Graphische Methoden eignen sich in besonderem Maß für Vergleiche. Trotzdem sollten aufgrund der begrenzten menschlichen Verarbeitungskapazität graphische Vergleiche durch entsprechende Berechnungen so weit wie möglich vereinfacht werden. Will man z.B. die Differenzen zwischen Kurven darstellen, so sollten die Differenzen direkt dargestellt werden: Die Differenzenbildung muß dann nicht kognitiv geleistet werden. Aus der Abfolge der Schwierigkeit der Dekodierung der graphischer Codes ergibt sich, daß Abweichungen von Kurven schwieriger zu beurteilen sind als Abweichungen von Geraden.

Das läßt sich anhand eines Beispiels demonstrieren. Die Abbildung 1.3 erweckt den Eindruck, daß sich die beiden Kurven annähern. Dies ist aber falsch: Die Differenz der beiden Kurven auf der Y-Achse ist für jeden Punkt auf der X-Achse konstant fünf.

---

[1] Dieses Beispiel stammt von CLEVELAND (1985:264-265).

Abb. 1-3 Beispiel für eine Wahrnehmungstäuschung: Der Abstand der Kurven scheint geringer zu werden. Die tatsächliche Differenz (der vertikale Abstand) ist konstant.

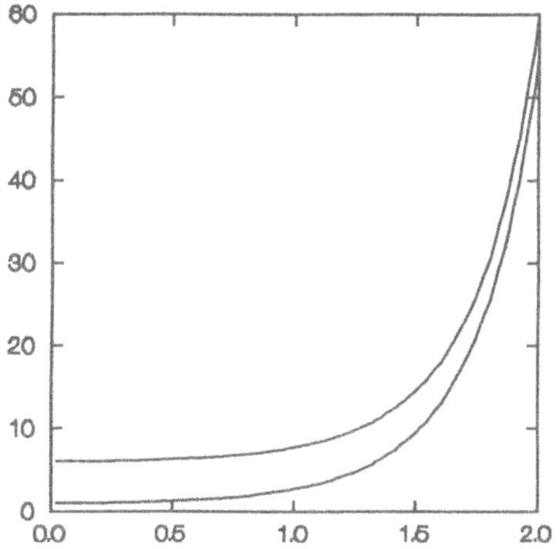

Bei steil verlaufenden Kurvenabschnitten werden die Entfernungen zwischen zwei Kurven dramatisch falsch eingeschätzt[1]. Die praktische Schlußfolgerung für den Vergleich zweier Kurven besteht im Plot der berechneten Differenz der beiden Kurven. Aus dem gleichen Grund sollten prinzipiell Abweichungen der Daten von einem Modell als Abweichungen von einer (horizontalen) Vergleichslinie geplottet werden.

Als letztes Beispiel für die Konsequenzen aus dem Ansatz von CLEVELAND/McGILL sei der Vergleich zweier Punktekonfigurationen genannt: Unterscheiden sich die Konfigurationen durch Drehung, Spiegelung und Streckung der Achsen, so sind Menschen durch die Notwendigkeit entsprechender kognitiver Operationen überfordert. In diesem Fall sollte eine der Punktekonfigurationen vor dem Plot durch Drehung, Spiegelung und Streckung transformiert worden sein ("Prokrustes-Analyse", vgl. Kap. 7.5).

Die kognitive Verarbeitung eines Plots wird durch den Verzicht auf alles Unnötige im Plot wesentlich erleichtert. Zu dem entbehrlichen "Chartjunk" (TUFTE 1983:107ff) gehören Ornamente, 3-D-Effekte, Schattierungen, Pointlabel, Gridlinien etc. TUFTE (1983) hat als generelles Prinzip für Plots: "maximize the data ink" formuliert. Ein Plot soll vor allem die

---

[1] vgl. CLEVELAND (1985:274-277). Weitere Beispiele für visuelle Täuschungen bei solchen "curve-difference charts" geben CLEVELAND/McGILL (1984a:546-549).

Daten darstellen. Bei vielen Datenanalyseplots (z.B. Scatterplotmatrizen, Kap. 6.6) empfiehlt sich sogar das Weglassen von Legenden und Achsenbeschriftungen (FRIENDLY 1991:14).

Dies erklärt sich über die Unterschiede zwischen Datenanalyse- und Präsentationsplots[1]. Die meisten Datenanalyseplots sind "Wegwerf-Plots", die niemand außer dem Datenanalytiker je sehen wird. Aus diesem Grund sind viele der Regeln, die für Präsentationsgraphiken unverzichtbar sind (z.B. ausführliche Legenden, einsichtige Skalierungen etc.) für Datenanalysegraphiken kaum anwendbar[2]. Damit stehen einige Techniken effektiver Datenanalysegraphik im Gegensatz zu den Prinzipien der Präsentationsgraphik.

1.3 Datenanalyseplots und "theoriefreie" Beobachtungen

Die wichtigste und meist übersehene Konsequenz der Ergebnisse der Wahrnehmungspsychologie für Datenanalyseplots führt auf das am Anfang dieses Kapitels genannte Problem zurück: die prinzipielle Unmöglichkeit "theoriefreier" Beobachtungen. Auch dies läßt sich als Folge der begrenzten menschlichen kognitiven Verarbeitungskapazität ableiten.

Die sensorische Wahrnehmung eines Plots erfolgt in weniger als einer Sekunde, danach folgt die kognitive Verarbeitung. Entscheidend hierbei sind also die Kapazitätsgrenzen des Kurzzeitgedächtnisses: Nur etwa vier Objekte können für einige wenige Sekunden gleichzeitig gespeichert werden (KOSSLYN 1989:190-192). Die Schwierigkeit der Interpretation eines Plots nimmt mit der Zahl der einzelnen interpretationsbedürftigen Elemente des Plots zu. PINKER (1990:108) stellt ein "graph difficulty principle" auf: Eine bestimmte Information ist um so schwieriger dem Plot zu entnehmen, je weniger auf vorhandene interpretationsrelevante Schemata zurückgegriffen werden kann. PINKER (1990:103) unterscheidet bei der Interpretation eines Plots vier Prozesse:

---

[1] Plots dienen nicht nur zur Datenanalyse und Datenpräsentation, sondern auch (als Substitut für Tabellen) als Datenarchiv und häufig lediglich als Dekoration (FIENBERG 1979:167).

[2] Solche Regeln finden sich z.B. knapp bei WAINER (1984) und ausführlich bei CLEVELAND (1985). BURN (1993) gibt eine sehr gedrängte Zusammenfassung.

1. "Match": Identifikation des Typs des Plots (z.B. "Scatterplot");
2. "Message assembly": Suche nach bestimmten Merkmalen ("flags"), die für die Interpretation dieses Plotttyps benötigt werden;
3. "Interrogation": Aktive Suche nach Informationen im Plot;
4. "Inferential processes": Inhaltliche Interpretation, Berechnungen etc.

Da die Zahl der Stimulusinformationen stets zu groß für eine sinnvolle Interpretationen des Wahrgenommenen ist, müssen die Betrachter daher auswählen bzw. verschiedene Informationsquellen kombinieren (CUTTING 1991:45). In den meisten Fällen werden hierbei gelernte Interpretationsregeln oder Wissensbestände ("Schemata") die Interpretation beeinflussen[1]. Jeder der vier von PINKER benannten Prozesse basiert auf vorhandenen kognitiven Schemata. Die Interpretation eines bestimmten Plots verläuft um so einfacher, je mehr Erfahrungen mit Plots dieses Typs vorab gemacht wurden[2]. Für die Interpretation eines Plots ist daher stets Training erforderlich. Dies erklärt aber auch, warum selbst erfahrene Datenanalytiker in den gleichen Plots verschiedene Dinge sehen können: Schon die elementaren Stufen der Wahrnehmung sind theoriegeleitet[3]. Das Ignorieren dieser Schlußfolgerungen hat zu einer Reihe von Mißverständnissen in verschiedenen Datenanalysekonzeptionen geführt. Das letzte Kapitel dieses Buchs ist diesen Debatten gewidmet.

---

[1] Fast alle derzeitig diskutierten Theorien in der Wahrnehmungspsychologie sind daher Schema-Theorien (vgl. BANKS/KRAJICEK 1991).
[2] vgl. BREEN/SCHVANEVELDT (1986).
[3] Die bei der Interpretation visueller Stimuli verwendeten Schemata determinieren das, was Beobachter in mehrdeutigen Stimuli "sehen" (KAHNEMAN/TVERSKY 1982:512). Die aus der Anwendung eines Schemas resultierende Interpretation der Stimuli erscheint zwangsläufig als selbstverständliche Realität (LEEUWENBERG/BOSELIE 1988:488).

2 Univariate Plots

Die meisten Datenanalysen beginnen mit der Untersuchung einzelner Variablen. Das Interesse richtet sich hierbei zunächst auf einzelne Ausreißer, Häufungen von Beobachtungen in Teilen des Wertebereichs, das Fehlen bestimmter Ausprägungen sowie die Verteilungsform der Variablen[1]. Verschiedene Plots, die jeweils andere Eigenschaften der Daten hervorheben, sind bei diesen Untersuchungen unentbehrlich.

2.1 Dot-Plots

Plottet man für jede Beobachtung einer kontinuierlichen Variablen auf einem Zahlenstrahl an der Variablenausprägung der Beobachtung ein Plotsymbol, so erhält man "Dot-Plots". Es gibt eine Reihe von Varianten des Dot-Plots.

2.1.1 Eindimensionale Scatterplots

Die einfachste Form des Dot-Plots stellt entlang einer Skala jeden vorkommenden Wert mit einem Kreis dar (vgl. Abb. 2.1)[2]. Plots dieses Typs werden häufig als "eindimensionale Scatterplots" bezeichnet. Die Größe des Plotsymbols sollte mit der Zahl der Fälle variieren: Bei großer Fallzahl müssen die Plotsymbole kleiner sein, um gegenseitige Überdeckungen weitgehend zu vermeiden. Für kleinere Fallzahlen (n <100) bieten solche Dot-Plots eine übersichtliche Darstellung.

---

[1] Recht häufig zeigt sich eine Regelmäßigkeit in einem Datensatz darin, daß bestimmte Ziffern nicht vorkommen. Beispielsweise kann es durch Rundungsfehler in einem Computerprogramm (z.B. einem Pseudo-Zufallszahlengenerator) zu solch auffälligen Lücken kommen. Bei Labormessungen werden analog gemessene Größen häufig bewußt oder habituell gerundet. Weiterhin scheinen Befragte bestimmte Ziffern bei numerischen Antworten zu bevorzugen ("Digit-Präferenzen"), z.B. bei Alters- oder Einkommensangaben.

[2] Die dem Plot zugrunde liegenden Daten geben den Schneefall in 63 Wintern von 1910/11-1972/73 in Buffalo (New York) in Inch wieder. Dieser häufig verwendete Datensatz findet sich u.a. bei SCOTT (1992:279). Die Daten können der Abbildung 2.35 entnommen werden.

Abb. 2-1 Dot-Plot

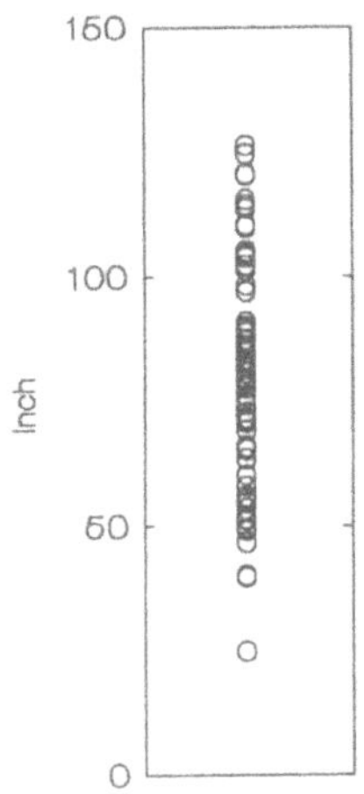

Abb. 2-2 Stripe-Plot

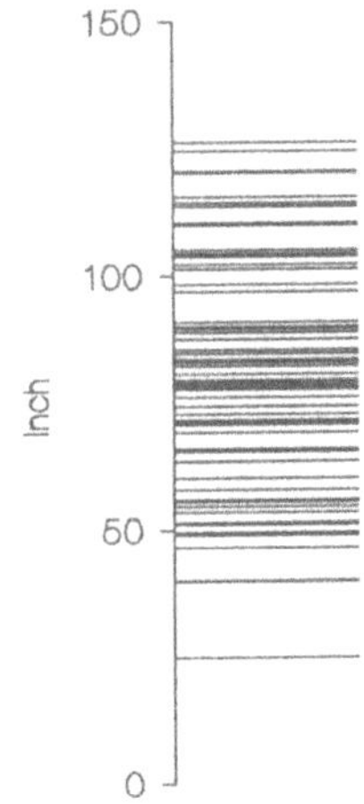

Abb. 2-3 stacked Dot-Plot

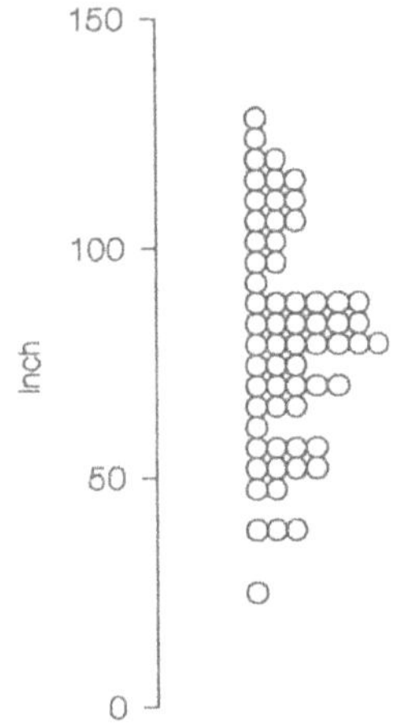

Für etwas größere Fallzahlen eignet sich eine Variante dieses Plots, bei der anstelle von Kreisen Linien als Markierungssymbole verwendet werden (vgl. Abb. 2.2). Da bei diesen "Stripe-Plots" die Größe des Plotsymbols in einer Dimension (entlang des Skala) minimiert wird, ist das Ausmaß des gegenseitigen Überdruckens geringer als bei anderen Plotsymbolen. Die Darstellung bleibt daher auch bei größeren Fallzahlen übersichtlich. Die meisten Graphikprogramme verwenden daher Stripes und keine Kreise für "one dimensional scatterplots". Der Nachteil dieses Plots besteht darin, daß die Anzahl der Beobachtungen mit identischen Ausprägungen nicht beurteilt werden kann. Bei sehr großen Fallzahlen und nur wenigen diskreten Ausprägungen sind Stripe-Plots daher nicht mehr effektiv.

2.1.2 Stacked-Dot-Plots

Eine einfache Lösung des Problems des gegenseitigen Überdruckens besteht darin, die Plotsymbole für Beobachtungen mit identischen Ausprägungen nebeneinander darzustellen. Solche Plots heißen "stacked dot-plots" (vgl. Abb. 2.3)[1]. Stacked Dot-Plots sehen Balkendiagrammen recht ähnlich; im Gegensatz zu Balkendiagrammen ist aber jede einzelne Be-

[1] Die Bezeichnung "stacked" (gestapelter) Dot-Plot wird sofort deutlich, wenn die Skala horizontal statt vertikal gedruckt wird.

Abb. 2-4 symmetrischer Dot-Plot

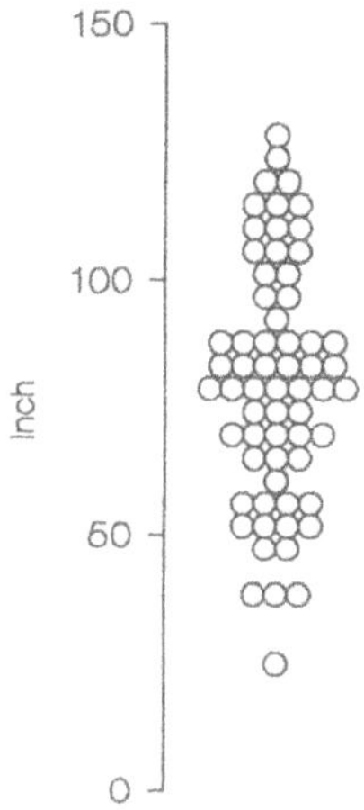

Abb. 2-5 jittered Dot-Plot

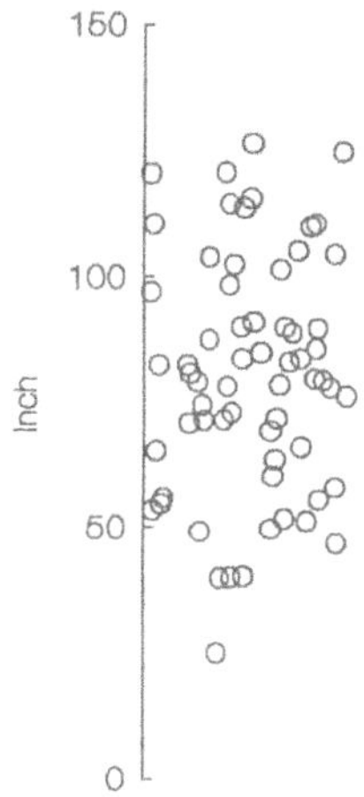

Abb. 2-6 textured Dot-Plot

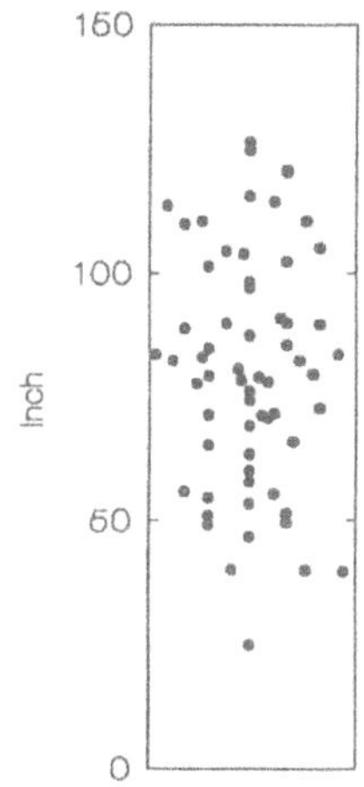

obachtung erkennbar. Dies führt zu sehr anschaulichen Darstellungen. Andererseits grenzt die "Stapelung" den Bereich der Fallzahlen, für die sich stacked Dot-Plots eignen, stark ein (ca. n < 300). Die Brauchbarkeit des Plots hängt aber von der Verteilung der geplotteten Variablen ab: Bei starker Konzentration der Beobachtungen auf Teile des Wertebereichs beanspruchen die Plots zuviel Raum.

Eine Variante der Dot-Plots sind symmetrische Dot-Plots[1]. Sie sind mit stacked Dot-Plots bis auf die Anordnung der Plotsymbole identisch. Werden bei stacked Dot-Plots die Symbole übereinander angeordnet, so werden sie bei symmetrischen Dot-Plots symmetrisch um eine vertikale Linie angeordnet (vgl. Abb. 2.4). Zur Darstellung **einer** Variablen sind stacked Dot-Plots in der Regel übersichtlicher als symmetrische Dot-Plots.

2.1.3 "Jittered" und "textured" Dot-Plots

Eine andere Möglichkeit der Darstellung jedes einzelnen Datenpunkts bei großen Fallzahlen besteht darin, die einzelnen Beobachtungen gegen gleichverteilte Zufallszahlen zu plotten. Beobachtungen mit identischer Ausprägung der interessierenden Variablen erhalten so unter-

[1] WILKINSON (1990b:182) bezeichnet "stacked dotplots" als "ditplots".

schiedliche Plotpositionen in der anderen Dimension des Plots. Da die Zufallszahlen nicht interessieren, wird hierbei für diese Dimension des Plots weder eine Achse noch eine Skala geplottet ("forget-it-dimension"). Solche Plots werden als "jittered density plots" bezeichnet. Die Abbildung 2.5 zeigt einen jittered Dot-Plot der Buffalo-Daten. Solche Plots eignen sich auch für große Fallzahlen (n > 500), wobei aber die maximal sinnvolle Anzahl von der Streuung der Variablen abhängt.

Die Verwendung von Zufallszahlen impliziert, daß keine zwei Plots derselben Daten absolut identisch sind. Die Wiederholung eines Plots führt also zu leicht unterschiedlichen Ergebnissen. Ein anderer kleiner Nachteil besteht vor allem bei großen Fallzahlen in der Möglichkeit, daß sich verschiedene Beobachtungen vollständig überdecken. Der Hauptnachteil eines jittered Dot-Plots besteht darin, daß im Plot zufällig leere Flächen oder scheinbare Streifen entstehen können. Im Plot des Beispiels liegt ein "random hole" im Bereich oberhalb von 50 Inch. Als Folge sind Fehlinterpretationen des Plots möglich.

Eine von TUKEY/TUKEY (1990) vorgeschlagene Variante der jittered Dot-Plots vermeidet dieses Problem. TUKEY/TUKEY verwenden für ihre "textured dotplots" Zufallsmuster, die bestimmte Kriterien erfüllen müssen. Dazu gehört z.B. daß höchstens drei aufeinanderfolgende Zahlen eine aufsteigende oder absteigende Folge bilden dürfen. Zu den Besonderheiten der textured Dot-Plots gehört auch die automatische Darstellung der Daten als eindimensionaler Scatterplot, falls dies möglich ist[1]. Die Abbildung 2.6 zeigt einen textured Dot-Plot der Buffalo-Daten. Dieser Plot enthält keine "random holes".

---

[1] TUKEY/TUKEY (1990:11-19) verwenden noch weitere Mechanismen um die Zufälligkeit der Muster einzugrenzen. Das Papier der Autoren enthält ein S-Programm für "textured dotplots".

Abb. 2-7 Index-Plot

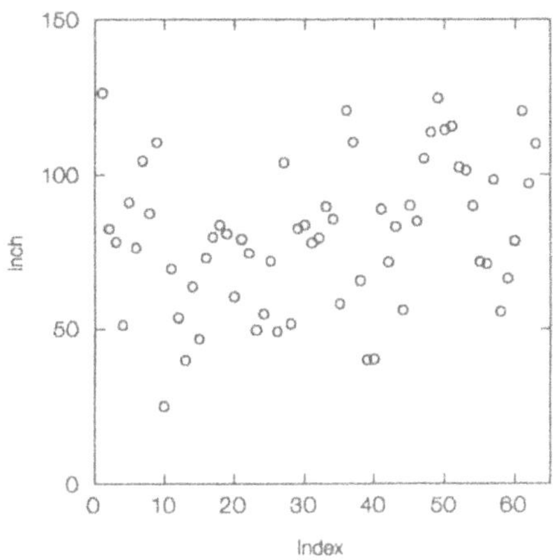

Abb. 2-8 Needle-Plot

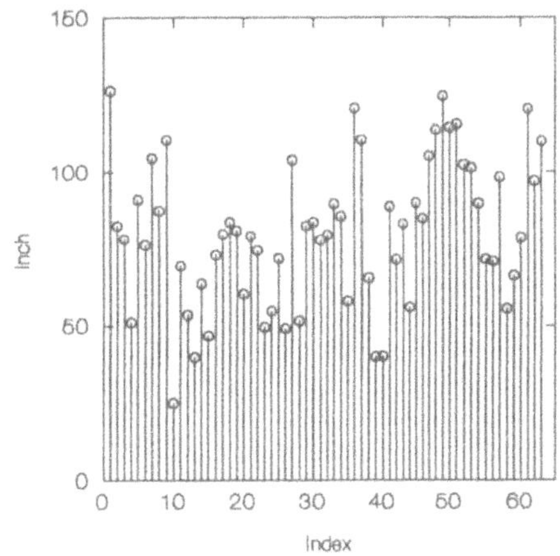

2.1.4 Index-Plots

Eine Variante des eindimensionalen Scatterplots ist der "Index-Plot" (Abb. 2.7). Bei einem Index-Plot wird die interessierende Variable gegen die Abfolge der Fälle im Datensatz (also den Index) geplottet[1]. Jede Beobachtung entspricht genau einem Plotpunkt. Die Aufgabe eines Index-Plots ist - wie bei einem eindimensionalen Scatterplot - lediglich die Darstellung der Verteilung **einer** Variablen[2].

Um die Zuordnung der Datenpunkte zur X-Achse zu erleichtern, kann es bei höheren Fallzahlen sinnvoll sein, jeden Datenpunkt mit der X-Achse zu verbinden (vgl. Abb. 2.8). Solche Plots werden gelegentlich als "Spike-Plots" oder "Needle-Plots" bezeichnet.

Index-Plots eignen sich zur Darstellung der Werte einer Variablen bei kleinen und mittleren Fallzahlen (n < 500). Index-Plots werden meist für die Suche nach ungewöhnlich kleinen oder großen Beobachtungen verwendet.

---

1 Einige Programme bezeichnen Index-Plots etwas mißverständlich als "Sequence-Plots".

2 Index-Plots können mit jedem Analyseprogramm durch einen Scatterplot der interessierenden Variablen gegen die Nummer der Beobachtung im Datensatz produziert werden. Fast alle Programmpakete erzeugen intern eine solche Sequenzvariable (z.B. SPSS-PC: $CASENUM, SYSTAT: CASE).

Abb. 2-9 Q-Plot

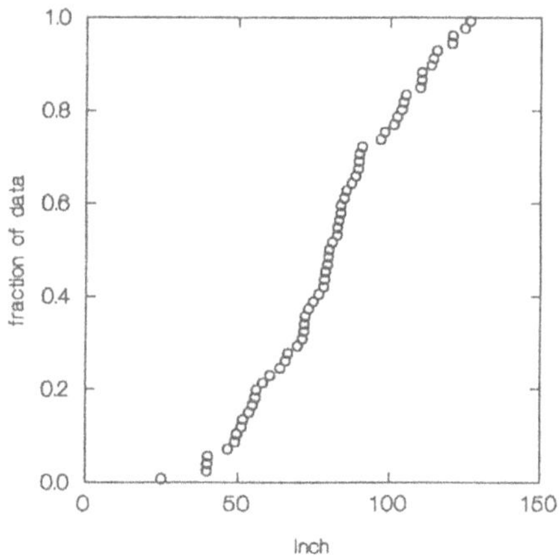

Abb. 2-10 Q-Plot mit Referenzlinie

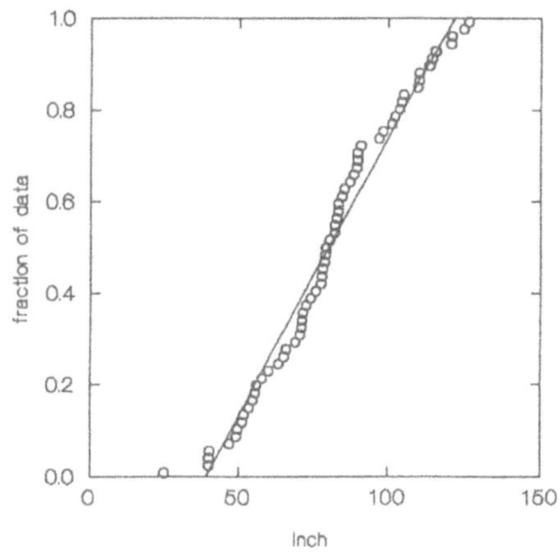

2.1.5 Q-Plots

Sortiert man die Beobachtungen einer Variablen der Größe nach und plottet für jede Beobachtung die Größe der Beobachtung gegen den Anteil der Beobachtungen, die kleiner als dieser Wert sind, so erhält man einen "Q-Plot" (vgl. Abb. 2.9).

Die Bezeichnung Q-Plot ist eine Abkürzung für "Quantil-Plot"[1]. Ein Q-Plot plottet für jede Ausprägung der sortierten Variablen das zugehörige Quantil ("Fraction of Data")[2]. Aus einem Q-Plot kann man daher den Wert der Quantile (z.B. des Medians) direkt ablesen.

Eine der wichtigsten Eigenschaften des Q-Plots ist die Entsprechung von lokaler Dichte und Steilheit der durch die Punkte des Plots gebildeten Kurve: Je steiler die Kurve, desto stärker ist die lokale Dichte an diesen Punkten. Mehrere identische Ausprägungen einer Variablen

---

[1] Ein Quantil Q_p einer Variablen ist derjenige Wert, bei dem der Anteil kleinerer Werte genau p und der Anteil größerer Wert genau 1-p ist. So ist z.B. der Median einer Verteilung das Quantil $Q_{.5}$: 50% der Beobachtungen sind kleiner, 50% der Beobachtungen größer als der Median.

[2] Ein Problem bei der Konstruktion eines Q-Plots besteht darin, die Quantile für kleine Datensätze zu bestimmen (CHAMBERS u.a. 1983:12). Z.B. bei 20 Beobachtungen stellt jede Beobachtung 5% der Daten dar. Will man $Q_{.31}$ berechnen, kann man entweder 6 Beobachtungen (.3) oder 7 Beobachtungen (.35) abtrennen, aber nicht .31. Daher werden in Q-Plots meist die sortierten Werte $x_{(i)}$ gegen die Plotposition p_i=(i-.5)/n geplottet (i=1..n), wobei i die Nummer der Beobachtung der sortierten Variablen darstellt.

führen zu senkrechten Linien im Q-Plot[1]. Man erkennt z.B. im Plot der Abbildung 2.9 drei fast identische Werte um 40 Inch.

Die Beurteilung der Steilheit und das Erkennen einzelner Ausreißer wird durch eine eingezeichnete Hilfslinie wesentlich erleichtert (vgl. Abb. 2.10). Die Hilfslinie ergibt sich durch die lineare Regression Y=a+bX der die beiden Achsen bildenden Größen.

Da in Q-Plots jede einzelne Beobachtung durch ein eigenes Plotsymbol dargestellt wird, liegen Variationen des Plots durch Veränderung der Plotsymbole nahe. So kann man z.B. die Plotsymbole durch eine weitere Variable steuern und so möglicherweise Konzentrationen bestimmter Beobachtungstypen in einigen Bereichen der Verteilung entdecken ("Symbol-Q-Plot"). Ist die Kontrollvariable stetig, kann man mit ihr die Farbe oder Größe des Plotsymbols steuern ("Bubble-Q-Plot"). Schließlich können alle oder einige Beobachtungen mit Labeln oder Identifikationsnummern geplottet werden. Ausreißer sind so sehr rasch zu identifizieren.

Gegenüber anderen Darstellungsweisen bieten Q-Plots deutliche Vorteile:

1. Es ist keine Gruppierung der Daten erforderlich.
2. Jede einzelne Beobachtung wird durch ein Plotsymbol wiedergegeben: Q-Plots sind Darstellungen der Daten, keine Zusammenfassungen.
3. Extremwerte sind leicht erkennbar.
4. Kenngrößen wie Median und Quartilsabstand sind direkt ablesbar.
5. Lokale Dichten sind im Q-Plot als stärkere Steigungen erkennbar: Identische Werte bilden senkrechte Bereiche im Plot.

[1] Viele Programme plotten Q-Plots gegenüber diesen Beispielen um 90° gedreht, also mit "Fraction of Data" als horizontaler Achse des Plots. Identische Ausprägungen sind dann natürlich als horizontale Linien erkennbar.

Abb. 2-11 Boxplot

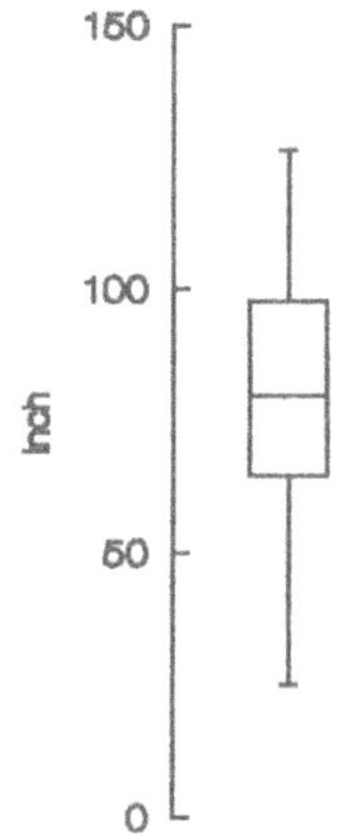

Abb. 2-12 Konstruktion eines Boxplots

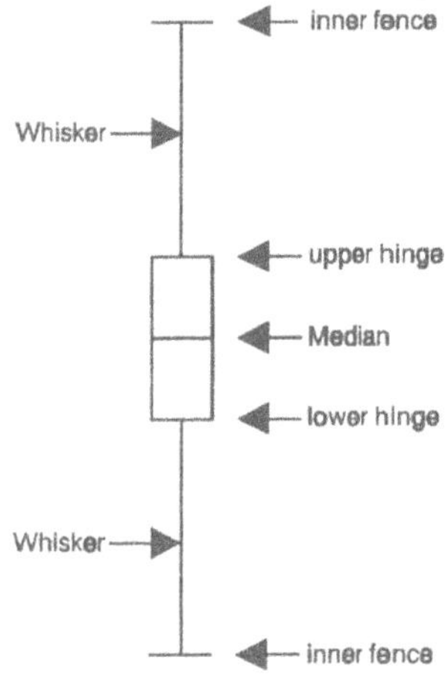

2.2 Boxplots

Die Abbildung 2.11 zeigt den "Boxplot" einer Variablen. Ein Boxplot zeigt den Median, die Quartile und die Extremwerte der Verteilung. Durch diese Art der Darstellung sind damit auf einen Blick Aussagen über die Symmetrie, Schiefe sowie Zahl und Lage extremer Beobachtungen möglich.

Der Median wird durch die Linie innerhalb der Box angezeigt. Die Größe der Box wird durch die Lage der Quartile bzw. "Hinges" festgelegt[1]. Die Linien zwischen der Box und den Endpunkten werden "Whisker" genannt (Abb. 2.12)[2]. Boxplots werden daher auch als "Box-and-Whisker"-Plots bezeichnet.

---

[1] Hinges und Quartile sind unterschiedlich definiert, unterscheiden sich aber bei praktischen Problemen kaum voneinander (zur Berechnung siehe weiter unten). "Hinges" werden auch "Standard Fourth" genannt"; die Literatur ist in diesem Punkt nicht einheitlich. Es gibt minimale Definitionsunterschiede zwischen den "Hinges" und verschiedenen Formen des "Fourth". Verschiedene Datenanalyseprogramme produzieren demzufolge auch gelegentlich leicht unterschiedliche Plots der gleichen Daten. Ausführlich werden diese Probleme bei FRIGGE/HOAGLIN/IGLEWICZ (1989) behandelt. Hier folgt die Berechnung der Definition 6 bei FRIGGE/HOAGLIN/IGLEWICZ (1989: 52). Dies ist auch die Formel, mit der z.B. SYSTAT und MINITAB arbeiten (vgl. auch VELLEMAN/HOAGLIN 1981:42-43).

[2] Boxplots, die exakt dieser Definition genügen, werden auch als "schematic plots" bezeichnet. Diese sollten nach dem Vorschlag von TUKEY (1977:47) mit gestrichelten Whiskern und Begrenzungslinien gezeichnet werden; alle anderen Varianten mit durchgezogenen Linien. Diese Konvention hat sich nicht allgemein durchsetzen können; der Zusammenhang zwischen Berechnungsweise und Darstellungsform ist uneinheitlich.

Wenn $x_{(i)}$ die der Größe nach geordneten Werte der Variablen x darstellen, dann werden die "Hinges" in drei Schritten berechnet:

1. Zunächst wird eine Zahl j so bestimmt, daß
(1) $((n+3)/2)=j$.
2. j wird in den ganzzahligen Teil g und den Dezimalteil d zerlegt. Aufgrund der Formel (1) kann d nur die Werte 0 oder 0.5 annehmen.
3. Nun wird mit den Zahlen d und g der untere "Hinge" als
(2) $Q_1=(1-d)*x_g+d*x_{g+1}$
berechnet. Der obere Hinge ergibt sich entsprechend als
(3) $Q_3=(1-d)*x_{(n+1)-g}+d*x_{(n-g)}$
Nimmt man als Beispiel die bereits sortierten 25 Beobachtungen

45, 51, 53, 53, 55, 58, 58, 59, 60, 60, 62, 62, <u>62</u>, 62, 63, 63, 64, 66, 67, 69, 69, 70, 73, 76, 77

dann liegt der Median beim 13. Fall ({n+1}/2), also ist der Median 62 (hier unterstrichen). Nach der Formel (1) ist j={(25+3)/2}/2 = 7.0. Folglich ist d=0 und g=7. Damit ergibt sich der untere Hinge als $(1-0)*x_7 + 0*x_8$, also 1*58+0*59=58. Der obere Hinge ergibt sich dementsprechend als $(1-0)*x_{(n+1)-7} + 0 * x_{(n-7)}$ also 1*67+0*66=67.

Textbox 1 Berechnung der Hinges

Die oberen bzw. unteren Begrenzungen der Whisker eines Boxplots geben die Lage der "inner fences" an. Zur Berechnung der "fences" benötigt man den Begriff "Hspread". Hspread ist die Differenz zwischen oberem und unterem Hinge. Da die Hinges fast mit den Quartilen übereinstimmen, entspricht Hspread dem Quartilsabstand. Die Begrenzungen der Whisker des Boxplots liegen bei "Upper Hinge" + 1.5 * Hspread bzw. "Lower Hinge" - 1.5 * Hspread. Liegt das beobachtete Minimum bzw. Maximum innerhalb dieser berechneten Begrenzungen, so werden die Whisker nur bis zum Minimum bzw. Maximum gezeichnet. Beobachtungen außerhalb der Fences gelten als Ausreißer.

Ausreißer werden in Boxplots mit speziellen Symbolen gekennzeichnet. Es werden zwei Formen von Ausreißern unterschieden:

- "outside values" sind Werte, die weiter als 1.5 Hspread von den Hinges entfernt sind[1],
- "far outside values" sind Werte, die weiter als 3.0 Hspread von den Hinges entfernt sind.

[1] Bei Normalverteilung erwartet man ca. 0.7% "outside values" (EMERSON/STRENIO 1983:64).

Abb. 2-13 Boxplot mit Ausreißern und extremen Ausreißern

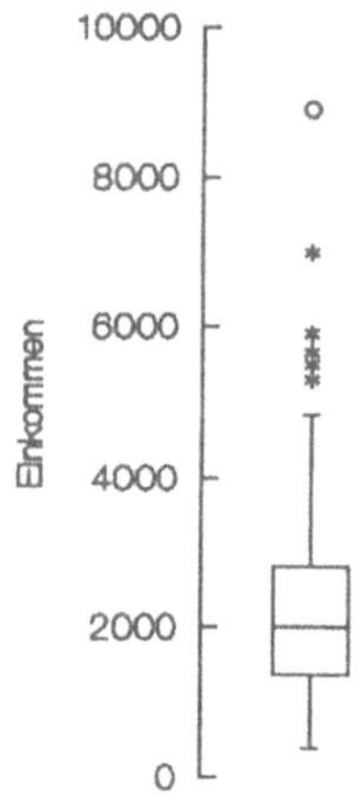

Abb. 2-14 Boxplot und Histogramm einer Altersverteilung

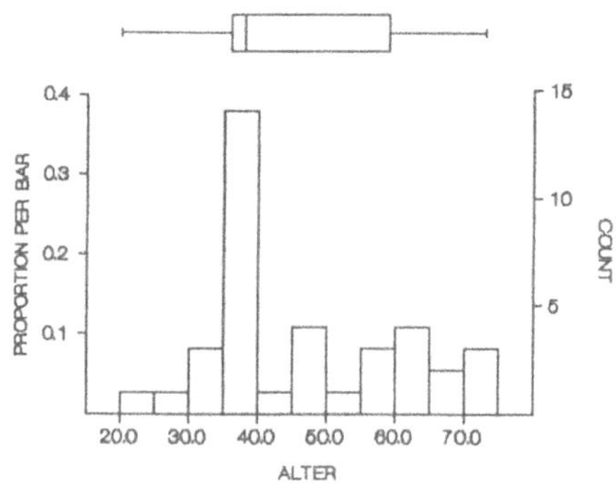

Ein Beispiel für einen Boxplot mit Ausreißern (*) und extremen Ausreißern (°) zeigt die Abbildung 2.13[1]. Besitzen mehrere Ausreißer nahezu identische Werte, so geben die meisten Programme an dieser Stelle nur eine Ausreißermarkierung im Boxplot aus. Es scheint in der Abbildung 2.13 insgesamt sechs Ausreißer zu geben, tatsächlich sind es sieben, da zwei Beobachtungen bei 7000 DM liegen. Die Zahl der Ausreißer läßt sich einem Boxplot daher nicht immer entnehmen.

Eine häufige Fehlinterpretation des Boxplots besteht darin, die Größe einer Fläche innerhalb der Box als proportional zum Anteil der Fälle zu interpretieren. Dies ist falsch. Zwischen den Linien innerhalb der Box (also zwischen Median und Upper Hinge, sowie zwischen Median und Lower Hinge) liegen immer 25% der Fälle. Eine kleine Fläche deutet nur auf eine starke Konzentration der Fälle in diesem Wertebereich hin. Ein Beispiel zeigt die Abbildung 2.14[2]. Die ungewöhnliche Lage des Medians zeigt eine sehr ungleichmäßige Verteilung an: In diesem Beispiel sind ca. 25% der Personen zwischen 38 und 36 Jahre alt. Der kleine Abstand zwischen dem unteren Hinge und dem Median im Boxplot zeigt den hohen Anteil der Befragten in dieser Altersgruppe. Wie das Histogramm für die Altersgruppe 35-40 zeigt, liegen hier 14 der insgesamt 37 Personen.

---

[1] Die Daten stellen das Haushaltseinkommen der Befragten in Rheinland-Pfalz der "Allgemeinen Bevölkerungsumfrage der Sozialwissenschaften 1980" (ALLBUS 1980, vgl. KIRSCHNER 1984) dar.

[2] Es handelt sich um die Altersverteilung der Befragten aus Bremen im ALLBUS 1980.

Abb. 2-15 Histogramm, min=25, h=5

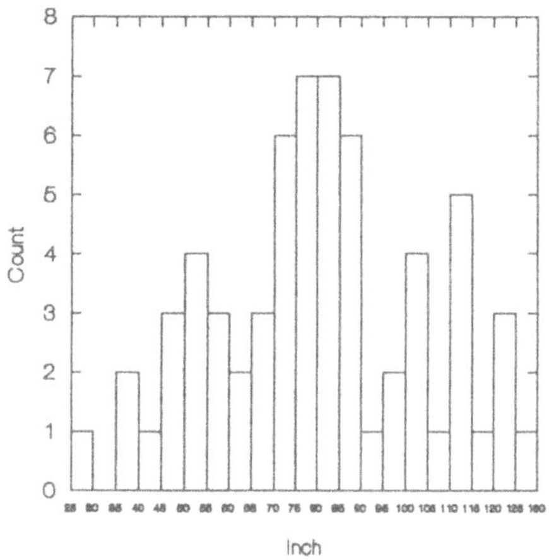

Abb. 2-16 Histogramm, min=25, h=10

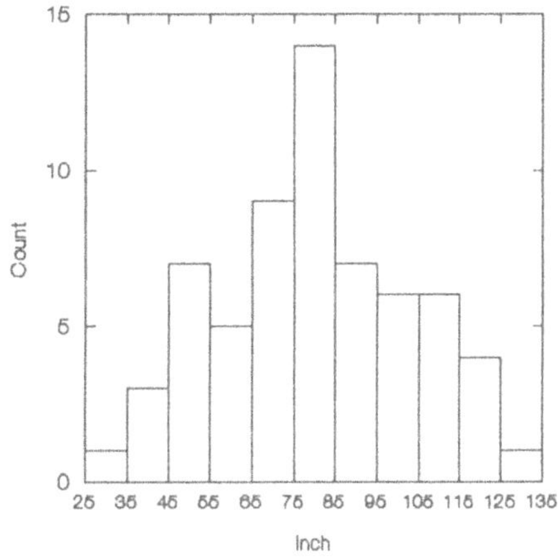

2.3 Histogramme

Histogramme sind die Standard-Darstellungen für Häufigkeitsverteilungen. Ein Histogramm ist die graphische Darstellung der Anzahl der Beobachtungen, die in die einzelnen Intervalle einer Klasseneinteilung einer Variablen fallen[1].

2.3.1 Bestimmung der Klasseneinteilung

In der Regel sind die Intervalle gleich groß[2]. Damit stellt sich bei der Konstruktion eines Histogramms vor allem die Frage danach, wie groß die Intervalle sein sollen bzw. wieviele Intervalle das Histogramm besitzen soll.

---

[1] Histogramme werden häufig mit Balkendiagrammen (Barcharts) verwechselt: Histogramme stellen die Häufigkeiten einer gruppierten (stetigen) Variablen dar, während Balkendiagramme Kenngrößen wie z.B. Mittelwerte einer Variablen für verschiedene Ausprägungen einer diskreten Variablen wiedergeben.

[2] In der Literatur werden auch Histogramme mit unterschiedlicher Intervallbreite diskutiert (IZENMAN 1991:212). Hierbei werden verschiedene Konstruktionsprinzipien verwendet. So werden z.B. bei der von KOGURE (1987) diskutierten Variante zunächst gleichgroße Intervalle solange rekursiv unterteilt, bis ein Zielkriterium erreicht wird (einen Algorithmus zur Berechnung solcher "optimaler" Histogramme geben SIMONOFF/HURVICH 1991:80). Da die Klasseneinteilung "optimaler" Histogramme aus den Daten geschätzt werden muß, ist es in der Praxis möglich, daß das Resultat schlechter ist als das eines Standardhistogramms (SCOTT 1992:71).

Abb. 2-17 Histogramm, min=25, h=15

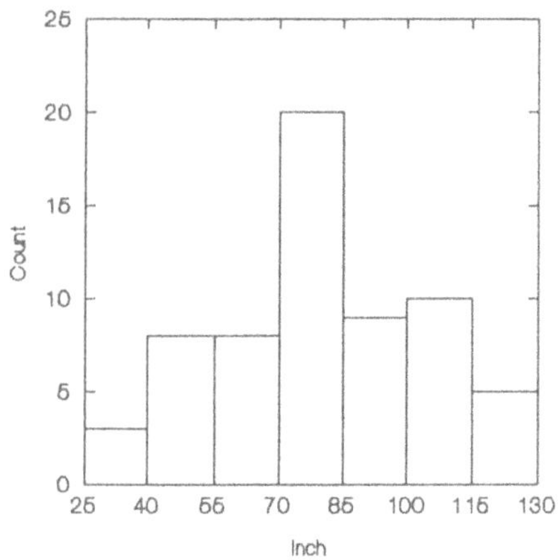

Abb. 2-18 Histogramm, min=25, h=20

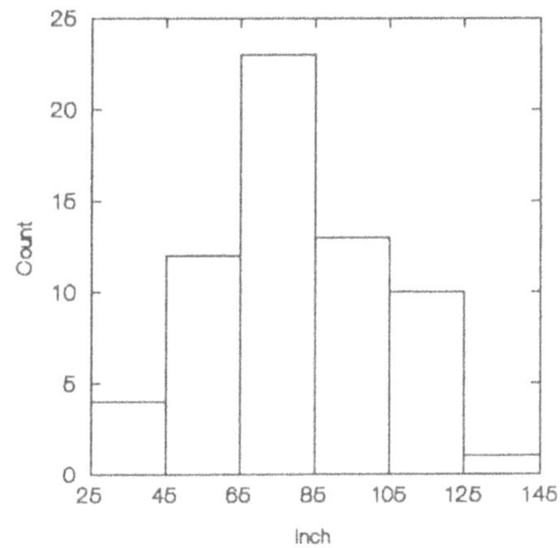

Diese Frage ist von großer praktischer Bedeutung, da der Eindruck, den man von einer Verteilung anhand eines Histogramms gewinnt, stark von der Zahl der Kategorien abhängt.

Als Beispiel zeigen die Abbildungen 2.15 - 2.18 verschiedene Histogramme der gleichen empirischen Verteilung (Buffalo-Daten). Die Histogramme unterscheiden sich nur in der Zahl der verwendeten Intervalle (21, 11, 7, 6).

Es wurden eine Reihe heuristischer Regeln zur Bestimmung der Anzahl der Kategorien vorgeschlagen, so u.a. $1+\log_2(n)$ (STURGES 1926), $10*\log_{10}(n)$ (DIXON/KRONMAL 1965) und $2*\sqrt{n}$ (VELLEMAN 1976). Die Abbildung 2.19 zeigt die Zahl der Kategorien nach diesen Regeln für $n \leq 300$. Die meisten Datenanalyseprogramme arbeiten mit einer dieser Regeln[1]. Da diese Regeln nur die Zahl der Fälle berücksichtigen, können Besonderheiten wie einzelne Ausreißer, schiefe Verteilungen und multimodale Verteilungen unbemerkt bleiben[2].

[1] Welche Formel verwendet wird, ist sogar innerhalb mancher Programme nicht einheitlich: Einige Programme verwenden in unterschiedlichen Modulen unterschiedliche Regeln. Dies führt dazu, daß unter Umständen die gleiche Häufigkeitsverteilung durch Histogramme mit 5 bis 126 Kategorien wiedergegeben wird. Einige Programme verwenden heuristische Methoden, z.B. indem nach einer ersten Kategorisierung die Zahl der Kategorien erhöht wird, falls einige wenige Kategorien sehr viel stärker besetzt sind als die anderen, oder indem die Zahl der Kategorien verringert wird, falls mehr als die Hälfte der Kategorien nicht besetzt sind (WILKINSON 1990b:175).

[2] vgl. EMERSON/HOAGLIN (1983:22-29). Weitere Regeln finden sich bei NELSON (1988).

Abb. 2-19 Regeln zur Anzahl der Kategorien eines Histogramms

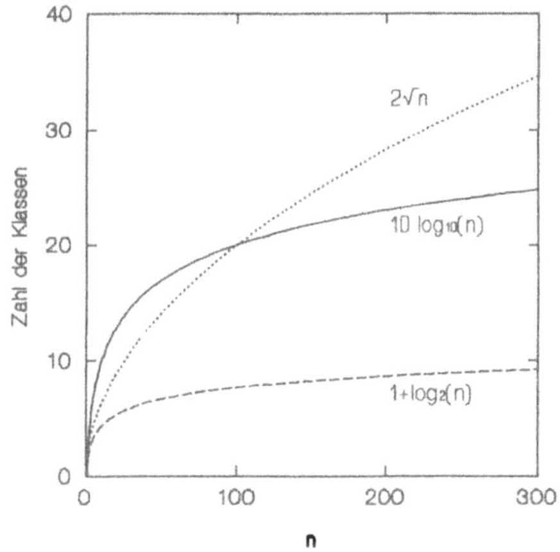

Abb. 2-20 Regeln zur Intervallbreite der Kategorien eines Histogramms

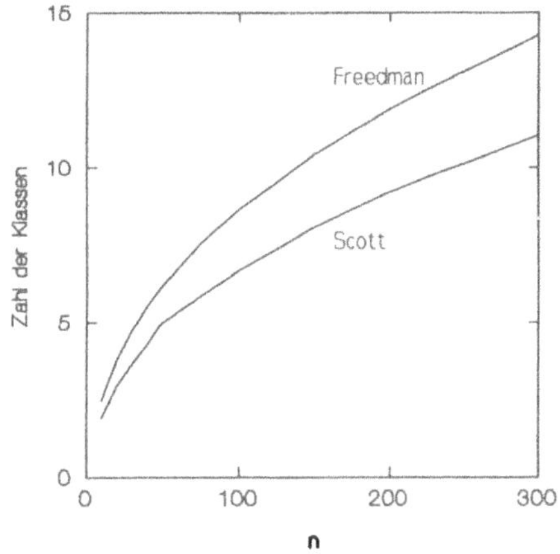

Etwas robuster gegenüber diesen Problemen sind Regeln, bei denen die Zahl der Kategorien über die Breite der Intervalle ("Binwidth": h) festgelegt werden. In die Bestimmung der Breite der Intervalle geht dabei ein Maß für die Streuung der Variablen ein. Einige dieser Regeln für die optimale Wahl einer Intervallbreite basieren auf der Verwendung von Histogrammen zur Schätzung der zugrundeliegenden Dichtefunktion. Je nach verwendetem Maß für die Güte der Schätzung erhält man unterschiedliche Regeln[1]. SCOTT (1979) schlägt als Regel $h=3.49sn^{-1/3}$ vor, wobei s die Standardabweichung ist. Aus der Arbeit von FREEDMAN/DIACONIS (1981) läßt sich die Regel $h=2*IQR/n^{1/3}$ herleiten, wobei IQR der Interquartilsabstand ist. Die Abbildung 2.20 zeigt die Zahl resultierender Klassen für diese beiden Regeln unter der Annahme normalverteilter Variablen[2]. Die resultierenden Klassenzahlen sind am ehesten mit denen der Sturges-Regel vergleichbar.

Häufig wird übersehen, daß die Festlegung der Zahl der Klassen ein Histogramm nicht eindeutig definiert. Die Berechnung der Grenzen der Intervalle erfordert zusätzlich die Festlegung eines Beginns der Klasseneinteilung ("Ursprung" des Histogramms). In der Regel wird das erste Intervall eines Histogramms durch das Minimum der gegebenen Daten und die Intervallbreite festgelegt, die weiteren Intervallgrenzen ergeben sich durch Addition der Intervallbreite. Diese Standardversion kann zu Problemen führen.

---

[1] vgl. ausführlich SCOTT (1992:47-91).

[2] Der Plot basiert auf den Daten der Tabelle 1-4 bei EMERSON/HOAGLIN (1983:28).

Abb. 2-21 Histogramm, h=10, min=0

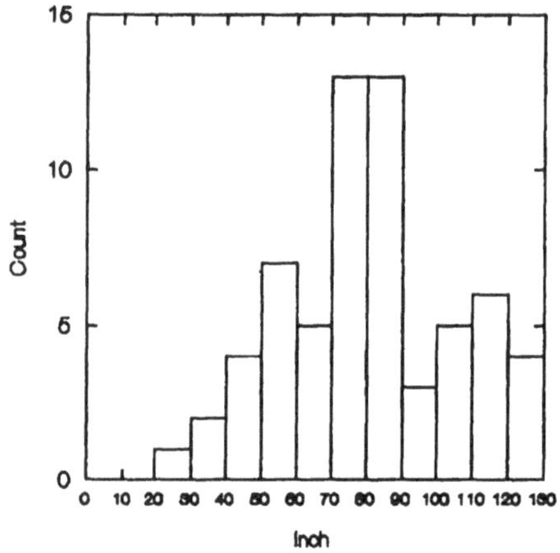

Abb. 2-22 Histogramm, h=10, min=2

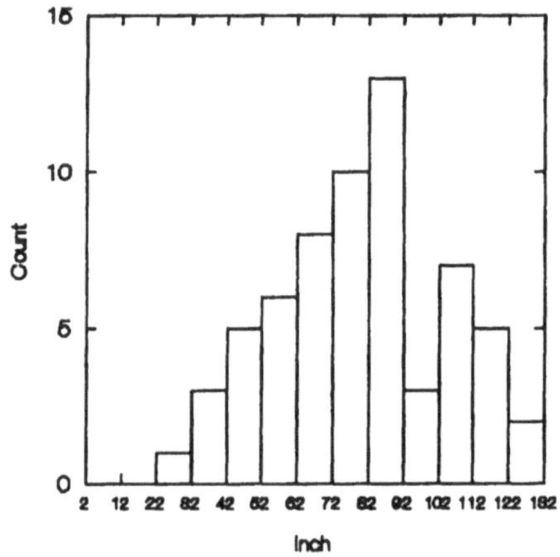

Die Abbildungen 2.21-2.24 zeigen den Effekt verschiedener Ursprünge (0, 2, 4, 6) auf das Histogramm bei gleicher Klassenbreite deutlich[1]. Allein die Wahl des Ursprungs eines Histogramms kann Anlaß zu unterschiedlichen Interpretationen der Daten geben.

Die Wahl der Klasseneinteilung und des Ursprungs des Histogramms kann also bei Standardhistogrammen zu Fehlschlüssen führen. Es liegt daher nahe, für die Beurteilung einer Verteilung stets nicht nur ein Histogramm zu erstellen, sondern mehrere mit verschiedenen Klasseneinteilungen und variierendem Ursprung.

Abb. 2-23 Histogramm, h=10, min=4

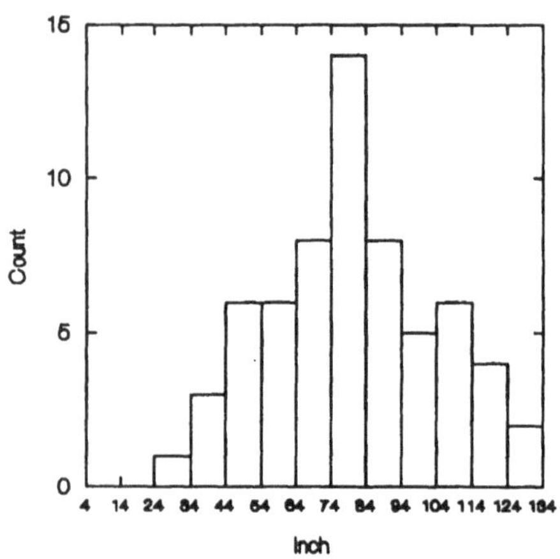

Abb. 2-24 Histogramm, h=10, min=6

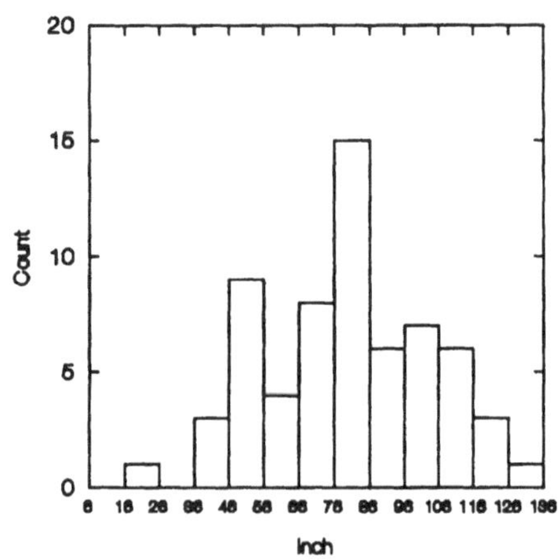

[1] Dieses Beispiel findet sich bei HÄRDLE (1991:28).

Abb. 2-25 ASH h=10,m=3

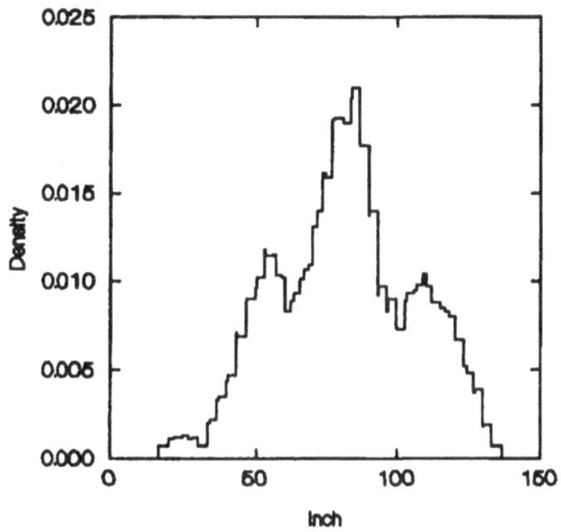

Abb. 2-26 ASH, h=10, m=6

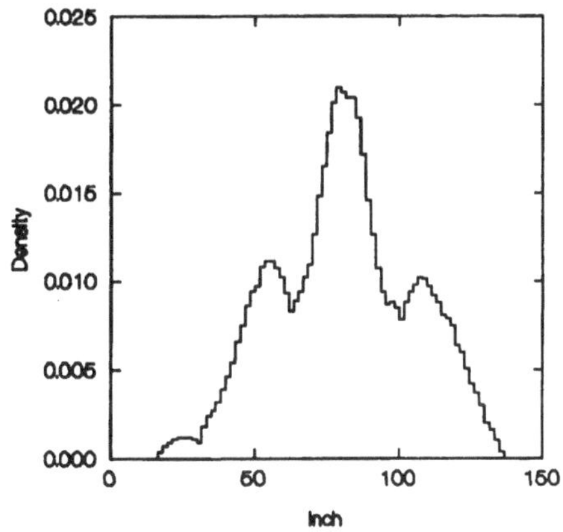

2.3.2 "Averaged Shifted Histograms"

Eine Lösung des Problems des Ursprungs eines Histogramms besteht in der Konstruktion von "averaged shifted histograms" (ASH) (SCOTT 1985a, 1992:113-123). Bei einem ASH werden m Histogramme mit gleicher Intervallbreite h erstellt. Die m Histogramme besitzen aber jeweils um den Betrag h/m verschobene Ursprünge. Für ein ASH wird der Mittelwert der Zahl der Beobachtungen im jeweiligen Intervall aller Histogramme an einem Punkt berechnet. ASHs sind unabhängig vom Ursprung. Die Abbildungen 2.25-2.28 zeigen ASHs mit m=3, 6, 12 und 24. ASHs erscheinen mit zunehmendem m glatter.

Abb. 2-27 ASH, h=10, m=12

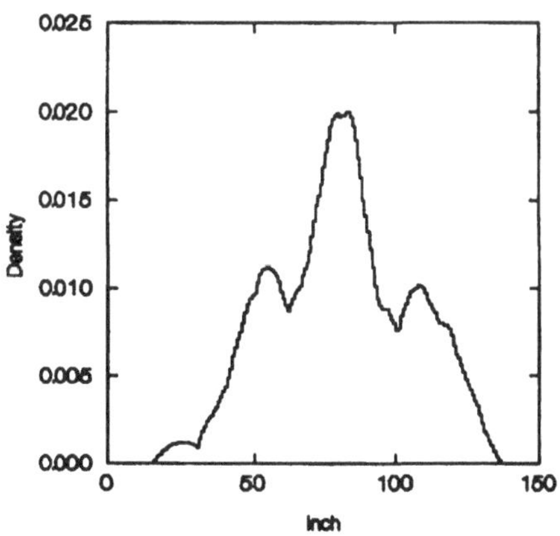

Abb. 2-28 ASH, h=10, m=24

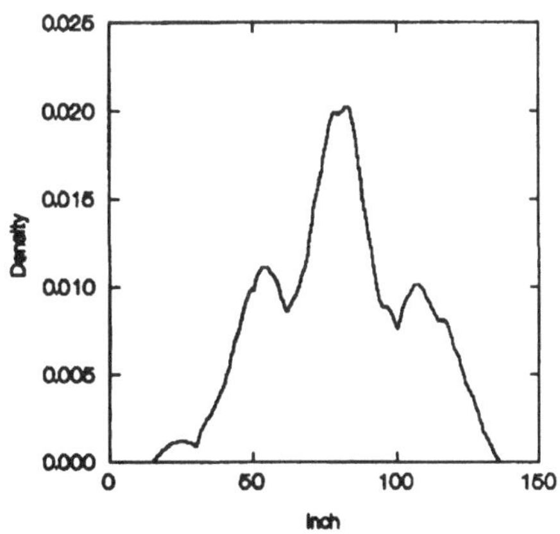

Abb. 2-29 K-NN-Schätzer, k=10

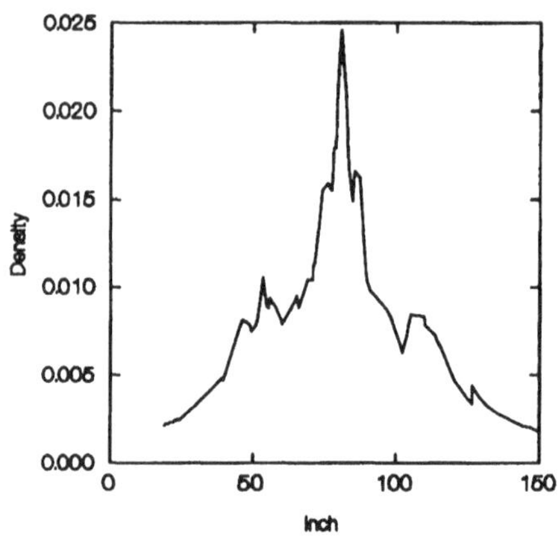

Abb. 2-30 K-NN-Schätzer, k=20

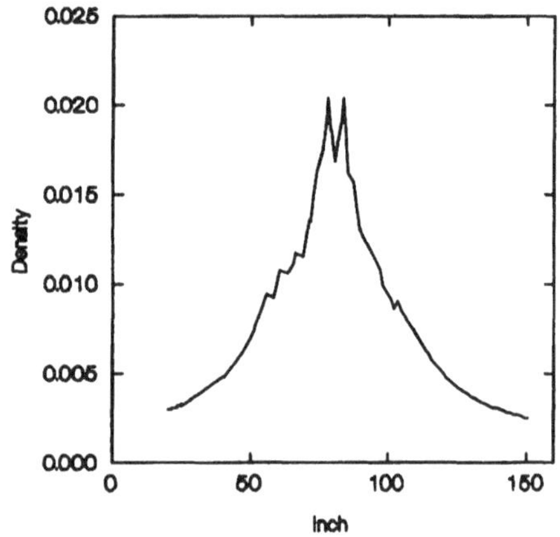

2.3.3 Nichtparametrische Dichteschätzer

Häufig ist man nicht primär an den gegebenen Daten interessiert, sondern an der zugrundeliegenden Verteilung. Parametrische Verfahren zur Schätzung dieser Verteilung basieren auf der Annahme, daß die gegebenen Daten aus einer bekannten Wahrscheinlichkeitsdichtefunktion (z.B. der Normalverteilung) stammen. Die Schätzung der zugrundeliegenden Verteilung erfolgt dann über die Verwendung der entsprechenden Stichprobenstatistiken wie z.B. Mittelwert und Varianz. Nichtparametrische Verfahren versuchen hingegen die Verteilung ohne die Annahme einer bekannten Dichtefunktion zu schätzen.

Ein einfaches Beispiel für einen nichtparametrischen Schätzer einer Verteilung ist ein Histogramm[1]. Falls aber die zugrundeliegende Verteilung kontinuierlich sein sollte, dann kann ein Histogramm, daß an den Intervallgrenzen diskontinuierlich ist, keine besonders gute Näherung an die Verteilung darstellen[2].

---

[1] Wenn c die Anzahl der Beobachtungen im Intervall (x-h, x+h) ist, ergibt sich die geschätzte Dichte am Punkt x als c/(2hn), vgl. SILVERMAN (1986:12).

[2] HÄRDLE (1991:25). In schwächerer Form gilt dies für das "Häufigkeitspolygon" ("frequency polygon", FP), das aus den geraden Verbindungslinien der Mittelpunkte der Intervalle eines Histogramms gebildet wird. FPs besitzen gegenüber Histogrammen als nichtparametrische Dichteschätzer erstaunliche Vorteile, vgl. ausführlich SCOTT (1985b, 1992:95-11)

Abb. 2-31 Dreiecks-Kernfunktion

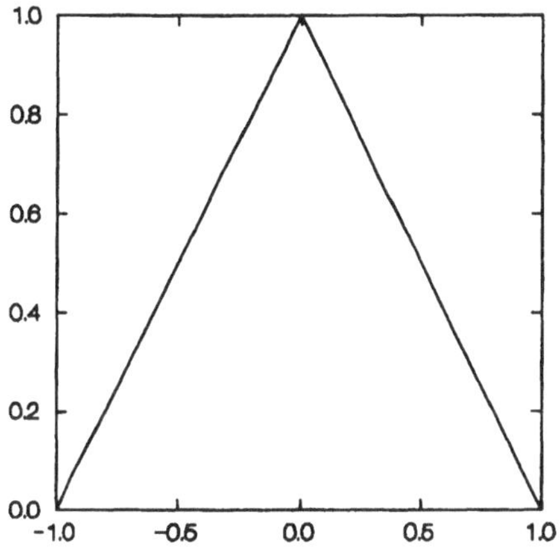

Abb.2-32 Epanechnikov-Kernfunktion

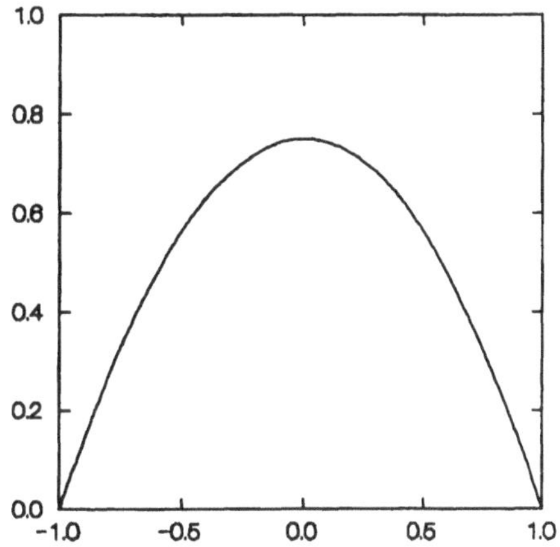

Ein anderes Beispiel für einen einfachen nichtparametrischen Dichte-Schätzer ist ein "k-nearest neighbour"-Schätzer. Bei einem "kNN-Schätzer" wird für jede Beobachtung der Mittelwert der k-nächsten Nachbarn berechnet und als Schätzung verwendet[1]. Plots der kNN-Schätzer der Buffalo-Daten für k=10 bzw. k=20 zeigen die Abbildungen 2.29 und 2.30[2]. Unter anderem weil Plots der kNN-Schätzung meist unregelmäßig "wellig" wirken, werden sie aber selten als Dichteschätzer verwendet (SILVERMAN 1986:20).

Die statistische Literatur zu nichtparametrischen Dichteschätzern wird durch "Kern-Dichte-schätzer" dominiert. Ein "kernel density estimator" der Dichte am Punkt x ist definiert als

$$\hat{f}_h(x) = \frac{1}{nh} \sum_{i=1}^{n} K\big((x-x_i)/h\big)$$

K steht hier für eine Gewichtungsfunktion. In die Berechnung der Dichte an jedem Punkt gehen (entsprechend der Gewichtungsfunktion gewichtet) alle Beobachtungen x_i ein. Der Beitrag einer Beobachtung zur Schätzung am Punkt x wird mit der Entfernung vom Punkt x geringer. Der Parameter h ("Bandbreite", "Glättungsparameter", "smoothing parameter") dient zur Skalierung der Entfernung der Beobachtungen vom Punkt x.

---

[1] Einige Programme verwenden nicht die tatsächlich k nächsten Nachbarn, sondern k/2-Nachbarn links und k/2-Nachbarn rechts der Beobachtung.

[2] Da man sich den Bereich der k nächsten Nachbarn als expandierende Sphäre vorstellen kann, nennen TUKEY/TUKEY (1981b:235) einen solchen Plot "Balloonogram".

Abb.2-33 Epanechnikov-Kern-Schätzer, h=10

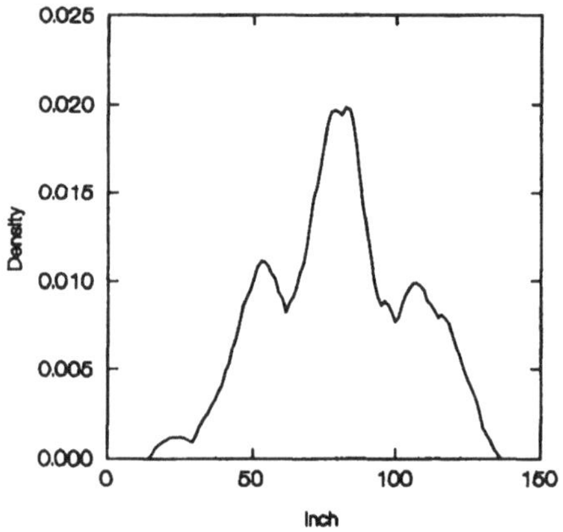

Abb.2-34 Epanechnikov-Kern-Schätzer, h=20

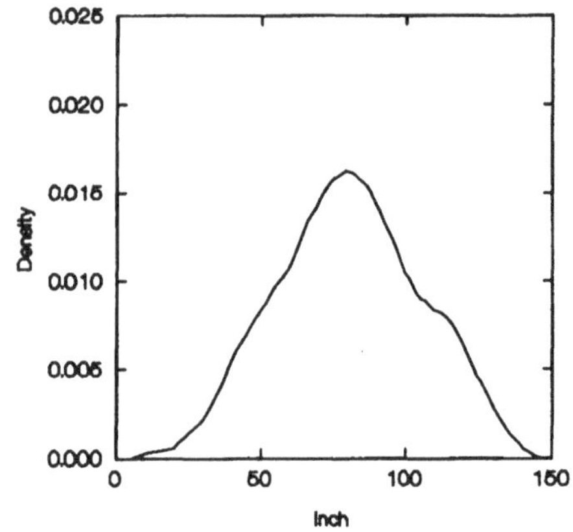

Als Gewichtungsfunktion werden "Kernfunktionen" verwendet. Kernfunktionen sind prinzipiell beliebige symmetrische Funktionen, bei denen kein Funktionswert negativ ist[1]. Fast alle Kernfunktionen gehen bei zunehmendem Betrag des Arguments der Funktion gegen null. Eine der einfachsten Kernfunktionen K(u) ist der Dreieckskern (Abb. 2.31)

$$(1-|u|)I(|u|\leq 1)$$

I ist dabei nur die Indikatorfunktion: Ist die Entfernung kleiner 1, wird der Funktionswert der Kernfunktion berechnet, ansonsten wird null ausgegeben. Häufig wird der rechenaufwendige Gauss-Kern (auch "Normal-Kern")

$$K(u)=\frac{1}{\sqrt{2\pi}}e^{-\frac{1}{2}u^2}$$

verwendet. Zwar ist in Hinsicht auf ein Fehlerkriterium der Epanechnikov-Kern (Abb. 2.32)

$$K(u)=\frac{3}{4}(1-u^2)I(|u|\leq 1)$$

optimal, der Gewinn gegenüber anderen Kernfunktionen ist aber minimal (SILVERMAN 1986:43).

---

[1] Beispiele für gebräuchliche Kernfunktionen sind der Rechteckskern 1/2, der "Quartic"- bzw. "Bisquare"-Kern $15/16*(1-u^2)^2$, der "Triweight"-Kern $35/32*(1-u^2)^3$ und der Kosinus-Kern $\pi/4*\cos(\pi u/2)$. Die Funktionswerte werden dabei nur für den Bereich $-1 \leq u \leq 1$ berechnet, außerhalb des Bereichs wird K(u)=0 gesetzt.

Obwohl der Frage nach der Wahl der Kernfunktion in der Literatur und von vielen Datenanalyseprogrammen viel Raum gewidmet wird, besitzt die Entscheidung für eine bestimmte Kernfunktion im Rahmen tatsächlicher Datenanalysen kaum einen Einfluß auf die Ergebnisse.

Entscheidend für die Güte der Schätzung ist hingegen die Wahl des Parameters h[1]. In der Regel werden meist mehrere Plots mit unterschiedlichen Glättungsparametern angefertigt und h dann willkürlich gewählt. Als Ausgangspunkt für die Bestimmung der Bandbreite wird (für den Gauss-Kern) meist mit einer einfachen Regel gearbeitet. Bezeichnet A das Minimum der Standardabweichung bzw. des Interquartilsabstandes/1.34 einer Variablen, dann wird h als $0.9*An^{-1/5}$ berechnet (SILVERMAN 1986:48).

Das willkürliche Element bei der Bestimmung der Bandbreite durch mehrere Plots führte zu dem Wunsch, eine automatische und objektive Parameterbestimmung durchführen zu können. Hierzu wurden mehrere Methoden entwickelt; die "optimale" Bandbreite kann mit verschiedenen Techniken geschätzt werden[2]. Keine Methode hat sich bisher allgemein durchsetzen können (MARRON 1988). Die Wahl des Smoothing-Parameters ist kritisch für die Interpretation und in der Praxis schwer "objektiv" zu rechtfertigen[3].

Für die Datenanalysepraxis bedeutet dies, daß ein Plot einer nichtparametrischen Dichteschätzung weder aufgrund der Voreinstellungen des Datenanalyseprogramms noch bei automatischer "optimaler" Wahl der Bandbreite als endgültiges oder "wahres" Ergebnis betrachtet werden kann. In jedem Fall empfiehlt sich eine interaktive Veränderung des Glättungsparameters.

---

[1] Die Güte der Schätzung wird allgemein anhand verschiedener Fehlerkriterien beurteilt. Die meist benutzten Fehlerkriterien basieren auf dem Erwartungswert der quadrierten Differenzen zwischen Schätzung g und tatsächlichem Wert f, dem "Mean Squared Error" (MSE): $E[(g(x)-f(x))^2]$. Eine Diskussion der Fehlerkriterien findet sich bei SCOTT (1992:37-44).

[2] Die meisten dieser Methoden basieren auf der wiederholten Schätzung der Dichte aus den beobachteten Daten, wobei sukzessiv immer eine Beobachtung ausgeschlossen wird ("leave one out estimate"). Dieser Prozeß wird für variierende Bandbreiten wiederholt. Gewählt wird diejenige Bandbreite, bei der ein Maß der Differenz zwischen der geschätzten Dichte und dem "leave one out estimate" minimal wird. Eine detaillierte und verständliche Darstellung dieser "least-squares cross-validation" gibt SILVERMAN (1986:48-51). Programme zu dieser und einigen anderen Techniken finden sich bei HÄRDLE (1991:90-119).

[3] Damit sind diese Plots ein Beispiel für graphische Datenanalysetechniken, die sich nicht zur "Ergebnisdarstellung" eignen.

Dies stößt aber häufig auf ein praktisches Problem. Bei der direkten Berechnung über die Definitionsformel wird die praktische Durchführung von Kern-Dichteschätzungen vor allem durch die immensen Rechenzeiten bei größeren Fallzahlen erschwert[1]. Versucht man eine datenbasierte Schätzung der optimalen Bandbreite, erhöht sich der Aufwand um ein Vielfaches. Dies läßt sich durch "WARPing" umgehen. "WARPing" ("Weighted Averaging of Rounded Points") besteht aus drei Schritten (HÄRDLE 1991:31): 1. Häufigkeitsauszählung mit einer feinmaschigen Klasseneinteilung, 2. Bestimmung von Gewichtungsfaktoren für die Klassen, 3. Gewichtung der Klassen. Es wird bei WARPing also nicht mehr mit den Ausgangsdaten gerechnet, sondern mit den Häufigkeiten innerhalb einer Klasseneinteilung. Über WARPing lassen sich die Kern-Dichteschätzer approximieren[2]. WARPing erlaubt auch die Anwendung von Techniken zur Bestimmung der optimalen Bandbreite innerhalb einer Standarddatenanalyse[3].

Man kann nichtparametrische Dichteschätzer zwar auch nur als einfache Glättungstechniken für die üblichen Histogramme auffassen, aber der Anspruch, der mit diesen Techniken verbunden wird, geht viel weiter. Das Ziel nichtparametrischer Dichteschätzung ist die Schätzung der zugrundeliegenden Verteilung aus den gegebenen Daten ohne weitere Annahmen. Dabei sind die Schätzungen auch noch robust gegenüber einzelnen Ausreißern[4]. Darüber hinaus bieten graphische Darstellungen der Ergebnisse nichtparametrischer Dichteschätzungen für Datenanalysen den Vorteil, daß Besonderheiten in den Daten, vor allem multiple lokale Maxima ("multiple modes") mit nichtparametrischen Techniken schon bei kleinen Fallzahlen bemerkt werden.

---

[1] SILVERMAN (1982) gibt einen Algorithmus (samt FORTRAN-Code), um univariate Kern-Dichte-Schätzungen über eine Fouriertransformation zu berechnen. Bei größeren Fallzahlen benötigt diese Methode weniger als 1% der Rechenzeit der direkten Berechnung.

[2] HÄRDLE (1991:67-69). ASHs sind ein Spezialfall des WARPing, vgl. HÄRDLE/SCOTT (1992).

[3] WARPing ist schnell genug, um solche Berechnungen gegebenenfalls ohne Kenntnis des Anwenders des Programms automatisch durchführen zu lassen. Entsprechende S bzw. C-Programme finden sich bei HÄRDLE (1991).

[4] Man kann nichtparametrische Dichteschätzer auch darüber definieren, daß der Einfluß einer Beobachtung auf eine Dichteschätzung an einem Punkt jenseits einer bestimmten Entfernung von diesem Punkt gegen null geht; für parametrische Schätzer gilt dies nicht (SCOTT 1992:44).

Abb.2-35 Sortierte Buffalo-Schneefall-Daten und Stem-and-Leaf-Display

25.0	39.8	39.9	40.1	46.7	49.1	2	5
49.6	51.1	51.6	53.5	54.7	55.5	3	99
55.9	58.0	60.3	63.6	65.4	66.1	4	0699
69.3	70.9	71.4	71.5	71.8	72.9	5	1134558
74.4	76.2	77.8	78.1	78.4	79.0	6	03569
79.3	79.6	80.7	82.4	82.4	83.0	7	0111246788999
83.6	83.6	84.8	85.5	87.4	88.7	8	0223334578999
89.6	89.8	89.9	90.9	97.0	98.3	9	078
101.4	102.4	103.9	104.5	105.2		10	12345
110.0	110.5	110.5	113.7	114.5		11	000345
115.6	120.5	120.7	124.7	126.4		12	0046

2.3.4 Stem-and-Leaf-Display

Ein visuell nicht sehr ansprechender, aber leistungsfähiger Plot ist der "Stem-and-Leaf-Display"[1]. Bei einem Stem-and-Leaf-Display (SLD) wird die Verteilung einer Variablen durch die Länge von Zeilen wiedergegeben, wobei die Zeilen (Stems) durch die Ziffern der Ausprägungen der Variablen gebildet werden. Die darzustellenden Zahlen werden hierbei in führende Ziffern und restliche Ziffern eingeteilt (zum Beispiel wird 6.8 in "6" und "8" unterteilt). Für jede führende Ziffer werden die zugehörigen restlichen Ziffern ("leaves") rechts neben der führenden Ziffer aufgeführt. Die Abbildung 2.35 zeigt als Beispiel die sortierten Daten des Schneefalls in Buffalo sowie den entsprechenden Stem-and-Leaf Display.

Die Art der Aufteilung der Zahlen in führende und restliche Ziffern hängt u.a. von der Zahl der gewünschten Zeilen des Plots ab. Als Obergrenze der Zahl der Zeilen empfehlen EMERSON/HOAGLIN (1983:22) den ganzzahligen Betrag von $10*\log_{10}(n)$. Für Fallzahlen unter 50 geben sie $2\sqrt{n}$ als Regel an. Fast ausschließlich wird nur eine restliche Ziffer für jede Beobachtung nach der führenden Ziffer wiedergegeben. Liegen viele Beobachtungen für eine führende Ziffer vor, kann die Verteilung **aller** führenden Ziffern in mehreren Zeilen darge-

---

[1] Obwohl sich Vorläufer finden lassen (vgl. EMERSON/HOAGLIN 1983:18-19) wird der Stem-and-Leaf-Display im allgemeinen TUKEY (1977) zugeschrieben.

stellt werden[1]. Bei der Erstellung des Plots aus den führenden Ziffern muß beachtet werden, daß die führenden Ziffern auch Werte wiedergeben müssen, die in den Daten **nicht** vorhanden sind (sonst bleiben Lücken unentdeckt). Liegen z.B. die Werte 36.4 und 38.1 vor und werden die führenden Ziffern 36 und 38 verwendet, dann muß auch ein Eintrag für 37 existieren (der aber kein Leaf besitzt).

SLDs lassen sich leicht manuell erstellen; in fast allen Fällen wird man aber ein Programm verwenden[2]. Die SLDs verschiedener Programme sind nicht einheitlich. Abgesehen von der Form des Outputs gibt es mehrere Varianten von SLDs. Die meisten Programme drucken Stems mit niedrigen führenden Ziffern oben, Stems mit hohen führenden Ziffern unten. Einige Programme vertauschen die Abfolge. Fast alle Programme sortieren innerhalb eines Stems die Ziffern der Größe nach. Eine Reihe von Programmen listen Ausreißer in einem anderen Format als die Standardwerte auf; die resultierenden Plots sind häufig unübersichtlich. Viele Programme plotten in eine zusätzliche Spalte links neben den Stems Symbole für Median und Hinges[3]. Bei höheren Fallzahlen verwenden einige Programme **eine** Ziffer für mehrere Beobachtungen. Leaves mit weniger Beobachtungen als es einem solchen Symbol entspricht werden dann meist durch ein spezielles Symbol (z.B. "&") wiedergegeben. Enthält ein Stem mehr Beobachtungen als durch die maximale Breite des Ausgabemediums zur Verfügung steht, werden die nicht mehr darstellbaren Leaves durch ein "Overflow"-Symbol (z.B. "*") wiedergegeben.

---

[1] Wird eine führende Ziffer in mehreren Zeilen dargestellt, dann sind Einteilungen in zwei oder fünf Zeilen üblich. Bei zwei Zeilen werden für die führende Ziffern "·" und "*" als zusätzliche Symbole zur Kennzeichnung der Stems verwendet. Bei fünf Zeilen werden die Symbole "*" für 0/1, "T" für 2/3 ("two","three"), "F" für 4/5 ("four","five"), "S" für 6/7 ("Six","Seven") und "·" für 8/9 benutzt. Kann eine Variable positive und negative Werte annehmen, so wird die Kategorie "0" in "-0" und "+0" geteilt. 0.0 wird gleichmäßig auf die beiden Kategorien verteilt.

[2] Einfache SLDs finden sich in fast jedem Statistikpaket. Manchmal sind diese Plots in den Optionen bestimmter Analyseprozeduren verborgen. Programme für SLDs sind aufgrund der Vielzahl von Entscheidungen über die Form des Displays nicht trivial. BASIC- und FORTRAN-Programme für einfache Stem-and-Leaf-Displays finden sich bei VELLEMAN/HOAGLIN (1981:19-39).

[3] Einige Programme drucken neben dem Stem in einer weiteren Spalte die Werte für "depth". Depth einer Beobachtung ist definiert als das Minimum der Zahl der Beobachtungen einschließlich dieser Beobachtung bis zum kleinsten oder größten Wert. In der Zahlenreihe 2.3, 2.6, 3.4, 5.1 besitzt die Beobachtung mit dem Wert 3.4 als Depth 2. Der in SLDs erscheinende Wert für Depth stellt immer das Maximum der Depth-Werte des jeweiligen Stems dar.

Das SLD gibt ähnlich wie ein Histogramm Aufschluß über Spannweite und die Symmetrie der Verteilung. Darüberhinaus zeigt es Ausreißer, Lücken und Konzentrationen der Beobachtungen auf bestimmte Werte. Dies ist mit Histogrammen nur begrenzt möglich. Liegt das Erkenntnisinteresse nicht in der vermutlichen Verteilung in der Grundgesamtheit, sondern in der Verteilung der Stichprobenwerte, dann ist das SLD dem Histogramm in der Regel überlegen. Am nützlichsten sind SLDs bei kleinen und mittleren Fallzahlen; dies variiert aber mit der Anzahl möglicher Ausprägungen der Variablen.

Abb. 3-1 Back-to-Back-Stem-and-Leaf-Display: Altersverteilung im ALLBUS 1980

Bremen		Hamburg
	1	99
60	2	0024456667788999
88777777754444300	3	01244455556688888899
76552	4	0011222222556699
9860	5	00112233366699
964310	6	03558889
321	7	00122467
	8	00

3 Plots für den Vergleich empirischer Verteilungen

Einem großen Teil der Forschungspraxis liegt die Frage nach den Unterschieden zweier oder mehrerer Verteilungen zugrunde. Üblicherweise werden solche Fragen durch den Vergleich von zusammenfassenden Statistiken bzw. durch Signifikanz-Tests untersucht. In vielen Fällen ist aber die Untersuchung der Art der Verteilungsunterschiede weit interessanter als die bloße Feststellung der Tatsache eines Unterschieds. Je nach Art der Fragestellung lassen sich Verteilungsunterschiede durch verschiedene Plots sehr viel detaillierter untersuchen, als es mit zusammenfassenden Statistiken möglich ist.

3.1 Back-to-Back-Stem-and-Leaf-Displays

Eine einfache Möglichkeit des Vergleichs der Verteilung zweier Variablen besteht in der Gegenüberstellung der Ausprägungen der Variablen. Die übersichtlichste Form dieser Darstellung dürfte eine Variante des Stem-and-Leaf-Displays sein: ein "back-to-back stem-and-leaf display" (TUKEY 1977:65). Hierbei wird die Verteilung einer Variablen in zwei Gruppen in einem SLD "Rücken an Rücken" dargestellt. Als Beispiel zeigt die Abbildung 3.1 die Altersverteilung in Bremen und Hamburg (ALLBUS 1980). Der deutlich höhere Anteil der 30-39jährigen in Bremen ist unübersehbar. Ebenso deutlich wird durch den unmittelbaren Vergleich die ungewöhnliche Konzentration auf 34 und 37 Jahre. Diese Variante des SLD läßt sich bis zu mehreren hundert Beobachtungen sinnvoll verwenden[1].

[1] Keines der Standardprogramme enthält derzeit die Möglichkeit zur Erstellung dieses Plots.

Abb. 3-2 Gruppierte Boxplots, Alter nach Bundesländern (ALLBUS 1980)

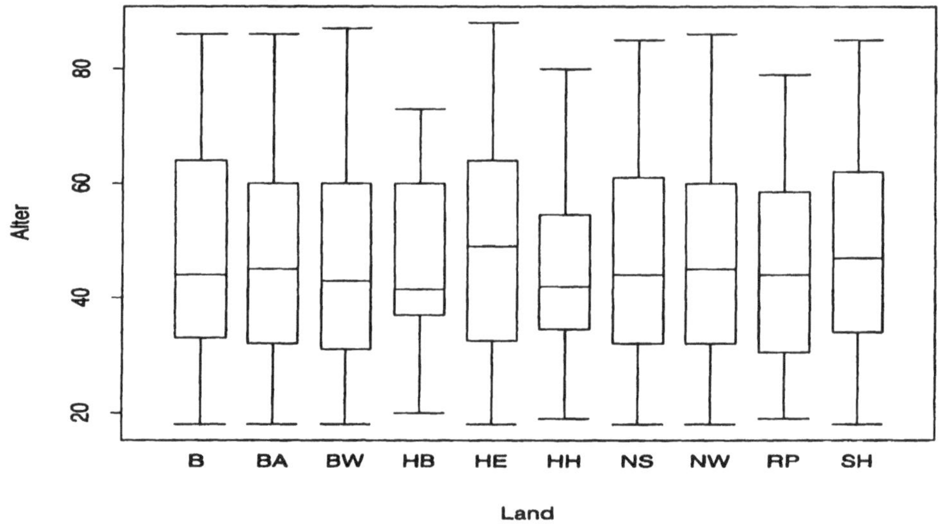

3.2 Gruppierte Boxplots

Die Vorteile der bereits beschriebenen Boxplots (vgl. Kap. 2.2) kommen erst beim Vergleich einer Variablen in verschiedenen Gruppen zur Geltung. Solche Boxplots heißen gruppierte Boxplots (vgl. Abb. 3.2). Bei gruppierten Boxplots wird für jede Ausprägung einer Gruppierungsvariablen ein Boxplot der abhängigen Variablen erstellt und gemeinsam dargestellt. Das Beispiel zeigt die Altersverteilung nach Bundesländern im ALLBUS 1980. Man erkennt deutlich den unterschiedlichen Aufbau der Alterspyramide: Die Mediane unterscheiden sich offensichtlich zwischen Hessen (HE), Bremen (HB) und Berlin (B). Ebenso deutlich sieht man Unterschiede in der Streuung zwischen z.B. Hamburg (HH) und Niedersachsen (NS).

Gruppierte Boxplots eignen sich für einen raschen Vergleich einer Variablen zwischen verschiedenen Gruppen. Wie man am Beispiel sieht, sind Plots mit 10 Gruppen noch sehr übersichtlich. Lediglich die Auflösung des jeweiligen Ausgabegeräts und die Fallzahl pro Gruppe setzen hier eine praktische Begrenzung. Eine Möglichkeit, eine dieser Grenzen etwas hinauszuschieben, zeigt die Abbildung 3.3. Bei dieser Variante eines Boxplots werden die Boxen nicht geplottet. Die Punkte zwischen den Whiskern sind die Mediane, eventuelle Punkte ober- bzw. unterhalb der Whisker sind die Ausreißer. Diese auf einen Vorschlag von TUFTE (1983:125) zurückgehenden Plots werden gelegentlich als "midgap plots", "stripped boxplots" oder "minimum ink boxplots" bezeichnet.

Abb. 3-3 Gruppierte Midgap-Plots, Alter nach Bundesländern

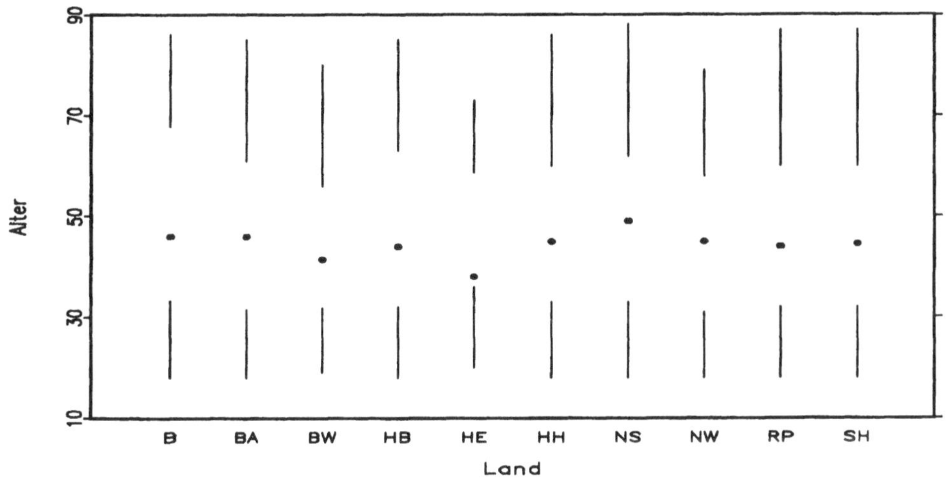

Ein Vorteil dieser Plots liegt in der Möglichkeit, auch eine große Zahl von Gruppen mithilfe von Boxplots zu vergleichen. Bis zu ca. 100 Gruppen lassen sich so innerhalb eines Plots darstellen. Weiterhin lassen sich Midgap-Plots aufgrund ihres geringen Platzbedarfs leicht in andere Plots integrieren, z.B. anstelle einer normalen Achse in einen Scatterplot[1]. Allerdings sind solche Plots etwas gewöhnungsbedürftig. Die Wahrnehmungsfehler bei der Betrachtung von Midgap-Plots scheinen größer zu sein als bei anderen Formen des Boxplots (STOCK/ BEHRENS 1991).

3.2.1 Notched-Boxplots

Die Abbildung 3.4 zeigt die gleichen Daten wie die Abbildung 3.2; in die Abbildung 3.4 wurden aber zusätzlich die 95%-Konfidenzintervalle des Medians eingetragen. Dies geschieht durch die "Einkerbung" ("notch") der Box am Median. Die Box erhält erst an der Stelle der Konfidenzintervallgrenzen ihre vollständige Breite. Diese auf McGILL/TUKEY/LARSEN (1978) zurückgehende Variante heißt "notched boxplots". Überschneiden sich die Konfidenzintervalle zweier "notched boxes" nicht, so ist dies ein Hinweis auf eine signifikante Diffe-

[1] Varianten des Boxplots müssen häufig selbst programmiert werden. Boxplot-Programme finden sich u.a. bei VELLEMAN/HOAGLIN (1981), COOKE/CRAVEN/CLARKE (1985) und DEWEY (1992).

Abb. 3-4 Notched-Boxplot: Alter nach Bundesländern

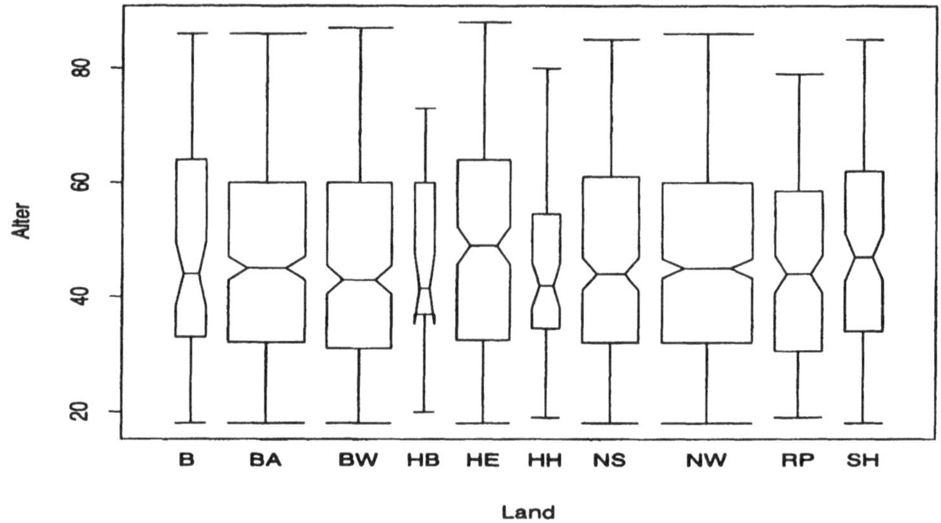

renz der Mediane der beiden Gruppen[1]. In Abbildung 3.4 trifft dies z.B. für die Länder HE und HH zu: Die Mediane unterscheiden sich auf dem 5%-Niveau signifikant.

Die Intervallgrenzen werden durch Median ± 1.58 * Hspread / √n festgelegt[2]. Liegen die Grenzen der Intervalle außerhalb der Hinges, so werden die Intervallgrenzen als hervorstehende Spitzen eingetragen, die Hinges nach wie vor als horizontale Linien. Ein Beispiel für das ein wenig unschöne Ergebnis dieser Variante des Boxplots ist die untere Intervallgrenze für Bremen (HB) in Abbildung 3.4.

---

[1] Da in einem gruppierten Boxplot mit m Boxplots m(m-1)/2 paarweise Vergleiche möglich sind, sind diese Vergleiche keine Tests auf dem nominellen 5%-Signifikanzniveau (KLOCKARS/SAX 1986, TOOTHAKER 1993). Die Chance, trotz in der Grundgesamtheit identischer Mediane sich zufällig nicht überschneidende Notches zu finden, ist bei multiplen Boxplots größer als 5%. Notched-Boxplots erlauben lediglich eine nützliche informelle Abschätzung, keinen "Signifikanz-Test".

[2] Der Faktor 1.58 ergibt sich aus drei Überlegungen:

1. Bei annähernd normalverteilten Variablen ist Hspread/1.35 eine gute Schätzung der Standardabweichung: Zwischen z=-.67 und z=.67 liegen 50% der Fläche der Normalverteilung, bei einer Varianz von 1 ergibt sich der Hspread (.67-(-.67)≈1.35) durch Multiplikation mit 1.35.

2. Bei annähernd normalverteilten Variablen ist die Varianz des Medians ca. $\pi/2$ größer als die Varianz des Mittelwerts. Die Standardabweichung ist entsprechend der Wurzel aus $\pi/2$ größer, also ca. 1.25.

3. Beim Vergleich zweier Stichprobenmittelwerte entspricht dem 95%-Konfidenzintervall ein z-Wert von 1.96 nur dann, wenn die Varianzen in den beiden Gruppen stark unterschiedlich sind. Bei identischen Varianzen ist eher 1.39 angemessen. Als Kompromiß wurde der Mittelwert (1.39+1.96)/2 ≈ 1.7 gewählt. Damit ergibt sich: Hspread/1.35 * 1.25 * 1.7*√n, also ca. 1.58*Hspread/√n (vgl. VELLEMAN/HOAGLIN 1981:79-81).

Abb. 3-5 Notched Boxplot mit Boxbreite proportional zur Wurzel aus der Fallzahl

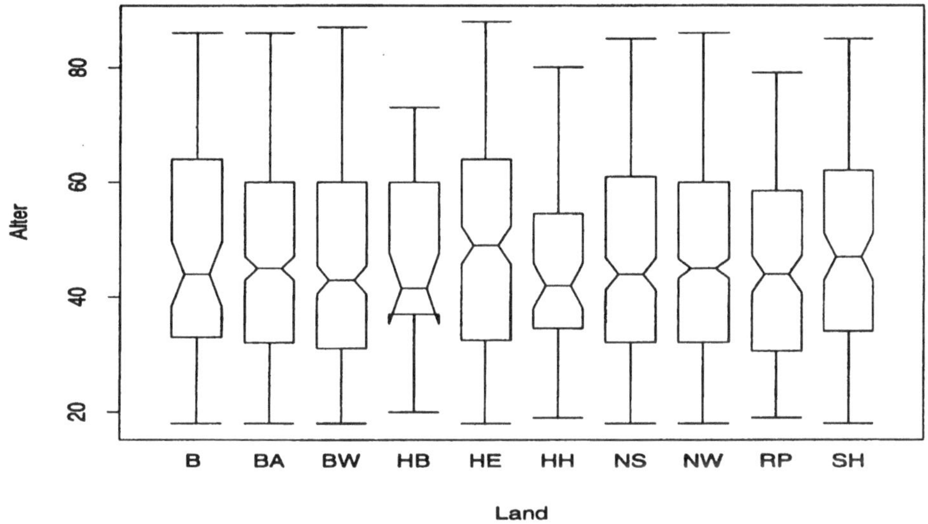

Die Abbildung 3.5 zeigt eine Variante des Notched-Boxplots: Die Breite der Boxen ist proportional zur Quadratwurzel der Fallzahl[1]. Deutlich kann man das kleinste Konfidenzintervall des Medians an der Box des bevölkerungsreichsten Bundeslandes (NRW) neben dem größten Konfidenzintervall des Medians an der Box des bevölkerungsärmsten Bundeslandes (HB) erkennen. Andere Varianten des Notched-Boxplots verändern statt der Breite der Box die Färbung der Box: Der Bereich innerhalb der Intervallgrenzen wird eingefärbt[2].

3.2.2 Box-Dot-Plots

Es liegt nahe, die Verteilung einer Variablen in verschiedenen Subgruppen dadurch zu vergleichen, daß man die Dot-Plots der Gruppen nebeneinander plottet. Prinzipiell lassen sich alle Formen der Dot-Plots für den Vergleich der Verteilung einer Variablen in verschiedenen Subgruppen nutzen (vgl. Abb. 3.6 und 3.7).

[1] Die Proportionalität zur Quadratwurzel wird im allgemeinen gewählt, da viele statistische Maße proportional zur Quadratwurzel sind, so z.B. der Standardfehler.

[2] vgl. BENJAMINI (1988:259). Man kann auch die geraden Seiten der Box gegen einen Plot der geschätzten Dichte der Verteilung austauschen. BENJAMINI (1988:259) nennt einen solchen Plot, bei dem die Breite der Box an jedem Punkt proportional zur geschätzten Dichte an diesem Punkt ist, einen "Vaseplot". ESTY/BANFIELD (1992) schlugen als "box-percentile plot" Boxplots vor, bei denen die Breite der Box an jeder Stelle proportional zum Prozentsatz der Beobachtungen ist, die höhere bzw. niedrigere Werte aufweisen.

Abb. 3-6 Gruppierter jittered Dot-Plot: Alter in Bremen und Hamburg

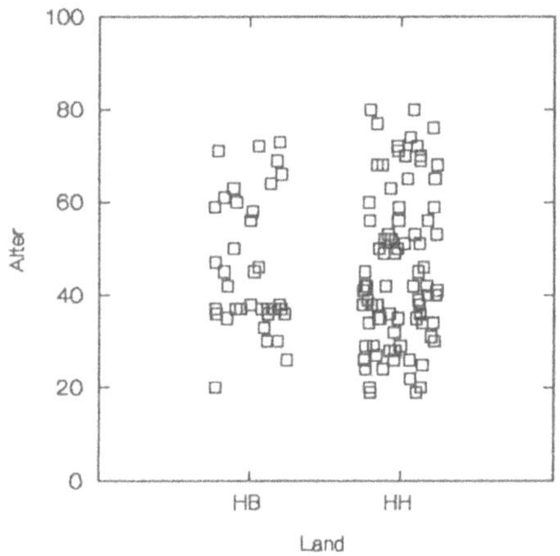

Abb. 3-7 Gruppierter Dot-Plot: Alter in Bremen und Hamburg

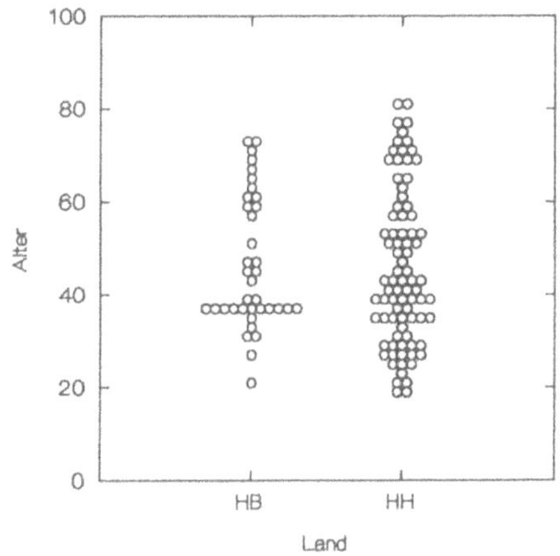

Allerdings werden solche Dot-Plots bedingter Verteilungen meist erst durch die Ausgabe zusätzlicher Verteilungskenngrößen (wie Median oder Quartile) im Plot informativ. Dies kann am einfachsten durch die Kombination von Boxplots mit Stripe-Plots, jittered oder symmetrischen Dot-Plots erreicht werden[1].

Die verschiedenen Formen von Dot-Plots eignen sich in unterschiedlichem Ausmaß für die Kombination mit Boxplots. Stripe-Plots überlagern meistens die Linien der Boxplots und sind daher eher unübersichtlich. Die Kombination von jittered Dot-Plots mit Boxplots kann zu Mißverständnissen führen, da die Plotpositionen von Beobachtungen außerhalb der Box neben den Whiskern und neben den Ausreißermarkierungen liegen können. Am besten eignen sich symmetrische Dot-Plots für die Kombination mit Boxplots.

Solche Plots heißen "Box-Dot-Plots". Ein Beispiel zeigt die Abbildung 3.8. Jede Beobachtung ist im Plot durch einen eigenen Punkt repräsentiert. Dies erlaubt die einfache Feststellung multipler Ausreißer, ungewöhnlicher Konzentrationen in kleinen Wertebereichen und die direkte Wahrnehmung der Fallzahl pro Gruppe. Diese Art der Darstellung unterschiedlicher Fallzahlen ist häufig sinnvoller als die Variation der Boxbreite.

[1] Solche Plots müssen meist durch Überlagern zweier unabhängiger Plots erstellt werden. Fast alle Programme zwingen in diesem Fall zur manuellen Angleichung der Skalierung.

Abb. 3-8 Box-Dot-Plot: Alter in Bremen und Hamburg

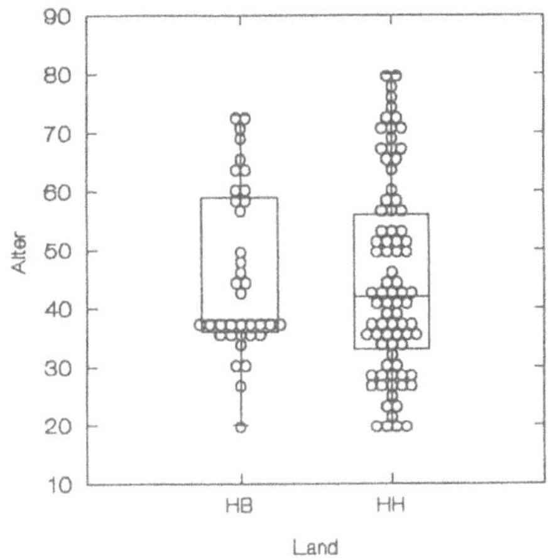

Die Abbildung 3.8 enthält insgesamt 120 Datenpunkte. Bei der gewählten Symbolgröße sind multiple Plots mit bis zu ca. 100 Datenpunkten pro Box noch überschaubar. Will man mehr Datenpunkte darstellen, muß man die Symbolgröße verkleinern. Abbildung 3.9 zeigt einen Box-Dot-Plot für alle Altersangaben des ALLBUS 1980 getrennt nach Bundesland. Der Plot gibt insgesamt 2952 Beobachtungen wieder. Die ungewöhnliche Altersverteilung in Bremen ist in diesem Plot unübersehbar. Wie sich bei einer nach der Betrachtung dieses Plot durchgeführten Analyse zeigte, geht diese Besonderheit auf nur drei Interviews zurück, die vermutlich nicht korrekt durchgeführt wurden[1]. Das Bemerkenswerte an diesem Plot besteht in der Auffälligkeit dieser drei Beobachtungen bei fast 3000 Fällen[2].

Dieses Beispiel belegt nachdrücklich die Nützlichkeit der Kombination wesentlicher Kenngrößen mit der Wiedergabe jedes einzelnen Datenpunktes durch symmetrische Box-Dot-Plots für ein Datenscreening vor der Datenanalyse. Da Boxplots gegenüber Ausreißern sehr robust sind, empfehlen sich gruppierte Box-Dot-Plots daher immer dann, wenn Mittelwertdifferenzen in verschiedenen Gruppen untersucht werden sollen (vgl. hierzu Kapitel 9).

---

[1] Der Effekt entstand durch eine 55jährige Interviewerin (ID=2810, eine ganztägig erwerbstätige Angestellte mit Abitur), die lediglich drei Interviews durchführte. Alle drei Interviews wurden angeblich mit 37jährigen Männern geführt. Diese drei Interviews weichen bei vielen Variablen deutlich von anderen Interviews ab. Nimmt man diese drei Interviews aus dem Datensatz, unterscheidet sich die Altersverteilung in Bremen nicht mehr von der anderer Länder.

[2] Einzelne Fälschungen können sich im allgemeinen kaum stark auf Survey-Ergebnisse auswirken, vgl. SCHNELL (1991b).

Abb. 3-9 Gruppierter Box-Dot-Plot: Alter nach Bundesland

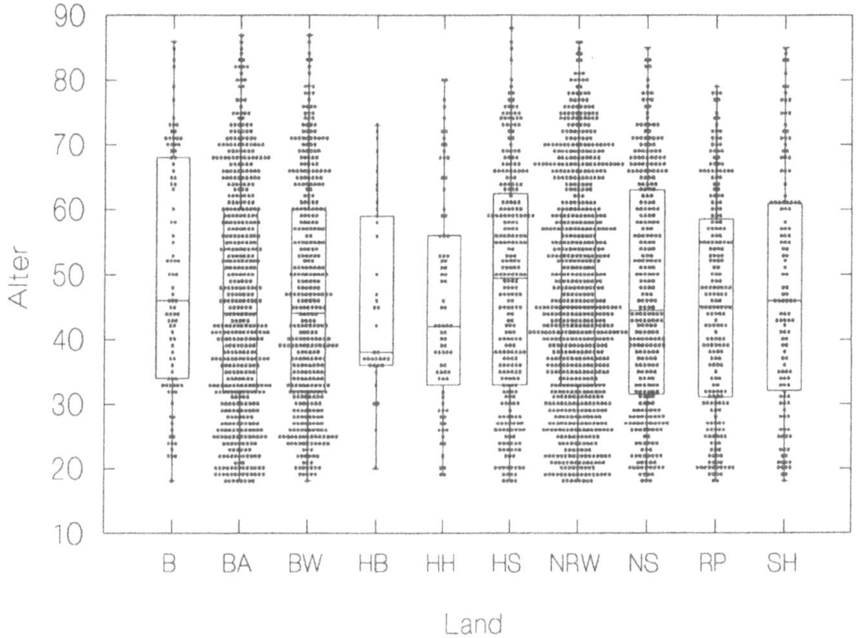

3.2.3 Perzentil-Plots mit Kenngrößen

Boxplots lassen sich nicht nur mit Dot-Plots kombinieren, sondern auch mit Q-Plots. Die Kombination eines Boxplots mit einem Q-Plot wird als "Perzentil-Plot mit Kenngrößen" bezeichnet (CLEVELAND 1985:134). Bei einem Perzentil-Plot werden die Perzentile einer Verteilung auf der Y-Achse gegen eine Prozentskala auf der X-Achse geplottet[1]. Zusätzlich werden horizontale Hilfslinien für Median, oberes und unteres Quartil, sowie für das 10%- und 90%-Perzentil eingezeichnet. Zwei derart nebeneinander geplottete Perzentil-Plots erlauben auf einfache Art detaillierte Vergleiche zweier Verteilungen. Perzentil-Plots mit Kenngrößen zeigen jeden einzelnen Datenpunkt und lassen daher über den Vergleich der Kenngrößen Vergleiche der Extremwerte, eventueller Lücken und Häufungen im Wertebereich zu. Die Abbildung 3.10 zeigt einen solchen Plot für den Vergleich der Altersverteilung in zwei Bundesländern.

---

[1] Ein Perzentil X_p einer Verteilung ist derjenige Wert, bei dem die Wahrscheinlichkeit für einen kleineren Wert genau p und für einen größeren Wert genau 1-p ist. Bei sortierten Werten ist X_p gleich dem i-ten Wert von X, wobei i=(n+1)p/100 (SACHS 1974:75).

Abb. 3-10 Perzentil-Plot mit Kenngrößen: Altersverteilung in Hamburg und Bremen

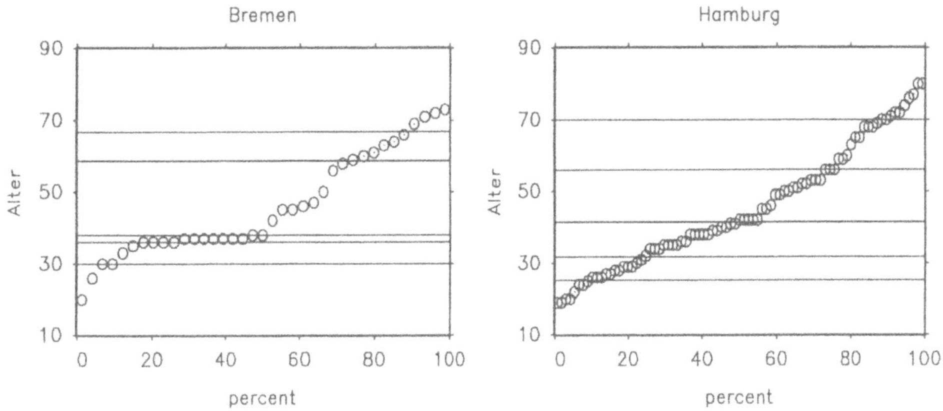

3.2.4 Q-Q-Plots

Nebeneinander geplottete Perzentil-Plots führen unmittelbar zu der Idee, die Quantile zweier empirischer Verteilungen direkt gegeneinander zu plotten[1]. Solche Plots heißen "Q-Q-Plots" ("Quantil-Quantil-Plots", vgl. Abb. 3.11)[2].

Wären die Verteilungen in beiden Gruppen gleich, so müßten die Beobachtungen bei einem Q-Q-Plot auf einer Geraden liegen, die die identischen Ausprägungen der Variablen in den beiden Gruppen verbindet (die gerade Hilfslinie in Abb. 3.11).

Im Plot des Beispiels (Alter der Befragten des ALLBUS 1980 in Bremen und Hamburg) sind deutliche Abweichungen von der Hilfslinie erkennbar. Der wesentlich höhere Anteil von Befragten zwischen 25 und 38 in Bremen zeigt sich in der Abweichung der Plotpunkte von

[1] Faktisch werden damit die beiden Wertereihen gegeneinander geplottet. Das einzige Problem bei diesem Plot besteht in möglicherweise unterschiedlichen Fallzahlen in den Gruppen. Falls die Variable x n Beobachtungen, die Variable y hingegen m Beobachtungen besitzt und n > m ist, müssen beim Plot der i-ten y-Beobachtung die x-Werte des Plots interpoliert werden (CHAMBERS u.a. 1983:55). Hierzu wird $v=n/m*(i-0.5)+0.5$ berechnet. Ist v ganzzahlig, so wird $x_{(i)}$ gegen $y_{(i)}$ geplottet, wobei $x_{(i)}$ bzw. $y_{(i)}$ die sortierten Variablen bezeichnet. Ist v nicht ganzzahlig, dann wird j als der ganzzahlige Teil von v und t als der Dezimalteil von v berechnet. Der interpolierte x-Wert für die i-te y-Beobachtung ist dann $(1-t)x_{(j)}+tx_{(j+1)}$.

[2] Dieser Plot stammt von WILK/GNANADESIKAN (1968). Da hier die Quantile zweier empirischer Verteilungen geplottet werden, heißen diese Plots auch "empirische Q-Q-Plots". CLEVELAND (1985:135) nennt entsprechende Plots "Percentile Comparison Graphs".

Abb. 3-11 Q-Q-Plot: Altersverteilung in Bremen und Hamburg

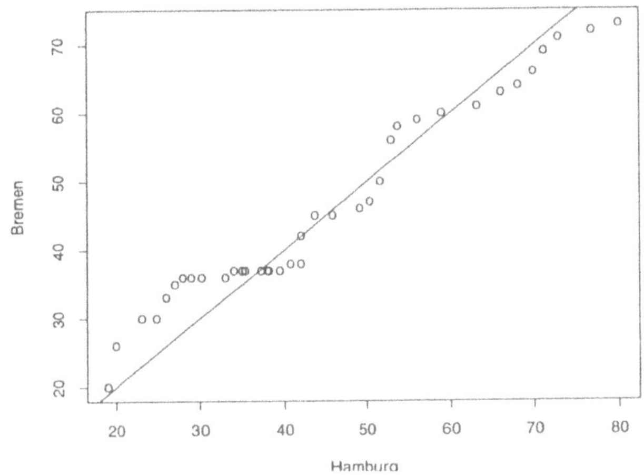

der Geraden nach links in diesem Bereich. Der höhere Anteil der älteren Befragten in Hamburg ist an der Abweichung der Punkte von der Geraden nach rechts in diesem Bereich ablesbar.

3.2.5 Exkurs: Modellierung der Verteilungsunterschiede zweier Gruppen

Q-Q-Plots gehören zu den nützlichsten Techniken für den Vergleich zweier Verteilungen. Die Verteilungsunterschiede in einem Q-Q-Plot lassen sich häufig durch eine Regression effektiv beschreiben. Als Beispiel zeigt die Abbildung 3.12 einen Q-Q-Plot des Einkommens der Angestellten im ALLBUS 1980, wobei auf der X-Achse die Quantile der Männer, auf der Y-Achse die Quantile der Frauen dargestellt werden. In den Q-Q-Plot wurde neben der Hilfslinie (durchgehende Linie) die Regressionsgerade (gepunktete Linie) eingezeichnet.

Der Schnittpunkt der Regressionsgraden mit der Y-Achse liegt nicht bei Null; die Verteilung des Einkommens bei Frauen scheint gegenüber der Verteilung des Einkommens bei Männern verschoben zu sein. Betrachtet man die Steigung der Regressionsgeraden, so zeigt sich eine ungefähre Halbierung des Einkommens der Frauen gegenüber den entsprechenden Quantilen der Einkommensverteilung der Männer. Obwohl die Regression des Einkommens der Frauen auf das Einkommen der Männer 90% der Varianz erklärt, kann ein rein lineares Modell die Unterschiede in der Einkommensverteilung nicht angemessen beschreiben. Die hohen

Abb. 3-12 Q-Q-Plot: Einkommen männlicher und weiblicher Angestellter im ALLBUS 1980

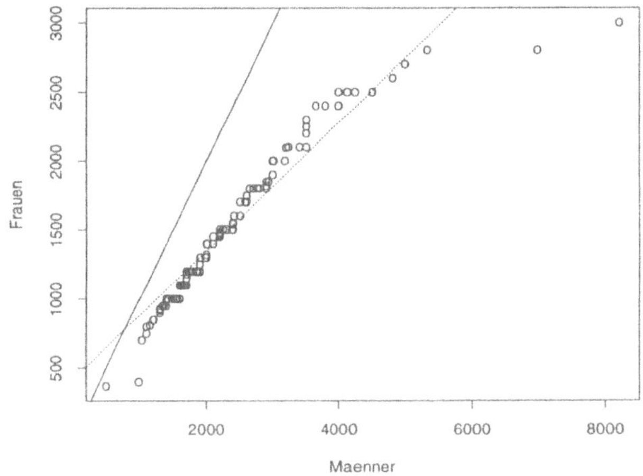

Einkommen der Männer (oberhalb von ca. 5000 DM) weichen deutlich von der Regressionsgeraden ab. Der Q-Q-Plot legt damit einen zusätzlichen Effekt bei den höchsten Einkommensgruppen nahe. Eine Möglichkeit zur Modellierung eines solchen Effekts besteht in einer quadratischen Regression. Eine quadratische Regression für die Quantile des Einkommens der Frauen (QEW) ergibt $QEW=-197.0+0.9*QEM-0.000063*QEM^2$, wobei QEM den Quantilen des Einkommens der Männer entspricht. Diese Regression erklärt 98.7% der Varianz der Einkommensquantile der Frauen. Ein Q-Q-Plot der beobachteten Quantile gegen die so vorhergesagten Quantile (Abb. 3.13) zeigt die außerordentlich gute Übereinstimmung zwischen Modell und Daten: Die einzig größere Abweichung ergibt sich durch das zweitkleinste Einkommen der Männer[1].

Die Gleichung läßt sich inhaltlich leicht interpretieren: Das Einkommensniveau ist bei den Frauen geringer, wächst langsamer an als bei den Männern und der Unterschied zu den Männern vergrößert sich in den höchsten Einkommensgruppen. Das Regressionsmodell für den Q-Q-Plot erlaubt so eine knappe und fast vollständige Beschreibung der Verteilungsunterschiede.

---

[1] Die drei niedrigsten Einkommen bei Männern liegen bei 500, 980 und 1000 DM, die drei niedrigsten bei den Frauen bei 370, 400 und 700 DM. Der große Abstand zwischen 500 und 980 DM besitzt keine Entsprechung bei den Frauen.

Abb. 3-13 Q-Q-Plot: Vorhergesagtes vs. beobachtetes Einkommen weiblicher Angestellter

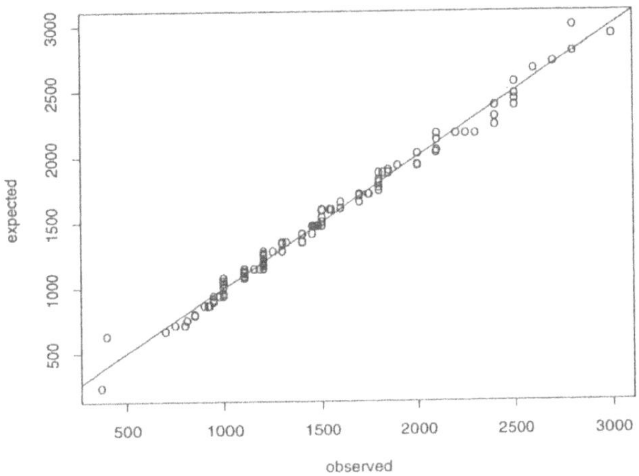

3.3 Dot-Charts

Neben den bisher diskutierten Plots gibt es eine große Zahl weiterer Möglichkeiten des graphischen Vergleichs empirischer Verteilungen. Dazu gehören vor allem Plots für den Vergleich von Kenngrößen zwischen Subgruppen. Die hierzu meistens verwendeten Plottypen wie z.B. Area-Charts, Line-Charts, Bar-Charts, Pie-Charts usw. weisen aber eine Reihe von Problemen auf. Dies sind neben Wahrnehmungsfehlern wie z.B. bei Line-Charts und Pie-Charts (vgl. Kap. 1) zum großen Teil kognitive Probleme, da viele Plots eine zu große Zahl nicht-trivialer kognitiver Operationen für einen Vergleich voraussetzen[1]. Abschließend sollen daher einige Varianten eines Plottyps demonstriert werden, der zur Vermeidung dieser Probleme konstruiert wurde: "dot charts" (CLEVELAND 1984a).

[1] Ein Beispiel sind sogenannte "Ribbon-Charts", die meist zur simultanen Darstellung mehrerer Zeitreihen verwendet werden. Für einen Vergleich muß der Betrachter die variierende Höhe mehrerer, sich teilweise verdeckender "Bänder" in einem perspektivisch dargestellten drei-dimensionalen Raum beurteilen. Fehlbeurteilungen sind unvermeidlich. Solche Plots eignen sich daher nicht für Vergleiche.

Abb. 3-14 Bar-Chart: Mittleres Alter nach Bundesländern

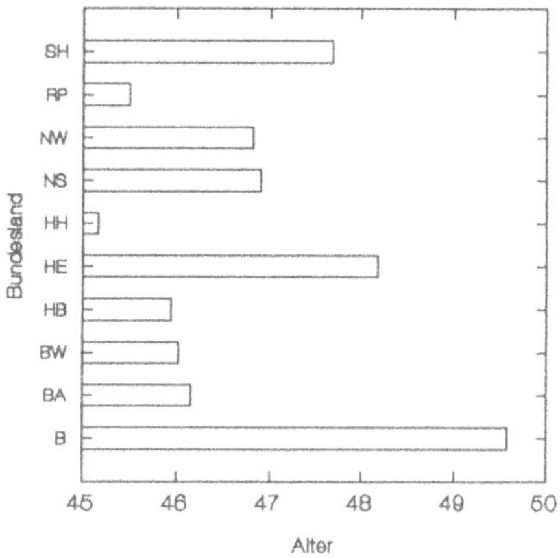

Abb. 3-15 Dot-Chart: Mittleres Alter nach Bundesländern

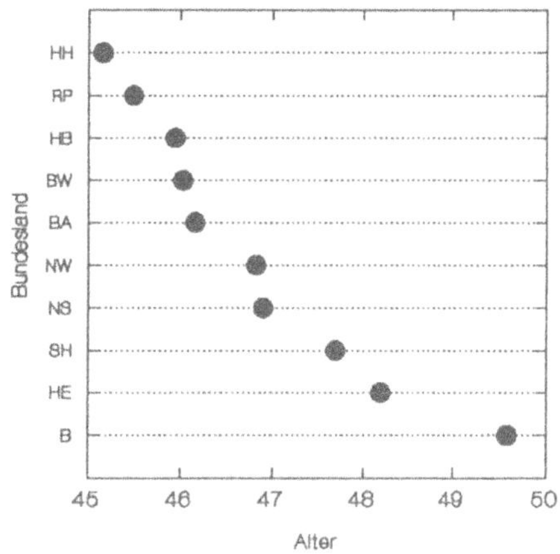

3.3.1 Dot-Charts für den Vergleich von Kenngrößen

Zur Darstellung der Abhängigkeit von Kenngrößen einer stetigen Variablen von einer kategorialen Variablen wird häufig ein Balkendiagramm verwendet. Als Beispiel zeigt die Abbildung 3.14 das mittlere Alter der Befragten getrennt nach den Bundesländern im ALLBUS 1980. Eine übersichtlichere Alternative zu diesem Plottyp sind "Dot-Charts"[1]. Einen Dot-Chart des Beispiels zeigt die Abbildung 3.15.

Die größere Übersichtlichkeit des Dot Charts basiert auf seinen Konstruktionsprinzipien. Bei einem Dot-Chart wird die stetige Variable entlang der horizontalen Achse geplottet. Die vertikale Achse wird durch die Kategorien gebildet. Da die vertikale Achse nominale Kategorien wiedergibt, kann diese Achse beliebig sortiert werden[2]. Bei einem Dot-Chart wird die kategoriale Achse nach der entsprechenden Größe der stetigen Variablen sortiert.

[1] Häufig wird für diesen Plot der Begriff "Dot-Plot" verwendet. Da "Dot-Plot" aber auch für andere Plots gebräuchlich ist, erscheint "Dot-Chart" weniger mißverständlich.

[2] Eine der Regeln, die WAINER (1984:143) in seinem Aufsatz "How to Display Data Badly" angibt, lautet: "Austria first!". Diese Regel basiert darauf, daß man auch einen einfachen Plot durch alphabetisches Sortieren der Achse unübersichtlich gestalten kann.

Abb. 3-16 Bar-Chart mit Standardfehler-Balken

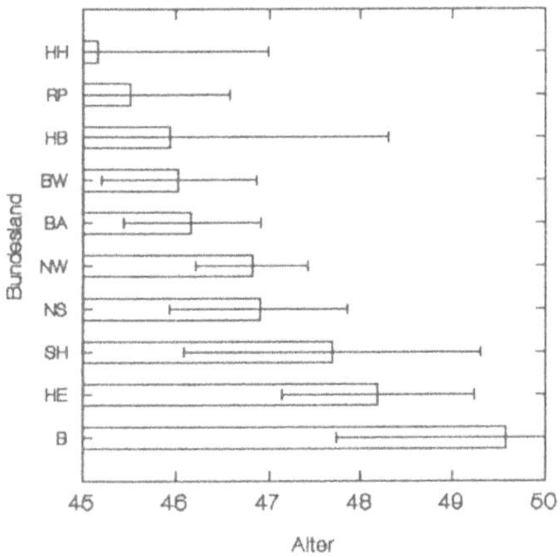

Abb. 3-17 Dot-Chart mit Standardfehler-Balken

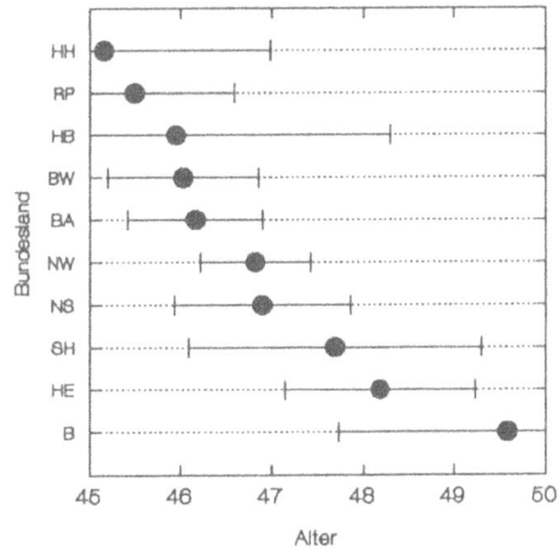

Die Datenpunkte werden als massive Kreise gezeichnet. Bei einfachen Dot-Charts existiert pro Kategorie nur ein Datenpunkt[1]. Der Datenpunkt wird mit der Kategorie durch eine dünne gepunktete Linie verbunden. Bei nur wenigen Werten kann man auf die Verbindungslinien verzichten, da dann die Zuordnung zu den Werten offensichtlich ist. Bei vielen Datenpunkten erleichtern die Verbindungslinien die Wahrnehmung wesentlich. CLEVELAND (1984a:271) legt nahe, die Verbindungslinien nur dann bis zu den Datenpunkten verlaufen zu lassen, wenn erstens die X-Achse bei Null (oder einem bedeutungstragenden Startwert) beginnt und zweitens kontinuierlich ist. In allen anderen Fällen sollten die Verbindungslinien über die gesamte Plotbreite laufen.

Eine Variante des Dot-Charts gibt zusätzlich zu den dargestellten Größen deren Streuung oder Standardschätzfehler wieder. Vor allem bei einer großen Zahl von Kategorien sind Fehlerbalken in Dot-Charts übersichtlicher als in Balkendiagrammen. Die Fehlerbalken in Balkendiagrammen sind häufig nur schwer von den Datenbalken zu unterscheiden[2]. Als Beispiel zeigen die Abbildungen 3.16 und 3.17 die Standardschätzfehler der Mittelwerte des Alters der Befragten getrennt nach den Bundesländern in einem Balkendiagramm und in einem Dot-Chart.

---

[1] Zu Varianten des Dot-Charts zum Vergleich von Subgruppen vgl. CLEVELAND (1984a:275-276).

[2] Ein zentrales Konzept bei TUFTE (1983:93) ist das "data-ink-ratio": Das Ausmaß an Druckerschwärze, um die Daten wiederzugeben, im Verhältnis zur insgesamt für die Abbildung verwendeten Druckerschwärze. TUFTE betrachtet Plots, bei denen dieses Verhältnis hoch liegt, anderen Plots als überlegen. Das "data-ink-ratio" liegt bei Dot-Charts fast immer höher als bei Balkendiagrammen.

Abb. 3-18 Paired-Dot-Chart für wiederholte Messungen

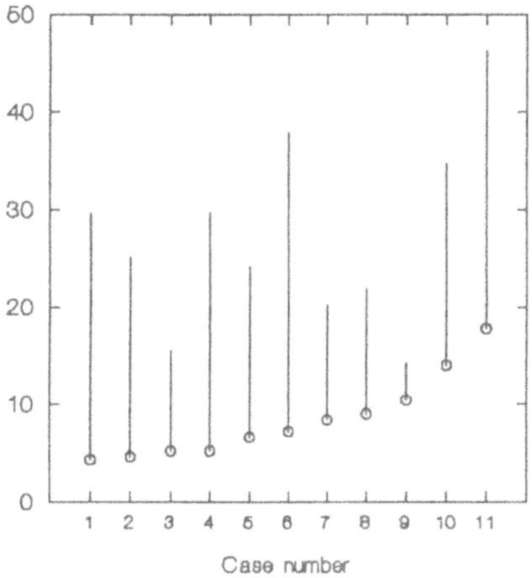

Abb. 3-19 Line-Chart für wiederholte Messungen

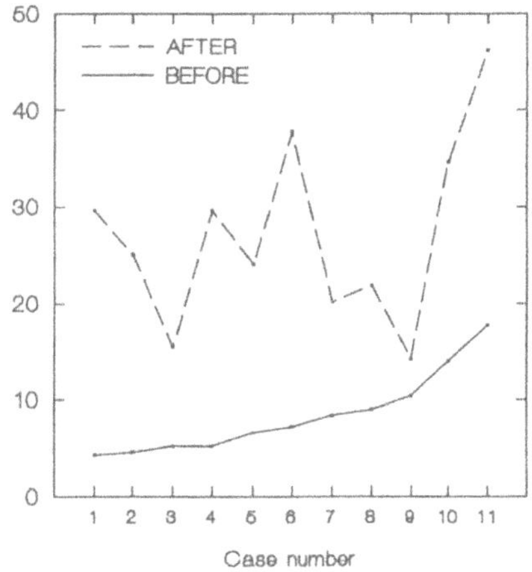

3.3.2 Paired-Dot-Charts für wiederholte Messungen

Zur Darstellung der Veränderung einer Variablen bei einer Reihe von Objekten zwischen zwei Meßzeitpunkten wurde eine Variante der Dot-Charts von McNEIL (1992) vorgeschlagen: "paired dot-charts". Dieser Plot bietet die Möglichkeit, die Veränderung jedes einzelnen Objekts übersichtlich darstellen. Hierzu wird der Datensatz nach der ersten Messung sortiert und ein Index-Plot der ersten Messung erstellt. In den Plot wird dann an jedem Datenpunkt die Veränderung der zweiten Messung gegenüber der ersten Messung als senkrechte Linie eingezeichnet. Ein Beispiel anhand der Daten der Veränderungen der ß-Endorphinkonzentration im Blut bei 11 Läufern vor und nach dem Lauf (McNEILL 1992) zeigt die Abbildung 3.18.

Paired-Dot-Charts eignen sich vor allem für kleinere Fallzahlen, jenseits von ca. 50-100 Fällen werden sie rasch unübersichtlich. Bei kleineren Fallzahlen sind sie aber übersichtlicher als andere Darstellungsformen, z.B. "Line-Charts" (vgl. Abb. 3.19).

4 Plots zum Vergleich theoretischer und empirischer Verteilungen

Bei einer Datenanalyse stellt sich häufig die Frage, ob eine empirische Verteilung mit einer theoretischen Verteilung übereinstimmt. Eine solche Übereinstimmung ist z.B. eine notwendige Voraussetzung für die Durchführung einiger multivariater Analyseverfahren. Weiterhin erlaubt eine enge Übereinstimmung zwischen theoretischer und empirischer Verteilung oft eine sehr effiziente Beschreibung eines Prozesses: Stimmen die Verteilungen überein, so genügen zur Beschreibung des empirischen Prozesses die wenigen kennzeichnenden Parameter der theoretischen Verteilung (z.B. Mittelwert und Standardabweichung bei normalverteilten Variablen). Für solche Übereinstimmungsüberprüfungen gibt es eine große Zahl graphischer Techniken.

4.1 Probability-Plots ("Theoretical Q-Q-Plots")

Die Idee der bereits diskutierten Q-Q-Plots legt es nahe, als eine der beiden Variablen in einem Q-Q-Plot eine theoretische Verteilung (wie z.B. eine Normalverteilung) zu verwenden. Da in solchen Plots die Quantile einer empirischen Verteilung gegen die Quantile einer theoretischen Verteilung geplottet werden, nennt man diese Plots daher "theoretical Q-Q-Plots" bzw. "probability plots". Am häufigsten wird als theoretische Verteilung die Normalverteilung verwendet, diese Plots heißen daher "normal probability plots".

4.1.1 Eigenschaften von Probability-Plots

Bei einem Normal-Probability-Plot werden die erwarteten Werte unter der Annahme der Normalverteilung entlang der Y-Achse geplottet, die beobachteten Werte entlang der X-Achse[1]. Liegen die Plotpunkte auf der Linie Y=X, so stimmen empirische und theoretische Verteilung überein.

[1] Der Großteil der theoretischen Literatur sowie die meisten Lehrbücher orientieren sich an WILK/GNANADESIKAN (1968) bzw. CHAMBERS u.a. (1983), die die theoretischen Werte entlang der X-Achse plotten. Andere Autoren plotten die theoretischen Werte entlang der Y-Achse (z.B. LEWIS/ORAV 1989). Die meisten Programmpakete verwenden die letztere Konvention.

Abb. 4-1 Normal-Probability-Plot, normalverteilte Variable

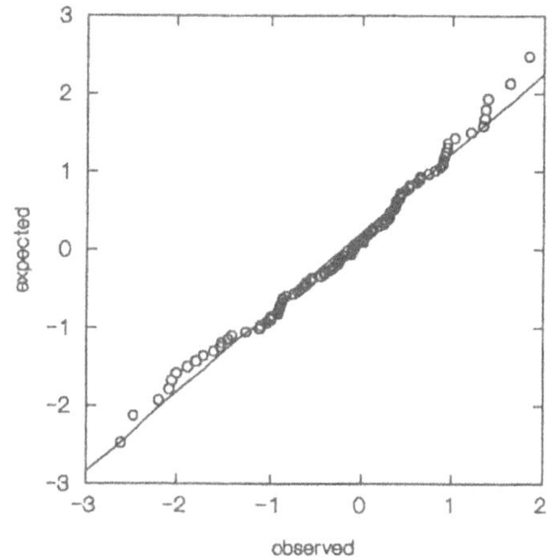

Abb. 4-2 Normal-Probability-Plot, "heavy-tailed"

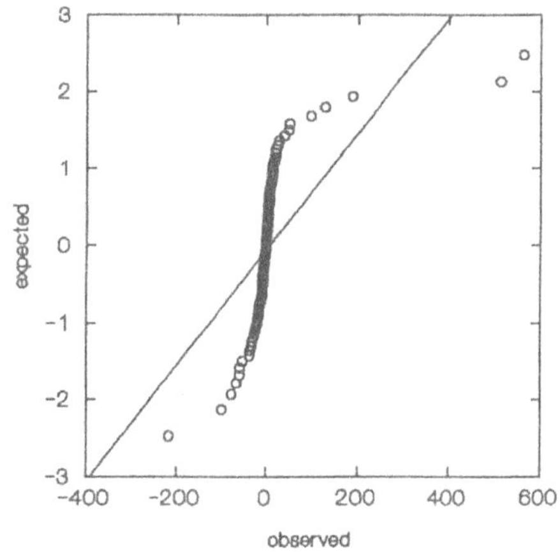

Die Abbildung 4.1 zeigt einen Normal-Probability-Plot einer normalverteilten Variablen. Die Punkte liegen eng und unsystematisch um die Hilfslinie (Regressionsgerade) herum. Die Abbildung 4.2 zeigt den Normal-Probability-Plot einer symmetrischen Variablen mit vielen Extremwerten ("heavy tails")[1]. Dieses S-förmige Abweichungsmuster von der Hilfslinie ist typisch für symmetrische Variablen, deren Enden weiter entfernt vom Mittelwert liegen als es bei einer Normalverteilung zu erwarten wäre.

Abb. 4-3 Normal-Probability-Plot, gleichverteilte Variable

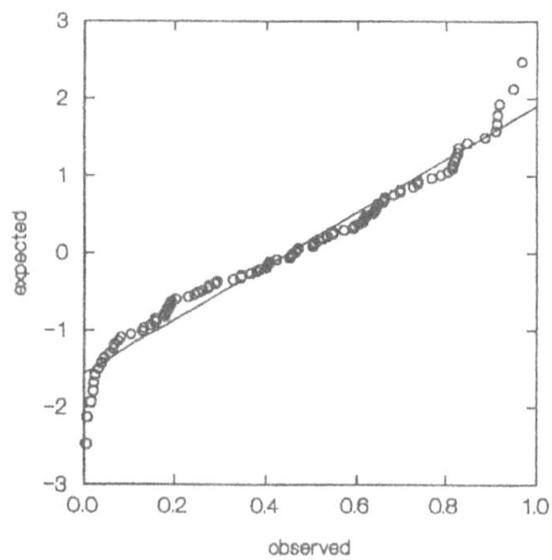

Abb. 4-4 Normal-Probability-Plot, bimodale Variable

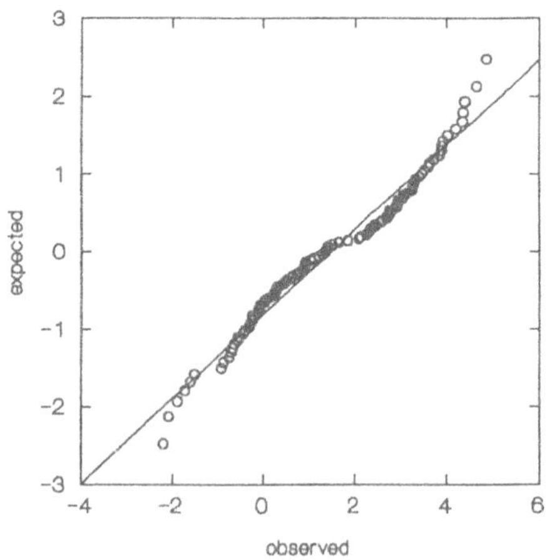

[1] Wie die Skalierung der Y-Achse zeigt, wird hier (wie in den meisten Datenanalyseprogrammen) gegen eine standard-normalverteilte Variable geplottet. Einige wenige Programme plotten gegen eine Normalverteilung mit dem Mittelwert und der Standardabweichung der beobachteten Variablen.

Abb. 4-5 Normal-Probability-Plot: Altersverteilung in Bremen

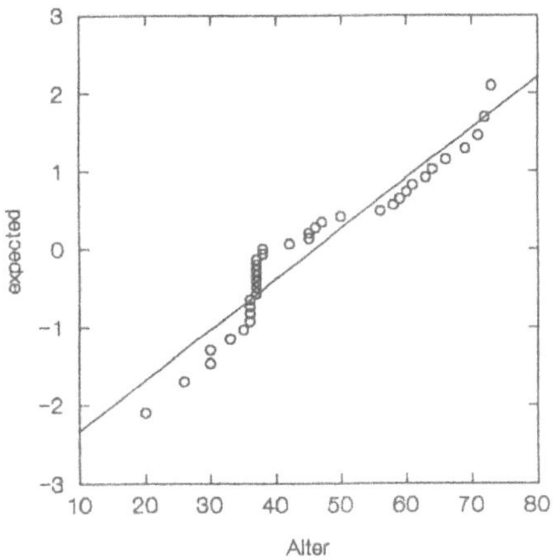

Abb. 4-6 Normal-Probability-Plot: kategoriale Skala (1-9)

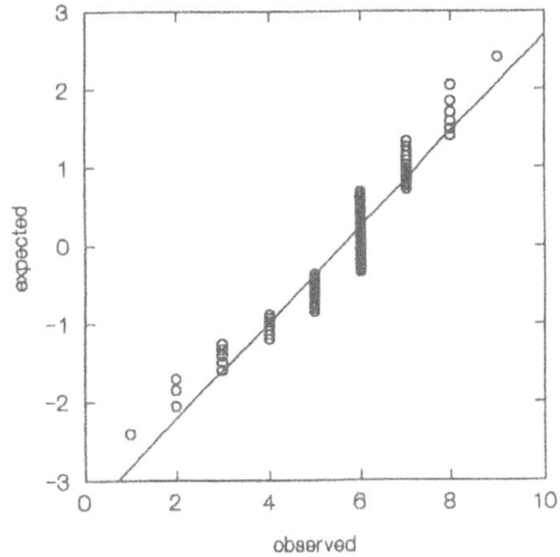

Ein Muster wie in Abbildung 4.3 deutet auf eine Verteilung hin, deren beide Enden näher am Mittelwert liegen als bei einer Normalverteilung zu erwarten wäre. Hier handelt es sich um eine gleichverteilte Variable.

Muster wie in Abbildung 4.4 deuten auf eine bimodale Verteilung hin, die möglicherweise auf zwei Subpopulationen zurückgeht. Das bedeutsamste Merkmal dieses Plots ist nicht die zufällige Lücke am unteren Ende der Verteilung, sondern die schwache Besetzung in der Mitte des Plots. Bei symmetrischen, unimodalen Plots müßten hier die meisten Beobachtungen zu finden sein.

Die Vorteile des Probability-Plots kommen erst bei Variablen mit mehr als einem Dutzend Ausprägungen deutlich zum Ausdruck. Kategoriale Messungen und Digitpräferenzen zeigen sich als senkrechte Linien im Plot (vgl. Abb. 4.5-4.6). Allgemein zeigen sich nichtbesetzte Kategorien bzw. nichtrealisierte Wertebereiche als horizontale Lücken zwischen den Plotpunkten. Ausreißer sind als isolierte Einzelpunkte erkennbar.

Sehr schief verteilte Variablen fallen in Normal-Probability-Plots durch nahezu senkrechte Linien in einem Teil des Plots auf[1]. Ein Beispiel zeigt die Abbildung 4.7.

---

[1] Die Schiefe (Skewness) g wird berechnet als

$$g=n\sum_{i=1}^{n}(x_i-\bar{x})^3/((n-1)(n-2)s^3)$$

wobei s die Standardabweichung ist.

Abb. 4-7 Normal-Probability-Plot, linksgipflige Variable (g=2)

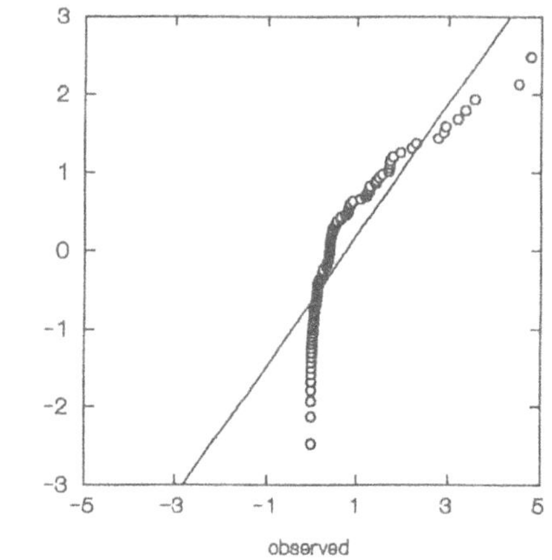

Abb. 4-8 Normal-Probability-Plot, rechtsgipflige Variable (g=-2)

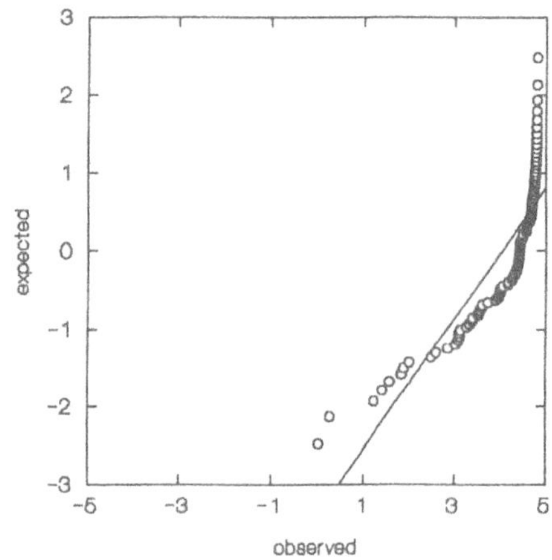

Die Skewness g der Variablen beträgt 2, es handelt sich also um eine rechtsschiefe (linksgipflige) Verteilung (vgl. das Histogramm der Variablen, Abbildung 4.9)[1].

Im Normal-Probability-Plot zeigt sich dies durch den zunächst fast senkrechten Verlauf der Kurve durch die Punkte des Plots um X=0. Eine entsprechend linksschiefe (rechtsgipflige) Verteilung zeigt sich in Abbildung 4.8 (vgl. das Histogramm Abb. 4.10). Die Skewness beträgt -2; der Plot zeigt eine senkrechte Linie am oberen Ende der Verteilung.

Abb. 4-9 Histogramm der Variablen der Abbildung 4.7

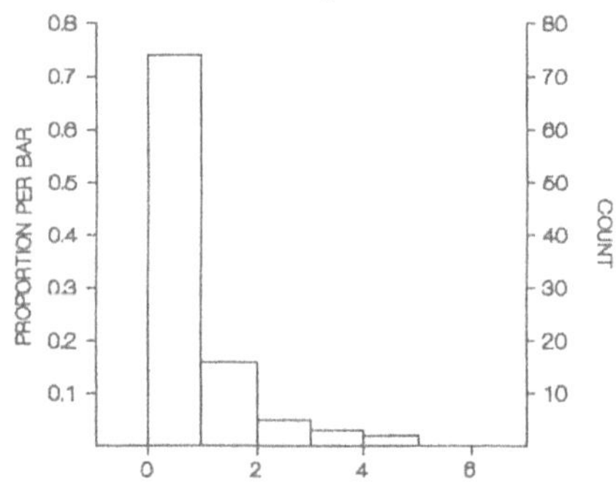

Abb. 4-10 Histogramm der Variablen der Abbildung 4.8

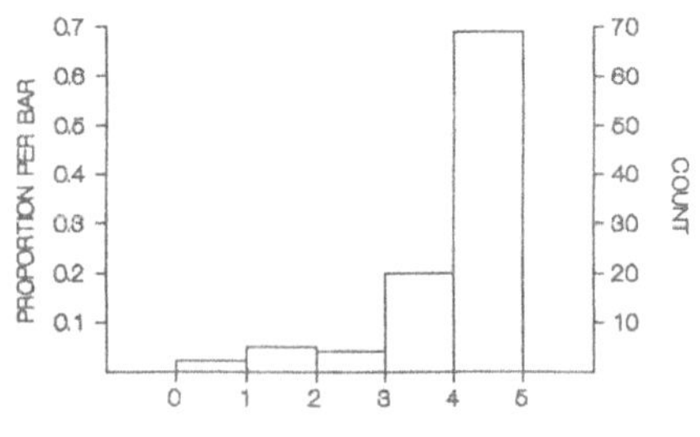

[1] Ist $g < 0$, so ist die Verteilung linksschief (rechtsgipflig), ist $g > 0$ so ist die Verteilung rechtsschief (linkssgipflig). Je näher der Betrag von g an Null liegt, desto symmetrischer ist die Verteilung.

4.1.2 Konstruktion von Probability-Plots

Die Konstruktion der Probability-Plots erfolgt exakt so, wie bei einem Q-Q-Plot mit gleicher Anzahl von Beobachtungen auf beiden Variablen. Die beobachteten Werte werden der Größe nach sortiert und die Plotpositionen $p_i=[i-0.5]/n$ berechnet[1]. Die sortierten Werte werden als X-Achse geplottet. Die Y-Achse errechnet sich je nach unterstellter Verteilung entsprechend der Tabelle 4.1.

Bei einem Normal-Probability-Plot wird eine Beobachtung $x_{(i)}$ gegen den erwarteten Wert der Verteilungsfunktion der Normalverteilung geplottet; exakter: gegen die inverse Verteilungsfunktion für die Plotposition p_i. Spezielle Formen des Normal-Probability-Plots sind "half normal probability plots" (Kap. 4.1.3.2) und "detrended normal probability plots" (Kap. 4.1.3.1). Neben der Normalverteilung sind auch andere Verteilungen in Probability-Plots von Interesse, so vor allem die Gleichverteilung und die χ^2-Verteilung.

Wie die Tabelle 4.1 zeigt, benötigt man für fast alle Probability-Plots die inverse Verteilungsfunktion der unterstellten Wahrscheinlichkeitsfunktion[2]. Das Problem besteht also darin, für eine gegebene "Wahrscheinlichkeit" (und eventuell gegebene Freiheitsgrade) den zugehörigen Wert der Abszisse zu finden. Beispielsweise ergibt sich für eine inverse Normalverteilung bei p=0.5 ein entsprechender z-Wert von 0.0; für p=0.95 ergibt sich 1.645. Diese "Percentage points" der Wahrscheinlichkeitsverteilungen werden von Datenanalysesystemen

Verteilung	X-Achse	Y-Achse $\{p_i=(i-.5)/n\}$
normal	$x_{(i)}$	$\Phi^{-1}(p_i)$
half-normal	$x_{(i)}$	$\Phi^{-1}(p_i/2+.5)$
detrended normal	$x_{(i)}$	$\Phi^{-1}(p_i)-z(i)$
uniform	$x_{(i)}$	p_i
χ^2	$x_{(i)}$	$\chi^{-1}(p_i,df)$

Tab. 4-1 Konstruktion von Probability-Plots

[1] Andere Berechnungen der Plotpositionen führen kaum zu unterschiedlichen Plots (HARTER 1984).

[2] Φ^{-1} ist die inverse Verteilungsfunktion der Normalverteilung, χ^{-1} die inverse Verteilungsfunktion der χ^2-Verteilung und $z_{(i)}$ der z-standardisierte Wert der Beobachtung $x_{(i)}$.

Abb. 4-11 Normal-Probability-Plot, normalverteilt

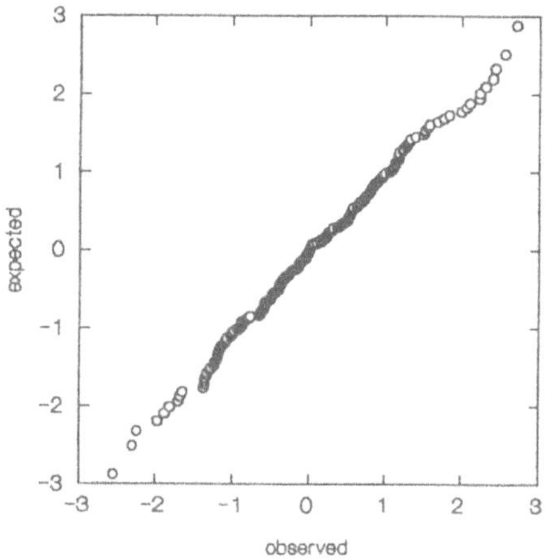

Abb. 4-12 Detrended-Normal-Probability Plot der Daten der Abb. 4.11

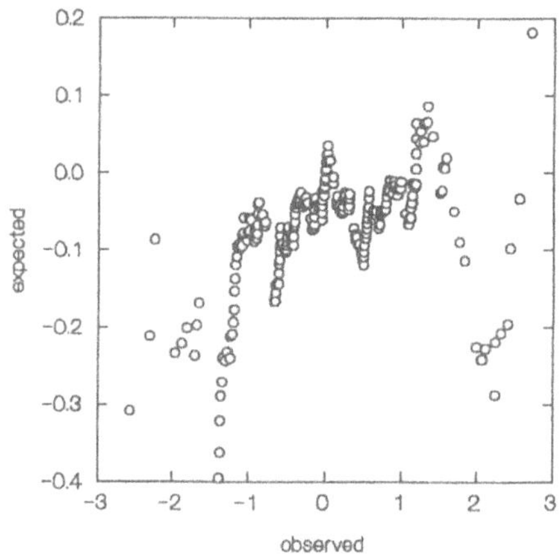

über Approximationen berechnet[1]. Solche Approximationsfunktionen sind meist Polynome höheren Grades mit vielstelligen Konstanten[2].

4.1.3 Varianten und Anwendungen der Probability-Plots

Probability-Plots sind ein leicht verständliches und sehr leistungsfähiges Werkzeug. Um es weiter zu verbessern, wurden eine Reihe von Varianten, Anwendungen und Verallgemeinerungen vorgeschlagen.

---

[1] So kann man z.B. die inverse Normalverteilung mit

$$z = -5.53 * \left(\left(\frac{1-p}{p} \right)^{.1193} - 1 \right)$$

approximieren, wobei $p \geq 0.5$ sein muß (SHORE 1982:109). Die Approximation ergibt für $p=0.5$ den z-Wert 0.0, für $p=0.95$ den Wert 1.638. Diese Genauigkeit reicht für Plots aus.

[2] Für die meisten in der angewandten Statistik vorkommenden Verteilungen gibt es ausreichend genaue Approximationen. Approximationen der inversen Normalverteilung geben BEASLY/SPRINGER (1977) und SHORE (1982), der inversen t-Verteilung HILL (1970) und der inversen χ^2-Verteilung GOLDSTEIN (1973) bzw. BEST/ROBERTS (1975). Für Plots mit der inversen χ^2-Verteilung reicht in vielen Fällen auch die einfache Variante vom GOLDBERG/LEVINE (1946) aus. Hinweise und Approximationen für eine Reihe von Wahrscheinlichkeitsverteilungen finden sich u.a. bei KENNEDY/GENTLE (1980), GRIFFITH/HILL (1985), THISTED (1988) und PRESS u.a. (1989). Fast alle Autoren geben neben den Formeln auch vollständige (FORTRAN-)Subroutinen an.

4.1.3.1 Detrended Normal-Probability-Plots

Ein "detrended normal probability plot" ist ein Normal-Probability-Plot (Abbildung 4.11), bei dem der lineare Trend aus den Werten für die Y-Achse herausgerechnet wurde (vgl. Abb. 4.12, gleiche Daten wie Abb. 4.11). Die Vergleichslinie in einem detrended Normal-Probability-Plot ist daher die horizontale Null-Linie.

Die Berechnung ist zunächst identisch mit der Berechnung eines Normal-Probability-Plots (also: sortieren, Plotposition als (i-0.5)/n berechnen, inverse Normalverteilung für die Plotposition berechnen). Aus dem letzten Schritt ergeben sich standard-normalverteilte Werte (viele Plotprogramme begrenzen den Wertebereich der Plots hier auf -3 bis +3). Von diesen erwarteten Werten wird der z-Wert der Beobachtung subtrahiert:

$$p_i = \Phi^{-1}(i-0.5/n) - (x_{(i)} - \bar{x})/\sigma$$

wobei Φ^{-1} die inverse Verteilungsfunktion der Normalverteilung ist und $x_{(i)}$ die sortierten Beobachtungen darstellen.

Liegt die unterstellte Normalverteilung bei den beobachteten Daten vor, so darf sich im detrended Normal-Probability-Plot keinerlei systematische Tendenz zeigen. So sollten die Werte z.B. an den Enden der Verteilung nicht größer als in der Mitte sein.

Ein detrended Normal-Probability-Plot betont die Abweichungen von der Vergleichslinie. Diese Betonung wird insbesondere dann weiter verstärkt, wenn die Y-Achse des Plots nicht auf +3 bis -3 begrenzt wurde. Vor allem bei kleinen Stichproben und Plots, deren Y-Achse nach den beobachteten maximalen Abweichungen skaliert wurde, neigt man dazu, in einem detrended Normal-Probability-Plot systematische Tendenzen zu erkennen, die nicht vorhanden sind, sondern nur Zufallsschwankungen darstellen (vgl. Abb. 4.12). Wird ein solcher Plot inhaltlich interpretiert, so sollte zusätzlich immer ein Normalverteilungstest durchgeführt werden[1].

---

[1] Zu univariaten Normalverteilungstests vgl. ausführlich MADANSKY (1988:14-55).

Abb. 4-13 Half-Normal-Probability-Plot

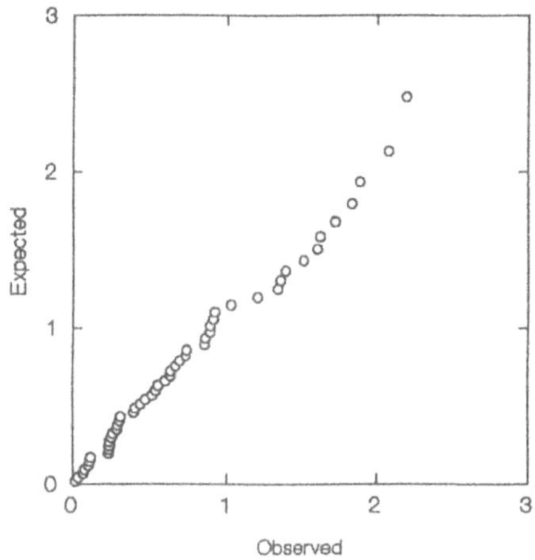

4.1.3.2 Half-Normal-Probability-Plots

Bei einem "half-normal probability plot" (vgl. Abb. 4.13) wird die beobachtete Variable gegen die erwarteten Werte unter der Annahme einer Normalverteilung, die nur positive Werte annimmt, geplottet. Genauer: Die beobachteten Werte (die nicht negativ sein dürfen) werden gegen die erwarteten Werte unter der Normalverteilungsannahme geplottet. Die erwarteten Werte werden als $p_i=\Phi^{-1}[(2i+2n-1)/4n]$ berechnet, wobei Φ^{-1} die inverse Normalverteilung darstellt[1].

Bei der Analyse von Residuen, deren Vorzeichen nicht von Interesse ist, kann man die Absolutwerte der Residuen in einem Half-Normal-Probability-Plot verwenden. Eine andere Anwendung ist ein RZ-Plot (vgl. Kap. 7.1.4.1) bei dem die Absolutbeträge z-standardisierter Korrelationskoeffizienten geplottet werden. Ursprünglich wurde der Half-Normal-Probability-Plot bei der Analyse vollfaktorieller Varianzanalysen mit zwei Stufen pro Faktor verwendet, also bei 2^n-Designs (DANIEL 1959). Liegen keine überzufälligen Effekte vor, so sind die Kontraste mit dem Mittelwert Null normalverteilt. Ein Half-Normal-Probability-Plot der absoluten Werte der Kontraste ergibt dann eine Gerade. Der Plot zeigt häufig auch dann noch eine lineare Form, wenn einzelne Beobachtungen die formalen Tests stark beeinflussen. Der Plot kann so unter anderem zur Entdeckung von Ausreißern führen (GERSON 1975:250).

---

[1] Einige Programme verwenden andere Formeln für die erwarteten Werte. So arbeitet z.B. BMDP 5D mit der Formel $p_i=\Phi^{-1}[(3n+3i-1)/(6n+1)]$ (DIXON/BROWN 1979:221).

Abb. 4-14 P-P-Plot

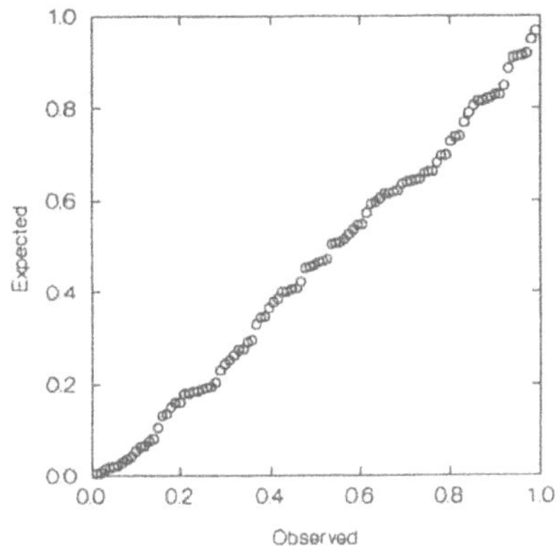

Abb. 4-15 Q-Q-Plot

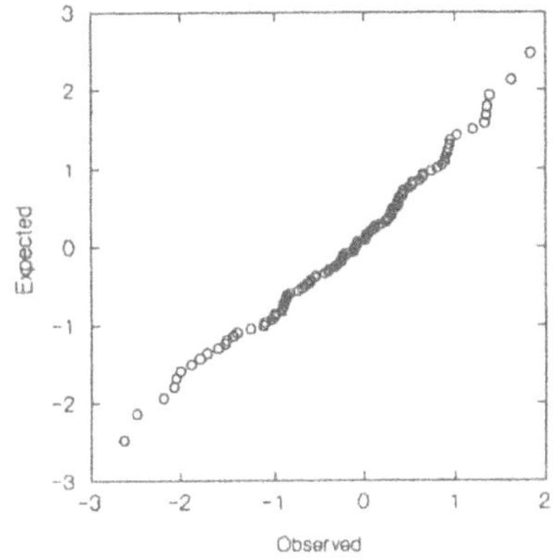

4.1.3.3 Perzentil-Plots (P-P-Plots)

Neben den bisher behandelten Probability-Plots, die beobachtete Quantile gegen die Quantile einer theoretischen Verteilung plotten ("theoretical Q-Q-Plots"), gibt es entsprechende Perzentil-Plots (P-P-Plots). Die Y-Achse des Plots besteht aus den Werten i/(n+1), für i=1 bis n. Die X-Achse des Plots wird durch die kumulierte Dichteverteilung der unterstellten Verteilung für den entsprechenden Datenwert gebildet. Da in der Regel die Normalverteilung von Interesse ist, wird die X-Achse meist durch den Wert der kumulierten Normalverteilung für die entsprechende Beobachtung gebildet[1].

Die Abbildung 4.14 zeigt einen P-P-Plot für 100 normalverteilte Zufallszahlen; die Abbildung 4.15 einen Q-Q-Plot für dieselben Daten. Die Unterschiede bestehen aus der stärkeren Betonung der Enden der Verteilung im Q-Q-Plot und der stärkeren Betonung der Mitte der Verteilung im P-P-Plot. Da die Enden der Verteilung sich häufig von den restlichen Daten stärker entfernen und die Zufallsstreuung an den Enden größer ist als in der Mitte der Verteilung, werden die Enden der Verteilung im Q-Q-Plot visuell stark betont. Im Beispiel scheinen im P-P-Plot die Extremwerte nicht so isoliert wie im Q-Q-Plot. Andererseits zeigt der Q-Q-Plot in der Mitte in diesem Beispiel weniger Details als der P-P-Plot; im Q-Q-Plot finden sich hier viele überdruckte Symbole; der P-P-Plot trennt die Beobachtungen. Abweichungen in der Mitte der Verteilung werden im P-P-Plot deutlicher als im Q-Q-Plot.

[1] Es wird also i/(n+1) gegen $F(X_{(i)})$ für i=1 bis n geplottet, wobei F die kumulierte Verteilungsfunktion der unterstellten Verteilung und $x_{(i)}$ die sortierten Daten darstellt.

Bei einem Normal-Probability-P-P-Plot wird die beobachtete Variable beim Plot in der Regel z-standardisiert; der Plot wird deshalb auch als "standardisierter P-P-Plot" bezeichnet. Ein Problem bei P-P-Plots besteht darin, daß auch bei korrekt spezifizierter Verteilungsform, aber falschen Parametern (z.B. Mittelwert und Standardabweichung bei einer Normalverteilung), der P-P-Plot eine nichtlineare Beziehung zwischen erwarteten und beobachteten Werten anzeigt. Ein P-P-Plot ist im Gegensatz zu einem Q-Q-Plot nicht robust gegenüber linearen Transformationen. Insbesondere aufgrund der mangelnden Robustheit bei falscher Parameterwahl werden in der Literatur und in Standardpaketen in der Regel Q-Q-Plots statt P-P-Plots verwendet[1].

4.1.3.4 Stabilisierte Probability-Plots (SP-Plots)

Ein Problem der Probability-Plots besteht darin, daß die Zufallsstreuung der Quantile nicht konstant, sondern an den Enden der Verteilung größer als in der Mitte ist[2]. Dies erschwert die Beurteilung, ob eine Abweichung von der theoretischen Verteilung vorliegt, insbesondere bei kleinen Stichproben erheblich[3]. Hier können "stabilisierte Probability-Plots" (SP-Plots) hilfreich sein. Bei SP-Plots wird durch eine Transformation beider Achsen eines P-P-Plots eine konstante Varianz über den gesamten Wertebereich erreicht[4].

---

[1] WILK/GNANADESIKAN (1968:8-11) erörtern noch weitere Varianten der Probability-Plots, so vor allem auch "hybride" P-Q-Plots, die aber kaum Verwendung finden.

[2] Die Herleitung der Standardfehler für Quantile findet sich bei KENDALL/STUART (1969:236-237); die praktische Umsetzung in Hinsicht auf Probability-Plots für eine Vielzahl von Verteilungen bei CHAMBERS/CLEVELAND/KLEINER/TUKEY (1983:222-233).

[3] Zwar kann man die geschätzten Standardfehler der Quantile in die Probability-Plots einzeichnen (ein SAS-Macro findet sich bei FRIENDLY 1991:129-130), allerdings dürfen Plots dieser Standardfehler nicht als simultanes Konfidenzintervall interpretiert werden. Zur Konstruktion entsprechender Konfidenzintervalle vgl. DOKSUM/SIEVERS (1976).

[4] MICHAEL (1983:11-12) verwendet eine Arcus-Sinus-Transformation beider Achsen des Plots. Die Werte der x-Achse ergeben sich als

$$x_i = 2/\pi \ \arcsin\sqrt{(i-.5)/n}$$

Die Werte der y-Achse ergeben sich als

$$y_i = 2/\pi \ \arcsin\sqrt{F[(y_i-\mu)/\sigma]}$$

wobei μ den Mittelwert, σ die Standardabweichung und F die entsprechende Verteilungsfunktion darstellt. Bei einem Normal-Probability-Plot ist F die kumulierte Fläche der Standardnormalverteilung.

Abb. 4-16 Normal-Probability-Plot, transponierter Q-Q-Plot

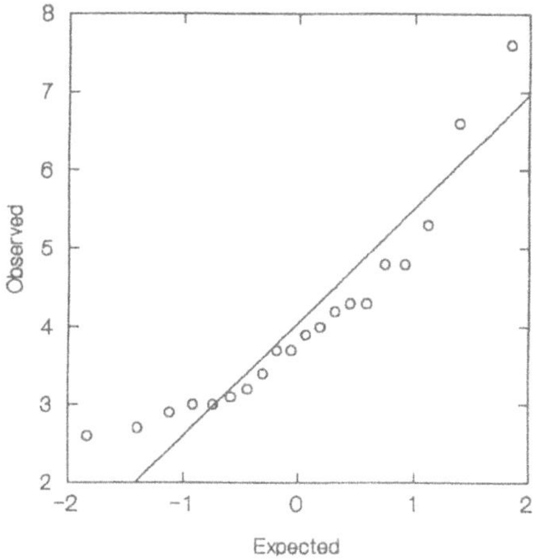

Abb. 4-17 Stabilisierter Normal-Probability-Plot, SP-Plot

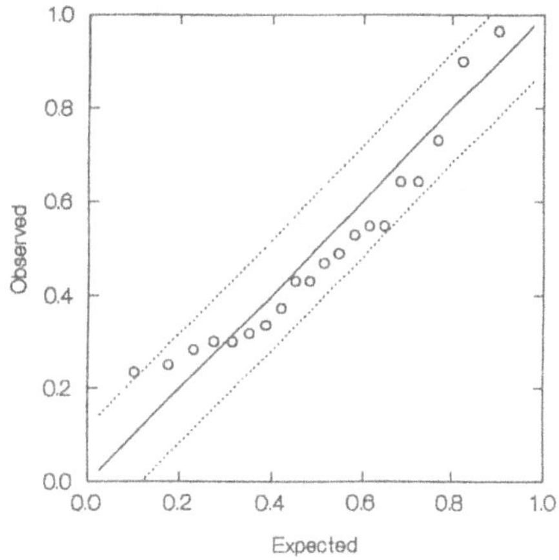

In solchen stabilisierten Plots ist eine Abweichung an den Enden der Verteilung genauso zu beurteilen, wie in der Mitte der Verteilung. Die Abbildung 4.16 zeigt einen Normal-Probability-Plot (Q-Q-Plot) für 20 Beobachtungen, die Abbildung 4.17 den entsprechenden stabilisierten Normal-Probability-Plot[1]. Der Plot enthält als Referenzlinie eine lineare Regression. Der SP-Plot enthält hingegen eine Diagonale als Hilfslinie und die Grenzen eines 95%-Konfidenzintervalls um die Diagonale[2]. Konfidenzintervalle in stabilisierten Probability-Plots sind Parallelen zur Diagonalen. Liegen alle Punkte innerhalb des Konfidenzintervalls, wird die getestete Verteilungsannahme aufrechterhalten. Im SP-Plot des Beispiels liegt die kleinste Beobachtung außerhalb des Konfidenzintervalls; die Normalverteilungshypothese muß daher hier verworfen werden.

[1] Die Daten des Beispiels stammen aus MICHAEL (1983:14).

[2] Ein BASIC-Programm für SP-Plots gibt NELSON (1989). Detaillierte Hinweise zur Konstruktion finden sich bei MICHAEL (1983). Das verbleibende Problem ist die Bestimmung der Konfidenzintervalle, MICHAEL löst es für einige Stichprobengrößen durch Monte-Carlo-Simulationen. ROYSTON (1993:154-155) entwickelt für so gewonnene kritische Werte des Normalverteilungstests eine einfache Approximationsformel.

Abb. 4-18 Standardisierter Normal-PP-Plot, Alter der Befragten in Bremen

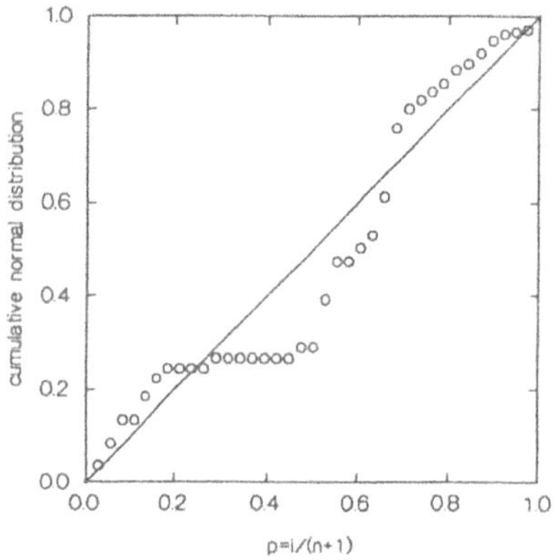

Abb. 4-19 Standardisierter Normal-PP-Plot, normalverteilte Zufallszahlen

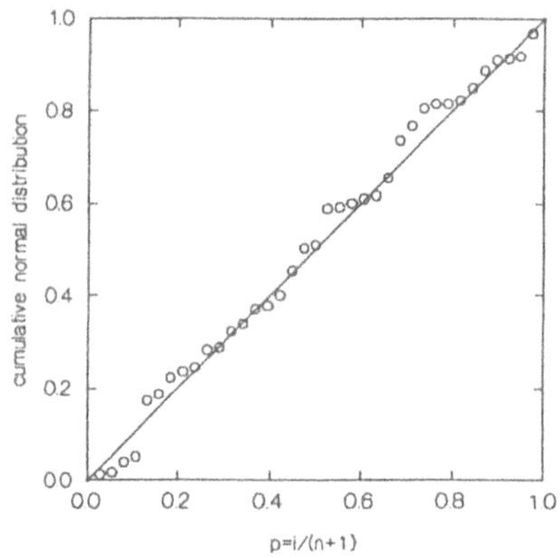

4.1.4.5 Probability-Plots als Basis für Verteilungstests

Es liegt nahe, aus der Übereinstimmung der erwarteten Werte mit den beobachteten Werten bei einem Probability-Plot Testgrößen zu konstruieren. Dabei gibt es mehrere Möglichkeiten. Eine einfache Version für standardisierte P-P-Plots schlagen GAN/KOEHLER/THOMPSON (1991:18) vor. Als Prüfgröße für einen "Goodness of fit"-Index der Punkte des Plots verwenden sie den quadrierten Pearson-Korrelationskoeffizienten. Für eine Reihe von Verteilungen geben sie kritische Werte an, die r^2 überschreiten muß, damit die entsprechende Verteilungshypothese, z.B. Normalverteilung aufrechterhalten werden kann[1].

Die Abbildung 4.18 zeigt für "Alter" bei den Bremer Befragten des ALLBUS 1980 r^2=0.92. Bei Normalverteilung und α=0.05 ergibt sich bei einer Fallzahl von 37 eine kritische Grenze von 0.9659. Da r^2 unter der kritischen Grenze liegt, kann diese Verteilung nicht als normalverteilt angesehen werden. Die Abbildung 4.19 (normalverteilte Zufallszahlen) zeigt hingegen eine bessere Übereinstimmung mit der Normalverteilung: Die Punkte liegen näher an der Diagonalen, r^2 liegt mit 0.9908 deutlich über der kritischen Grenze.

---

[1] Sie geben Approximationen für die kritischen Grenzen an. Für die Normalverteilung ergibt sich das 0.05 Perzentil als

$$r_\alpha^2 = 1 - \frac{1}{.7419 + .7733 * n}$$

4.1.4.6 χ^2-Probability-Plots zur Prüfung auf multivariate Normalverteilung

Eine Anwendung der χ^2-Verteilung für Probability-Plots ist ein graphischer Test auf multivariate Normalverteilung. Wenn die Beobachtungen auf p Variablen multivariat-normalverteilt sind, dann sind die quadrierten Mahalanobis-Distanzen[1]

$$d_i^2 = (X_i - \bar{X})' S^{-1} (X_i - \bar{X})$$

(wobei X_i die Variablen des Falles i, $\bar{X}$ den Vektor der Mittelwerte und S^{-1} die Inverse der Kovarianzmatrix darstellt) χ^2-verteilt mit p Freiheitsgraden (vgl. auch HEALY 1968)[2].

Ein Plot der quadrierten Mahalanobis-Distanzen gegen die entsprechenden Quantile der χ^2-Verteilung sollte daher bei Vorliegen multivariater Normalverteilung eine durch den Ursprung gehende Gerade ergeben.

Die Abbildung 4.20 zeigt einen solchen Plot für die Daten des ALLBUS 1980 zur subjektiven Wertschätzung verschiedener Lebensbereiche[3]. Vergleicht man die individuellen Distanzen mit dem Verlauf der Vergleichslinie, so weichen die Daten deutlich von der Linearität ab: "Subjektive Wichtigkeit verschiedener Lebensbereiche" ist offensichtlich nicht multivariat-normalverteilt. Zum Vergleich zeigt die Abbildung 4.21 die Distanzen bei 7 unabhängig normalverteilten Variablen. In diesem Fall sind kaum Abweichungen von den erwarteten Werten zu beobachten. Allerdings ist der Stichprobenumfang in diesen Beispielen vergleichsweise groß. Bei kleineren Stichproben ist mit größeren zufälligen Abweichungen insbesondere an den Enden der Verteilung zu rechnen.

---

[1] Die Mahalanobis-Distanz ist eine allgemeine Distanzfunktion, wie sie z.B. in der Clusteranalyse häufig verwendet wird. Die Vorteile der Mahalanobis-Distanz liegen zum einen darin, daß sie erstens invariant gegenüber linearen Transformationen ist (die "Skalierung" der Meßwerte spielt also keine Rolle) und zweitens die Korrelation zwischen den Merkmalen bei der Berechnung der Distanz berücksichtigt wird. Die Mahalanobis-Distanz transformiert zunächst die Merkmale in unkorrelierte Merkmale und berechnet dann quadrierte euklidische Distanzen aus diesen transformierten Merkmalen (vgl. KAUFMAN/PAPE 1984:384-385).

[2] Bei dieser Anwendung ist zu beachten, daß der Abstand jedes Falles vom Mittelwert gesondert mit der inversen Kovarianzmatrix multipliziert wird: Das Resultat ist hier ein n*1 Vektor der Distanzen, der dann geplottet wird.

[3] Es handelt sich um die Variablen V9-V15 des Zentralarchivdatensatzes.

Abb. 4-20 χ^2-Plot: Wichtigkeit verschiedener Lebensbereiche, n=2950

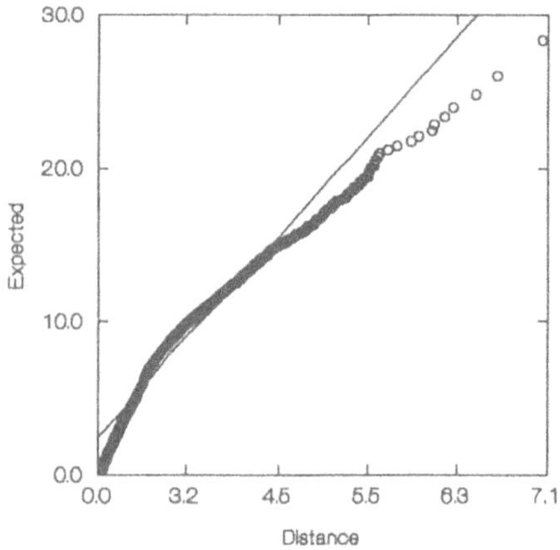

Abb. 4-21 χ^2-Plot: 7 unabhängig normalverteilte Variablen (n=1000)

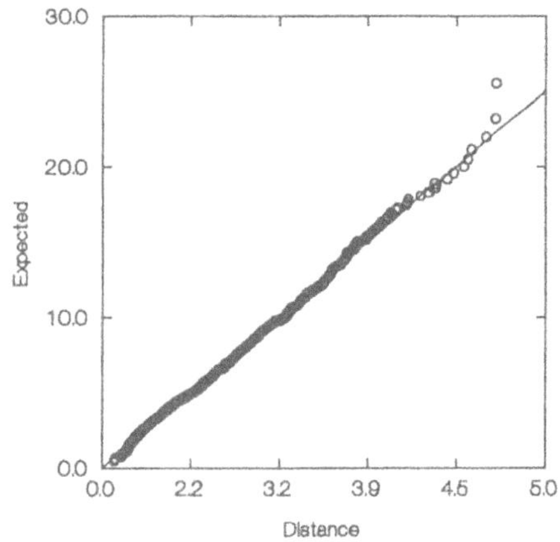

χ^2-Plots lassen sich mit Macros auch in Standardprogrammen erstellen[1]. Die Anwendung dieses Plots anstelle eines Tests auf multivariate Normalverteilung ist angesichts der Probleme der formalen Tests besonders interessant[2].

4.1.4 Multivariate Verallgemeinerungen von Q-Q-Plots

EASTON/McCULLOCH (1990) schlugen eine multivariate Verallgemeinerung von Q-Q-Plots vor. Bei diesen Plots wird eine multivariate empirische Verteilung mit einer multivariaten Verteilung aus einem entsprechenden Zufallszahlengenerator verglichen. Mit einer Optimierungsroutine wird eine Permutation der erzeugten Zufallsverteilung gesucht, die die Abstände zwischen der empirischen und der erzeugten Zufallsverteilung minimiert. Anschließend werden die so gewonnenen Paare der beiden multivariaten Stichproben für jede der p Dimensionen als jeweils ein Q-Q-Plot geplottet ("fuzzy coordinate Q-Q-plots"). Eine andere Art der Darstellung ist ein Vergleich der Distanzen zwischen der Zufallsverteilung und der empirischen Verteilung mit den Distanzen zwischen zwei (oder mehreren) Zufallsverteilungen ("Distance Q-Q-Plots").

---

[1] Zur Erstellung des Plots mit einem Standardpaket vgl. WILKINSON (1990a:349-350). Ein Macro in einer Matrix-Sprache findet sich bei DU TOIT/STEYN/STUMPF (1986:50-53).

[2] Zu formalen Tests vgl. GNANADESIKAN (1977:161-195) und MARDIA (1980).

Abb. 4-22 Überlagertes Histogramm: Einkommen im ALLBUS 1980; Normalverteilungskurve

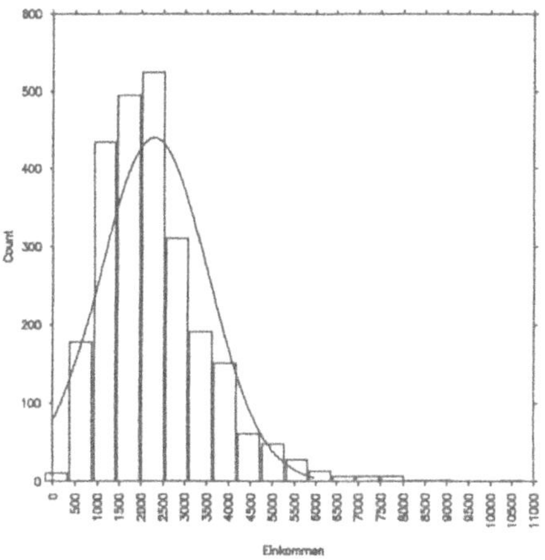

Abb. 4-23 Hängendes Histogramm: Einkommen im ALLBUS 1980; Normalverteilungskurve

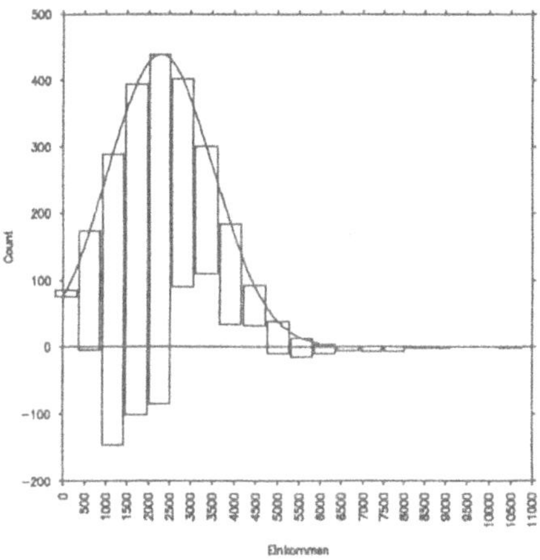

4.2 Plots für kategorisierte Variablen

Häufig soll die Verteilung einer kategorisierten empirischen Variablen mit einer theoretischen Verteilung anhand eines Histogramms verglichen werden. Dazu gibt es mehrere Möglichkeiten.

4.2.1 Überlagerte Histogramme

Im einfachsten Fall wird das Histogramm mit einer Kurve der theoretisch erwarteten Häufigkeiten überlagert. Die Abbildung 4.22 zeigt die Häufigkeit des jeweiligen Einkommens in 22 Kategorien, wobei die erwarteten Häufigkeiten in diesen Kategorien bei einer Normalverteilung mit dem Mittelwert und der Standardabweichung dieser Variablen des ALLBUS 1980 als Kurve eingezeichnet wurden[1]. Solche Plots sind die Standardplots der meisten derzeitigen Statistikpakete.

[1] Die erwarteten Häufigkeiten für die Kategorien werden wie bei einem entsprechenden Chi-Quadrat-Anpassungstest berechnet, der in jedem Standardlehrbuch der Statistik beschrieben wird. Eine entsprechende ausführliche Darstellung findet sich samt Computerprogramm bei VELLEMAN/ HOAGLIN (1981:270-274).

4.2.2 Hängende Histogramme

Die Beurteilung der Abweichungen von einer horizontalen Vergleichslinie ist einfacher als die Beurteilung der Abweichungen von einer Kurve (vgl. Kap. 1). Dieses Prinzip liegt der Idee der "hängenden Histogramme" zugrunde (vgl. Abb. 4.23). Oberhalb der horizontalen Vergleichslinie findet sich die Kurve der erwarteten Häufigkeiten unter der Annahme der Normalverteilung. Die beobachteten Häufigkeiten werden durch Histogrammbalken dargestellt, die von der Normalverteilungskurve "herunterhängen". Sowohl zu stark besetzte Kategorien (Ende des Histogrammbalkens unterhalb der Vergleichslinie) als auch zu schwach besetzte Kategorien (Ende des Histogrammbalkens oberhalb der Vergleichslinie) sind leicht erkennbar. Die Abbildung 4.23 legt es nahe, die Verteilung des Beispiels als nicht normalverteilt zu betrachten.

4.2.3 Residuen-Rootogramme und "suspended residual rootogram"

Falls ein Plot die Abweichungen zwischen beobachteten und erwarteten Häufigkeiten darstellen soll, ist es naheliegend, lediglich die Differenzen zwischen den beobachteten und den erwarteten Häufigkeiten (die Residuen) zu plotten. Die Abbildung 4.24 zeigt ein solches "Residuen-Histogramm".

Ein Problem bei der Beurteilung aller Histogramme besteht darin, daß die Häufigkeiten in einem Histogramm Realisationen einer Zufallsvariablen sind. Bei wiederholter Ziehung aus der gleichen Grundgesamtheit schwanken die Häufigkeiten wie bei jeder Zufallsstichprobe. Das Ausmaß der Schwankungen hängt von der Stichprobengröße ab und variiert folglich zwischen den einzelnen Kategorien (Balken) des Histogramms. Für die Beurteilung der Abweichungen einer empirischen Verteilung von einer theoretischen Verteilungen wäre es wünschenswert, das Ausmaß der Schwankungen der einzelnen Kategorien vergleichbar zu machen.

Abb. 4-24 Residuen-Histogramm: Einkommen ALLBUS 1980

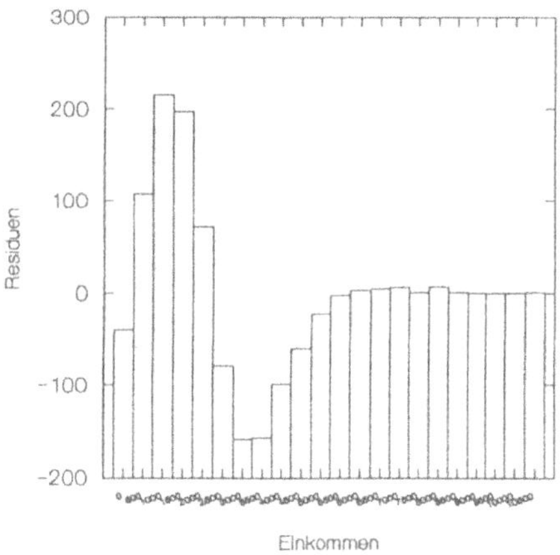

Abb. 4-25 Residuen-Rootogramm

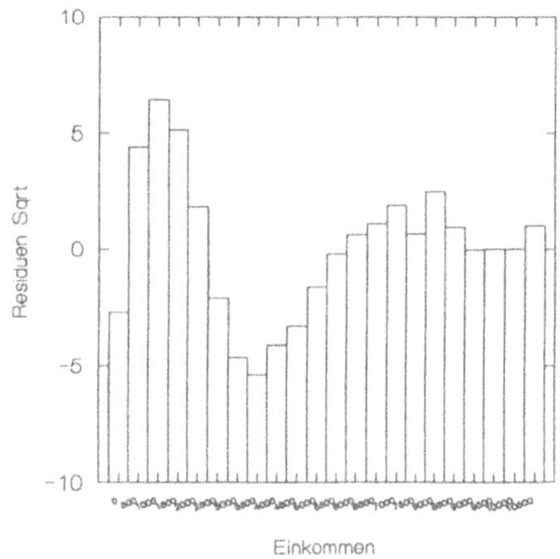

Dies kann durch eine Wurzeltransformation der Häufigkeiten in den Kategorien erfolgen[1]. Ein Histogramm, bei dem die Balkenlängen proportional zu den Quadratwurzeln aus den Häufigkeiten sind, heißt "Rootogramm" (VELLEMAN/HOAGLIN 1981:255-299)[2]. Ein Rootogramm wirkt meistens gleichmäßiger als das entsprechende Histogramm. Die relativen Häufigkeiten der Kategorien in einem Rootogramm sind leichter zu beurteilen, da die Zufallsschwankungen der einzelnen Kategorien annähernd gleich sind.

Bei einem Plot der Residuen läßt sich keine Wurzeltransformation durchführen, da die Residuen auch negative Werte annehmen. Stattdessen kann man die Differenz der Quadratwurzel der beobachteten Anzahl und der Quadratwurzel der erwarteten Anzahl pro Kategorie berechnen und diese Größe plotten. Das Ergebnis zeigt die Abbildung 4.25. Ein solcher Plot heißt "Residuen-Rootogramm".

[1] Bei Zähldaten, die mit dem Mittelwert m poisson-verteilt sind, beträgt die Varianz ebenfalls m. Mit steigendem Mittelwert steigt also auch die Varianz. Transformiert man die Zähldaten mit einer Wurzeltransformation, dann ist die Varianz der transformierten Variablen approximativ konstant. Die Wurzeltransformation wirkt damit varianzstabilisierend. Die Herleitung findet sich bei KENDALL/STUART (1976:90-91).

[2] Die vertikale Achse in einem Rootogramm wird so skaliert, daß aus der Achsenbeschriftung trotzdem die tatsächlichen Häufigkeiten (und nicht deren Quadratwurzeln) abgelesen werden können.

Abb. 4-26 Hängendes Residuen-Rootogramm

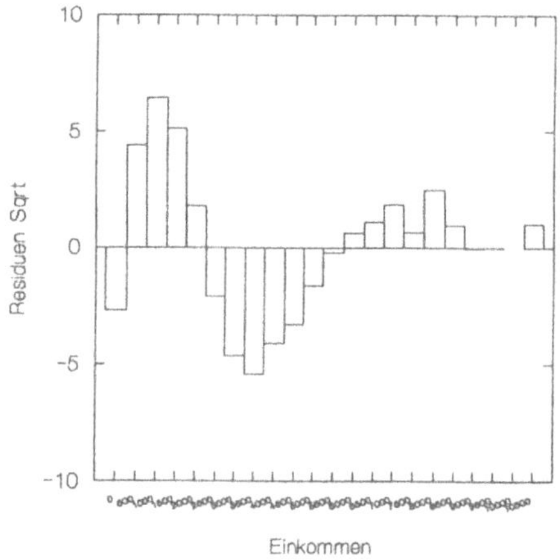

Um den Vergleich der positiven und negativen Abweichungen von den erwarteten Werten weiter zu erleichtern, kann man die Balken des Rootogramms der Residuen an der Null-Linie beginnen lassen und die Balken als Abweichung von der Null-Linie nach oben bzw. unten plotten. Das Ergebnis ist ein "hängendes Residuen-Rootogramm" ("suspended residual rootogram", vgl. Abb 4.26).

Die Abweichungen werden bei einem hängenden Residuen-Rootogramm stark betont, dafür ist die Y-Achse nicht mehr direkt als Häufigkeit interpretierbar. Für den Vergleich mit einer theoretischen Verteilung ist ein hängendes Residuen-Rootogramm aber wesentlich effektiver als ein überlagertes Histogramm[1].

[1] Obwohl derzeit nur wenige Datenanalyseprogramme hängende Histogramme, Rootogramme oder Residuen-Rootogramme anbieten, können diese in den meisten Statistik-Programmen leicht manuell erstellt werden. FORTRAN und BASIC Programme für Suspended-Residuen-Rootogramme geben VELLEMAN/HOAGLIN (1981:284-292).

Tab. 4-2 Haushaltsgröße und Anzahl der Haushalte

Größe	Anzahl
1	684
2	949
3	565
4	515
5	150
6	61
7	21
8	1
9	1
10	1

Abb. 4-27 Poissonness-Plot: Haushaltsgröße

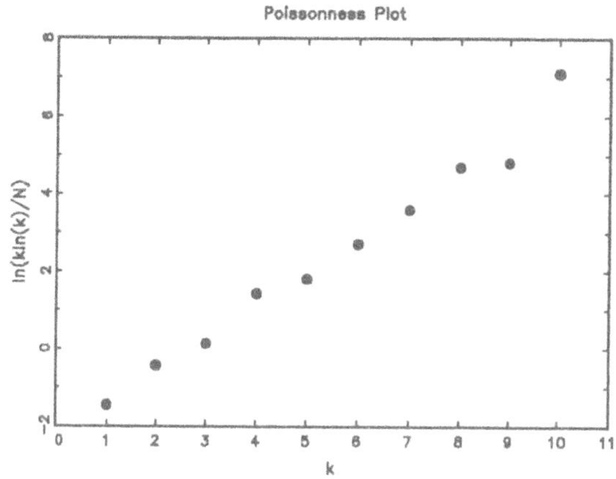

4.2.4 Poissonness-Plots

Ein spezieller Plot bietet sich dann an, wenn die theoretische Verteilung eine Poissonverteilung ist. HOAGLIN (1980) schlug einen graphischen Test für die Poissonverteilung einer Variablen vor. Die Abbildung 4.27 zeigt einen "Poissonness-Plot" der Haushaltsgröße der befragten Haushalte des ALLBUS 1980 (V291, vgl. Tabelle 4.2). Liegen die Punkte eines Poissonness-Plots annähernd auf einer geraden Linie, kann die Verteilung als poisson-verteilt angesehen werden.

Die Poissonverteilung ist definiert als

$$P_\lambda\{X=k\}=p_\lambda(k)=e^{-\lambda}\lambda^k/k!$$

für k=0,1,2,... Die erwarteten Häufigkeiten einer Stichprobe vom Umfang N ergeben sich als

$$m_k=Np_\lambda(k)=Ne^{-\lambda}\lambda^k/k!$$

für k=0,1,2,... Ist die erwartete Häufigkeit m_k gleich der beobachteten Häufigkeit x_k, so ergibt logarithmieren der letzten Gleichung

$$\ln(x_k)=\ln(N)-\lambda+k\ln(\lambda)-\ln(k!)$$

Durch Umstellen der Gleichung sieht man, daß ein Plot, dessen X-Achse aus den Werten von k, und dessen Y-Achse $\phi(x_k)$ aus den Werten $\ln(x_k)+\ln(k!)$ besteht, eine Gerade ergeben muß, deren Achsenabschnitt gleich $\ln(N)-\lambda$ und deren Steigung gleich $\ln(\lambda)$ sein muß[1]. Um den Plot bei verschiedenen Stichprobenumfängen vergleichbar zu machen, wird von der Gleichung für die Y-Achse noch ln(N) subtrahiert, so daß sich

$$\phi(x_k)=\ln(x_k)+\ln(k!)-\ln(N)$$

ergibt[2]. Dies vereinfacht sich zur endgültigen Gleichung für die Y-Achse:

$$\phi(x_k)=\ln(k!x_k/N)$$

Liegen die Punkte des Plots $\phi(x_k)$ gegen k nahe einer Geraden, so kann aus der Steigung der Geraden der Parameter der Poissonverteilung geschätzt werden: Der Schnittpunkt mit der Y-Achse ist gleich $-\lambda$ und die Steigung der Geraden ist gleich $\ln(\lambda)$.

Ein Poissonness-Plot ist ein einfacher und schneller graphischer Test, der insbesondere gegenüber einzelnen Ausreißern in der Verteilung robust ist. Im Beispiel der Verteilung der Haushaltsgröße des ALLBUS 1980 zeigt ein Standard-Kolmogorov-Smirnov-Test der Güte der Anpassung an eine Poissonverteilung eine signifikante Abweichung an; der Plot legt hingegen eine recht gute Übereinstimmung nahe[3]. Lediglich Haushalte mit 9 Mitgliedern scheinen leicht abweichend von ihrem Erwartungswert in der Stichprobe vorhanden zu sein[4].

---

[1] Punkte mit $x_k=0$ werden nicht geplottet.

[2] HOAGLIN (1980:146) definierte den Poissonness-Plot nach der ersten Gleichung. Die Modifikation mit der Subtraktion von ln(N) findet sich bei HOAGLIN/TUKEY (1985:350).

[3] Bei vielen Variablen ist die Ausprägung null nicht möglich. Dies trifft z.B. auf die Haushaltsgröße zu. In diesem Fall muß die entsprechende Poissonverteilung zu einer "no-zeros Poisson distribution" (HOAGLIN/TUKEY 1985:349) modifiziert werden:

$$p_\lambda^*(k)=p_\lambda(k)/(1-e^{-\lambda})$$

wobei k=1,2... Die Anpassungstests in den Standardprogrammen berücksichtigen dies in der Regel nicht.

[4] Eine ausführlichere Darstellung gibt HOAGLIN (1980), an dessen Darstellung sich dieser Abschnitt anlehnt. Weitere Einzelheiten und Erweiterungen finden sich bei HOAGLIN/TUKEY (1985).

4.3 Exkurs: Datentransformationen

Im Laufe einer Datenanalyse zeigt sich häufig, daß zumindest ein Teil der Variablen Verteilungen besitzt, die sich nur schwer beschreiben lassen oder nicht in Übereinstimmung mit den notwendigen Annahmen für bestimmte Verfahren stehen. In solchen Fällen liegen Datentransformationen nahe. Graphische Verfahren sind bei der Wahl einer geeigneten Datentransformation unentbehrlich.

4.3.1 Anwendungen von Datentransformationen

Für die Verwendung von Datentransformationen gibt es eine Reihe unterschiedlicher Gründe (EMERSON 1991a:365). Datentransformationen werden häufig mit dem Ziel einer Symmetrisierung der Verteilung einer Variablen durchgeführt, da symmetrische Verteilungen leichter zu beschreiben sind. Darüberhinaus gibt es weitere Vorteile. So sind die erklärten Varianzen bei symmetrischen Variablen häufig größer. Eine entsprechende Transformation kann zu einfacheren Formen der Abhängigkeiten einer Variablen von den unabhängigen Variablen führen, z.B. indem der Zusammenhang nach der Transformation linear beschreibbar wird. Ebenso können Transformationen Interaktionseffekte unabhängiger Variablen vermeidbar werden lassen. Die Zahl ungewöhnlich großer Abweichungen eines Modells von den Daten kann gelegentlich durch eine Datentransformation verringert werden. Schließlich stimmen transformierte Variablen häufig besser mit den Verteilungsannahmen statistischer Verfahren (z.B. Normalverteilung oder Varianzhomogenität) überein.

Ein Beispiel für die Notwendigkeit von Transformationen zeigt die Abbildung 4.28. Eine sehr unsymmetrisch verteilte abhängige Variable Y (Skewness -8.2) besteht aus Anteilswerten zwischen 0.92 und 1.00. Plottet man diese Variable gegen die normalverteilte Variable X, so zeigt sich zwar ein Zusammenhang, der aber kaum linear ist. Die unabhängige Variable erklärt in diesem Modell nur ca. 18% der Varianz der abhängigen Variablen. Daß das lineare Modell in diesem Fall nicht paßt, zeigt der Plot der Residuen der linearen Regression Y gegen X: Der niedrigste Prozentsatz bedingt einen extremen Ausreißer, die Größe der Residuen sinkt dann linear mit X ab. Die Annahme konstanter Fehlervarianzen (vgl. Kap. 8.1) ist offensichtlich verletzt (Abb. 4.29).

Abb. 4-28 Scatterplot Y-X

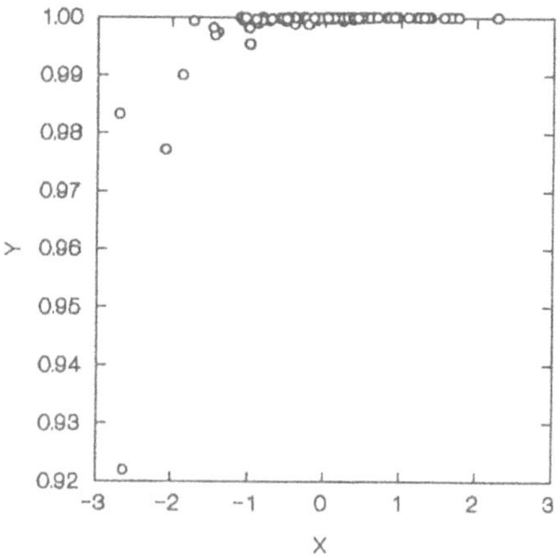

Abb. 4-29 Scatterplot der Residuen der Regression Y gegen X

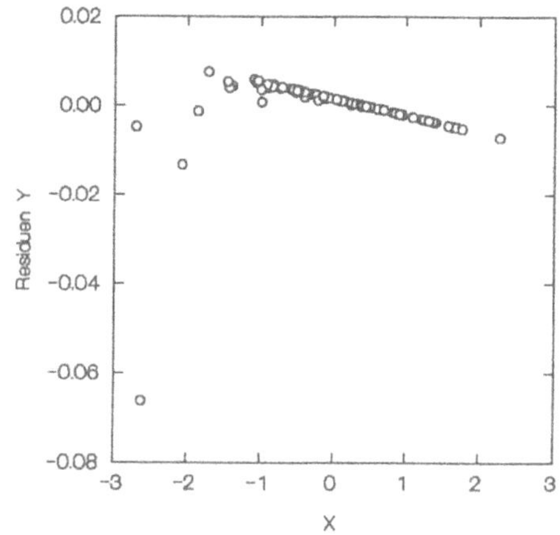

Bei Anteilswerten wie in diesem Fall liegt eine Logit-Transformation

$$y' = \ln\left(\frac{y}{1-y}\right)$$

nahe. Transformiert man die Variable Y entsprechend, so besitzt die transformierte Variable Y' nur noch eine sehr geringe Schiefe (Skewness -0.16). Die Abbildung 4.30 zeigt einen nahezu linearen Zusammenhang von Y' mit X. Der Residuenplot der Regression der (Abb.

Abb. 4-30 Scatterplot der logit-transformierten Variablen Y gegen X

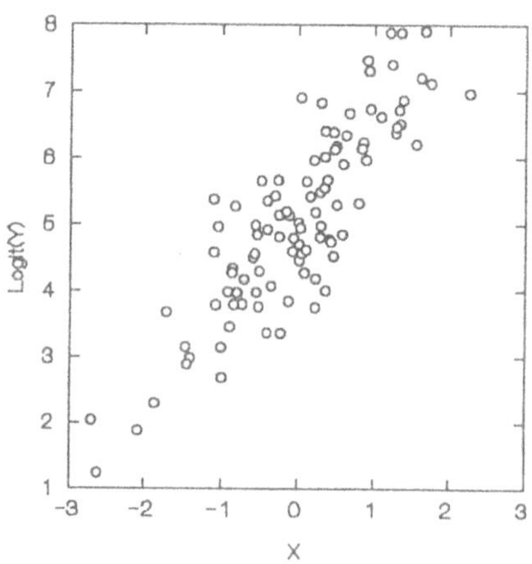

Abb. 4-31 Plot der Residuen der Regression der logit-transformierten Variablen Y gegen X

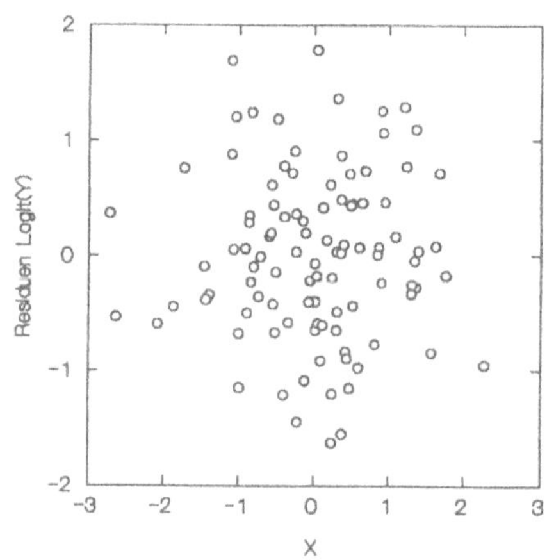

4.31) zeigt keine systematischen Zusammenhänge der Residuen. Die erklärte Varianz steigt von 18% auf 72%: Die transformierten Werte können sehr viel besser durch X vorhergesagt werden. Allgemein kann festgehalten werden, daß sich bei unsymmetrisch verteilten Variablen eine Datentransformation fast immer empfiehlt.

4.3.2 Power-Transformationen

Die gebräuchlichsten Transformationen ($1/x$, $\sqrt{x}$, x^2 und ln x) sind "Power-Transformationen" von Typ $y=x^p$, wobei y den transformierten Wert, x den ursprünglichen Wert und p den gewählten Exponenten darstellt[1]. Diese Transformationen lassen sich in einer Tabelle wiedergeben, der sogenannten "Ladder of Powers" (vgl. Tab. 4.3)[2].

Neben den in der Tabelle eingetragenen Werten können auch beliebige Zwischenwerte verwendet werden. Hinweise auf die Wahl von p kann man u.a. einem Symmetrieplot entnehmen (Kap. 4.3.2.2). In der Praxis werden die Werte 3, 2, 1, .5, "0", -.5, -1, -2, -3 nacheinander meist einfach ausprobiert.

p	Transformation
2	x^2
.5	$\sqrt{x}$
0	ln x
-.5	$-1/\sqrt{x}$
-1	$-1/x$
-2	$-1/x^2$

Tab. 4-3 "Ladder of Powers": Exponenten der Power-Transformation x^p

[1] Die ln-Transformation für p=0 ist im Gegensatz zu den anderen Transformationen eine Setzung (da $y^0=1$). Zur Begründung dieser Setzung vgl. LEINHARDT/WASSERMAN (1978:328, Fußnote 5).

[2] Gerechnet wird die Transformation in der rechten Spalte. Die negativen Vorzeichen der Transformationen für negatives p dienen der Erhaltung der Rangfolge der Beobachtungen: Beobachtungen mit "hohen" Werten besitzen auch nach der Transformation noch "hohe" Werte.

4.3.2.1 Praktische Anwendungen von Power-Transformationen

Die Abfolge der Werte darf durch die Transformationen nicht verändert werden, die Transformationen müssen also "monotone Transformationen" sein[1]. Die Power-Transformationen sind dies nur, wenn die ursprünglichen Werte größer als null sind. Daher muß bei Variablen mit negativen Ausprägungen vor der eigentlichen Transformation eine Konstante c addiert werden, die dafür sorgt, daß das neue Minimum bei 1 liegt:

$$c = 1 - \min(x)$$

In einigen Fällen müssen die Variablen "gespiegelt" werden, um einfacher transformierbar zu sein. Dies bedeutet nur, daß die "Richtung" der Variablen geändert wird: Aus großen Werten werden kleine Werte und umgekehrt. Spiegeln läßt sich durch

$$x' = \max(x) + 1 - x$$

erreichen. Manchmal müssen die Variablen auf einen anderen Wertebereich "normiert" werden, also z.B. von $-7 \leq x \leq 7$ auf $0 \leq x' \leq 1$. Dies kann durch

$$x' = \frac{x - \min(x)}{\max(x) - \min(x)}$$

erfolgen. Die Abbildungen 4.32 bis 4.39 zeigen typische Anwendungen von Power-Transformationen. Die Abbildungen sind WARP-Histogramme von jeweils 1000 Beobachtungen, vor und nach einer geeigneten Transformation. Nacheinander zeigen die Abbildungen ein Beispiel einer Wurzeltransformation (4.32), einer logarithmischen Transformation (4.34) und einer reziproken Transformation (4.36). Die Abbildung 4.38 zeigt eine Verteilung, deren Transformation zunächst eine Spiegelung der Variablen (hier: $10-x_4$) und dann eine reziproke Transformation erforderte. Durch einfache Power-Transformation und gegebenenfalls vorherige Spiegelung kann fast immer eine nahezu symmetrische Verteilung erreicht werden. Bei diesen Beispielen beträgt die Skewness nach der Transformation höchstens 1/10 des Ausgangswertes.

---

[1] Der folgende Abschnitt lehnt sich eng an TABACHNICK/FIDELL (1989:83-87) an.

Abb. 4-32 Verteilung x_1

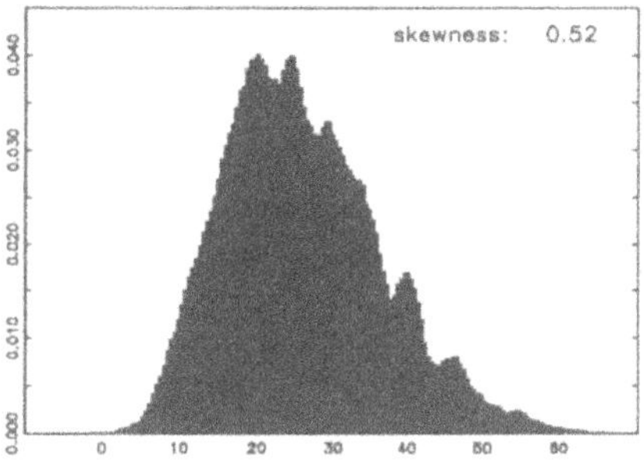

Abb. 4-33 Verteilung $\sqrt{x_1}$

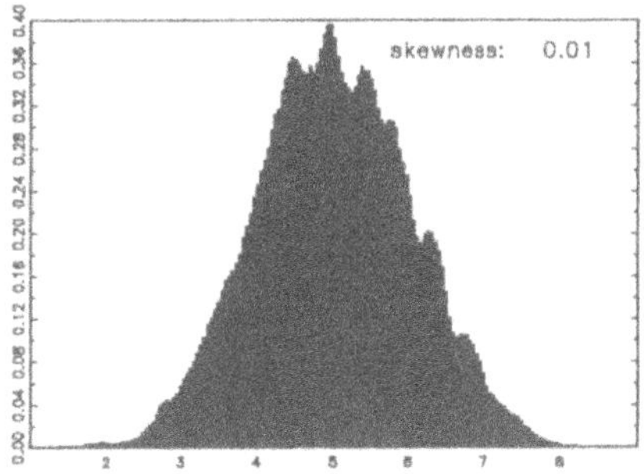

Abb. 4-34 Verteilung x_2

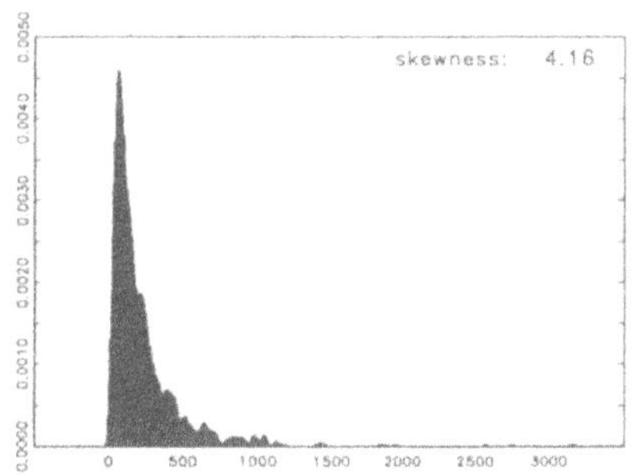

Abb. 4-35 Verteilung $\ln(x_2)$

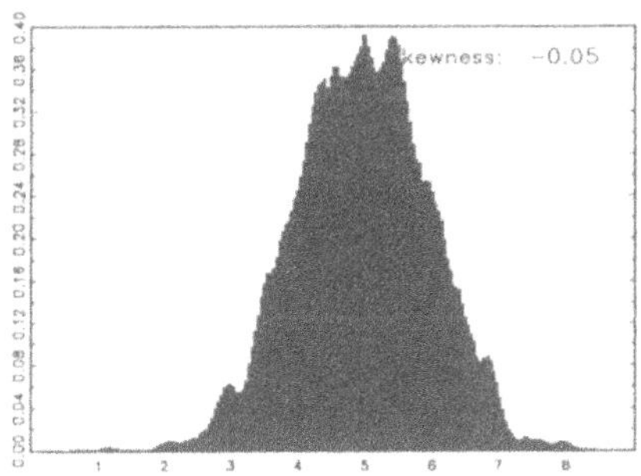

Abb. 4-36 Verteilung x_3

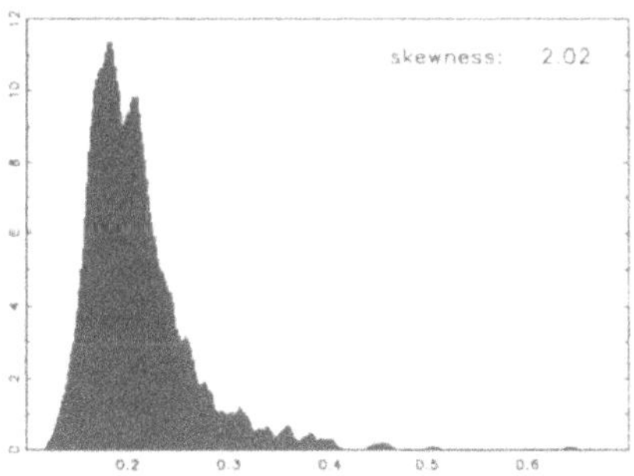

Abb. 4-37 Verteilung $1/x_3$

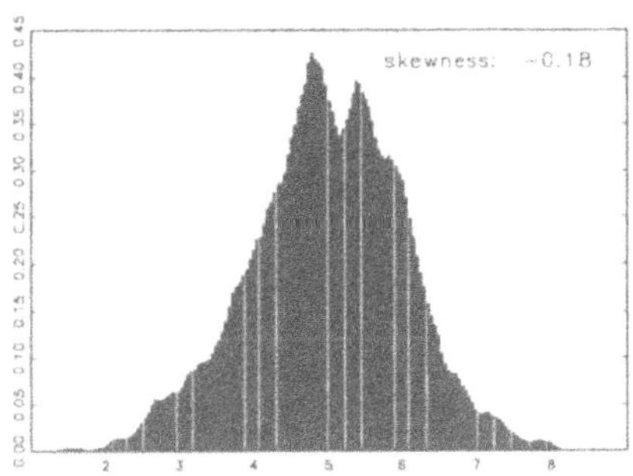

Abb. 4-38 Verteilung x_4

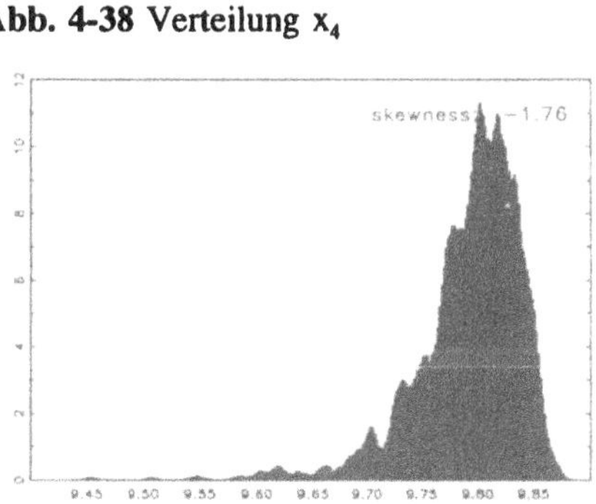

Abb. 4-39 Verteilung $1/(10-x_4)$

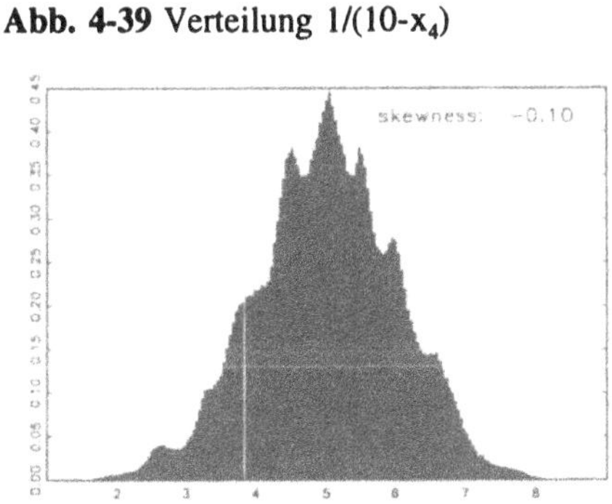

Abb. 4-40 Symmetrieplot für Einkommen im ALLBUS 1980

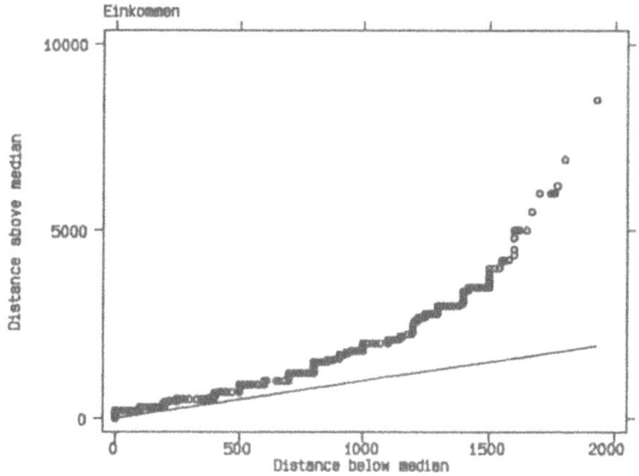

4.3.2.2 Symmetrieplots als Transformationshilfsmittel

Als Hilfsmittel bei Datentransformationen eignen sich insbesondere "Symmetrieplots" (vgl. Abb. 4.40). Bei einem Symmetrieplot wird bei einer der Größe nach sortierten Variablen der Abstand vom Median der i-kleinsten Beobachtung gegen den Abstand der i-größten Beobachtung vom Median geplottet[1] (CHAMBERS u.a. 1983:29). Sortiert man die Variable a der Größe nach und bezeichnet mit s_i den i-ten Fall der so sortierten Variablen s, dann ergeben sich die X-Y-Koordinaten der Punkte des Symmetrieplots mit

$$x_i = Median(a) - s_i \; ; \; y_i = s_{n+1-i} - Median(a)$$

Die Abbildung 4.40 zeigt einen Symmetrieplot der Variablen "Einkommen" des ALLBUS 1980. Deutlich erkennt man die Abweichung gegenüber der Diagonalen[2]. Größeren Abweichungen nach oben (vom Median, der hier bei 2000 DM liegt) entsprechen kleinere Abweichungen nach unten. Die Verteilung ist also linksgipflig (rechtsschief).

---

[1] Bei geradem n läuft i von 1 bis n/2, bei ungeradem n bis (n+1)/2.

[2] WILK/GNANADESIKAN (1968:4) erwähnen eine von TUKEY vorgeschlagene Variante des Symmetrieplots, bei der die Summen $y_{n-i+1}+y_i$ gegen die Differenzen $y_{n-i+1}-y_i$ geplottet werden. Hierbei ergibt sich im Falle symmetrischer Verteilungen eine horizontale Linie.

Abb. 4-41 Symmetrieplot X2

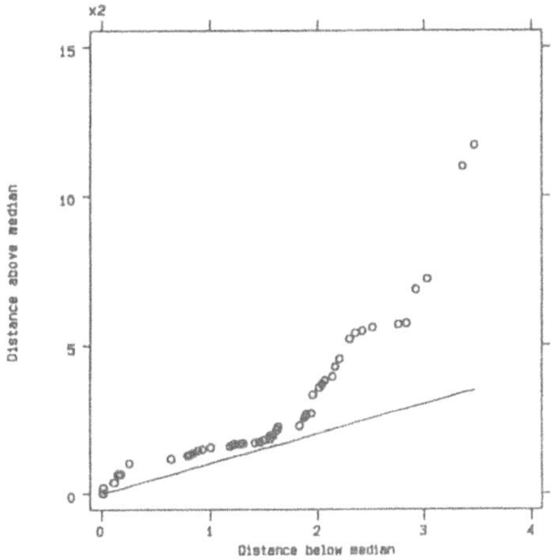

Abb. 4-42 Symmetrieplot $X2^{0.316}$

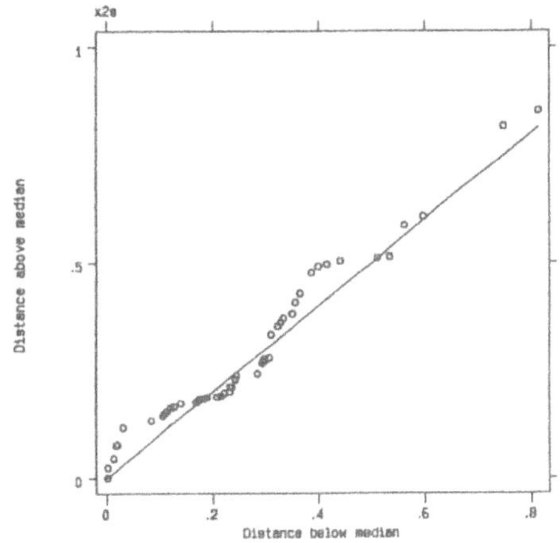

Symmetrieplots sind anfangs etwas schwieriger zu interpretieren als Boxplots, Histogramme oder Q-Plots. Obgleich für die meisten praktischen Anwendungen auch andere Plots als Symmetrieplots zur Erkennung von Unsymmetrien geeignet sind, können Symmetrieplots aber bei der Transformation von Variablen hilfreich sein.

Die Abbildung 4.41 zeigt den Symmetrieplot einer rechtsschiefen Variablen X2 mit einer Skewness von 1.23. Im Symmetrieplot sieht man deutlich das Überwiegen von Abweichungen vom Median nach oben. Transformiert man die Variable durch eine Power-Transformation ($y'=y^{0.316}$), so erhält man den Symmetrieplot der Abbildung 4.42. Der Plot zeigt eine Verminderung der Schiefe, wie auch die Reduktion der Skewness auf 0.05 belegt. Der Exponent 0.316 wurde durch eine einfache lineare Regression der Y-Plot-Koordinaten auf die X-Plot-Koordinaten des Symmetrieplots der Abbildung 4.41 gewonnen: Der Regressionskoeffizient wurde als Exponent verwendet. Solange die Abweichungen vom Median nach oben gut durch die Abweichungen vom Median nach unten vorhergesagt werden können (Faustregel: $r^2>0.8$), ist der Regressionskoeffizient meist ein guter Ausgangspunkt für eine Transformation[1].

[1] Diese Technik stammt von EMERSON/STOTO (1982:104). Für extrem schief verteilte Daten ist die einmalige Anwendung der Technik nicht ausreichend (CAMERON 1984); eine iterierte Anwendung bringt bessere Resultate (EMERSON/STOTO 1984).

Abb. 4-43 Transformationsparameter für Experimentaldaten

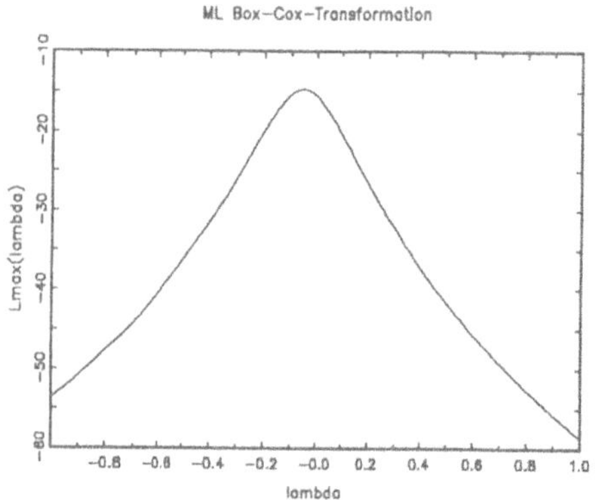

Abb. 4-44 Transformationsparameter für Einkommensdaten

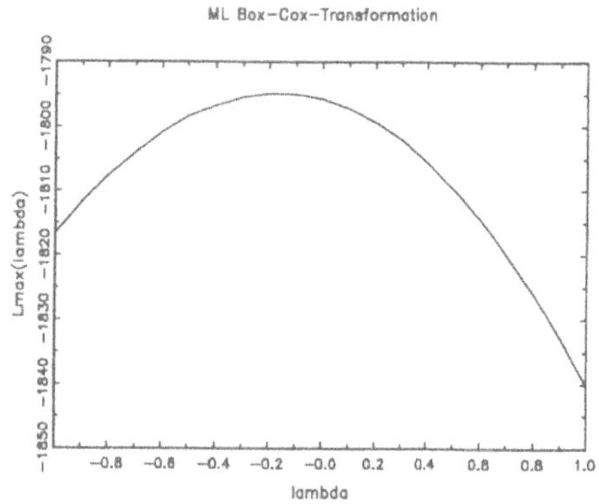

4.3.2.3 Maximum-Likelihood-Schätzung des Transformationsparameters

Viele Transformationen sind lediglich Spezialfälle einer Form der Transformation, die von BOX/COX (1964) ausführlich behandelt wurde. Diese nun meist als "Box-Cox-Transformation" bezeichnete Transformation

$$y(\lambda)=\begin{cases}\dfrac{y^{\lambda}-1}{\lambda} & (\lambda\neq 0)\\ \log y & (\lambda=0)\end{cases}$$

hängt nur vom Parameter λ ab. In der Praxis wird der Parameter häufig durch Ausprobieren gefunden[1]. Ein "optimaler" Parameter kann aber für ein gegebenes Modell auch berechnet werden. Die Maximum-Likelihood-Schätzung des Parameters für die Box-Cox-Transformation einer abhängigen Variablen erfolgt einfach über eine wiederholte Berechnung eines Regressionsmodells mit veränderter Transformation der abhängigen Variablen[2]. Für die Wahl des Transformationsparameters wird der Transformationsparameter gegen den Wert der Likelihood-Funktion geplottet (vgl. Abb. 4.43 und 4.44); man wählt einen Transformationsparameter, der die Funktion maximiert.

---

[1] HINKLEY (1977:67) schlägt als schnelle Möglichkeit, einen geeigneten Wert des Transformationsparameters zu finden, die Verwendung von p=(Mittelwert-Median)/Interquartilsabstand vor.

[2] Siehe z.B. ATKINSON (1985:85-97), ferner DRAPER/SMITH (1981:225-232). Abbildung 4.43 gibt den Verlauf der Likelihood-Funktion des dort angegebenen Beispieldatensatzes wieder.

Abb. 4-45 Einkommensverteilung männlicher Angestellter

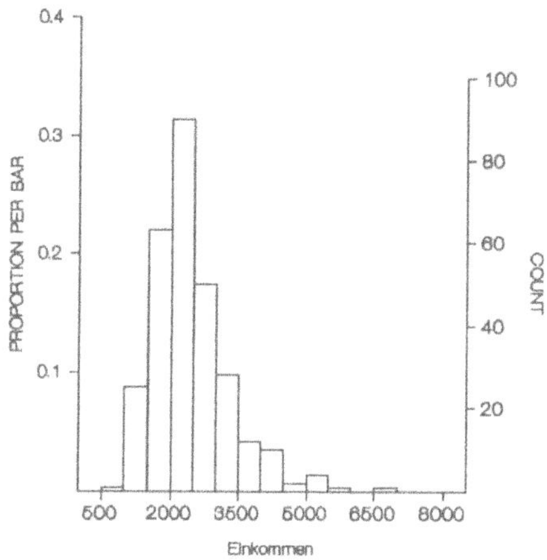

Abb. 4-46 Transformierte Einkommensverteilung männlicher Angestellter

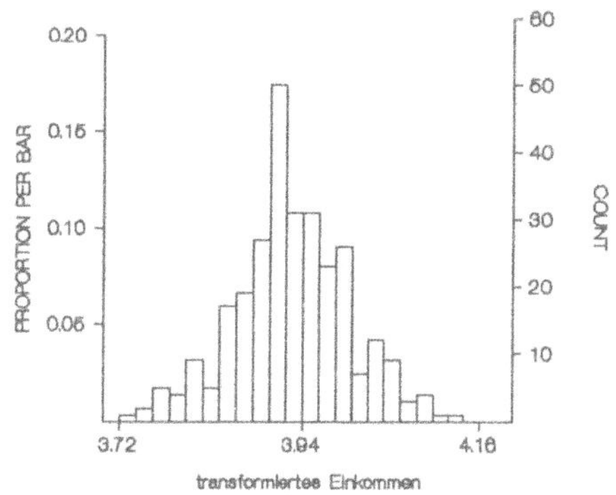

Ein Beispiel wird durch die Studie von DIEKMANN (1984) nahegelegt. Diekmann versucht das Einkommen von angestellten Männern anhand der Daten des ALLBUS 1980 u.a. durch Alter, Bildung, Berufsprestige und Bildung des Vaters zu erklären. Die abhängige Variable in diesem Regressionsmodell ist allerdings mit einer Schiefe von 1.393 nicht normalverteilt (vgl. Abb 4.45). Eine ML-Schätzung des Transformationsparameters deutet auf einen Wert um λ=-0.2 hin (vgl. Abb. 4.44). Die entsprechend transformierte Verteilung zeigt die Abbildung 4.46: Die Schiefe beträgt hier -0.002.

Die ML-Schätzung des Transformationsparameters kann für die optimale Wahl einer Datentransformation hilfreich sein. Der Plot der Likelihoodfunktion gegen den Transformationsparameter gibt u.a. einen Hinweis auf die zu erwartende Verbesserung des Modellfits: Bei den Experimentaldaten (Abb. 4.43) wirkt sich die Transformation dramatisch auf das r^2 aus (0.879 verbessert auf 0.995). Bei den Einkommensdaten (flacherer Kurvenverlauf des Plots 4.44) verbessert sich r^2 nur von 0.443 auf 0.475.

4.3.2.4 Gematchte Power-Transformationen

Der häufigste Einwand gegen die Verwendung von Transformationen besteht in der Unanschaulichkeit der transformierten Werte[1]. In der Regel wird dies anhand des Beispiels der Transformation der Variablen "Einkommen" erläutert: Log(Einkommen) sei schwer verständlich. Andererseits findet kaum jemand Entfernungen in Kilometern unanschaulicher als Entfernungen in Meilen. Die Unanschaulichkeit transformierter Werte kann also kaum an der Transformation selbst, sondern nur an der Nicht-Linearität vieler Transformationen oder an den sich ergebenden ungewöhnlichen Werten liegen. Die Nicht-Linearität der Transformation bleibt in der Regel dem Anwender verborgen. Das Unbehagen gegen transformierte Werte scheint daher zum größten Teil auf die resultierenden ungewöhnlichen Werte zurückzuführen zu sein[2].

Diesem Unbehagen kann man durch einen kleinen Trick begegnen: Transformiert man nichtlinear transformierte Werte noch einmal linear, kann man Werte erhalten, die den Ausgangswerten zumindest in einem Teil des Wertebereichs ähneln (EMERSON/STOTO 1983:114). An der Interpretation der transformierten Werte ändert die zusätzliche lineare Transformation kaum noch etwas. Da nur die extremen Werte der Verteilung größere Veränderungen erfahren, wird der Umgang mit den transformierten Werten erleichtert. Solche zusätzlich linear transformierten Transformationen heißen "gematchte Transformationen": Die transformierten Werte entsprechen an einem ausgewählten Wert (meist einem Mittelwert) dem ursprünglichen Wert, sind also "matched". Weiterhin sind solche Transformationen in der Nähe des "gematchten" Wertes nahezu linear. Power-Transformationen lassen sich leicht

[1] Ein anderer häufiger Einwand gegen Datentransformationen sind "meßtheoretische Bedenken" (hinter denen undeutliche Manipulationsbefürchtungen stehen). Dabei werden die Implikation der Tatsache, daß die Verteilung einer Variablen nicht nur von den Objekten abhängt, an denen die Merkmale erhoben wurden, sondern auch von den Meßverfahren, kaum bedacht. In den Sozialwissenschaften sind Meßverfahren kaum standardisiert. Fast alle Messungen in den Sozialwissenschaften stellen willkürliche Messungen dar; für diese kann ein "Meßniveau" überhaupt nicht angegeben werden (vgl. hierzu SCHNELL/HILL/ESSER 1993:142-156). Meßtheoretische Argumente gegen Datentransformationen bei solchen Variablen sind daher nicht begründbar.

[2] TUKEY (1977:59) bemerkt dazu, daß die Art der Transformation, die man als nützlich empfindet, von unseren Gewohnheiten ähnlich abhängt, wie die Weise, in der Menschen gewohnheitsmäßig Zahlen niederschreiben. Zivilisierte Wesen, die von Bären abstammten, hätten vermutlich andere Gewohnheiten als jene, die von Affen abstammen.

matchen[1]. Am Wert m (z.B. dem Mittelwert) gematchte Power-Transformationen für p ungleich null erhält man durch

$$x'=m+\frac{x^p-m^p}{pm^{p-1}}$$

(EMERSON/STOTO 1983:118). Für die LN-Transformation positiver Werte erhält man eine am Wert m gematchte Transformationen für x mit

$$x'=m-\frac{m}{e}*\ln(m)+\frac{m}{e}*\ln(x)$$

Nimmt man z.B. eine Einkommensvariable mit einem Mittelwert von 2000 bei einem Wertebereich von 400 bis 50000 an, so ergeben sich durch die LN-Transformation Werte zwischen 5.99 und 10.82. Eine am Mittelwert gematchte LN-Transformation führt zu anschaulicheren Werten zwischen 816 und 4368. Die Vorteile der nicht-linearen Transformation bleiben trotz der "anschaulicheren" Werte erhalten.

4.3.3 Transformationen für Prozentsätze und Anteile

Prozentsätze und Anteilswerte sind häufig Gegenstand der Analyse. Verwendet man Prozentsätze bzw. Anteile als abhängige Variablen in einer linearen Regression, entstehen jedoch einige statistische Probleme. So können sich vorhergesagte Werte kleiner null und größer als 1.0 ergeben oder die Residuen unfreundliches Verhalten zeigen (vgl. Kap. 8.1). Daher besitzen einige Transformationen für Prozentzahlen große praktische Bedeutung. Zu diesen Transformationen gehört die Arcus-Sinus-Transformation[2]

$$a=\arcsin\sqrt{\pi}$$

die Logit-Transformation

$$z=\ln\left(\frac{\pi}{1-\pi}\right)$$

[1] Die Herleitung findet sich bei EMERSON/STOTO (1983:117-119).

[2] Beispiel: 10.2%, $\sqrt{.102}$=.319, arcsin(.319)=.325 (im Bogenmaß, Radiant). Einige Autoren (z.B. GOYDER 1987:53) verwenden $a=2*\arcsin\sqrt{\pi}$.

Abb. 4-47 Arcus-Sinus-Transformation

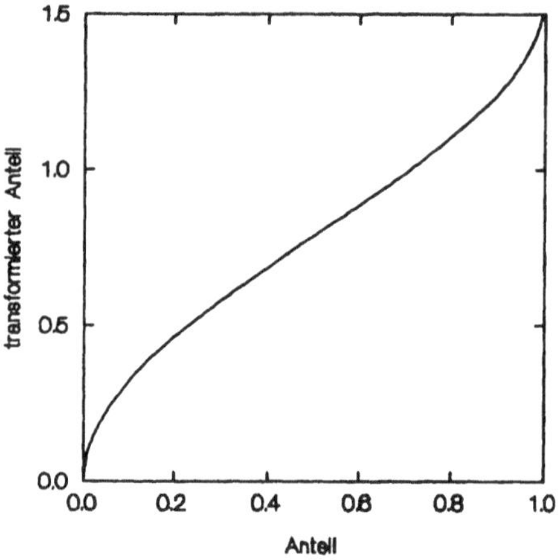

Abb. 4-48 Logit/Probit-Transformation

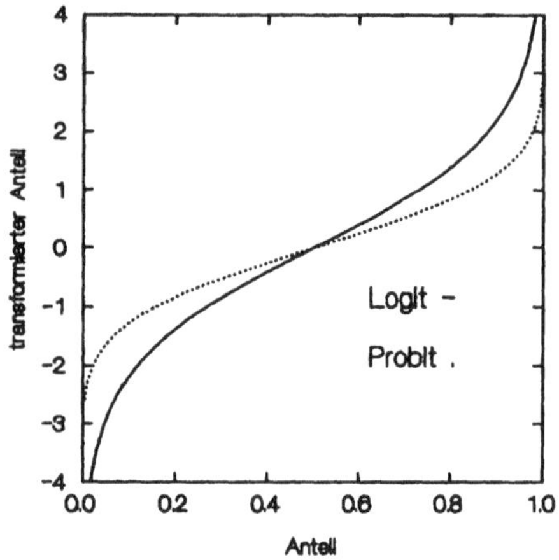

und die Probit-Transformation[1]

$$z = \Phi^{-1}(\pi)$$

wobei $\Phi^{-1}(\pi)$ der inversen Verteilungsfunktion der Standardnormalverteilung entspricht[2]. Die Abbildungen 4.47 und 4.48 zeigen den Verlauf dieser Funktionen.

Häufig werden die inversen Funktionen der Transformationen benötigt, so z.B. wenn die durch eine Regression mit der transformierten Variablen als abhängiger Variablen vorhergesagten Werte wieder in den ursprünglichen Einheiten ausgedrückt werden sollen. Die inverse Arcus-Sinus-Transformation ergibt sich mit

$$\pi = \sin(a)^2$$

Die inverse Logit-Transformation ergibt sich mit

$$\pi = 1/\left(1 + e^{-z}\right)$$

Die inverse Probit-Transformation ist einfach die Verteilungsfunktion der Normalverteilung.

---

[1] Um das negative Vorzeichen bei manueller Berechnung zu vermeiden, wurde früher häufig mit einer Normalverteilung mit dem Mittelwert 5 gerechnet. Diese Konvention findet sich noch heute in einigen Statistikprogrammen.

[2] Beispiel: π=0.5, $\Phi^{-1}(\pi)$=0; π=0.05, $\Phi^{-1}(\pi)$=-1.645; π=0.95, $\Phi^{-1}(\pi)$=1.645; π=0.3, $\Phi^{-1}(\pi)$=-0.524. Die Werte der inversen Verteilungsfunktionen werden am besten über eine Approximation berechnet (vgl. Kapitel 4.1.2).

Abb. 4-49 Fisher-r-z-Transformation für Korrelationskoeffizienten

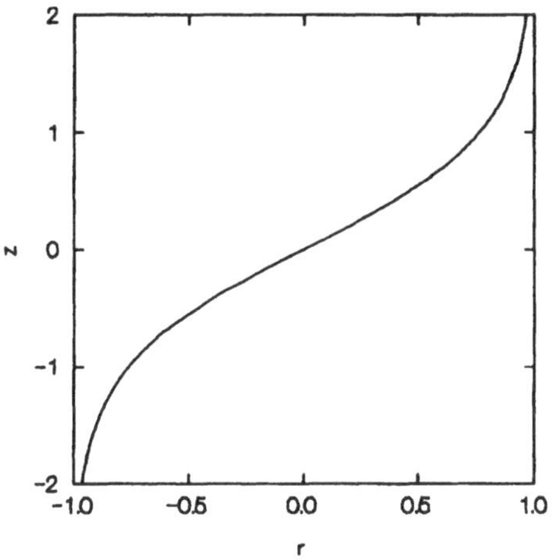

4.3.4 Fisher-r-z-Transformation

Neben den Ladder-of-Powers-Transformationen und Transformationen für Prozentsätze sind andere Transformationen für spezielle Zwecke gelegentlich nützlich[1]. Hier ist vor allem die von R. Fisher 1921 gefundene Transformation von Korrelationskoeffizienten in z-Werte zu nennen:

$$z=\frac{1}{2}*\ln\left(\frac{1+r}{1-r}\right)$$

Die so transformierten Korrelationskoeffizienten sind annähernd normalverteilt. Die Abbildung 4.49 zeigt den Verlauf der Transformation. Die Inverse der Fisher-z-Transformation ergibt sich mit

$$r=(e^{2*z}-1)/(e^{2*z}+1)$$

---

[1] Weitere Einzelheiten über Transformationsmöglichkeiten finden sich bei MOSTELLER/TUKEY (1977:79-118), EMERSON (1983) und ATKINSON (1985).

5 Scatterplots

Ein universelles graphisches Datenanalysehilfsmittel sind Scatterplots mit all ihren Varianten. Mehr als drei Viertel aller wissenschaftlichen Plots dürften Scatterplots sein[1]. Scatterplots erlauben die Einschätzung der Art und Größe des Zusammenhangs zweier Variablen, die Identifikation ungewöhnlicher Beobachtungen, die Entdeckung von Clustern usw. Scatterplots werden vor allem dadurch interessant, daß sie mit weiteren graphischen Elementen angereichert werden können, die zusätzliche statistisch bedeutsame Größen wiedergeben.

5.1 Konstruktion von Scatterplots

Ein Scatterplot ist ein Plot der Wertepaare zweier Variablen x und y gegeneinander; also ein Plot der Punkte x_i,y_i für i=1...n. Einfache Scatterplotroutinen sind in fast allen Statistikprogrammen vorhanden[2].

5.1.1 Achsenskalierung und Korrelationswahrnehmung

Die einfache Konstruktion von Scatterplots führt dazu, daß einige Probleme von Scatterplots häufig vergessen werden. So wird die Stärke des Zusammenhangs zweier Variablen aufgrund der Betrachtung eines Scatterplots fast immer unterschätzt[3]. Das bemerkenswerteste Problem in diesem Zusammenhang ist der Einfluß der Achsenskalierung auf die Wahrnehmung der Stärke des Zusammenhangs. CLEVELAND/DIACONIS/McGILL (1982) konnten zeigen, daß die Beurteilung der Stärke eines Zusammenhangs auf der Basis eines Scatterplots von der relativen Größe der Punktewolke in Bezug auf die gesamte Fläche des Plots abhängt: Je geringer die relative Größe der Punktewolke, desto höher der geschätzte Zusammenhang der beiden Variablen. Ein Beispiel für diesen Effekt zeigen die Abbildungen 5.1 und 5.2.

---

[1] vgl. die Auszählung bei CLEVELAND (1984b:286).

[2] Für viele der hier beschriebenen Varianten kann es erforderlich werden, eigene Programme zu schreiben, da die vorhandenen Programme häufig unflexibel sind. Einen Basisalgorithmus findet man bei STIRLING (1985b); entsprechende PASCAL-Programme z.B. bei HENSCHKE/NAGEL (1990).

[3] Dieser Effekt scheint bei Experten etwas geringer zu sein (MEYER/SHINAR 1992). Das Einzeichnen einer Regressionslinie erhöht die geschätzten Korrelationen in der Regel.

Abb. 5-1 Scatterplot (Hamsterdaten). Punktewolke füllt den Plot aus: Korrelation scheinbar gering

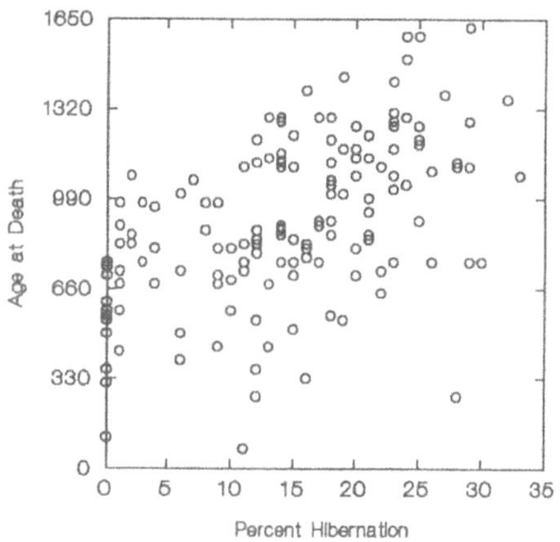

Abb. 5-2 Scatterplot (Hamsterdaten). Punktewolke kleiner als der Plot: Korrelation scheint höher

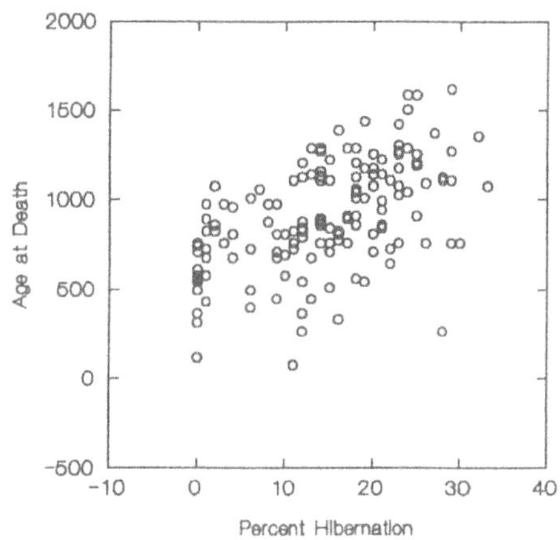

Die den Abbildungen zugrunde liegenden Daten sind identisch. Die tatsächliche Korrelation im Beispiel beträgt 0.52[1]. Die experimentellen Ergebnisse von CLEVELAND/DIACONIS/ McGILL (1982) legen eine ca. 40% geringere Schätzung auf der Basis der Abbildung 5.1 gegenüber der Abbildung 5.2 nahe (CLEVELAND/McGILL 1984b:811).

Die möglichen Fehlbeurteilungen des Zusammenhangs zweier Variablen aufgrund unterschiedlicher Achsenskalierungen lassen eine Standardisierung der Skalierung in den Graphikprogrammen wünschenswert erscheinen[2]. Leider wird dies nicht von allen Programmautoren berücksichtigt, so daß recht häufig eine geeignete Skalierung manuell erzwungen werden muß[3].

---

[1] Das Beispiel findet sich bei CLEVELAND/McGILL (1984b:814). Die Daten geben das Alter (in Tagen) von 144 Hamstern bei ihrem Tod wieder, nachdem sie zwischen 0 und 33% ihres Lebens in verlängertem Winterschlaf verbrachten. Die Daten finden sich bei CHAMBERS u.a. (1983:362).

[2] CLEVELAND/McGILL (1984b:811) empfehlen für Scatterplots, daß der genutzte Plotbereich zwischen 5% und 10% an jedem Ende einer Achse kleiner sein sollte als der maximal mögliche Plotbereich, wobei die Autoren selbst 7% wählen. Weiterhin sollten die Achsenmarkierungen außerhalb des Plots liegen und nicht mit den Begrenzungen des Plotbereichs übereinstimmen.

[3] Einen einfachen Algorithmus zur automatischen Skalierung ohne die oben erwähnte Standardisierung der Achsen gibt STIRLING (1985a).

Abb. 5-3 Scatterplot: Kalorienangebot und Rohstoffproduktion

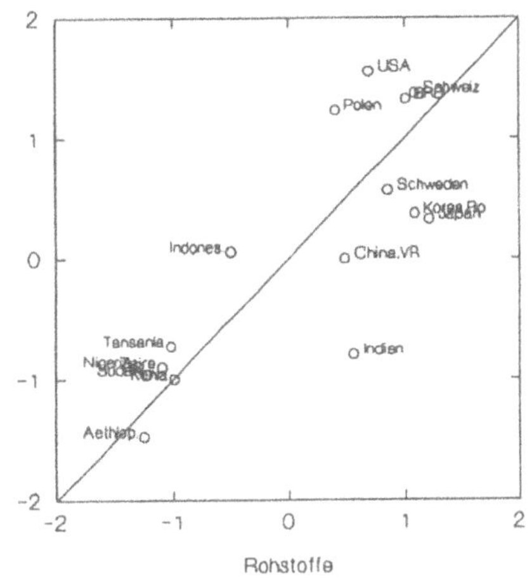

Abb. 5-4 Summen-Differenzen-Plot: Kalorienangebot und Rohstoffproduktion

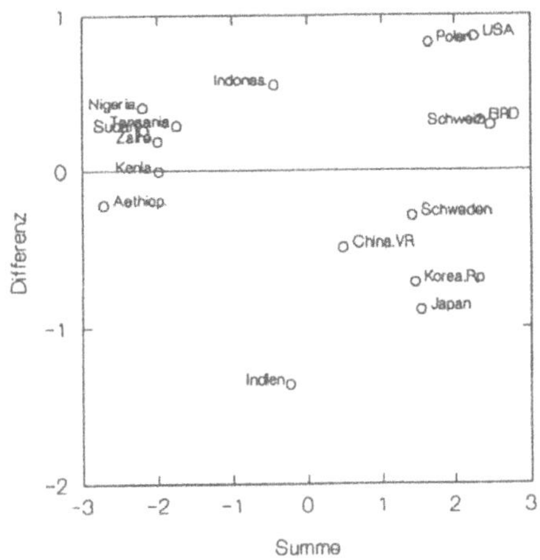

5.1.2 Summen-Differenzen-Plots

Eine Variante der Scatterplots besteht darin, den Plot um 45° zu drehen und so die Vergleichslinie von der Diagonalen in eine Horizontale zu verwandeln. Dieser Plot heißt "sum-difference graph" und geht auf J.W.Tukey zurück. Die Idee des Plots ist einfach: Der Rotation um 45° im Uhrzeigersinn entspricht ein Plot der Differenz zweier Variablen (Y-Achse) gegen die Summe der beiden Variablen (X-Achse)[1]. Durch die Rotation ergibt sich Raum für eine vertikale Streckung der Punktewolke; dadurch liegen die Punkte in einem Summen-Differenzen-Plot häufig gleichmäßiger in der Abbildung verstreut als in einem normalen Plot. Der Vorteil des Plots liegt darin, daß die Abweichung von der Horizontalen leichter zu beurteilen ist als die Abweichung von der Diagonalen. Der Nachteil des Plots liegt darin, daß er (auch wegen seiner Achsenbeschriftung) häufig schwer zu vermitteln ist.

Die Abbildung 5.3 zeigt einen Scatterplot für die Variablen "Kalorienangebot pro Kopf" und "Rohstoffproduktion" für einige ausgewählte Länder; die Vergleichslinie ist die Diagonale. Beide Variablen wurden für diesen Plot standardisiert. Die Berechnung des entsprechenden Summen-Differenzen-Plots (Abb. 5.4) ist simpel: Die Koordinaten im Summen-Differenzen-

---

[1] vgl. ausführlich CLEVELAND (1985:118-123). Der Plot setzt annähernd gleiche Skalierung der Achsen voraus; gegebenenfalls muß zuvor standardisiert werden.

plot ergeben sich z.B. für Indien (Kalorien: -0.801, Rohstoff: 0.564 als -1.365 (Differenz) und -0.237 (Summe); für Polen (Kalorien: 1.228, Rohstoff: 0.409 als 0.819 (Differenz) und 1.637 (Summe). Man kann daher Summen-Differenzen-Plots mit jedem Standardpaket erzeugen.

Der Summen-Differenzen-Plot ist vor allem dann nützlich, wenn man individuelle Abweichungen von der Diagonalen eines Plots analysieren möchte. Bei einer mittleren Anzahl von Objekten (ca. 50-200) lassen sich in einem Summen-Differenzen-Plot neben den Objekten auch Objektidentifikationen, wie z.B. "Caselabel" oder laufende Nummern abbilden. Durch die vertikale Steckung des Plots werden die Objekte und ihre Identifikationen meist weniger gegenseitig überdruckt. Diese "Entzerrung" zeigt das Beispiel der Abbildung 5.4 deutlich. Weiterhin zeigt das Beispiel vor allem an den Datenpunkten für Indien und Japan, daß die Abweichung von der Vergleichslinie im Summen-Differenzen-Plot leichter zu beurteilen ist.

5.1.3 Exkurs: Konstruktion von Zeitreihenplots

Messungen einer Variablen über die Zeit hinweg werden als "Zeitreihe" bezeichnet. Als Beispiel zeigt die Abbildung 5.5 die Entwicklung der Verweigerungsquote bei allgemeinen Bevölkerungsumfragen in der BRD von 1950-1990[1]. In der Regel liegt bei Zeitreihen für einen Zeitpunkt nur eine Messung vor, weiterhin sind die Intervalle zwischen den Meßzeitpunkten bei den meisten Zeitreihen annähernd gleich (z.b. monatliche oder jährliche Messungen). Dies erlaubt die Anwendung spezieller Datenanalysetechniken und graphischer Methoden[2].

---

[1] Die Daten stammen aus einer unveröffentlichten Studie der im Zentralarchiv für empirische Sozialforschung in Köln archivierten Umfragen (SCHNELL 1992).

[2] Hier können nur elementare Plots dargestellt werden. Zur graphischen Darstellung von Zeitreihen vgl. CLEVELAND (1985:178-191, 1993:152-171), zur Analyse SCHLITTGEN/STREITBERG (1987).

Abb. 5-5 Verweigerungsrate und Erhebungsjahr: Scatterplot

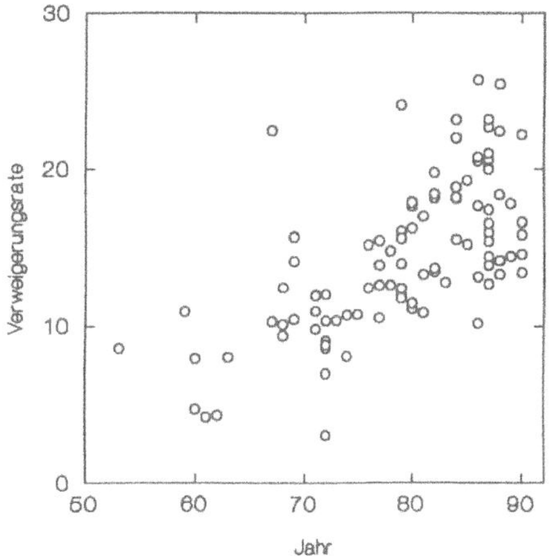

Abb. 5-6 Verweigerungsrate und Erhebungsjahr: Polygonzug (Shape=0.88)

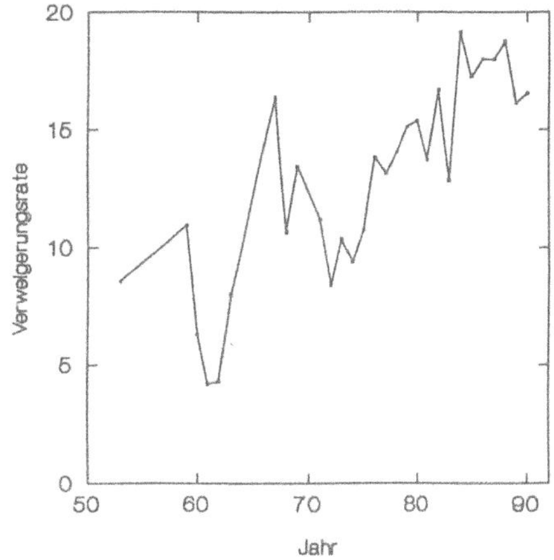

5.1.3.1 "Connected Graphs"

Ersetzt man die multiplen Datenpunkte pro Jahr durch ihren Mittelwert und verbindet die Punkte durch einen Polygonzug, so erhält man die Abbildung 5.6. Solche Verbindungslinien zwischen den Datenpunkten erleichtern die Analyse erheblich. Plots mit Verbindungslinien zwischen den Datenpunkten werden bisweilen als "connected graphs" bezeichnet.

5.1.3.2 Shape-Parameter

Gelegentlich legen allein schon Variationen des Verhältnisses von Höhe und Breite solcher Plots unterschiedliche Tendenzen in den Daten nahe. Vergleicht man z.B. die Abbildung 5.6 mit der Abbildung 5.8, so erscheint der Anstieg der Verweigerungsraten in der Abbildung 5.6 wesentlich dramatischer. Damit stellt sich die Frage nach der Wahl des Verhältnisses von Höhe und Breite des Plots bei Zeitreihenplots. CLEVELAND/McGILL/McGILL (1988:289) definieren den "Shape-Parameter" eines 2-Variablenplots als das Verhältnis von Höhe zu Breite des Datenbereichs des Plots. Der "Datenbereich" ist die Fläche, die durch das tatsächliche Minimum und Maximum der beiden Variablen bestimmt wird.

Abb. 5-7 Datenbereich und Shape-Parameter h/w

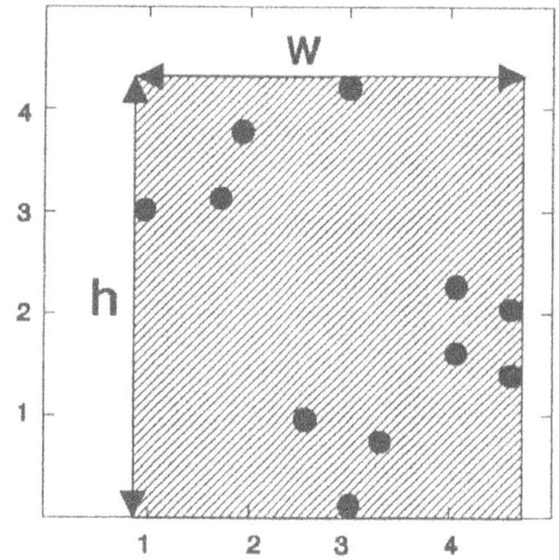

In Abbildung 5.7 ist der schraffierte Bereich der Datenbereich, der Shape-Parameter ist gleich h/w. Abbildung 5.7 besitzt einen Shape-Parameter von ca. 0.88, Abbildung 5.8 hingegen einen Shape-Parameter von ca. 0.23.

5.1.3.3 "Median Absolute Slope Procedure"

Die Abbildung 5.8 realisiert ein für Zeitreihen empfehlenswertes Verhältnis von Höhe und Breite des Plots: Das gewählte Format führt dazu, daß der Median der absoluten Steigung der Liniensegmente 1 beträgt. Dadurch bilden die Segmente im Mittel 45°-Winkel zur X-Achse. CLEVELAND/McGILL/McGILL (1988) konnten zeigen, daß dieses Format bei der Beurteilung von Zeitreihen zu weniger Beurteilerfehlern führt.

Die Bestimmung des entsprechenden optimalen Wertes des Shape-Parameters geschieht durch die "median absolute slope procedure": Wenn x_i und y_i die Punkte einer Zeitreihe darstellen, wobei die Zeitintervalle gleich groß sind, dann ergibt sich der optimale Shape-Parameter als

$$s = \frac{\textit{range}\ \{y_i\}}{n\ \textit{median}\ \{|y_{i+1} - y_i|\}}$$

Abb. 5-8 Verweigerungsrate und Erhebungsjahr: Zeitreihenplot mit Polygonzug (Shape=0.23)

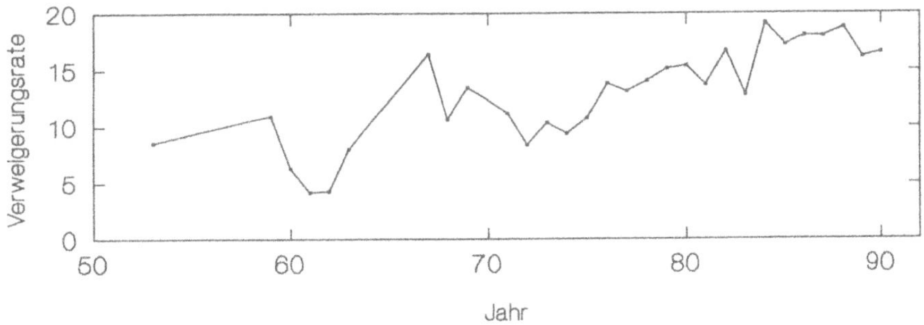

Bei Zeitreihen liegt der optimale Shape-Parameter zumeist bei Werten sehr viel kleiner als 1: Die resultierenden Plots sind daher meist wesentlich breiter und niedriger als üblich[1].

5.1.3.4 Step-Plots und Spline-Funktionen

Neben dem Polygonzug als Verbindungslinie sind vor allem zwei Methoden verbreitet: Stufenlinien (Abb. 5.9) und Splinefunktionen (Abb. 5.10). Zeitreihenplots, bei denen die Datenpunkte durch eine Stufenlinie wie in Abbildung 5.9 verbunden werden, heißen "Step-Plots" oder "step function graphs". Derartige Plots sind nur dann sinnvoll, wenn die abhängige Variable in einem Zeitintervall konstant ist (CLEVELAND 1985:189). Dies könnte z.B. bei einem Verkaufspreis eines Produktes oder bei der Zusammensetzung eines Parlaments der Fall sein. Die Verwendung von Stufenlinien in Abbildung 5.9 ist eher irreführend. Seit der zusätzliche Rechenaufwand keine Rolle mehr spielt, sind Spline-Funktionen bei der Darstellung von Zeitreihen als Ersatz für den Polygonzug weit verbreitet. Das Wort "Splines" stammt aus der Verwendung eines Holzstabs als Kurvenlineal: Der Stab wird an vorhandene Fixpunkte durch Biegen angepaßt, der Stab kann dann als Kurvenlineal für die Interpolation der Kurve in den Intervallen zwischen den Fixpunkten verwendet werden. Fast alle Graphikprogramme verwenden "kubische Splines".

[1] Derzeit führen nur wenige Graphikprogramme die Bestimmung des optimalen Shape-Parameters durch. SYGRAPH erzeugt dieses Format durch "PLOT V1*TIME/SLOPE". Ein Algorithmus zur Berechnung des Shape-Parameters für den allgemeinen Fall wird bei CLEVELAND/McGILL/McGILL 1988:298-299) beschrieben.

Abb. 5-9 Zeitreihenplot mit Stufenlinie

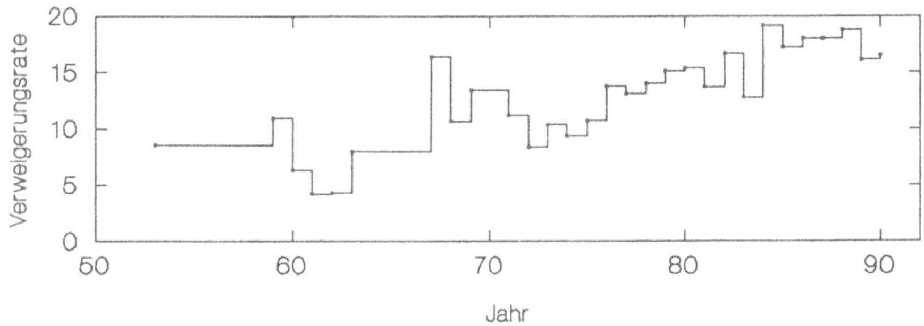

Kubische Spline-Funktionen werden in der Regel so berechnet, daß in den Intervallen zwischen den Datenpunkten kubische Polynome ($Y=a+bX+cX^2+dX^3$; wobei a eine Konstante ist und b,c und d Koeffizienten) angepaßt werden. Der Plot der Spline-Funktion geht durch jeden Datenpunkt, die resultierende Kurve ist in jedem Punkt differenzierbar. Die mit Splines interpolierte Kurve wirkt im Gegensatz zum Polygonzug daher meist "glatter"[1]. In vielen Fällen erzeugt die Spline-Interpolation eine eher irreführende Illusion der nur allmählichen Veränderung des datengenerierenden Prozesses. Bei fast allen praktischen Datenanalyseanwendungen weist der einfache Polygonzug neben der Verständlichkeit für Laien alle Vorteile einfacher Konstruktionen auf.

Abb. 5-10 Zeitreihenplot mit Spline-Interpolation

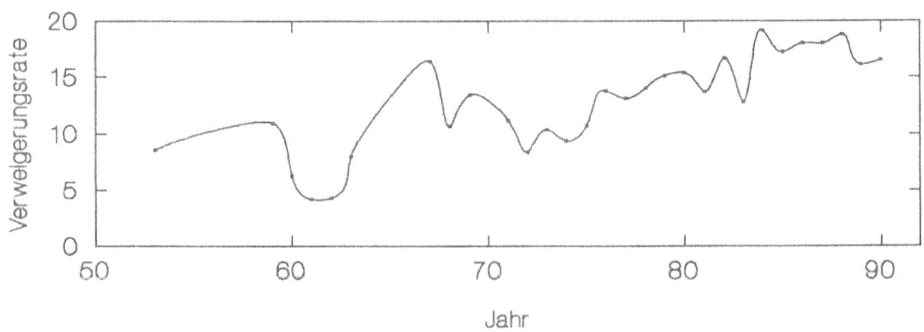

[1] Die Graphikprogramme verwenden in der Regel "natürliche Splines", d.h. die zweite Ableitung der Spline-Funktion für den ersten und den letzten Datenpunkt wird mit null angenommen. Kurze theoretische Herleitungen für kubische Splines und ein direkt benutzbares Programm zur Berechnung von kubischen Splines findet sich bei PRESS u.a. (1989:97-100); ausführlich vgl. SPÄTH (1973).

Abb. 5-11 Einfacher Scatterplot bei kategorisierten Variablen

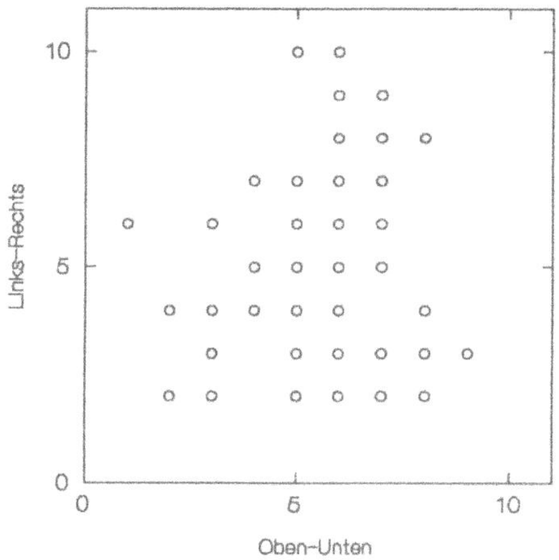

Abb. 5-12 Count-Scatterplot bei kategorisierten Variablen

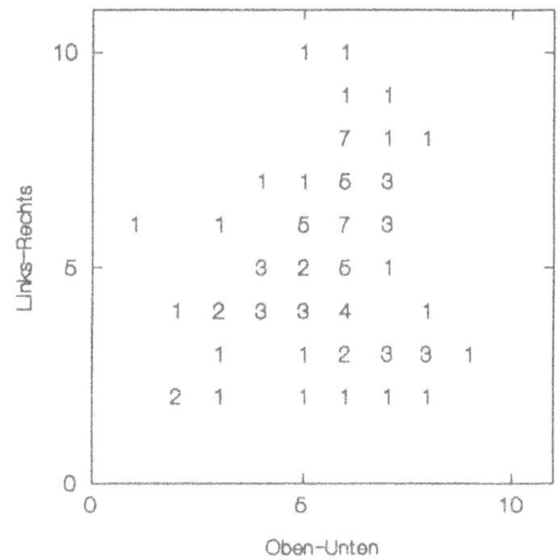

5.2 Scatterplot-Techniken für große Fallzahlen

Bei höheren Fallzahlen und/oder Messungen, die nur wenige unterschiedliche Meßergebnisse produzieren (z.B. sozialwissenschaftliche Surveys mit Einstellungsitems) ergibt sich ein Problem durch das gegenseitige Überdrucken der Plotsymbole: Einer Plotposition entspricht mehr als eine Beobachtung[1].

Falls die Plotpositionen vieler Objekte im Scatterplot nur annähernd, aber nicht völlig gleich sind, kann die Wahl eines offenen Kreises als Plotsymbol das Problem mindern. Auch bei starker gegenseitiger Überdeckung werden offene Kreise als unterschiedlich wahrgenommen. Die in den meisten Scatterplotprogrammen verwendeten anderen Symbole (gefüllte Kreise, gefüllte Quadrate, Dreiecke, Kreuze) sind schon bei geringer Überdeckung kaum noch individuell zu erkennen. Fast so gute Ergebnisse wie offene Kreise erreichen offene Quadrate und offene Achtecke (Oktagone) als Plotsymbol[2].

---

[1] Ein ähnliches Problem entsteht durch das gegenseitige Überdecken von Objektlabeln im Plot ("overplotting"). Algorithmen zur Lösung dieses Problems findet man bei KUHFELD (1986; Verzerren des Plots) und NOMA (1987; Suchen freier Stellen durch Ausprobieren).

[2] vgl. CLEVELAND/McGILL (1984b), CLEVELAND (1985:162-165), SPENCE/GARRISON (1993:17).

Abb. 5-13 Jittered Scatterplot bei kategorisierten Variablen

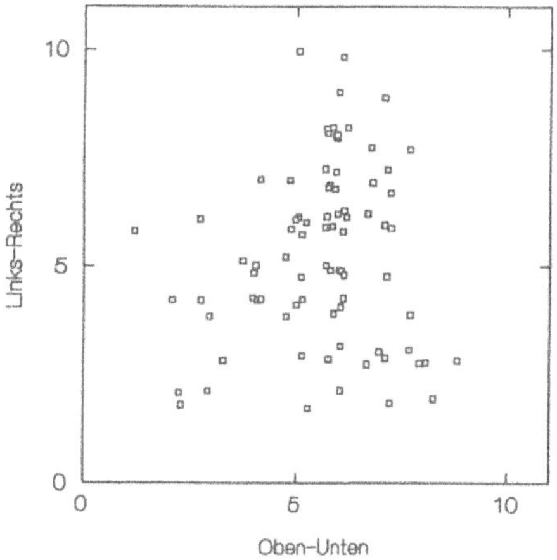

Abb. 5-14 Sunflower-Plot bei kategorisierten Variablen

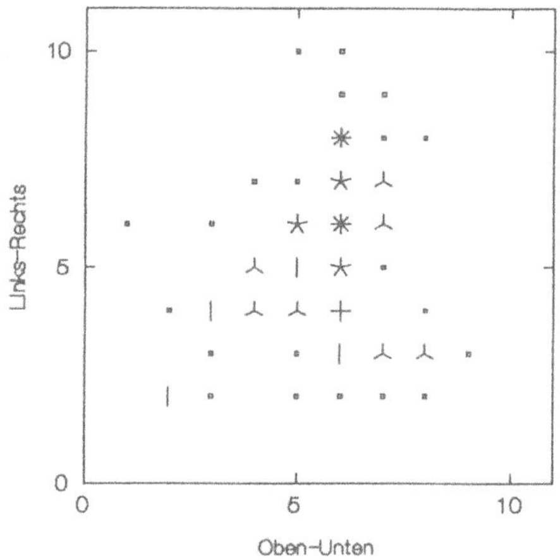

Sind die Plotpositionen vieler Objekte allerdings identisch, so ist bei einem einfachen Scatterplot (Abb. 5.11) die gemeinsame Verteilung der beiden Variablen nicht zu erkennen[1]. Ältere Programme drucken in solchen Fällen häufig spezielle Plotsymbole für mehrfache Beobachtungen an einer Plotposition, z.B. zunächst Ziffern und danach Buchstaben ("Count-Scatterplots", vgl. Abb. 5.12). Bilden solche mehrfach besetzten Plotpositionen allerdings nicht einzelne Ausnahmen, sondern die Regel, dann läßt sich aus diesen unübersichtlichen Plots kaum eine Informationen über die gemeinsame Verteilung zweier Variablen entnehmen.

5.2.1 Jittering

Das Problem des gegenseitigen Überdruckens läßt sich mit einer einfachen und eleganten Technik umgehen: dem "jittering" (vgl. Kap. 2.1.3). Hierbei werden die Plotvariablen mit einer kleinen (gleichverteilten) Zufallsgröße überlagert. Hierzu wird zu beiden Variablen eine jeweils andere Zufallszahl u (zwischen -1 und +1) addiert, die mit der Differenz zwischen Maximum und Minimum (dem Range) der Variablen multipliziert wurde:

[1] Das Beispiel basiert auf den Daten der Selbsteinschätzung der Hamburger Befragten des ALLBUS 1980 auf einer Oben-Unten-Skala (V334) und einer Links-Rechts-Skala (V119).

$$x'=x+0.05*u_x*(\max_x-\min_x)$$

Durch die Wahl des Multiplikators (z.B. 0.05 oder 0.02) läßt sich das Ausmaß der Streuung um die Plotpositionen variieren.

Wie wirkungsvoll Jittering gerade bei kategorisierten oder gerundeten Variablen ist, zeigt das Beispiel der Abbildung 5.13 deutlich. Die bivariate Verteilung wird durch den Scatterplot mit Jittering unmittelbar klar. Im Gegensatz zum einfachen oder Count-Scatterplot (Abb. 5.11 und 5.12) erfüllt dieser Plot in Hinsicht auf die Beurteilung der gemeinsamen Dichte das "inter-ocular-impact"-Kriterium von TUKEY (1990:336): "It hits you between the eyes".

5.2.2 Sunflower-Plots

Eine andere Möglichkeit der graphischen Wiedergabe mehrfach besetzter Plotpositionen besteht in der Verwendung von "Sunflowers" (CLEVELAND/McGILL 1984b). An der Plotposition wird ein Sunflower-Symbol dargestellt. Eine Beobachtung entspricht einem Punkt, zwei Beobachtungen entsprechen einer Linie, drei Beobachtungen entsprechen einem dreizackigen Stern usw. Die Zahl der Linienenden gibt also die Zahl der Beobachtungen wieder. Bei mehr als 9 Beobachtungen an einem Punkt wird eine große Kreisfläche dargestellt. Die grundlegende Idee besteht darin, die "Schwärze" des Drucksymbols an einem Punkt die Häufigkeit an diesem Punkt wiedergeben zu lassen[1]. Betrachtet man den Plot genau, kann man die Linien der Blumensymbole zählen; bei größerer Entfernung gibt die Schwärze einen Eindruck der Häufigkeit. Die Abbildung 5.14 zeigt anhand der Beispielsdaten (Selbsteinschätzung der Hamburger Befragten) einen Sunflower-Plot. Der visuelle Eindruck der gemeinsamen Dichte der beiden Variablen ist sicherlich stärker als der bei einem einfachen oder Count-Scatterplot. Wie der direkte Vergleich mit dem jittered Scatterplot demonstriert, ist bei einem hohen Ausmaß mehrfacher Datenpunkte (wie bei kategorisierten Variablen) ein Sunflower-Plot nicht so eindrücklich wie ein jittered Scatterplot.

---

[1] Diese Idee liegt auch den von BACHI (1968:35) stammenden sogenannten "Graphical Rational Pattern" (GRP) zugrunde, vgl. Kap. 10. GRPs sind leider in keinem Programm als Option vorhanden.

Abb. 5-15 Scatterplot: Einkommen * Alter (ALLBUS 1980,n=2469)

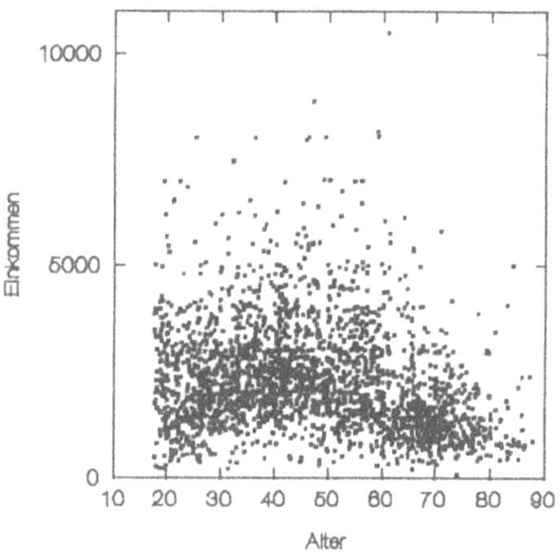

Abb. 5-16 Scatterplot Einkommen * Alter nach Cellulation

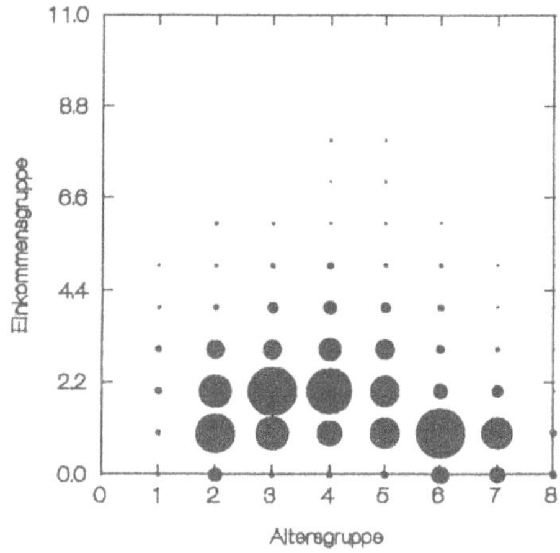

5.2.3 Cellulation

Liegen viele Beobachtungen vor, so kann das Ausmaß des gegenseitigen Überdruckens der Plotsymbole so groß werden, daß Bereiche im Scatterplot mit sehr hohen Fallzahlen nicht mehr von Bereichen mit wesentlich kleineren Fallzahlen unterschieden werden können. Ein Beispiel zeigt die Abbildung 5.15, die das Einkommen und die Altersangaben aller Befragten des ALLBUS 1980 wiedergibt.

Eine einfache Technik zur Lösung dieses Problems ist "Cellulation" (TUKEY/TUKEY 1981b:230). Cellulation besteht darin, die Fläche in gleichgroße Teilflächen einzuteilen, die Zahl der Objekte in diesen Flächen auszuzählen und an die Stelle der Fläche im Plot ein Symbol zu drucken, dessen Größe proportional zur Anzahl der Objekte auf dieser Fläche ist. Die maximal vorkommende Anzahl entspricht dabei der größten möglichen Fläche, dem gesamten für diese Fläche zur Verfügung stehenden Plotbereich. Am einfachsten läßt sich Cellulation durch eine Kreuztabellierung der gruppierten Variablen durchführen[1].

---

[1] Insbesondere für hohe Fallzahlen empfehlen CARR u.a. (1987:428) die Verwendung hexagonaler Flächen als Zählraster und Darstellungselemente. Hexagonale Zählraster und Plotsymbole führen zu einer Verminderung der Betonung der Wahrnehmung senkrechter und waagerechter Linien oder Streifen im Plot.

Abb. 5-17 3-D-Histogramm

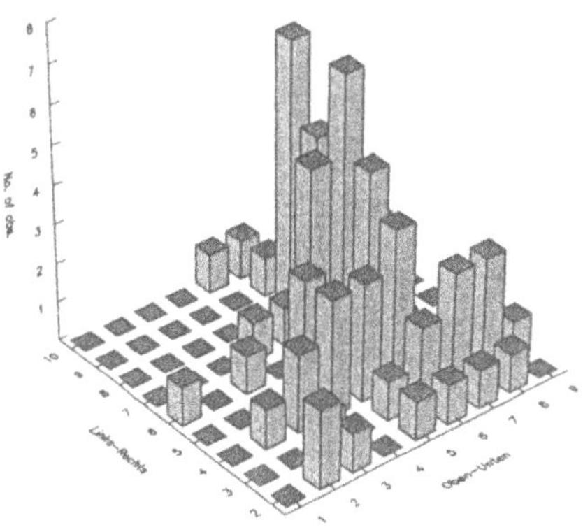

Abb. 5-18 Perspektivplot einer Kerndichteschätzung

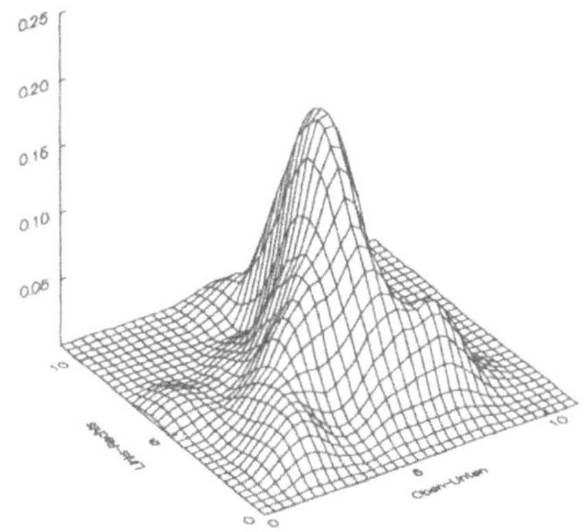

Die Besetzungszahl der Zellen der Kreuztabelle wird zur Steuerung der Größe der Plotsymbole in einem Scatterplot verwendet. Die Abbildung 5.16 benutzt die Größe der als Plotsymbol verwendeten Kreise zur Wiedergabe der Fallzahl. Der resultierende übersichtliche Plot gibt die lokalen Dichten wesentlich deutlicher wieder. TUKEY/TUKEY (1981b:229) legen "Cellulation" bei mehr als 250 Beobachtungen nahe.

5.2.4 Plots der geschätzten bivariaten Dichteverteilung

Eine andere Art der Darstellung der gemeinsamen Verteilung zweier Variablen sind dreidimensionale Histogramme (vgl. Abb. 5.17[1]). Diese weit verbreiteten Plots besitzen eine Reihe von Nachteilen. Wie bei allen 3-D-Plots ist die visuelle Information über die räumliche Tiefe nicht eindeutig: Objekte mit gleicher Ausprägung der Höhendimension werden aufgrund der Perspektive unterschiedlich wahrgenommen. Objekte im Plot können sich gegenseitig verdecken. Minimale Veränderung des vom Programm festgelegten Blickwinkels können zu äußerst unterschiedlich scheinenden Plots führen. Schon ein Vergleich zweier solcher Plots ist schwierig, da zuviele Informationen im Kurzzeitgedächtnis gespeichert werden müssen.

---

[1] Den Plots liegen die Selbsteinschätzungsdaten "Links-Rechts" bzw. "Oben-Unten" der Hamburger Befragten des ALLBUS 1980 zugrunde (vgl. Abb. 5.11-5.14).

Als Datenanalysehilfsmittel sind 3-D-Histogramme daher prinzipiell unbrauchbar[1]. Bei stetigen Variablen kommt zu den wahrnehumgspsychologischen Argumenten ein wichtiges statistisches Argument: Für 3-D-Histogramme müssen die Variablen in Kategorien eingeteilt werden. Damit ergibt sich das Problem der Wahl der Klassenzahl für 3-D-Histogramme. Durch die Kategorisierung kann es zu den bei stetigen Variablen unplausiblen abrupten Veränderungen der Besetzungszahlen der resultierenden Klassen kommen[2]. Damit liegt die Idee nahe, ähnlich wie bei univariaten Histogrammen nichtparametrische Dichteschätzungen anstelle von Histogrammen zu verwenden (Kap. 2.3.3). Eine Darstellung der nichtparametrisch geschätzten Dichteverteilung kann damit anstelle eines Scatterplots treten. Ein Beispiel zeigt die Abbildung 5.18.

Die Schätzung der gemeinsamen Dichteverteilung kann wie im eindimensionalen Fall mit einem Kern-Dichte-Schätzer geschehen. Naheliegend ist die Verwendung eines multivariaten Kern-Dichte-Schätzer mit der Kernfunktion K und der Bandbreite h

$$\hat{f}(\boldsymbol{x}) = \frac{1}{nh^d} \sum_{i=1}^{n} K\left(\frac{1}{h}(\boldsymbol{x} - \boldsymbol{X}_i)\right)$$

wobei $\mathbf{X}_i$ den Variablen-Vektor eines Falls darstellt (SILVERMAN 1986:76). Als Kern kann z.B. die Dichteverteilung der multivariaten Normalverteilung

$$K(\boldsymbol{x}) = (2\pi)^{-d/2} \exp(-\tfrac{1}{2}\boldsymbol{x}'\boldsymbol{x})$$

herangezogen werden[3]. Einfacher ist die Verwendung von "Produktkernen"

$$\hat{f}(\boldsymbol{x}) = \frac{1}{nh_1 \ldots h_d} \sum_{i=1}^{n} \left[\prod_{j=1}^{d} K\left(\frac{x_j - x_{ij}}{h_j}\right) \right]$$

(SCOTT 1992:150), bei denen der gleiche univariate Kern für jede Dimension mit eigener Bandbreite verwendet wird. Verwendet man direkte Algorithmen, so werden die Rechenzeiten der Kern-Schätzer bei steigenden Fallzahlen rasch untragbar.

---

[1] WILKINSON (1990b:52) kommt zu dem Schluß "We cannot think of a single instance in which a perspective bar graph should be used for any application."

[2] Zur Leistungsfähigkeit von 3-D-Histogrammen als Dichteschätzer, vgl. SCOTT (1992:80-86).

[3] Für einen allgemeinen multivariaten Kern-Schätzer, vgl. SCOTT (1992:153).

Abb. 5-19 Perspektivplot eines Kern-Dichteschätzers, Bandbreite 0.7

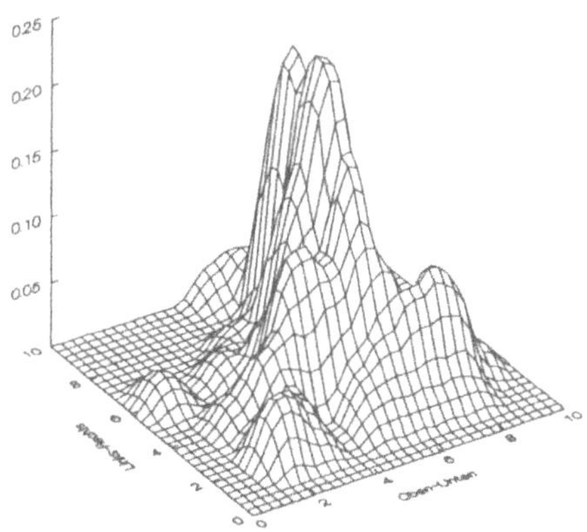

Abb. 5-20 Perspektivplot eines Kern-Dichteschätzers, Bandbreite 1.3

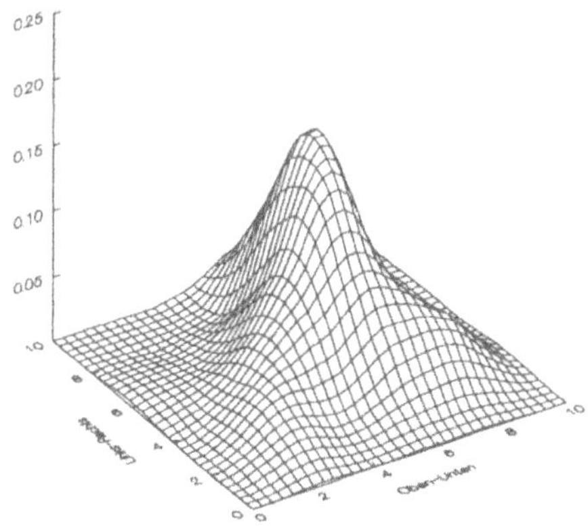

Eine Möglichkeit, auch dann innerhalb von Sekunden zu nichtparametrischen Dichteschätzungen zu gelangen, besteht in der Verwendung multivariater Varianten der "Average Shifted Histograms" (SCOTT 1992:113-123, bzw. WARPing (HÄRDLE/SCOTT 1992)[1].

Die so geschätzte bivariate Dichteverteilung kann z.B. mit "Perspektivplots" (oder "Surface-Plots") dargestellt werden. Hierbei wird die geschätzte Dichte als die Höhe eines Netzes über der Fläche des Plots perspektivisch dargestellt[2]. Ein intuitives Verständnis für die Perspektiv-Darstellung (Abb. 5.18) des Kern-Dichteschätzers kann man durch den Vergleich mit dem entsprechenden 3-D-Histogramm (Abb. 5.17) gewinnen: Würde man über die Säulen des Histogramms eine Decke legen und gleichmäßig straffziehen, wäre die resultierende Oberfläche dem Perspektivplot ähnlich. Bei der Erstellung von Perspektivplots müssen eine Reihe von Entscheidungen getroffen werden, die das Aussehen des Plots stark verändern können. Hierzu gehört vor allem die Wahl des Blickwinkels und der Feinheit des verwendeten Netzes (vgl. Kap. 6.4.2). Durch gegenseitige Verdeckungen können solche Plots häufig sehr unübersichtlich werden.

[1] Standardsoftware für solche Schätzer existiert mit Ausnahme einer direkten Implementierung in SYGRAPH bislang nicht. Die Programmierung ist aber nicht aufwendig (vgl. auch HÄRDLE 1990:34-41, der aber nur den univariaten Fall expliziert).

[2] Einzelheiten und Hinweise auf Algorithmen zur Erstellung von Perspektiv- und Konturplots finden sich im Kapitel 6.4.

Abb. 5-21 Konturplot eines Kern-Dichteschätzers, Bandbreite=1.0

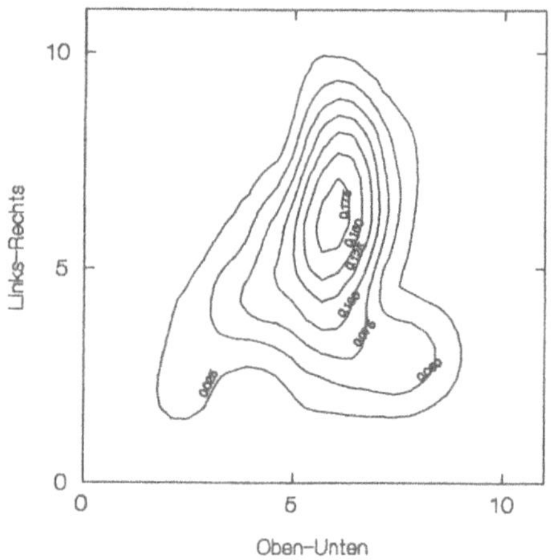

Abb. 5-22 Scatterplot nach Cellulation (Bubble-Scatterplot)

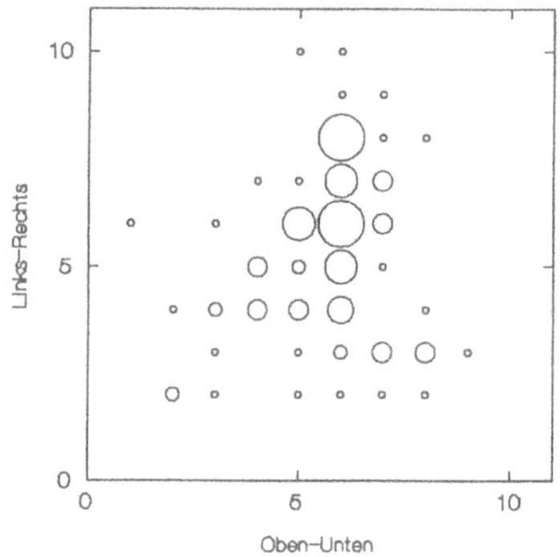

Dieses Problem läßt sich durch "Konturplots" (Abb. 5.21) vermeiden. Ein Konturplot gibt wie eine topographische Karte die Höhe des Netzes über der Grundfläche durch Höhenlinien wieder: Punkte gleicher Höhe werden durch Linien verbunden. Ein intuitives Verständnis für die Konturdarstellung des Kern-Dichteschätzers (Abb. 5.21) kann man durch einen Vergleich mit dem entsprechenden Cellulation-Scatterplot (Abb. 5.22) gewinnen. Ob nun Konturplots oder Perspektivplots zur Darstellung der geschätzten Dichteverteilung verwendet werden sollten, ist eine Frage der Gewöhnung. In den meisten Fällen sind Konturplots wesentlich übersichtlicher und leichter vergleichbar als Perspektivplots.

Weit wichtiger als die Art der Darstellung der geschätzten Dichteverteilung ist die Art der Schätzung. Die Wahl der Bandbreite des Kern-Schätzers ist hier von zentraler Bedeutung. Die Abbildungen 5.18, 5.19 und 5.20 zeigen jeweils die gleichen Daten, allerdings wurden unterschiedliche Bandbreiten verwendet. Deutlich kann man die Überbetonung lokaler Häufungen bei kleiner Bandbreite (Abb. 5.19) bzw. die Verdeckung lokaler Häufungen bei großer Bandbreite (Abb. 5.20) erkennen[1]. Obwohl es Regeln für eine erste Wahl der Bandbreite multivariater Kern-Dichteschätzer gibt, muß eine geeignete Bandbreite meistens durch wiederholtes Plotten gefunden werden[2].

---

[1] Dies ist auch der Grund, warum sich solche Plots in keiner Weise zur Darstellung von Ergebnissen eignen. Trotzdem finden diese Plots aufgrund ihrer ästhetischen Qualität zunehmend Verwendung außerhalb von Datenanalysen als Präsentationsgraphik.

[2] Als Bandbreite bei d-dimensionalen Produktkernen schlägt SCOTT (1992:152) $h_i=\sigma_i n^{-1/(d+4)}$ vor.

Perspektiv- und Konturplots nichtparametrischer Dichteschätzungen eignen sich auch bei sehr großen Datensätzen ausgezeichnet zur Exploration bivariater Dichteverteilungen[1]. Völlig ungeeignet sind diese Plots jedoch für den Vergleich verschieder Subpopulationen: Die Zahl gleichzeitig zu verarbeitender Informationen ist für alle 3-D-Plots zu groß, um sinnvolle Vergleiche durchführen zu können. Solche Plots eignen sich auch nicht zur Entdeckung einzelner Ausreißer, wohl aber zur Entdeckung möglicher Subpopulationen. Dies wird vor allem durch den Vergleich mehrerer Plots mit unterschiedlicher Bandbreite möglich.

[1] Mit dreidimensionalen Konturplots kann auch die gemeinsame Dichteverteilung dreier Variablen dargestellt werden; zu solchen Möglichkeiten vgl. SCOTT (1992:22). Im Fall normalverteilter Variablen stellen diese Konturlinien Hyperellipsen ("Eier") dar. Standardsoftware zur Darstellung solcher Plots existiert im Bereich der Statistik nicht, wohl aber z.B. in der Medizin. Einige Visualisierungsprogramme (z.B. Spyglass Dicer, PV-Wave, Tecplot) erlauben die zweidimensionale Darstellung solcher "Isosurfaces", also derjenigen Menge aller Datenpunkte, die einen bestimmten Wert annehmen ("level surface"). Diese Oberflächen können mit unterschiedlicher Durchsichtigkeit und Farbe dargestellt werden ("Volume Visualization"). Hinweise auf die entsprechenden Algorithmen zum "Volume Rendering" finden sich bei FOLEY (1990:1034-1039).

5.3 Informationsangereicherte Scatterplots

Je nach Aufgabenstellung lassen sich Scatterplots durch eine Reihe von Techniken informationsreicher gestalten. Neben verschiedenen Formen der Regression gehören hierzu vor allem diverse Möglichkeiten zur Darstellung der gemeinsamen Dichteverteilung zweier Variablen. Die Nützlichkeit informationsangereicherter Scatterplots bei fast jeder Datenanalyse kann kaum überschätzt werden. Dies gilt insbesondere für "Scatterplot-Smoother".

5.3.1 Scatterplot-Smoother

Schon bei kleinen Fallzahlen kann die Beurteilung der Art des Zusammenhangs zweier Variablen in einem Scatterplot schwierig werden. Bei höheren Fallzahlen, nicht-linearen Zusammenhängen und variierender Streuung kann die Form des Zusammenhangs unerkennbar sein. Üblich ist daher das Plotten von Hilfslinien, die die Art oder Stärke des Zusammenhangs erkennbar werden lassen sollen. Häufig wird hierfür eine lineare Regression verwendet. Die Abbildung 5.23 zeigt eine lineare Regressionsgerade für die Einkommensdaten des ALLBUS 1980. Die Abbildung dieses Beispiels zeigt einige Schwächen einer einfachen linearen Regression deutlich: Häufig ist die funktionale Form des linearen Zusammenhangs nicht angemessen; die Abweichungen der Daten von den vorhergesagten Werten (die Residuen) sind daher sowohl recht groß als auch systematisch. Weiterhin sind lineare Regressionen sehr anfällig für einzelne Ausreißer.

Das Hauptproblem bei der Verwendung linearer Regressionen in Scatterplots liegt aber darin, daß die lineare Form des funktionalen Zusammenhangs durch die Wahl des Modells festgelegt wird. Es wäre aber wünschenswert, andere als lineare Zusammenhänge als Ausgangsmodell verwenden zu können. Idealerweise sollte sich die Art des Zusammenhangs aus den Daten ergeben. Genau zu diesem Zweck dienen "Scatterplot-Smoother": Die Beziehung zwischen zwei Variablen soll ohne die Festlegung auf ein parametrisches Modell untersucht werden. Dadurch können nicht nur Hinweise für die Entwicklung parametrischer Modelle (z.B. Regressionen mit quadratischen Termen) gewonnen werden, sondern auch die Angemessenheit des funktionalen Zusammenhangs bestehender Modelle überprüft werden.

Abb. 5-23 Scatterplot mit linearer Regression als "Smoother"

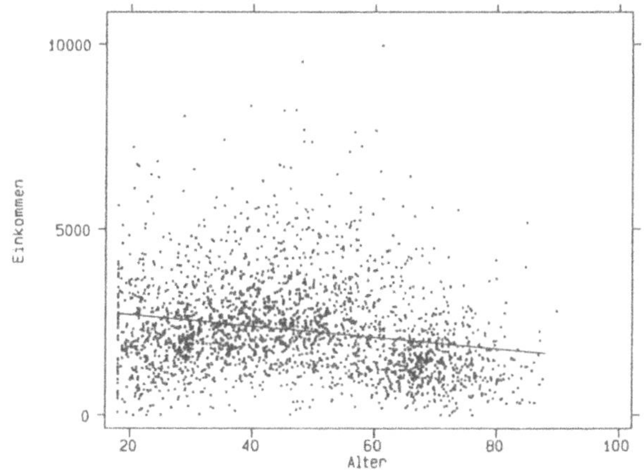

Abb. 5-24 Scatterplot mit Median-Trace (8 Stripes)

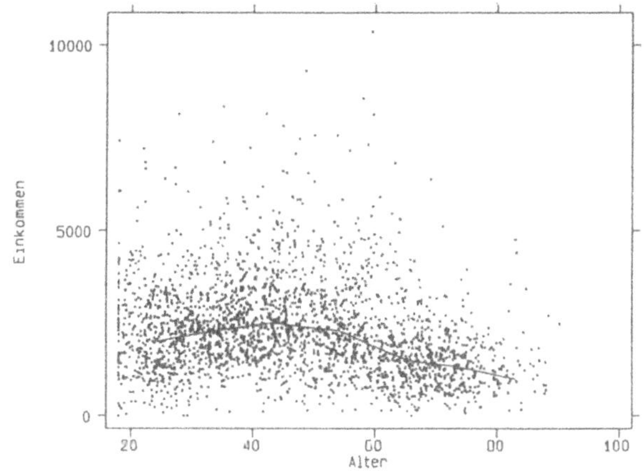

Abb. 5-25 Scatterplot mit LOWESS-Smoother (Bandbreite 0.8)

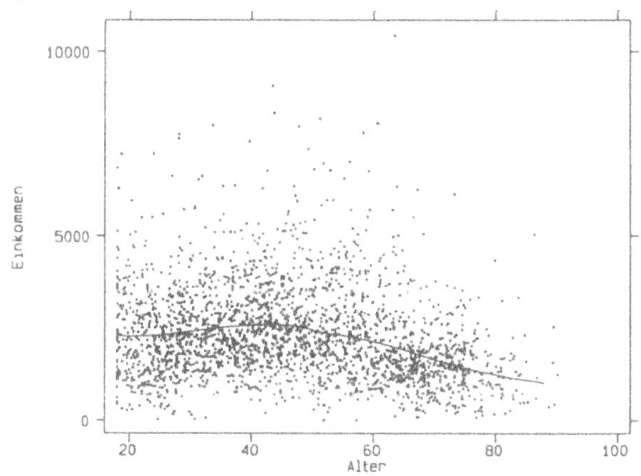

Abb. 5-26 Strip-Boxplot: Wertebereich der unabhängigen Variablen als Einteilung

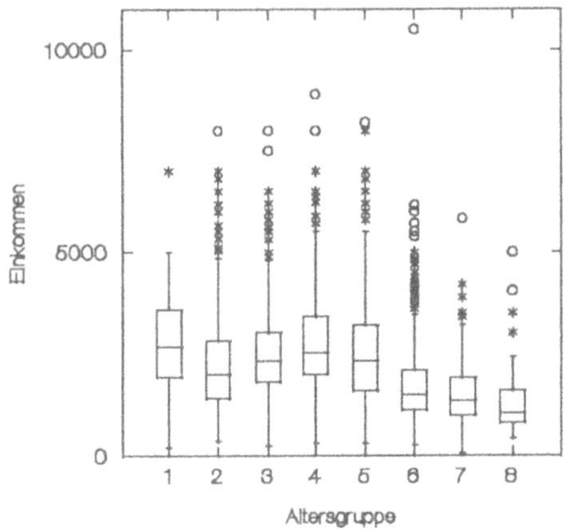

Abb. 5-27 Strip-Boxplot: Quintile der unabhängigen Variablen als Einteilung

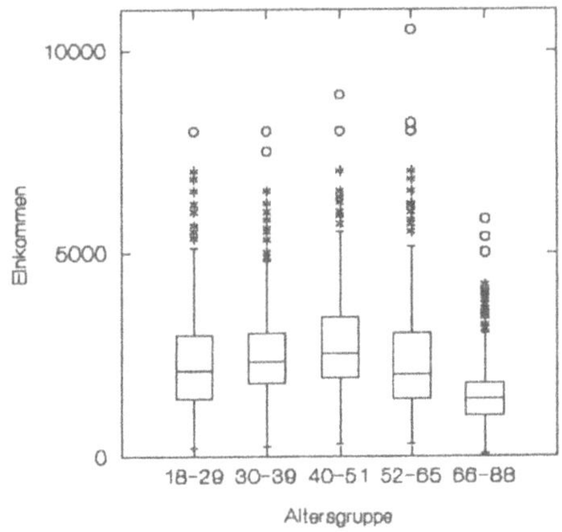

5.3.1.1 Median-Trace

Eine einfache Form der Glättung eines Scatterplots läßt sich aus gruppierten Boxplots herleiten. Hierzu werden Ausprägungen der unabhängigen Variablen in Gruppen zusammengefaßt und dann parallele Boxplots für die Gruppen erstellt. Die Gruppierung der unabhängigen Variablen kann z.B. über gleichgroße Intervalle des Wertebereichs erfolgen. Den entsprechenden Plot für die Einkommensdaten des ALLBUS bei gleichgroßen Intervallen des Wertebereichs zeigt die Abbildung 5.26.

Zur Verringerung des Einflusses einzelner Ausreißer ist es häufig günstiger, die Einheiten auf der unabhängigen Variablen in Gruppen annähernd gleicher Größe zusammenzufassen. Man kann z.B. Quartile oder Quintile der unabhängigen Variablen als Gruppen verwenden. Da die unabhängige Variable in "Streifen" gleicher Größe eingeteilt wird, nennen CHAMBERS u.a. (1983:89) einen solchen Plot "strip boxplot". Für das Beispiel der ALLBUS-Einkommensdaten wurden die Quintile des Alters der Befragten berechnet. In jedem Quintil liegen hier ca. 600 Fälle. Für jedes Quintil wird ein Boxplot für die abhängige Variable erstellt. Das Ergebnis ist die Abbildung 5.27. Der Strip-Boxplot zeigt das Ansteigen des Einkommens in den ersten drei Quintilen, in den beiden letzten Quintilen fällt das Einkommen wieder.

Abb. 5-28 Regressogramm

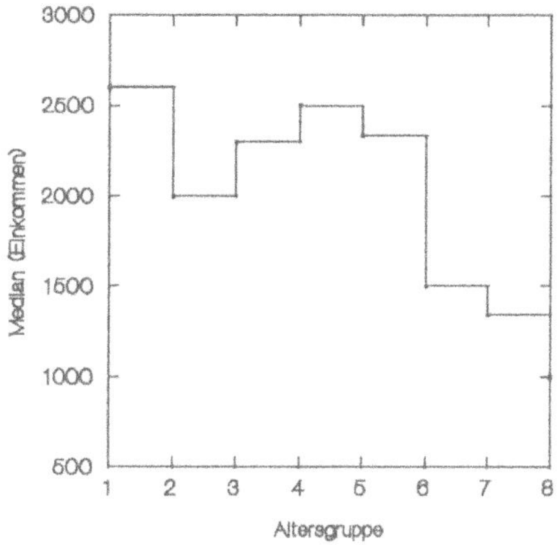

Abb. 5-29 Biquantiles Regressogramm

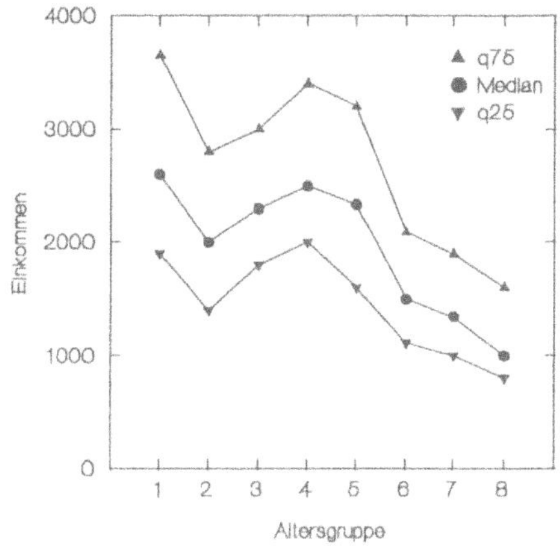

Der Zusammenhang zwischen Einkommen und Alter ist offensichtlich kurvilinear. Der wesentliche Unterschied zwischen den Abbildungen 5.26 und 5.27 ist die Verteilung in der Altersgruppe der unter 20jährigen in der Abbildung 5.26. Hier scheint zunächst ein höheres Einkommen vorzuliegen, das in der nächsten Altersgruppe absinkt. Da sich "Einkommen" hier auf Haushaltseinkommen bezieht, ist diese Abweichung über das Einkommen der Eltern leicht erklärlich. Weil die unter 20jährigen nur ca. 3% der Befragten ausmachen, wird der Effekt bei der Quintil-Einteilung verdeckt.

Um nun zu einem einfachen Scatterplot-Smoother zu gelangen, kann man den Plot der Boxplots unterdrücken und lediglich die Mediane der Gruppen durch gerade Linien miteinander verbinden. Diese Verbindungslinie der Mediane wird als "Median-Trace" bezeichnet. Häufig wird hierfür eine Stufenlinie verwendet (vgl. Abb. 5.28), da die Stufenlinie die Konstanz des geglätteten Wertes innerhalb eines Intervalls ausdrückt. Plots der Median-Trace mit Stufenlinie werden auch "Regressogramm" genannt. Werden die Mediane durch gerade Linien verbunden, sprechen manche Autoren von einer "Band-Regression". Die Abbildungen 5.24 und 5.28 sind Beispiele für Regressogramme bzw. Band-Regressionen. Ein Regressogramm ist eine der einfachsten Formen eines Scatterplot-Smoothers ("bin smoother").

In vielen Fällen wird ein Scatterplot mit Median-Trace durch den Plot der entsprechenden Linien des Interquartilsabstands noch aussagekräftiger. Hierbei werden nicht nur die Mediane der parallelen Boxplots, sondern auch deren "Hinges" (also die Begrenzungen der Boxen) durch Linien verbunden. Solche Plots werden als "wandering schematic plot" (TUKEY 1977: 283-307) oder auch als "biquantiles Regressogramm" bezeichnet.

Die Abbildung 5.29 zeigt das biquantile Regressogramm des Einkommensbeispiels. Am auffälligsten ist hierbei die Annäherung zwischen der Median-Linie und der Linie des ersten Quartils (q25) bei den höheren Altersgruppen. Die Einkommensunterschiede werden mit zunehmendem Alter kleiner, wobei der Effekt in den unteren Einkommensgruppen besonders deutlich ist. Vor allem dieser Effekt dürfte im Ausgangsscatterplot (Abb. 5.15) kaum erkannt worden sein.

5.3.1.2 Kernel-Smoothed-Quantile-Plots

Das biquantile Regressogramm plottet den Median und die Quartile für gruppierte Werte der unabhängigen Variablen. Neben diesen bedingten Quantilen können in einem Scatterplot auch andere bedingte Quantile wiedergeben werden. Andere Quantile sind häufig aus inhaltlichen Gründen von Interesse. So liegen z.B. unter der Verbindungslinie der bedingten .9-Quantile 90% aller Fälle; dies mag für viele praktische Anwendungen eine "natürliche" Grenze darstellen. Allerdings sind die Verbindungslinien extremer Quantile häufig sehr unregelmäßig. Damit liegt eine Glättung bedingter Quantile nahe.

Eine Möglichkeit der Glättung besteht in den Verwendung eines Kernel-Smoothers (vgl. Kap. 5.3.1.5). Direkte Berechnungen von Kernel-Smoothern für große Fallzahlen beanspruchen aber immense Rechenzeiten. MAGEE/BURBIDGE/ROBB (1991) schlugen einen Algorithmus vor, der einen Kernel-Smoother für bedingte Quantile auch bei großen Fallzahlen in wenigen Sekunden berechnet[1]. Dies macht "Kernel-Smoothed-Quantile-Plots" (KSQ) für Standardanalysen verfügbar.

---

[1] Der Algorithmus von MAGEE/BURBIDGE/ROBB (1991:674) verwendet eine Reihe von Modifikationen (u.a. Gruppierung, Ranking, Interpolation), die zu einer wesentlichen Beschleunigung führen. Eine detaillierte Darstellung des Algorithmus war selbst in der Original-Veröffentlichung nicht möglich: Der Kern des GAUSS-Programms KSQ.PRO umfaßt ca. 200 Zeilen.

Abb. 5-30 Mittelwert und Median des Einkommens nach Altersgruppe

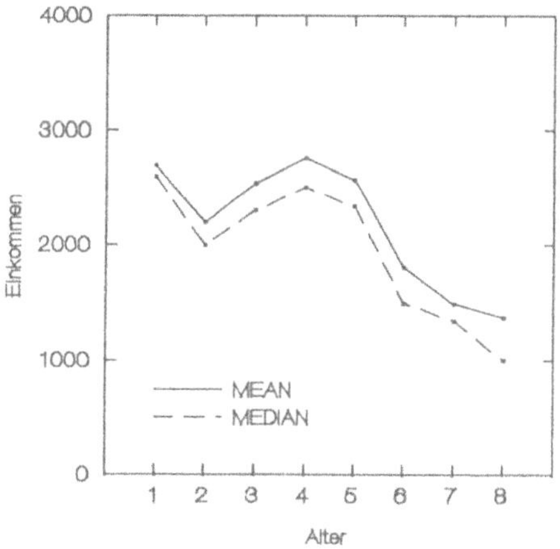

Abb. 5-31 KSQ-geglättete bedingte Quantile (.2,.5,.8) Einkommen*Alter

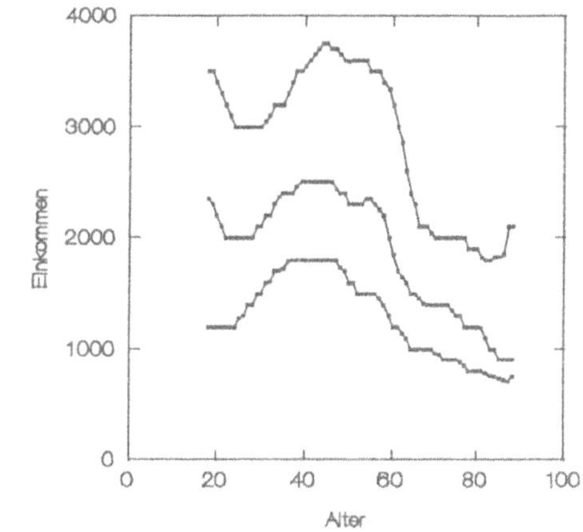

Wie bei allen Smoothern müssen einige Entscheidungen für die Glättung getroffen werden. Die Wahl der Kernfunktion scheint keinen wesentlichen Einfluß auf die Ergebnisse zu besitzen (MAGEE/BURBIDGE/ROBB 1991:676). KSQ verwendet eine Dreiecks- bzw. parabolische Kernfunktion. Entscheidend für alle Kern-Schätzer ist die Wahl der Bandbreite. KSQ erlaubt die automatische Berechnung einer Bandbreite[1]. Es wird derjenige Parameter für die Bandbreite gewählt, der die Summe der gewichteten absoluten Differenzen zwischen den beobachteten Werten und den geglätteten Quantilen minimiert.

Ein Beispiel für Plots mit durch den KSQ-Algorithmus geglätteten Quantilen zeigt die Abbildung 5.31 anhand des Einkommen*Alter-Beispiels. Als optimale Bandbreite für diesen Plot wurde mit KSQ der Wert 11 berechnet. Geplottet wurden die Quantile .2, .5 (Median) und .8. Vergleicht man den KSQ-Plot mit dem Scatterplot (5.15), so ist die wesentliche Aussage, das Vorliegen eines kurvilinearen Zusammenhangs zwischen Alter und Einkommen, für alle drei Quantile viel deutlicher erkennbar. Weiterhin sind die sehr hohen Werte bei den jüngsten Befragten im KSQ-Plot visuell auffälliger als im Scatterplot. Unübersehbar wird die Verringerung des Einkommensunterschieds mit zunehmendem Alter. Der Plot zeigt diese Verringerung für die unteren Einkommensgruppen besonders deutlich. Dieser Effekt hätte sich auch durch einen Vergleich der bedingten Mittelwerte mit den bedingten Medianen

[1] Dies geschieht bei KSQ mittels einer Form des "Crossvalidation", bei der jeweils sukzessiv eine Beobachtung gelöscht wird (vgl. HÄRDLE 1991:92-118).

entdecken lassen (vgl. Abb. 5.30); der KSQ-Plot zeigt den Effekt aber weit deutlicher. Schließlich ist der KSQ-Plot unempfindlicher gegenüber Ausreißern.

Ein Plot der bedingten Quantile ist bei vielen Datenanalysen eine weitaus aussagekräftigere Zusammenfassung der Daten eines Scatterplots als ein Korrelationskoeffizient oder auch ein Plot mit eingezeichneter linearer Regressionsgeraden. Nicht nur die Form des Zusammenhangs, sondern auch Veränderungen in der bedingten Streuung werden durch solche Plots deutlich.

5.3.1.3 K-NN-Smoother und Running-Line-Smoother

Neben dem Regressogramm gibt es weitere einfache Scatterplot-Smoother. Alle basieren auf einer Glättung der abhängigen Variablen Y innerhalb einer Umgebung um die jeweils betrachtete Beobachtung auf der unabhängigen Variablen X. Die Größe der Umgebung kann man z.B. durch die Zahl der jeweils k-nächsten Nachbarn links und rechts festlegen. Der Y-Mittelwert der k-nächsten Nachbarn ergibt einen einfachen Scatterplot-Smoother ("k-nearest-neighbor", "k-NN-Schätzer")[1]. Die Größe der Umgebung steuert das Ausmaß der Glättung.

Berechnet man anstelle des Y-Mittelwerts innerhalb jeder Umgebung eine lineare Regression der beiden Variablen, so ergeben die vorhergesagten Werte dieser lokalen Regressionen ebenfalls einen Scatterplot-Smoother. Dieser Smoother wird als "running-line smoother" bezeichnet. Auch hier steuert die Größe der Umgebung das Ausmaß der Glättung[2]. Wählt man die Umgebung so groß, daß in der Berechnung für jede Beobachtung alle anderen Beobachtungen mitberücksichtigt werden, so ergibt sich als Grenzfall die einfache Regression zwischen den beiden Variablen.

---

[1] In der Zeitreihenanalyse wird dies als Verfahren der "gleitenden Durchschnitte" ("moving averages", "running means", "digitale Filter") bezeichnet (GOODALL 1990:131).

[2] Die Größe der Umgebung (bzw. der Spannweite {k+1}/n) kann prinzipiell auch variabel sein. Ein Algorithmus mit variabler Spannweite für "running-line" stammt von FRIEDMAN (1984). Sein "super smoother" wählt (durch "Crossvalidation") für "wellige" Umgebungen eine kleinere Spannweite als für glatte Umgebungen. FRIEDMANs Fortran-Programm ist über STATLIB verfügbar.

Abb. 5-32 Scatterplot mit linearer Regression als Smoother

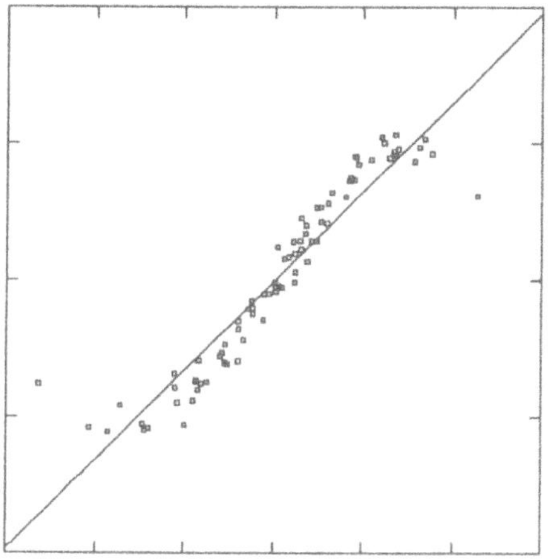

Abb. 5-33 Scatterplot mit LOWESS als Smoother (f=0.5)

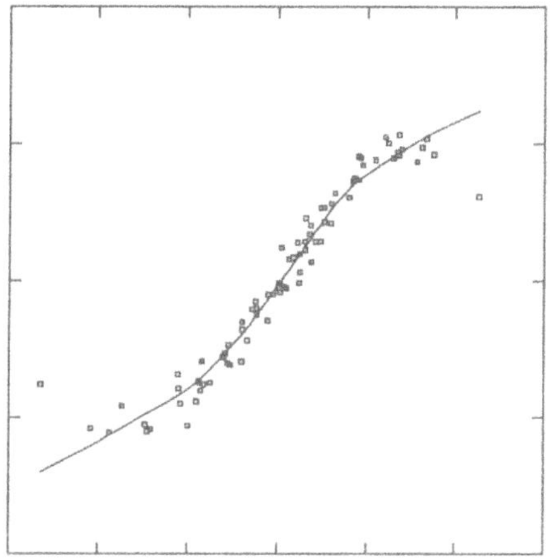

Der größte Vorteil der k-NN-Smoother und Running-Line-Smoother ist ihre sehr schnelle Berechnung[1]. Ihre Resultate sind aber meist sehr wellige Kurven, die kaum als "Glättung" erscheinen. Die Ursache dafür liegt darin, daß einzelne Beobachtungen die Glättung stark beeinflussen können. Es wäre daher vorteilhaft, anstelle dieser Glätter eher solche Smoother zu verwenden, die gegenüber einzelnen Ausreißern robust sind.

5.3.1.4 LOWESS

Ein robuster Scatterplot-Smoother ist der von CLEVELAND (1979) entwickelte "locally-weighted scatterplot smoother" LOWESS. Ein Beispiel zeigt die Abbildung 5.33. LOWESS verwendet eine Gewichtungsfunktion, die dazu führt, daß der Einfluß einer Beobachtung auf die Glättung an einem Punkt mit der Entfernung zu diesem Punkt abnimmt. Weiterhin gewichtet LOWESS Ausreißer geringer als andere Smoother[2]. Das Verhalten von LOWESS hängt wesentlich von der Wahl des Glättungsparameters f ab. Dieser gibt den Anteil der Beobachtungen, die in die Berechnung für einen Punkt eingehen, wieder. In der Regel liegen brauchbare Werte für f zwischen 0.5 und 0.8 (CLEVELAND 1985:171).

---

[1] Effiziente Berechnungsgleichungen finden sich bei THISTED (1988:348).

[2] Zu den Details der Berechnung vgl. Exkurs 5.3.1.5.

Abb. 5-34 LOWESS, f=0.1

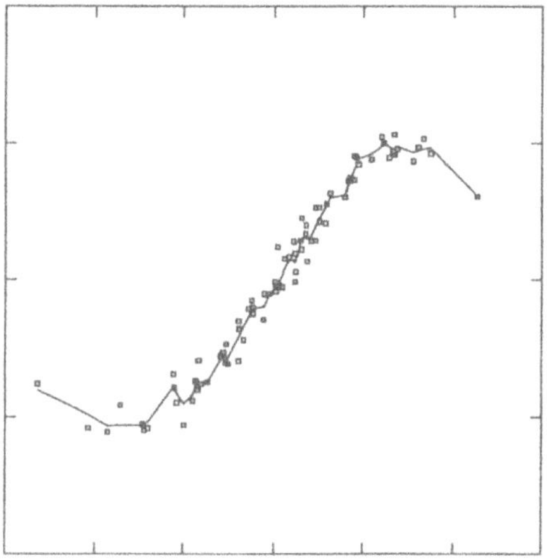

Abb. 5-35 LOWESS, f=0.3

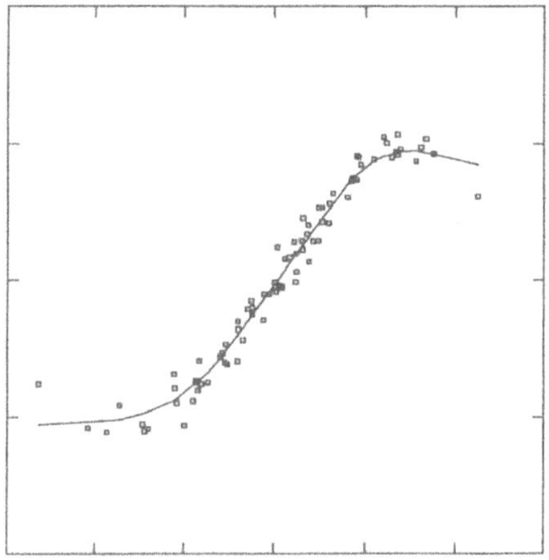

Die Abbildungen 5.34 bis 5.37 zeigen LOWESS mit f=0.1, 0.3, 0.7 und 0.8 für ein Beispiel (für f=0.5 vgl. Abb. 5.33)[1]. Das Ziel einer Veränderung des Smoothingparameters ist es auch hier, den Wert so groß wie möglich werden zu lassen, ohne die den Daten zugrundeliegende Struktur unerkennbar werden zu lassen (vgl. den Scatterplot mit eingezeichneter linearer Regression, Abb. 5.32). Die hier die Daten generierende Sinusfunktion wäre bei f größer 0.3 oder 0.5 kaum noch erkannt worden.

Abb. 5-36 LOWESS, f=0.7

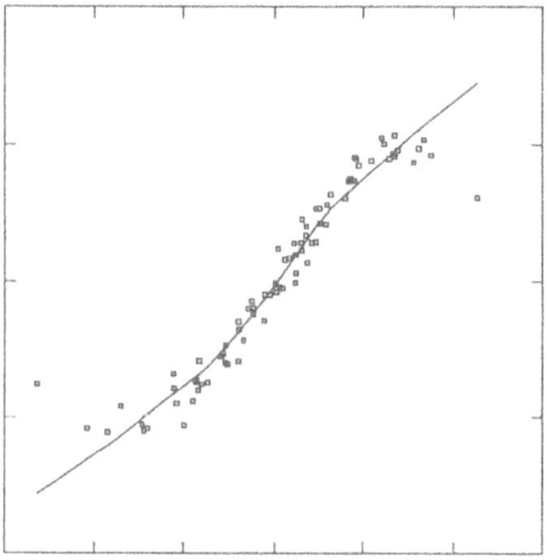

Abb. 5-37 LOWESS, f=0.8

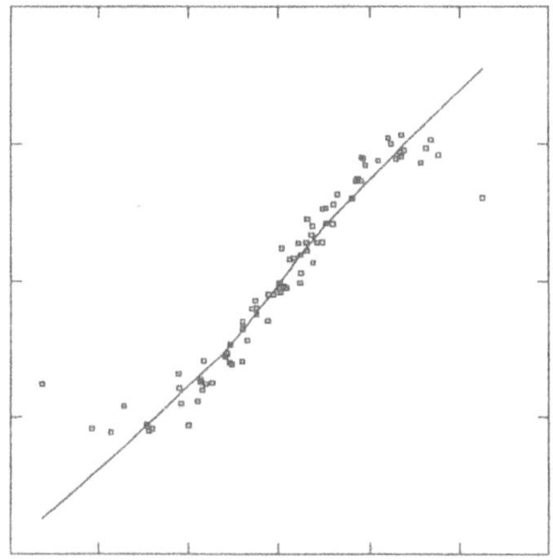

[1] Die den Abbildungen zugrunde liegenden Daten sind Zufallszahlen, wobei n=80, X~N(0,1), Y=sin(X)+E und E~N(0,1/9). Das Beispiel lehnt sich an HASTIE/TIBSHIRANI (1990:12) an.

Viele Programme verwenden 0.5, 0.67 oder 0.8 als Voreinstellung. Bei sehr niedrigem f verbindet die Glättungskurve nebeneinanderliegende Punkte: LOWESS folgt dann jeder Unregelmäßigkeit in den Daten. Je höher f liegt, desto mehr nähert sich die Glättungskurve einer Geraden. Wie das Beispiel zeigt, ist eine Änderung der Voreinstellung des Smoothing-Parameters durch den Anwender häufig sinnvoll. Da es keine automatische Wahl eines "optimalen" Smoothing-Parameters für LOWESS gibt, empfiehlt es sich immer, für einen Scatterplot LOWESS mit unterschiedlichen Glättungsparametern zu vergleichen.

5.3.1.5 Exkurs: Berechnung von LOWESS

Die Berechnung von LOWESS erfolgt in mehreren Schritten (CHAMBERS u.a. 1983:121-123). Für jede einzelne Beobachtung x_i der sortierten Variablen X wird für die Umgebung der nächsten Nachbarn ein geglätteter Wert für Y berechnet. Die Größe der Umgebung um jeden x-Wert wird durch den Smoothing-Parameter f festgelegt: Die Anzahl der n-nächsten Nachbarn ergibt sich durch q=INT(n*f). Der Beitrag der Nachbarn für die Schätzung variiert mit der Entfernung; je weiter ein Nachbar entfernt ist, desto geringer sein Beitrag zur Schätzung. Verwendet wird die sogenannte "tricube weight function":

$$t(u)=(1-|u|^3)^3$$

für $|u|<1$. Ansonsten wird t(u)=0 gesetzt. Das Gewicht der Beobachtung k für die Glättung an der Stelle i ergibt sich durch

$$t_i(x_k)=t\left(\frac{x_i-x_k}{d_i}\right)$$

wobei d_i die Distanz zwischen x_i und dem q-nächsten Nachbarn ist. Für jeden Wert x_i wird eine gewichtete Regression berechnet, wobei die Regressionsparameter a und b so bestimmt werden, daß

$$\sum_{k=1}^{n} t_i(x_k)(y_k-a-bx_k)^2$$

ein Minimum erreicht. Der provisorische geglättete Wert an dieser Stelle ergibt sich als

$$\hat{y}_i=\hat{a}+\hat{b}x_k$$

Entsprechend ergeben sich die Residuen

$$r_i=y_i-\hat{y}_i$$

Der Median der absoluten Residuen wird mit

$$m=median|r_k|$$

berechnet. Im nächsten Schritt werden diese Residuen zur Berechnung neuer Gewichte verwendet. Auch hier werden weiter entfernte Beobachtungen geringer gewichtet. Hierbei wird als Gewichtungsfunktion die "bisquare weight function"

$$B(u)=(1-u^2)^2$$

für $|u|<1$ verwendet; ansonsten wird das Gewicht gleich null gesetzt. Die Residuen werden entsprechend ihrer relativen Größe mit der "bisquare weight function" gewichtet. Das Gewicht für den Punkt (x_k,y_k) wird berechnet als

$$w(x_k)=B\left(\frac{r_k}{6m}\right)$$

Nun wird wieder eine gewichtete Regression berechnet, wobei als Gewicht das Produkt der Gewichte w_k und $t_i(x_k)$ verwendet wird. Diese Schritte werden solange wiederholt, bis sich die geschätzten Parameter nicht mehr verändern.

LOWESS ist in einer großen Zahl von Programmen implementiert. Fast alle derzeitigen Programme verwenden eine ältere, direkte Variante, deren Rechenzeiten proportional zum Quadrat der Fallzahl steigt[1]. Für große Fallzahlen ist dieser Algorithmus kaum anwendbar. Eine neue Variante von LOWESS, die als "loess" (local regression) bezeichnet wird, läßt sich wesentlich schneller berechnen und wird dadurch auch für große Fallzahlen praktikabel. Loess wird an wenigen ausgesuchten Punkten exakt berechnet, dann wird interpoliert. Die Punkte werden durch eine Einteilung der Prädiktoren mithilfe eines k-d-Trees gefunden, die Interpolation erfolgt durch kubische Polynome ("blending")[2].

---

[1] Der zugrundeliegende Algorithmus von CLEVELAND (1979) ist als FORTRAN-Programm über STATLIB zugänglich. Entsprechende BASIC-Programme geben FLEISCHER/NAGEL (1989), ein SAS-IML-Macro FRIENDLY (1991).

[2] Einzelheiten finden sich bei CLEVELAND/DEVLIN/GROSSE (1988), CLEVELAND/GROSSE 1991:49-55) und CLEVELAND/GROSSE/SHYU (1993:373-376). FORTRAN-Programme dieser "loess"-Implementierung sind über NETLIB verfügbar.

5.3.1.5 Andere Scatterplot-Smoother

Scatterplot-Smoothing ist lediglich der bivariate Fall "nichtparametrischer Regressionen". Alle nichtparametrischen Regressionen basieren auf der Berechnung gewichteter Mittelwerte der abhängigen Variablen in einer lokalen Umgebung um Werte der unabhängigen Variablen. Die Techniken unterscheiden sich vor allem durch die Art der Gewichtung und die Wahl der Größe der Umgebung (HASTIE/TIBSHIRANI 1990:11). Da Scatterplot-Smoothing vor allem dazu dienen soll, vorhandene Strukturen in den Daten hervorzuheben, ist in der Praxis der Datenanalyse die Wahl der Größe der Umgebung (die Wahl des Glättungsparameters) fast immer wichtiger als die Wahl einer bestimmten Smoothing-Technik[1].

In der statistischen Literatur spielen "kernel regressions" als Scatterplot-Smoother eine zentrale Rolle. Bei einer Kern-Regression ergibt sich für einen gegebenen Wert x der geglättete Wert $\hat{y}$

$$\hat{y} = \frac{\sum_{i=1}^{n} K((x-x_i)/h)y_i}{\sum_{i=1}^{n} K((x-x_i)/h)}$$

("Nadaraya-Watson"-Schätzer). K ist eine Gewichtungsfunktion ("Kernel", vgl. Kap. 2.3.3) mit der Bandbreite h. Die Wahl der Kern-Funktion ist für praktische Anwendungen in der Regel eher unwichtig. Häufig wird z.B. der Gauss-Kern ("Normal-Kern")

$$K(u) = \frac{1}{\sqrt{2\pi}}\exp(-\frac{1}{2}u^2)$$

verwendet. Die weit kritischere Wahl der Bandbreite erfolgt (wie bei nichtparametrischen Dichteschätzungen, vgl. Kap. 2.3.3) durch Ausprobieren oder rechnerisch durch "Cross-validation"[2]. Bei direkter Berechnung bedingen Kern-Regressionen lange Rechenzeiten. Eine

---

[1] Da die statistische Literatur zu Smoothern hingegen durch die Konstruktion von Schätzern für eine zugrundeliegende Wahrscheinlichkeitsverteilung dominiert wird (vgl. CHU/MARRON 1991:404-405;433), ist ein großer Teil dieser Literatur kaum relevant für die Forschungspraxis.

[2] Algorithmen zur Bestimmung der Bandbreite für nicht-parametrische Regressionen finden sich bei HÄRDLE (1990:151-171).

Möglichkeit der wesentlichen Beschleunigung der Berechnung besteht in der Verwendung gewichteter gruppierter Werte (WARPing, vgl. Kap. 2.3.3)[1]. Erst durch solche Algorithmen werden Kern-Regressionen (einschließlich der Bestimmung der Bandbreite durch Crossvalidation) auch bei großen Fallzahlen praktisch anwendbar.

Neben Kernglättern gibt es eine große Zahl weiterer Glättungstechniken[2]. So lassen sich auch die zumeist als Interpolationsmethode verwendeten Splines (Kap.5.1.3.4) modifiziert als Scatterplot-Smoother gebrauchen. Werden Splines zur Interpolation verwendet, läuft die Spline-Funktion durch jeden Datenpunkt und wirkt daher fast immer sehr "wellig". Liegt den Daten ein regelmäßiger Prozeß zugrunde, dann sind solche raschen Wechsel im allgemeinen unwahrscheinlich. Es liegt nahe, die Spline-Funktion so zu modifizieren, daß rasche Wechsel des Funktionsverlaufs vermieden werden. "Spline Smoothing" verwendet für kubische Splinefunktionen als zu minimierendes Kriterium meist

$$S(f)=\sum_{i=1}^{n}(y_i-f(x_i))^2+\lambda\int_a^b(f''(t))^2dt$$

wobei $a \leq x_1$ und $b \geq x_n$. Der Parameter λ ist der Glättungsparameter. Der erste Ausdruck gibt die Anpassung an die Daten wieder, der zweite Ausdruck dient der "Bestrafung" der Welligkeit[3]. Das Verhalten des Glätters hängt wesentlich vom Glättungsparameter ab. Ein geeigneter Wert kann durch wiederholtes Ausprobieren oder rechnerisch durch Crossvalidation (SILVERMAN 1984) gefunden werden. Im Gegensatz zu den meisten anderen Smoothern sind die Rechenzeiten für Spline-Smoother sehr gering, so daß sie auch bei größeren Datensätzen problemlos verwendet werden können[4]. Es muß warnend darauf hingewiesen werden, daß fast alle Datenanalyseprogramme, die Splines als Smoother-Option anbieten, keine Spline-Smoother berechnen, sondern interpolierende Splines.

---

[1] Allgemein zu WARPing vgl. HÄRDLE/SCOTT (1992), ein WARPing-Algorithmus für Kernel-Regressions findet sich bei HÄRDLE (1991:137-143).

[2] vgl. HÄRDLE (1991), der auch C- bzw. S-Routinen für die meisten Smoother angibt. Zu nichtparametrischen Regressionen vgl. einführend ALTMAN (1992), allgemein EUBANK (1988) und HÄRDLE (1990). Nichtparametrische Regressionen für mehr als einen Prädiktor führen u.a. zu verallgemeinerten additiven Modellen (HASTIE/TIBSHIRANI 1990). FORTRAN- bzw. C- oder S-Programme für alle diese Techniken sind über STATLIB bzw. NETLIB erhältlich.

[3] vgl. z.B. SILVERMAN (1985:3) und ausführlich EUBANK (1988:201-205).

[4] Ein Algorithmus samt ALGOL-Programm zu Spline-Smoothing findet sich bei REINSCH (1967).

Insbesondere für Daten mit gleichmäßigen Abständen zwischen den Ausprägungen der unabhängigen Variablen (wie z.B. bei Zeitreihen) gibt es eine große Zahl weiterer Smoother. Viele Standardprogramme enthalten robuste "running median smoother", z.B. "43RSR2H". Einen Überblick über diese Smoother gibt GOODALL (1990). Einige Datenanalyse-Programme bieten als Scatterplot-Smoother Algorithmen an, die in der statistischen Literatur zu Scatterplot-Smoothern nur am Rande erwähnt werden und über deren Eigenschaften daher wenig bekannt ist. Hierzu gehört vor allem DWLS und NEXPO (McLAIN 1974). Beide Algorithmen sind allerdings bei der Konstruktion von Perspektiv- und Konturplots weit verbreitet; sie werden daher hier im Kapitel 6.4 behandelt.

Zusammenfassend kann für praktische Datenanalysen festgestellt werden, daß die Wahl der Form des Smoothers gegenüber der Bestimmung des Glättungsparameters kaum eine wesentliche Rolle spielt. Für die Wahl des Glättungsparameters gibt es zwar automatische Methoden, die aber zusätzlichen Rechenaufwand erfordern und bisher in Standardprogrammen nicht vorhanden sind. Für alle Smoother empfiehlt sich der Vergleich einiger Plots des gleichen Smoothers mit unterschiedlichen Bandbreiten. Allein der Vergleich gibt häufig schon interessante Hinweise auf lokale Veränderungen in der Art des Zusammenhangs. Da für LOWESS (bzw. loess) nunmehr auch für große Fallzahlen effiziente Algorithmen vorhanden sind und die Zahl der Implementierungen in der Standardsoftware steigt, spricht wenig dagegen, LOWESS mit variierendem Glättungsparameter als Scatterplot-Smoother als Teil der Routine einer Datenanalyse zu verwenden[1].

5.3.2 Scatterplots mit Dichte-Ellipsen

Eine vielseitig verwendbare graphische Anreicherung eines Scatterplots zweier (vermutlich) bivariat normalverteilter Variablen besteht in der zusätzlichen Darstellung einer "Dichte-Ellipse". Die durch die Ellipse eingeschlossene Region entspricht der Wahrscheinlichkeit, daß eine zufällig gezogene Beobachtung aus einer bivariaten Normalverteilung mit den gegebenen Parametern in diese Region fällt.

---

[1] Zu den Vorteilen lokaler Regressionen vgl. HASTIE/LOADER (1993).

Abb. 5-38 Scatterplot mit 95%-Dichte-Ellipse und Regressionsgerade

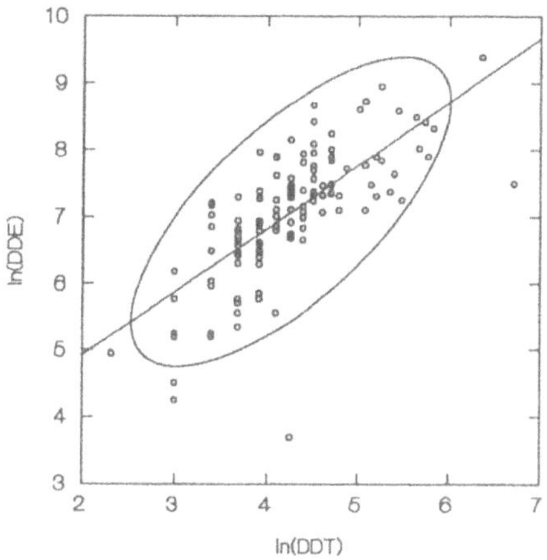

Abb. 5-39 Scatterplot mit 50%, 75%, 90%, 95% und 99% Dichte-Ellipsen und Regressionsgerade

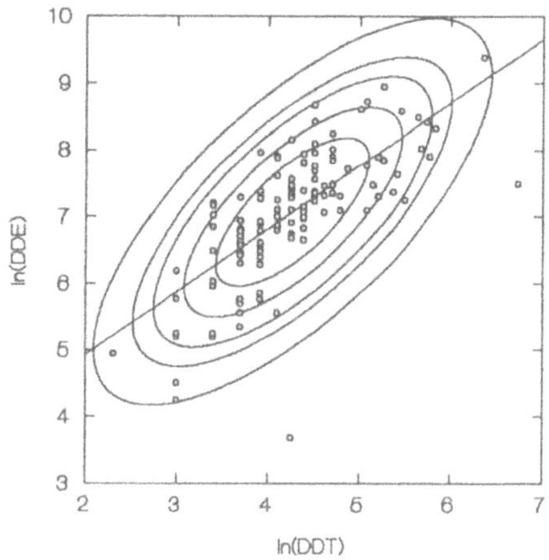

Die Abbildung 5.38 zeigt ein Beispiel einer 95%-Dichte-Ellipse[1]. Die Berechnung der Dichte-Ellipsen ist relativ einfach. Setzt man die Gleichung der Dichtefunktion der bivariaten Normalverteilung gleich einer positiven Konstanten, dann erhält man die Gleichung einer Konturellipse, die gleiche Dichten miteinander verbindet ("Isodensity-Ellipsen")[2]. Die Abbildung 5.39 zeigt die Isodensity-Konturen für 50%, 75%, 90%, 95% und 99%.

Scatterplots mit Isodensity-Ellipsen eignen sich für eine Reihe von Aufgaben. Der Plot ist zunächst eine effiziente graphische Darstellung der Mittelwerte, der Standardabweichungen, der Lage der linearen Regressionsgeraden und deren Erklärungskraft.

---

[1] Die Daten geben die Belastungen durch DDT und DDE im Nierengewebe bei 132 Patienten wieder (HELLER 1994).

[2] Der Exponent der Dichtefunktion einer p-variaten Normalverteilung entspricht einer χ^2-Verteilung mit p Freiheitsgeraden bis auf den Faktor -1/2. Wenn μ die Mittelwerte, σ die Standardabweichungen und ρ die Korrelation darstellt, dann ergibt sich die Ellipsen-Gleichung durch:

$$\frac{1}{1-\rho^2}\left[\frac{(X_1-\mu_1)^2}{\sigma_1^2}+\frac{(X_2-\mu_2)^2}{\sigma_2^2}-2\rho\frac{(X_1-\mu_1)(X_2-\mu_2)}{\sigma_1\sigma_2}\right]=C$$

(TATSUOKA 1971:70). Die berechnete Größe ist χ^2-verteilt mit 2 Freiheitsgraden. C wird so gewählt, daß das entsprechende Quantil der χ^2-Verteilung der gewünschten Ellipse entspricht. Für eine 90%-Ellipse ist der entsprechende χ^2-Wert (df=2) gleich 4.605, da $p(\chi^2 \leq 4.605)=.90$. Bei df=2 lassen sich die kritischen Werte für p über C=-2*ln(1-p) berechnen.

Abb. 5-40 90%-Dichte-Ellipsen für 2 Subpopulationen

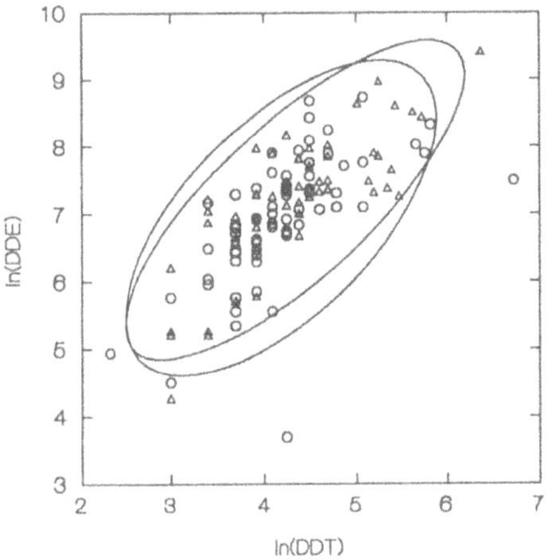

Abb. 5-41 90%-Dichte-Ellipsen bei 3 Subgruppen (Iris-Daten)

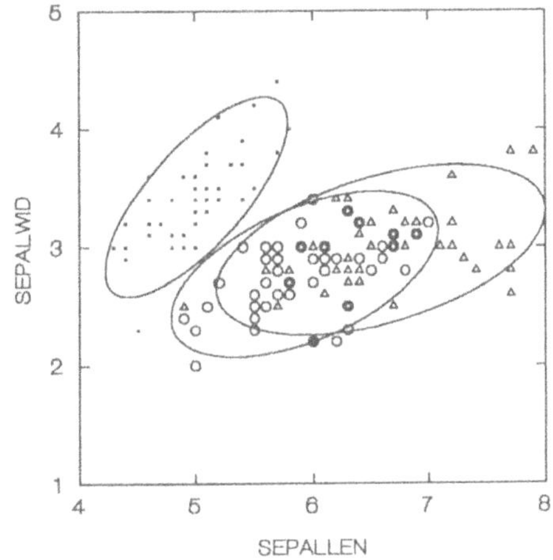

Der Mittelpunkt der Ellipse gibt die Lage der beiden Mittelwerte (des Stichprobenzentroiden) wieder[1]. Die Projektion der Ellipse auf eine der Achsen ergibt ein Maß für die Standardabweichung der jeweiligen Variablen. Die Regressionsgerade verläuft durch die Schnittpunkte der Ellipse mit einer senkrechten Tangente. Je schmaler die Ellipse am Zentroid in Hinsicht auf die Y-Achse ist, desto größer ist die erklärte Varianz durch die lineare Regression[2].

Weiterhin lassen sich Dichte-Ellipsen für eine einfach interpretierbare Darstellung eventuell unterschiedlicher Verteilungen in Subgruppen nutzen. Ein Beispiel zeigt die Abbildung 5.40. Die getrennten Ellipsen (Fall- vs. Kontrollgruppe) zeigt keine gravierenden Unterschiede der beiden Gruppen. Liegen Unterschiede vor, so zeigt der Plot dies deutlich (vgl. Abb. 5.41)[3].

---

[1] Man kann in solche Plots auch die Konfidenzregionen für die Stichprobenzentroide eintragen (z.B. in SYGRAPH durch "/ELM=.95"). Da die Größe der Ellipsen für die Zentroide eine Funktion der Fallzahl ist, sind diese Ellipsen wesentlich kleiner als die Isodensity-Ellipsen. Bei großen Fallzahlen sind diese Zentroid-Ellipsen häufig kaum erkennbar. Eine ausführliche Diskussion von Isodensity-Ellipsen und Konfidenzregionen für Stichprobenzentroide findet man bei TATSUOKA (1971:63-75).

[2] Die Länge eines Schnitts durch die Mitte der Ellipse ergibt ein Maß der Standardabweichung der Residuen. Zu diesen und weiteren Aspekten der graphischen Darstellung bi- und trivariater Regressionen vgl. die ausführliche Darstellung bei MONETTE (1990).

[3] In den Scatterplot wurden die 90%-Dichte-Ellipsen der jeweiligen bivariaten Normalverteilung dreier Subgruppen eingezeichnet. Dieser als "Iris-Daten" ("Iris" = Schwertlilien) bekannte Datensatz besteht aus vier Variablen (SEPALLEN = Kelchblattlänge, SEPALWID = Kelchblattbreite, PETALLEN=Blütenblattlänge, PETALWID = Blütenblattbreite) bei 150 Objekten, die 3 verschiedenen Species ("Iris setosa", "Iris versicolor", "Iris virginica") angehören. Die Daten finden sich an einer Vielzahl von Stellen, z.B. bei CHAMBERS u.a. (1983:365-366).

Schließlich eignen sich Dichte-Ellipsen bedingt für eine Ausreißer-Kontrolle. Zieht man als Beispiel noch einmal die Abbildung 5.38 heran, so zeigt der Plot, daß die 95%-Ellipse nur 6 der 132 Fälle nicht enthält. Unter Annahme bivariater Normalverteilung würde man 0.05*132=6.6 Fälle erwarten. Die geringe Zahl von Ausreißern steht damit in guter Übereinstimmung.

Allerdings sind Dichte-Ellipsen nur bedingt zur Ausreißerüberprüfung verwendbar, da die Ellipsen auf den geschätzten Parametern einer bivariaten Normalverteilung basieren. Diese geschätzten Parameter sind selbst aber gegenüber Ausreißern höchst empfindlich. Ein auf robusten Schätzern basierendes Verfahren ist daher in dieser Hinsicht wünschenswerter. GOLDBERG/IGLEWICZ (1992) schlagen zwei solche robuste Varianten der Datenellipsen vor: Robuste elliptische Plots ("Relplots") und "robust quarter elliptic plots" ("Quelplots"). Sie unterscheiden sich von den Datenellipsen durch die Verwendung robuster Lage-, Streuungs- und Korrelationsschätzer. Man kann diese Plots als bivariate Verallgemeinerungen von Boxplots interpretieren. Eine innere (nicht notwendigerweise symmetrische) Ellipse enthält 50% der tatsächlichen Datenpunkte, eine äußere Ellipse entspricht dem "Fence" des Boxplots und grenzt potentielle Ausreißer ab.

Trotz der vielseitigen Verwendbarkeit und des geringen Rechenbedarfs sind Dichte-Ellipsen in nur wenigen Datenanalysesystemen realisiert. Entsprechende Einzelprogramme sind nur schwer auffindbar[1]. Relplots und Quelplots sind bisher in keinem Standard-Paket implementiert.

[1] Die Programmierung von Scatterplots mit Dichte-Ellipsen setzt zunächst die Berechnung der Ellipsen-Gleichung voraus. Eine Möglichkeit besteht in der Berechnung der Cholesky-Zerlegung A der Kovarianzmatrix Σ (wobei dann $\Sigma=AA'$ gilt). Wenn μ den Mittelwertvektor, U die Matrix der Koordinaten eines Einheitskreises und r die Wurzel aus dem kritischen Wert darstellt, dann ist die Ellipse durch $E=\mu+rAU$ gegeben (MONETTE 1990:255). Ein anderer Algorithmus findet sich im SAS/IML-Handbuch (SAS INSTITUTE INC. 1989:188-192).

Abb. 5-42 Scatterplot mit zusätzlichen Boxplots

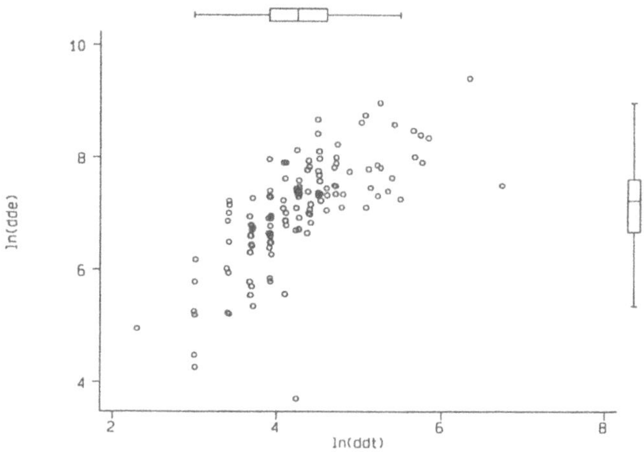

Abb. 5-43 Scatterplot mit zusätzlichem "Rangefinder-Plot"

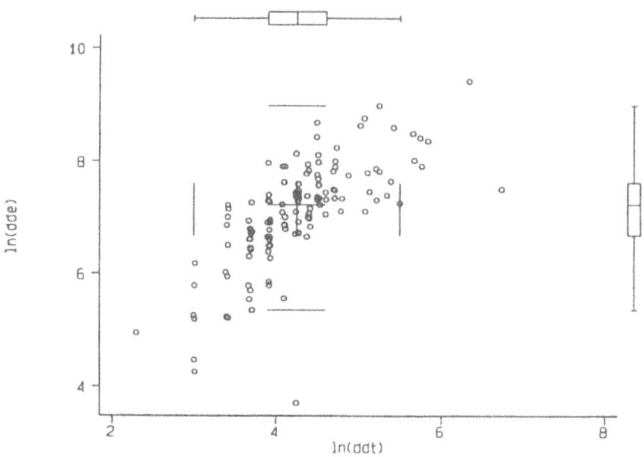

Abb. 5-44 Scatterplot mit zusätzlichen eindimensionalen Scatterplots

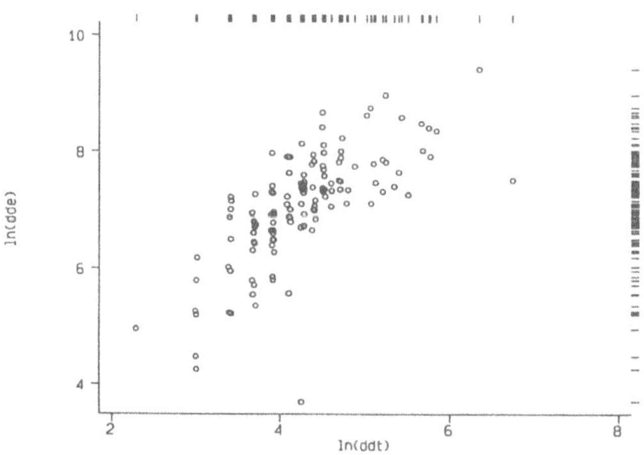

5.3.3 Scatterplots mit univariaten Randverteilungen

Scatterplots können mit zusätzlichen Randverteilungen ausgestattet werden, um neben der bivariaten Verteilung auch die eindimensionalen Verteilungen graphisch darzustellen. Eine Möglichkeit hierzu sind Boxplots an den Rändern des Scatterplots. Ein Beispiel zeigt die Abbildung 5.42. Die Kennwerte des Boxplots können auch anders dargestellt werden. Zum Beispiel schlägt TUFTE (1983:130-133) vor, die Achsen eines Scatterplots durch Linien zu ersetzen, deren Länge dem Wertebereich der Variablen entspricht. Durch Hervorhebungen können die Quantile und durch eine Lücke der Median markiert werden. Anstelle von Hervorhebungen oder Lücken wie bei Tufte könnten z.B. auch unterschiedliche Farben für Achsenabschnitte verwendet werden.

Aus der Verwendung zusätzlicher Boxplots am Rande eines Scatterplots läßt sich eine sehr grobe Annäherung an robuste Dichte-Ellipsen gewinnen: Zeichnet man die Quantile des Boxplots in den Scatterplot, erhält man einen "Rangefinder-Boxplot" (BECKETTI/GOULD 1987). Die Abbildung 5.43 zeigt ein Beispiel anhand der Nierendaten.
Der Punkt im Scatterplot, an dem sich die Linien zu den beiden Medianen treffen (das "Fadenkreuz"), wird "cross-median" genannt. Die Länge der äußeren Linien im Plot gibt den Interquartilsabstand einer Variablen, die Position der Linie die Lage der "inner fences" wieder. Die Abbildung 5.43 zeigt potentielle Ausreißer im oberen rechten und unteren linken Quadraten. Vergleicht man den Rangefinder-Plot (Abb. 5.43) mit dem entsprechenden Scatterplot mit 95%-Dichte-Ellipse (Abb. 5.38), so fallen in beiden Plots die beiden oberen und die vier unteren potentiellen Ausreißer auf. Die Dichte-Ellipse zeigt dies etwas deutlicher, allerdings ist der Rangefinder-Plot im Gegensatz zur Dichte-Ellipse robust gegenüber einzelnen Ausreißern. Der Rangefinder-Plot erlaubt eine rasche Einschätzung, zwischen welchen Werten der Schwerpunkt der gemeinsamen Verteilung zweier Variablen liegt.

Liegt das Interesse weniger auf den Wertebereichen oder Ausreißern, sondern sollen lokale Konzentrationen hervorgehoben werden, können die zusätzlichen Boxplots am Rand des Scatterplots durch eindimensionale Scatterplots ersetzt oder ergänzt werden. Ein Beispiel zeigt die Abbildung 5.44.

Abb. 5-45 Influence-Plot mit einer einflußreichen Beobachtung

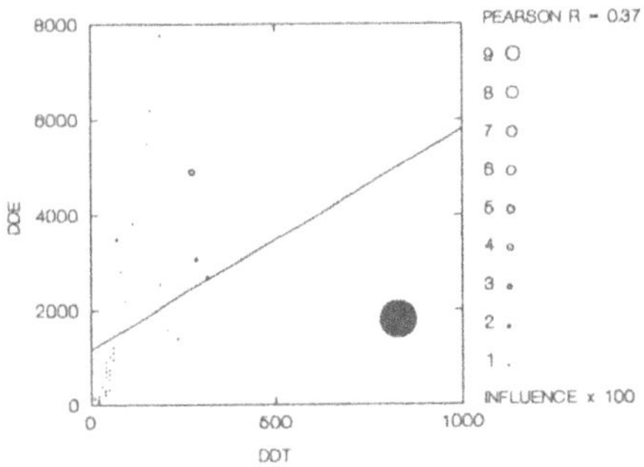

Abb. 5-46 Influence-Plot nach dem Löschen einer Beobachtung

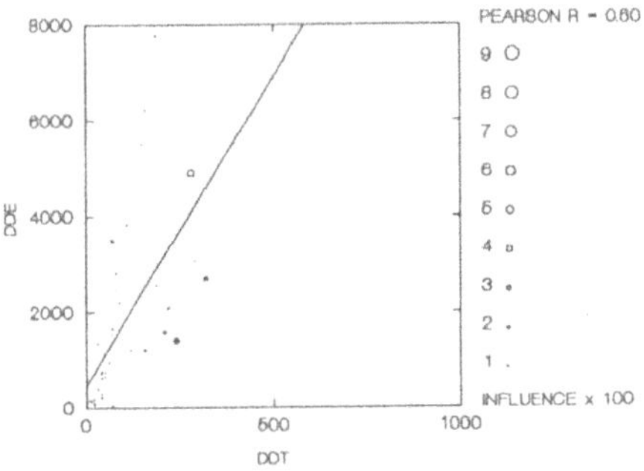

5.3.4 Influence-Plots

Die Abbildung 5.45 zeigt einen "Influence-Plot". Ein Influence-Plot ist ein Scatterplot zweier Variablen, bei der der Einfluß jeder einzelnen Beobachtung auf ein Zusammenhangsmaß zwischen den beiden Variablen graphisch dargestellt wird. In der Abbildung wird der Einfluß jeder Beobachtung auf den Korrelationskoeffizienten (und damit der linearen Regression) durch die Größe des Plotsymbols wiedergegeben. Ein Datenpunkt ist unübersehbar, der Einfluß dieses Datenpunktes ist außerordentlich groß[1].

Der Durchmesser dieses Punktes ist ca. 2.6 mal größer als der Einfluß des größten Vergleichspunktes (9) auf der Influence-Skala rechts neben der Abbildung. Multipliziert man die 2.6 mit der Vergleichsgröße 9 erhält man 23.4. Die Vergleichsskala gibt den Einfluß *100 an, also hat diese Beobachtung einen Einfluß von ca. 23.4/100=0.234. Durch Ausschluß dieses Punktes würde sich der Korrelationskoeffizient um ca. 0.23 verändern.

Die Abbildung 5.46 zeigt die gleichen Daten wie die Abbildung 5.45, jedoch wurde die einflußreiche Beobachtung gelöscht. Der Korrelationskoeffizient verändert sich von .37 auf .60.

[1] Der näherungsweise Einfluß einer Beobachtung auf den Korrelationskoeffizienten bei standardisierten Variablen kann als

$$I=[(-r/2)(z_x^2+z_y^2)+z_x*z_y]/(n-1)$$

definiert werden (GNANADESIKAN 1977:273, THISSEN/BAKER/WAINER 1981:180), wobei r den Korrelationskoeffizienten und z_x und z_y die Variablenwerte des Falles darstellen, dessen Einfluß geschätzt wird.

Abb. 5-47 Voronoi-Plot

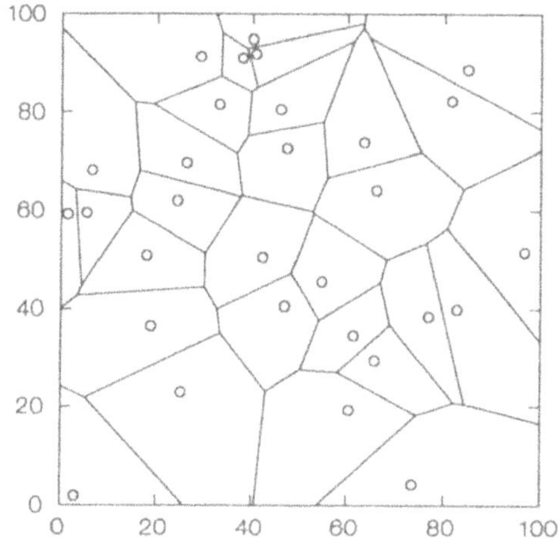

Durch Ausschluß einer Beobachtung läßt sich der gemeinsame Varianzanteil beider Variablen mehr als verdoppeln. Damit wäre eine andere inhaltliche Interpretation möglich, falls der abweichende Fall geklärt werden könnte.

Influence-Plots sind sehr effektive Hilfen bei der Suche nach Ausreißern[1]. Da die zusätzliche Rechenzeit minimal ist, kann ein Influence-Plot bei fast jedem Scatterplot als Routinecheck durchgeführt werden. Influence-Plots eignen sich daher insbesondere in Scatterplotmatrizen (Kap. 6.6) zur Suche nach Ausreißern.

5.3.5 Voronoi-Plots

Ein Plot wie die Abbildung 5.47 wird als "Thiessen-Diagramm" oder "Voronoi-Plot" (bzw. "Voronoi-Tesselation") bezeichnet. Solche Plots besitzen kaum eine unmittelbare sozialwissenschaftliche Anwendung. Da aber einige Graphik-Programme zwar diesen Plot, aber kaum Erläuterungen enthalten und dadurch bei vielen Anwendern Verwirrung auslösen, soll der Plot kurz erläutert werden.

---

[1] Einige Programme stellen Fälle, deren Löschung zu einer Erhöhung des Korrelationskoeffizienten führen würde (also Fälle mit negativem Einfluß), als massive Punkte dar, Fälle mit positivem Einfluß hingegen als leere Kreise. THISSEN/BAKER/WAINER (1981:182-183) diskutieren anderer Darstellungsmöglichkeiten, z.B. mit Pfeilen und Gesichtern; vgl. ferner auch HENSCHKE/NAGEL (1990).

Zwei Variablen werden als Scatterplot dargestellt. Die beiden Variablen bilden die Achsen des Plots und stellen damit die Koordinaten der Beobachtungen $P_1, P_2, ..., P_n$ in einem euklidischen Raum dar. Zusätzlich zu diesen Punkten enthält der Plot eine Einteilung der Fläche des Plots in kleine Polygone um die Datenpunkte herum. Diese Flächen ("tiles") werden Thiessen- bzw. Dirichlet-Polygone genannt. In jedem dieser Polygone liegt genau eine Beobachtung P_j. Die besondere Eigenschaft dieser Polygone liegt darin, daß jeder beliebige Punkt in einem Polygon den kleinsten Abstand zu dem P_j seines Polygons besitzt, der Abstand zu den anderen Punkten P_i ist immer größer.

Stellen die Punkte z.B. die Koordinaten einer Infrastruktureinrichtung dar (WILKINSON 1990b:211 verwendet als Beispiel die Verteilung von McDonalds Restaurants in Memphis), so kann man die Polygone als die Darstellung des räumlichen Einzugsgebietes auffassen.

Solche Plots haben einen begrenzten Nutzen bei der Analyse von räumlichen Prozessen (RIPLEY 1981:38-44). Damit eignen sie sich insbesondere als Vergleichsmodell (wie sähe eine Flächeneinteilung aus, bei der nur die Entfernung von fixen Punkten eine Rolle spielt?) für ökologische Fragestellungen, wie z.B. räumliche Verbreitung von Pflanzen und Tieren, oder auch Inanspruchnahme von Infrastruktureinrichtungen in Abhängigkeit von der Entfernung[1]. In fast allen diesen Fällen benötigt man aber eher Maße der berechneten Flächen und weniger die graphische Darstellung der Flächen[2].

---

[1] Einige mögliche Anwendungen (Infektionsausbreitung, Clusteranalyse, MDS), die aber kaum ausgearbeitet wurden, diskutiert SIBSON (1980).

[2] Ein effizienter Algorithmus zur Berechnung von Voronoi-Diagrammen findet sich bei GREEN/ SIBSON (1978). Eine erschöpfende Behandlung von Voronoi-Diagrammen geben OKABE/BOOTS/ SUGIHARA (1992).

6 Plots für drei- und mehrdimensionale Daten

Obwohl Scatterplots meist für die Darstellung zweier Variablen verwendet werden, lassen sich in Scatterplots auch drei und mehr Dimensionen darstellen. In diesem Kapitel werden diejenigen Möglichkeiten mehrdimensionaler Darstellungen erörtert, die nicht auf der Anwendung dimensionsreduzierender Verfahren der multivariaten Statistik basieren (vgl. hierzu Kapitel 7).

6.1 Symbolische Scatterplots

Die einfachste Möglichkeit, um in einem Scatterplot mehr als zwei Variablen darzustellen, besteht in der Verwendung verschiedener Plotsymbole bzw. Buchstaben oder Farben für Subgruppen. Solche Plots werden gelegentlich als "symbolische Scatterplots", bzw. "multicoded Scatterplots" bezeichnet.

Damit stellt sich die Frage nach der Wahl der Plotsymbole. Sieht man davon ab, daß ca. 5% der Bevölkerung Probleme mit der Farbwahrnehmung besitzen[1], scheint die farbliche Codierung unterschiedlicher Subgruppen allen anderen Möglichkeiten leicht überlegen zu sein. Da Menschen allerdings prinzipiell nur ca. ein halbes Dutzend verschiedene Kategorien gleichzeitig unterscheiden können (MILLER 1956), gilt für die Zahl sinnvoll unterscheidbarer Gruppen eine entsprechende Obergrenze. Aus diesem Grund sollten voneinander im Spektrum weit entfernt liegende Farben gewählt werden.

Stehen Farben nicht zur Verfügung, dann sind auch deutlich voneinander zu unterscheidende Plotsymbole (wie z.B. Kreise, Quadrate und Punkte) nicht wesentlich schlechter zur Unterscheidung von Subgruppen brauchbar. Buchstaben oder Ziffern eignen sich insbesondere bei kleineren Fallzahlen als Plotsymbole. Vielen Betrachtern fällt es allerdings schwer, eine mit Ziffern oder Buchstaben codierte Subgruppe als Gesamtheit im Plot wahrzunehmen (vgl. Abb. 6.1-6.2).

[1] Der Anteil unter Datenanalytikern dürfte aufgrund des Geschlechterratios deutlich höher liegen.

Abb. 6-1 Scatterplot mit Ziffern als Subgruppencodierung (Iris-Daten)

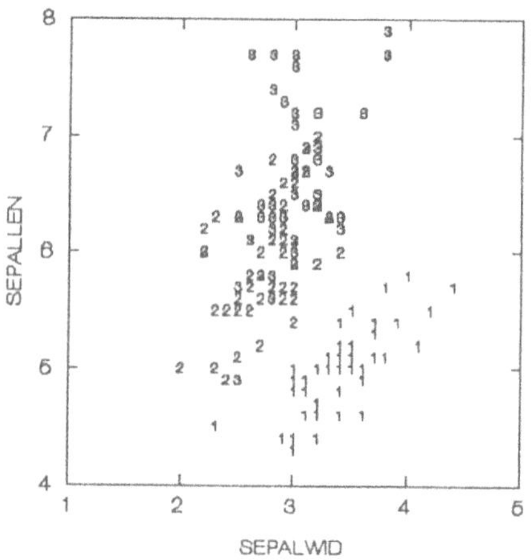

Abb. 6-2 Scatterplot mit Symbolen als Subgruppencodierung (Iris-Daten)

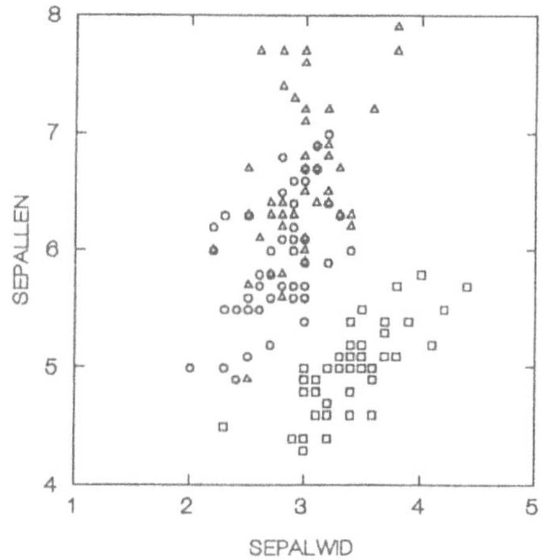

Schließlich werden Plots durch das gegenseitige Überdrucken von Ziffern oder Buchstaben eher unübersichtlich als Plots, die unterschiedliche graphische Plotsymbole verwenden[1].

6.2 Scatterplots mit Icons

Als "Icons" werden in der Statistik bildliche Darstellungen von Objekten bezeichnet, deren Eigenschaften durch die Ausprägung einer oder mehrerer Variablen gesteuert werden. Dabei wird für jeden Fall ein eigenes Icon geplottet. Meist werden Icons für die visuelle Klassifikation von Objekten verwendet: "Ähnliche" Variablenausprägungen führen zu "ähnlichen" Icons; die Icons werden dann nach "Ähnlichkeit" klassifiziert. Der Nutzen dieser Technik ist selbst für kleine Fallzahlen nicht unumstritten, bei großen Fallzahlen sind solche Verfahren unbrauchbar[2]. Interessant sind Icons vor allem dann, wenn sie in Scatterplots verwendet werden: Für ein Objekt wird dann anstelle eines einfachen Punktes ein Icon geplottet.

[1] Zur Wahl von Plotsymbolen vgl. CHAMBERS u.a. (1983:178-181), CLEVELAND (1985:191-196) sowie LEWANDOWSKY/SPENCE (1989).

[2] Die wenigen experimentellen Studien zur Wahrnehmung von Icons besitzen z.T. erhebliche methodische Mängel, so daß gesicherte Aussagen kaum möglich sind. Vgl. z.B. SAXENA/NAVANEETHAM (1991) und die Diskussion im Anschluß an EVERITT (1987).

Abb. 6-3 Bubble-Plot: Krankenhausbetten, Ärzte, Kindersterblichkeit

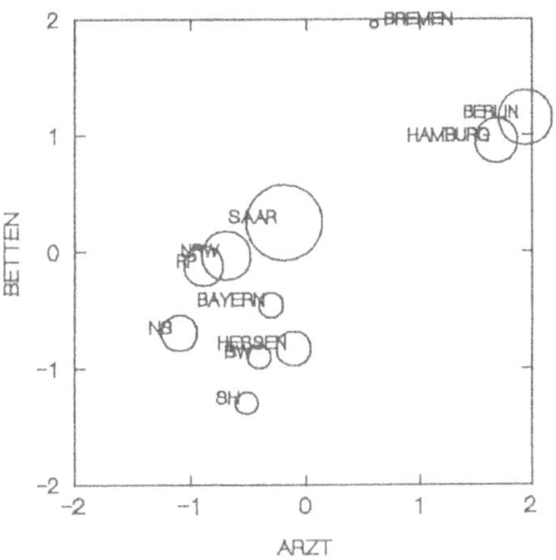

Abb. 6-4 Rectangle-Plot: Krankenhausbetten, Ärzte, Kindersterblichkeit

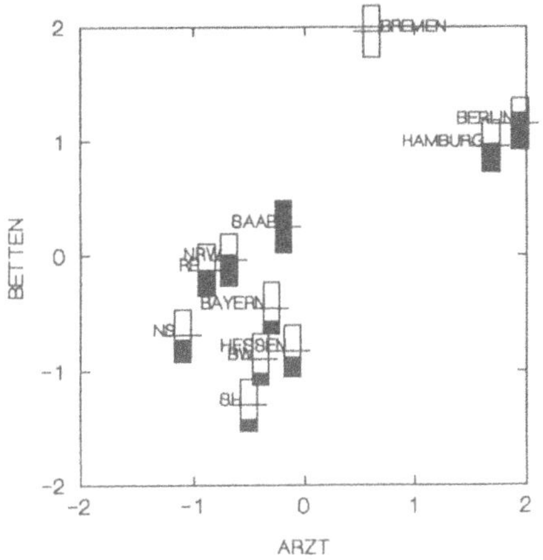

Mithilfe von Icons ist es möglich, in einem Scatterplot zusätzliche Dimensionen darzustellen ("icon-enhanced scatterplots"). Das einfachste Icon in einem Scatterplot besteht aus einem elementaren Plotsymbol, dessen Größe durch die dritte Variable gesteuert wird. Als Plotsymbol werden hierbei meist leere Kreise verwendet, da diese auch bei fast vollständigem gegenseitigen Überdrucken noch individuell erkennbar bleiben. Solche Plots werden als "Bubble-Plots" bezeichnet.

Ein Beispiel für einen Bubble-Plot zeigt die Abbildung 6.3. In dem Scatterplot der Zahl der Krankenhausbetten gegen die Zahl der Ärzte wird die Kindersterblichkeit für jedes Bundesland durch die Größe der Kreise im Plot wiedergegeben[1].

Die relative Größe der Ausprägungen der Kontrollvariablen sind in Bubbleplots leicht erkennbar. Allerdings fällt die Beurteilung der absoluten Größe eines Kreises bei einem Bubble-Plot schwer. Wesentlich einfacher ist es, wenn eine feste Bezugsgröße vorhanden ist. CLEVELAND/McGILL (1984a) schlugen daher als Icon Rechtecke innerhalb eines stets gleichgroßen Rahmens vor ("framed rectangle plots"). Die Größe der Rechtecke wird durch die dritte Variable gesteuert. Die Abbildung 6.4 zeigt dies anhand der Beispieldaten. Dieses Icon eignet sich besonders für die Darstellung einer Variablen auf Landkarten (CLEVELAND 1985:208-210). Eine Variante dieses Icons verwendet eine vierte Variable zur Steuerung der Breite des Plotsymbols (DUNN 1987).

---

[1] Die Variablen der folgenden Beispiele sind Indikatoren des Gesundheitswesens der BRD 1989 für die einzelnen Bundesländer. Die Rohdaten und die Definition der Variablen finden sich im Kap. 10.

Abb. 6-5 Arrow-Plot: Krankenhausbetten, Ärzte, Kindersterblichkeit (Pfeillänge), Abtreibungen (Pfeilrichtung)

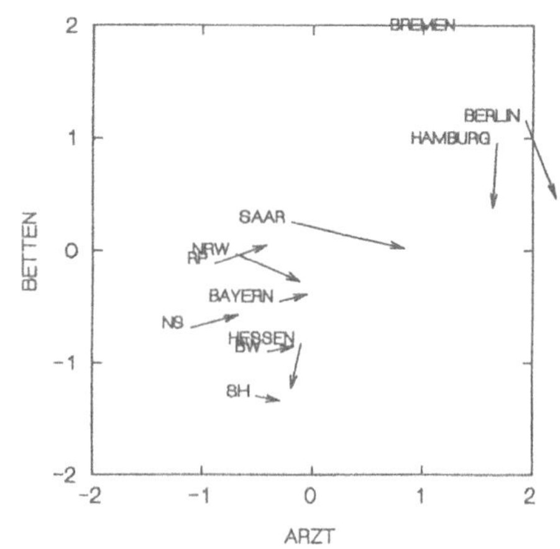

Abb. 6-6 Vane-Plot: Krankenhausbetten, Ärzte, Kindersterblichkeit (Kreisgröße), Abtreibungen (Linienlänge), TBC-Erkrankungen (Richtung)

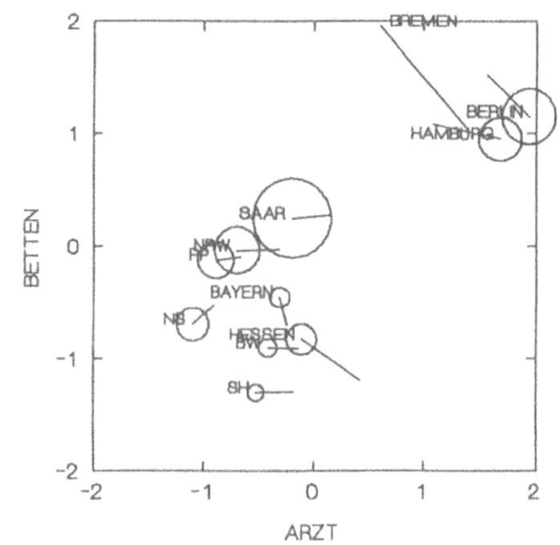

Schon bei nur zwei Variablen für die Icon-Steuerung wird eine Voraussetzung aller Icons, die mehr als eine Variable darstellen, deutlich: Es ist ein vergleichbarer Wertebereich aller Variablen erforderlich. Ansonsten würden Variablen mit großen Werten den Plot dominieren: einzelne Aspekte der Icons würden dadurch gegenüber den anderen zu stark betont. In der Regel werden deshalb Variablen vor einem Icon-Plot auf einen gemeinsamen Wertebereich normiert.

Will man mehr als eine Dimension zusätzlich durch Icons darstellen, benötigt man andere Iconformen. Zwei einfache Möglichkeiten sind "Arrow-Plots" bzw. "Vane-Plots". Ein Arrow-Plot gibt eine Variable durch die Länge eines Pfeils, eine andere Variable durch die Richtung des Pfeils wieder (vgl. Abb. 6.5). Arrow-Plots werden daher auch als "Vector-Plots" bezeichnet. Bei einem Vane-Plot ("Wetterfahne") wird eine Variable zur Steuerung des Kreisdurchmessers, eine weitere Variable zur Steuerung der Länge einer Linie und eine dritte Variable zur Steuerung der Richtung der Linie verwendet. Ein Vane-Plot kombiniert also einen Bubble-Plot mit einem Arrow-Plot (vgl. Abb. 6.6).

Einem Vergleich der Abbildungen 6.5 und 6.6 kann man den Einfluß der Zuordnung der Variablen zu den Merkmalen der Icons auf den visuellen Gesamteindruck des Plots entnehmen: Die Dekodierung der Variablen Kindersterblichkeit als Pfeillänge bzw. Kreisgröße als gleichbedeutend ist gewöhnungsbedürftig.

Abb. 6-7 Chernoff-Faces der Gesundheitsindikatoren

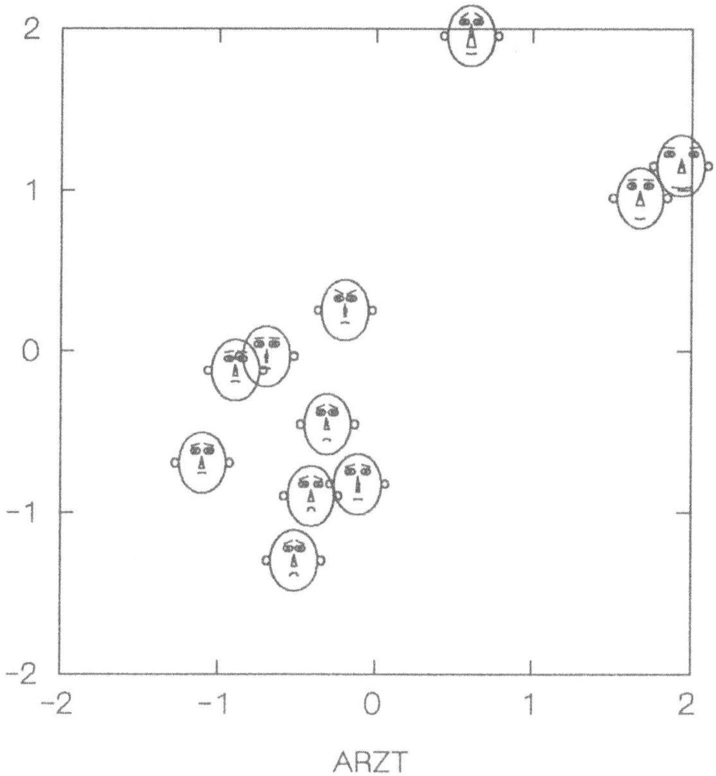

Neben diesen einfachen Icons findet sich in der Literatur eine große Zahl weiterer Icons, die prinzipiell die simultane Darstellung von Dutzenden von verschiedenen Variablen an einem Objekt erlauben. Hierzu gehören z.B. Histogramme, Polygonzüge, "Blobs" (=Kleckse), Sterne, Sonnen, "Glyphs" (=Skulpturen), Diamanten, Facetten[1]. Die bekanntesten komplexeren Icons sind "Gesichter".

Die Idee der sogenannten "Chernoff-Faces" (CHERNOFF 1973) bzw. "Flury-Riedwyl-Faces" (FLURY/RIEDWYL 1981) beruht darauf, daß Menschen Gesichter leicht unterscheiden können. Bei einem Chernoff-Face wird eine Beobachtung durch ein cartoon-ähnliches Gesicht dargestellt, dessen Merkmale (Höhe, Breite, Augen und Mundform etc.) durch jeweils eine beobachtete Variable gesteuert wird. Bei einem Scatterplot mit Chernoff-Faces wird an die Stelle einer Beobachtung ein Gesicht geplottet, das eine hohe Anzahl von Variablen durch seine Merkmale wiedergibt (vgl. Abb. 6.7).

[1] Eine ausführliche Übersicht geben HARTUNG/ELPELT (1985:612-653).

Der visuelle Eindruck der Gesichter hängt bei gleichen Daten sehr stark von der Zuordnung der Variablen zu den Eigenschaften der Gesichter und der Art der Standardisierung der Variablen ab.

Trotz ihrer Popularität in Übersichtsarbeiten existiert kaum experimentelle Literatur, die die relativen Vorzüge verschiedener Icons eindeutig belegt oder ihre Brauchbarkeit im Vergleich mit traditionellen Techniken demonstriert. Allerdings zeigt eigene Praxis rasch, daß nur die einfachsten Icons in Scatterplots brauchbar sind. Werden in Scatterplots mehr als zwei bis drei Variablen zusätzlich durch Icons dargestellt, wird der Betrachter überfordert. Selbst bei einfachen Icons eignen sich im allgemeinen Scatterplots mit Icons nur für kleine Fallzahlen. Ausnahmen hiervon bilden lediglich die Bubble-Plots sowie die Arrow-Plots, die sich bei vielen Datensätzen bis zu mehreren hundert Fällen noch sinnvoll interpretieren lassen[1].

6.3 Dreidimensionale Scatterplots

Eine naheliegende Darstellungsmethode für drei Variablen ist ein dreidimensionaler Scatterplot. Insbesondere Outlier und Cluster lassen sich in 3-D-Scatterplots bei kleinen Fallzahlen rasch erkennen. Ein Beispiel anhand der Gesundheitsindikatoren zeigt die Abbildung 6.8. 3-D-Scatterplots in dieser Form eignen sich nur für Variablen mit vielen verschiedenen Ausprägungen. Werden Variablen mit nur wenigen Ausprägungen in 3-D-Scatterplots verwendet, so führt dies meist zur Wahrnehmung scheinbarer Streifen und Cluster. Dies läßt sich auch durch "jittering" (Kap. 5.2.1) kaum verhindern. Kategoriale Variablen werden daher besser mit Farben oder Symbolen in 2-D-Plots codiert (HUBER 1983:448).

Um bei einer zweidimensionalen Abbildung eines 3-D-Plots die Objekte im Raum lokalisieren zu können werden 3-D-Scatterplots häufig als "Spikeplot" ausgeführt, d.h. von jedem Objekt führt eine Linie zur X-Y-Grundfläche (Abb. 6.9). Schon bei mittleren Fallzahlen überlagern sich Spikes aber so stark, daß dieses Hilfsmittel unbrauchbar wird.

---

[1] Iconplots sind in einer Reihe von Standardprogrammen implementiert. Allerdings erlauben nur wenige dieser Programme die Verwendung von Icons in Scatterplots.

Abb. 6-8 3-D-Scatterplot: Krankenhausbetten, Ärzte, Kindersterblichkeit

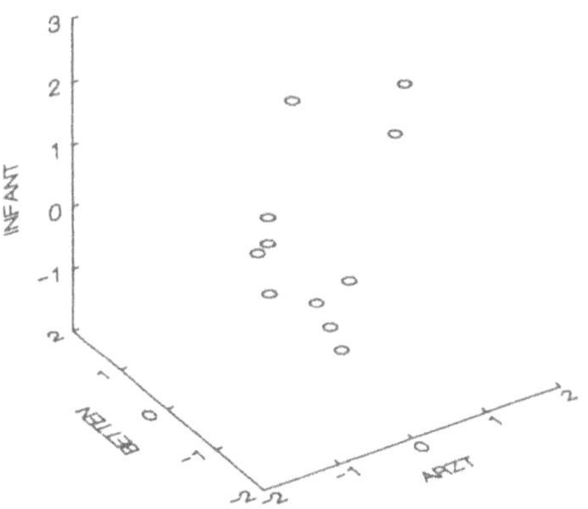

Abb. 6-9 Spikeplot: Krankenhausbetten, Ärzte, Kindersterblichkeit

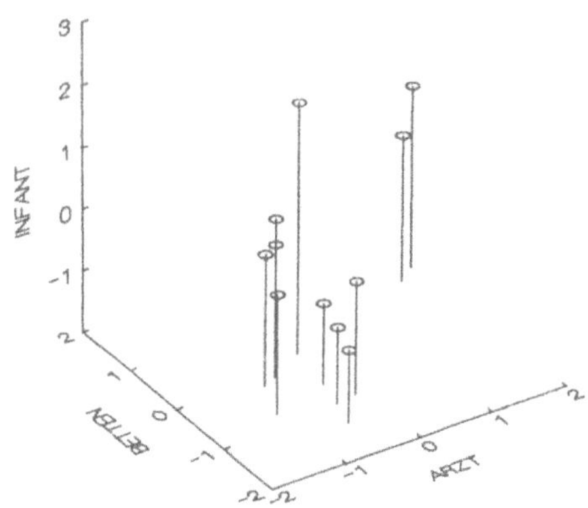

Größere Fallzahlen können in 3-D-Scatterplots mit hochinteraktiven Graphiksystemen dann noch interpretiert werden, wenn die Plots auf dem Bildschirm scheinbar stetig rotiert werden. Einige Programme erlauben zusätzlich bei einer durch Rotation gewählten fixen Perspektive ein automatisches Hin-und-Her-Wippen des Plots um wenige Grad ("rocking"). Die Verbesserung der räumlichen Lokalisation durch "rocking" ist verblüffend. Noch effektiver als die Rotation von 3-D-Scatterplots scheint eine von HUBER (1983:451) erwähnte Variante zu sein: Die optische Hervorhebung (z.B. durch einen Farbwechsel) aller Punkte zwischen zwei interaktiv zu verschiebenden parallelen Flächen ("slicing").

Mithilfe von 3-D-Scatterplots können theoretisch auch mehr als drei Variablen dargestellt werden. Bei kleineren Fallzahlen lassen sich z.B. durch farbliche Codierungen oder Bubbles eine oder zwei zusätzliche Variablen in 3-D-Scatterplots wiedergeben. Icon-Darstellungen sind dagegen in 3-D-Plots fast immer unbrauchbar.

Eine Möglichkeit mehrdimensionaler Darstellungen mit rotierenden 3-D-Scatterplots besteht darin, auf dem Bildschirm nebeneinander rotierende dreidimensionale Scatterplots mit unterschiedlichen Variablen gleichzeitig darzustellen. Begrenzt interpretationsfähig bleiben diese Plots vor allem dadurch, daß einzelne Punkte oder Bereiche in einem der 3-D-Plots z.B. durch eine Maus markiert werden und simultan im anderen Plot optisch z.B. durch Farbwechsel hervorgehoben werden können ("brushing"). Damit sind Darstellungen sechsdimensionaler Daten möglich[1]. Es scheint aber, daß der tatsächliche Nutzen rotierbarer dreidimensionaler Scatterplots sich auf tatsächlich dreidimensionale Probleme beschränkt (vgl. BECKER/CLEVELAND/WILKS 1987:372).

6.4. Perspektiv-, Kontur- und Imageplots

Eine andere Art der Darstellung dreier Variablen bieten Perspektiv-, Kontur- und Imageplots. Die Abbildungen 6.10 zeigt ein Beispiel für einen Perspektivplot, die Abbildung 6.12 ein Beispiel für einen Konturplot[2].

Die relativ seltene Verwendung dieser Plottypen in der Forschungspraxis der Sozialwissenschaften scheint auf eine Reihe von Mißverständnissen zurückzuführen zu sein, so z.B. daß sich diese Plots nur für geographische Daten mit einem explizit räumlichen Bezug, nur zur Darstellung mathematischer Funktionen oder nur für Daten mit besonders vielen verschiedenen Ausprägungen eignen. Die genannten Auffassungen sind falsch.

Diese Plots setzen lediglich voraus, daß eine der drei Variablen als Funktion der beiden anderen Variablen gesehen werden kann. Die Werte dieser abhängigen Variablen werden nach der Glättung durch eine Glättungsfunktion als Z-Koordinate in solchen Plots dargestellt. Die Glättung der abhängigen Variablen erlaubt also die Darstellung des Zusammenhangs beliebiger quantitativer Variablen durch Plots dieser Art.

---

[1] vgl. SCOTT (1992:9). YOUNG/RHEINGANS (1991) beschreiben ihr Programm "Visuals", mit dem solche Plots möglich sind.

[2] Die zugrundeliegenden Daten der Plots stellen das Einkommen 160 weiblicher Angestellter in Abhängigkeit vom eigenen Berufsprestige und dem Berufsprestige des Vaters (ALLBUS 1980) dar.

6.4.1 Glättungsmethoden

Der erste Schritt bei der Erstellung von Perspektiv-, Kontur- und Imageplots besteht aus der Wahl einer Glättungsmethode. Für die Glättung (bzw. Interpolation) stehen eine Reihe verschiedener Algorithmen zur Verfügung[1].

Die einfachste Methode verwendet ein gewichtetes Mittel der abhängigen Variablen, wobei die Gewichte umgekehrt proportional zur euklidischen Distanz der Datenpunkte sind. Diese Methode wird als "inverse distance weighting" oder "Shepard's method" bezeichnet. Naturgemäß ist die Durchführung dieser Methode sehr schnell, die Resultate sind aber meist wenig überzeugend. Die zugrundeliegende Idee läßt sich leicht zu komplexeren Techniken ausbauen. Die Resultate dieser Techniken sind in der Regel besser; die Güte wird aber durch z.T. immense Rechenzeiten erkauft.

Hierzu gehört vor allem die von eine Reihe von Programmen verwendete "Distance Weighted Least Squares" (DWLS)[2]. Hierbei wird für den Punkt (a,b) ein Polynom P(x,y)

$$P(x,y)=c_{00}+c_{10}x+c_{01}y+c_{20}x^2+c_{11}xy+c_{02}y^2$$

gesucht, das für die Datenpunkte (x_i,y_i; i=1...n) die Summe der quadrierten Differenzen zu den Datenpunkten z_i minimiert. Die Koeffizienten c werden dabei so gewählt, daß

$$Q=\sum_{i=1}^{n}\left(P(x_i,y_i)-z_i\right)^2*w\left((x_i-a)^2+(y_i-b)^2\right)$$

ein Minimum erreicht. Der wesentliche Unterschied zu einer linearen Regression liegt in der Gewichtungsfunktion w.

---

[1] Ausführliche Übersichten über ältere Algorithmen finden sich bei FRANKE (1982) und SABIN (1985). Viele populäre Programme verwenden eine schnelle, aber nicht immer zufriedenstellende Methode, die auf AKIMA (1978a,b) zurückgeht. Hinweise auf neuere Subroutinen für Spline-basierte Techniken geben BATES/EAMES/WAHBA (1993) und DIERCKX (1993). Schließlich eignen sich auch Verallgemeinerungen von LOWESS ("loess", CLEVELAND/GROSSE/SHYU 1993) für diese Aufgabe.

[2] Die folgende Darstellung folgt McLAIN (1974), auf dessen ALGOL-Programm DWLS meist zurückgeführt wird. Die Idee ist allerdings älter, wie FRANKE (1982:186) belegt.

Prinzipiell ist w von der Form

$$w(d^2)=1/d^2$$

Die Gewichtungsfunktion nimmt also große Werte an, wenn (a,b) nahe bei (x_i,y_i) liegt. McLAIN (1974:320) erzielte durch die schneller mit der Entfernung abnehmende Gewichtung

$$w(d^2)=1/(d^2+\epsilon)^4$$

meist bessere Ergebnisse (ε ist eine kleine Konstante zur Vermeidung der Division durch null). Die ebenfalls häufig verwendete Glättung durch "negative exponential smoothing" (NEXPO) unterscheidet sich von DWLS nur durch die andere Gewichtungsfunktion

$$w(d^2)=e^{-\alpha d^2}$$

wobei α eine geeignete Konstante ist, z.B. der reziproke Wert des Quadrats der durchschnittlichen Distanz zwischen benachbarten Datenpunkten (McLAIN 1974:320).

McLAIN sah für NEXPO nur eine datenabhängige Konstante (α) vor, für DWLS keine weitere Größen. Viele Implementierungen von DWLS und/oder NEXPO verwenden jedoch eine zusätzliche Größe ("Tension", "Stiffness"), die das Ausmaß des Einflusses entfernter Beobachtungen auf die lokale Schätzung steuert. Je kleiner "Tension" gewählt wird, desto kleiner wird der Einfluß entfernter Beobachtungen. Bei kleiner "Tension" wird die resultierende Fläche "welliger", bei großer "Tension" glatter. Die Wahl dieses zusätzlichen Parameters ist daher häufig kritisch, insbesondere da einige Programme Voreinstellungen verwenden, aus denen sehr glatte Oberflächen resultieren. Ein Beispiel für den Einfluß dieses Parameters auf den resultierenden Konturplot zeigt der Vergleich der Abbildung 6.12 mit der Abbildung 6.13: Lediglich der gewählte Glättungsparameter unterscheidet sich. Die Abbildung 6.13 ist allerdings nur mit Mühe sinnvoll interpretierbar: Selbst der Vergleich mit der Abbildung 6.12 ist keineswegs problemlos. Dies illustriert eine durch ein wenig Praxis leicht zu gewinnende Einsicht, die kaum überbetont werden kann: Die Wahl des Glättungsparameters ist meistens kritischer als die Wahl der Glättungsmethode.

6.4.2 Darstellungsmethoden

Perspektiv-, Kontur- und Imageplots unterscheiden sich im wesentlichen nur durch die Art der Darstellung der geglätteten Oberflächen.

In Perspektivplots werden die geglätteten Flächen durch die scheinbare Höhe eines Netzes ("3-D Wireframes") über einer Grundfläche wiedergegeben. Für den Plot müssen u.a. Entscheidungen über die Feinheit des Netzes getroffen werden. Ein zu grobes Netz führt zum Verlust von Einzelheiten der Oberfläche; ein zu feines Netz kann u.a. dazu führen, daß der Plot nicht mehr dreidimensional erscheint (CLEVELAND 1993:252). Häufig muß eine geeignete Feinheit des Netzes durch Probieren gefunden werden; üblich sind z.B. 30*30 bis 100*100 Berechnungspunkte. Da sich Erhebungen und Senken in Perspektivplots gegenseitig verdecken können, besitzen diese Plots den Nachteil, daß nicht die gesamte Oberfläche sichtbar ist. Das Erscheinungsbild des Plots ist dadurch gelegentlich stark von der gewählten Perspektive abhängig. Weiterhin fällt die Beurteilung der "Höhe" an unterschiedlichen Stellen des Plots schwer[1]. Der Vergleich mehrerer Perspektivplots ist bei nichttrivialen Oberflächen kognitiv kaum möglich.

Konturplots kann man sich als Projektion der Höhenlinien (Isohypsen) eines Perspektivplots auf eine Fläche vorstellen. Die Linien des Plots verbinden wie bei Höhenlinien Punkte gleicher Höhe miteinander. Es müssen also identische Z-Koordinaten des Perspektivplots ausgewählt, auf eine Fläche projiziert und mit Linien verbunden werden[2]. Eine Veranschaulichung bietet die Abbildung 6.11. Hier wurde der Perspektivplot der Abbildung 6.10 auf die Basisfläche projiziert, die resultierenden Höhenlinien sind noch einmal in dem Konturplot der Abbildung 6.12 zu sehen.

---

[1] Einige dieser Probleme lassen sich mit spezieller "Visualisierungssoftware" (z.B. RenderMen, PV-Wave, Spyglass-Dicer, Tecplot) etwas mildern. Die Programme stellen u.a. durch Schattierungseffekte wie Mattigkeit der Oberfläche, Farbe und Lokalisation von Lichtquellen die Oberfläche des Netzes als scheinbar soliden Körper dar (ein Beispiel gibt CLEVELAND 1993:267-269; eine Übersicht über die Algorithmen des "Rendering" geben FOLEY u.a. 1990:650-813). Für Datenanalysen stehen die Rechenzeiten solcher Plots in keinem sinnvollen Verhältnis zu ihrem Ertrag.

[2] Die tatsächlichen Algorithmen arbeiten anders. Einzelheiten, Algorithmen und z.T. Programme für Konturplots finden sich z.B. bei McLAIN (1974:322), SCOTT (1992:25-26, 267-271) und CLEVELAND (1993:240-244).

Abb. 6-10 Perspektivplot: Einkommen in Abhängigkeit von Berufsprestige und Berufsprestige des Vaters, DWLS-Smoothing, Tension=0.01

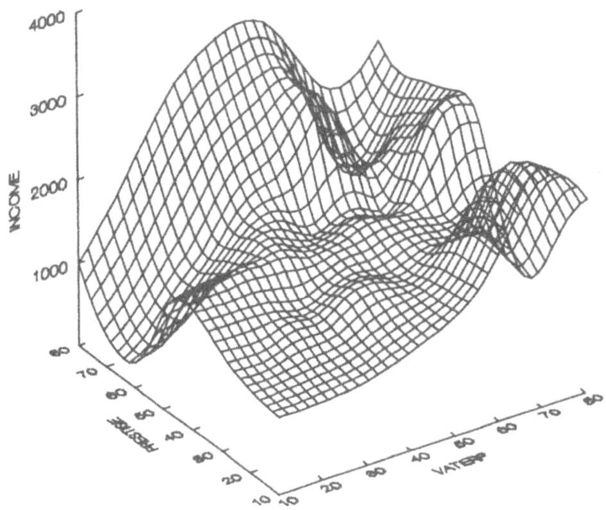

Abb. 6-11 Perspektivplot mit Konturlinien: Einkommen in Abhängigkeit von Berufsprestige und Berufsprestige des Vaters, DWLS-Smoothing, Tension=0.01

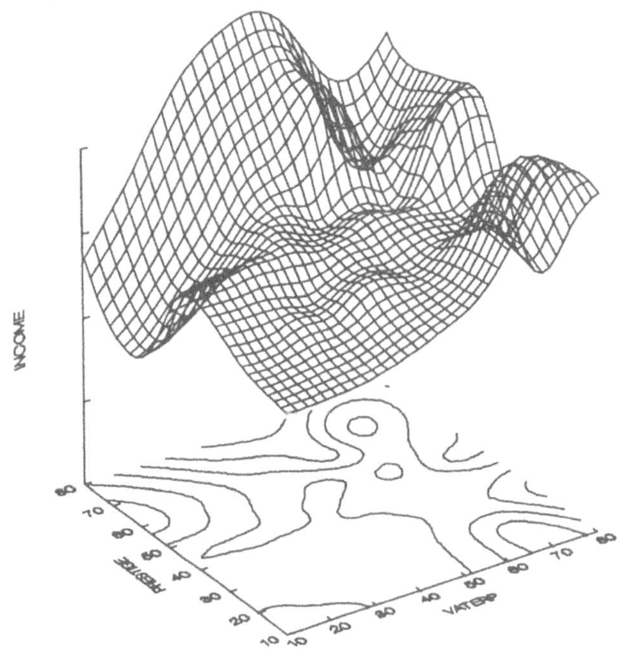

Abb. 6-12 Konturplot: Einkommen in Abhängigkeit von Berufsprestige und Berufsprestige des Vaters, DWLS-Smoothing, Tension=0.01

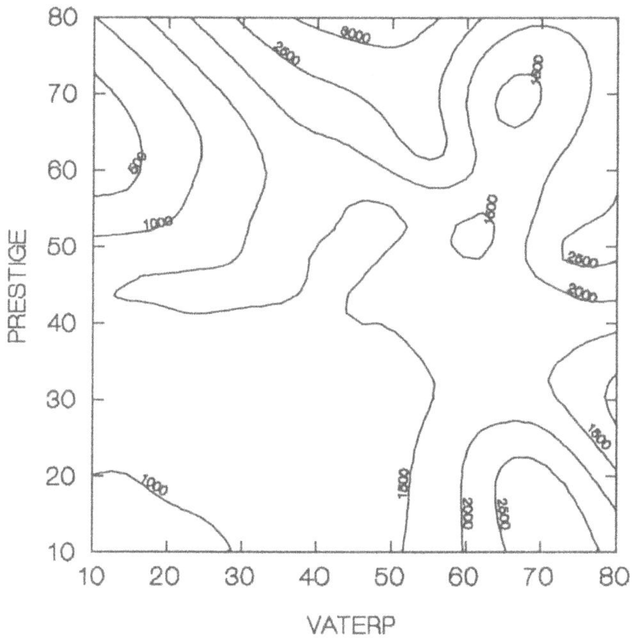

Abb. 6-13 Konturplot: Einkommen in Abhängigkeit von Berufsprestige und Berufsprestige des Vaters, DWLS-Smoothing, Tension=0.0001

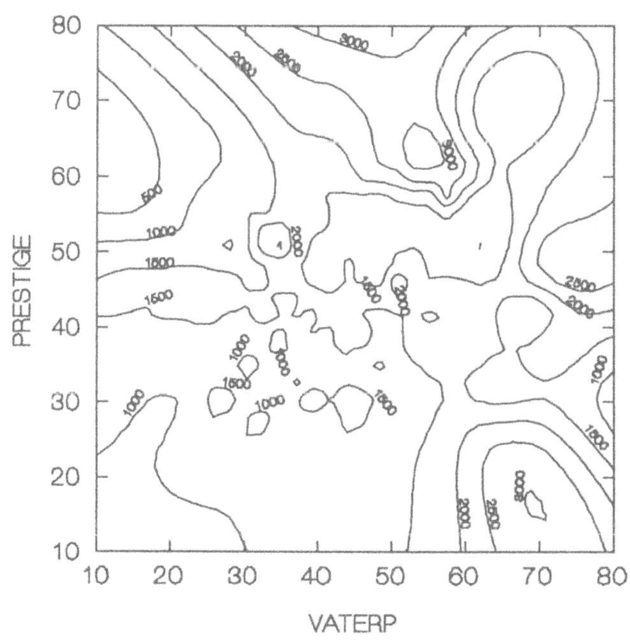

Die Entscheidungen über die Feinheit des Netzes für Perspektivplots gelten in gleicher Weise für Konturplots. Der Hauptvorteil von Konturplots besteht darin, daß sie die gesamte Oberfläche darstellen; es kann zu keinen Verdeckungen wie bei Perspektivplots kommen. Allerdings fehlt Konturplots der von Perspektivplots vermittelte unmittelbare visuelle Eindruck der Oberfläche. Image-Plots unterscheiden sich von Konturplots nur durch die Verwendung unterschiedlicher Farbcodes[1] oder Graustufen anstelle der Höhenlinien.

6.4.3 Nutzungsmöglichkeiten und Einschränkungen

Aufgrund der Vielzahl technischer Entscheidungen bei der Konstruktion der Plots (Netzdichte, "Tension", Perspektive) und den daraus resultierenden Wahrnehmungs- und Interpretationsproblemen eignen sich weder Perspektivplots noch Konturplots zur Darstellung von Ergebnissen, obwohl sie häufig dazu verwendet werden. Beide Plottypen sind Beispiele für Datenanalysegraphiken, die sich vor allem bei der Beurteilung der Art des Zusammenhangs zweier unabhängiger Variablen mit einer dritten Variablen verwenden lassen.

Nach einigem Training werden Konturplots häufig Perspektivplots vorgezogen: Es gibt keine Probleme mit perspektivischen Illusionen und der Vergleich mehrerer Konturplots ist einfacher als der Vergleich mehrerer 3-D-Plots. Perspektiv- und Konturplots sind vor allem für die Darstellung der vorhergesagten Werte eines angepaßten statistischen Modells ("Response-Surface") brauchbar. In dieser Anwendung geben solche Plots aber keinerlei Auskunft über die Güte der Anpassung des Modells an die Daten (des "Fits")[2]. Weiterhin können Perspektiv- und Konturplots zur Darstellung der nichtparametrisch geschätzten Dichteverteilung zweier Variablen verwendet werden (vgl. Kapitel 5.2.4).

---

[1] Meist wird die Abfolge der Farben nach der Abfolge im Farbspektrum gewählt. Zu günstiger scheinenden anderen Kodierungen, vgl. CLEVELAND (1993:264-267).

[2] Man kann zwar in Perspektivplots mithilfe von Spikes die Abweichung der Datenpunkte von der gefitteten Oberfläche plotten (manche Programme bezeichnen dies als "Deviationplots"); die resultierenden Plots sind aber jenseits trivialer Fallzahlen meist unübersichtlich.

Abb. 6-14 Kategorisierter Scatterplot: Einkommen*Prestige, nach Geschlecht

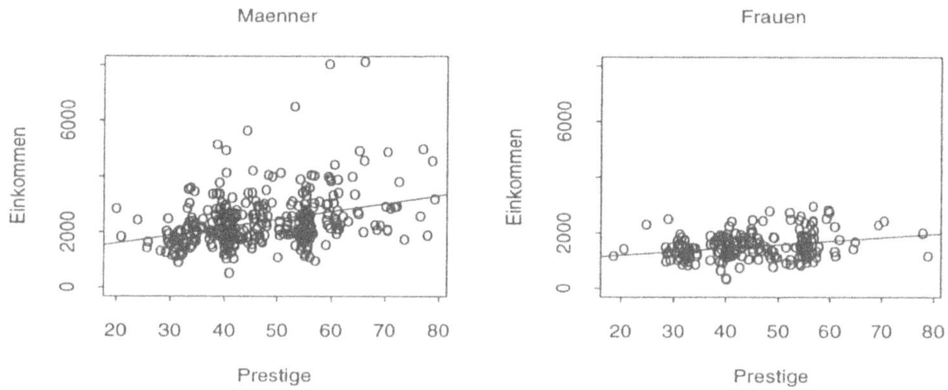

6.5 Bedingte Scatterplots

Stellt man simultan mehrere Scatterplots derselben Variablen getrennt für Subgruppen der Beobachtungen dar, spricht man von "bedingten Scatterplots". Die Nützlichkeit der verschiedenen Varianten bedingter Scatterplots im Rahmen von Datenanalysen kann kaum überschätzt werden. Solche Plots eignen sich nicht nur für den Vergleich der Art des Zusammenhangs in unterschiedlichen Teilgruppen, sondern auch zur Entdeckung von mehrdimensionalen Clustern sowie zur Untersuchung von Interaktionseffekten stetiger Variablen.

6.5.1 Kategorisierte Scatterplots

Die einfachste Variante eines bedingten Scatterplots ist ein "kategorisierter Scatterplot". Hierbei wird für jede Ausprägung einer kategorialen Kontrollvariablen (z.B. Geschlecht) ein bivariater Scatterplot der interessierenden Variablen erstellt.

Ein Beispiel für einen kategorisierten Scatterplot zeigt die Abbildung 6.14. Es handelt sich um das Einkommen männlicher bzw. weiblicher Angestellter in Abhängigkeit vom Berufsprestige (ALLBUS 1980). Bei den Männern ist der Regressionskoeffizient mehr als doppelt so groß; die erklärte Varianz ist etwas größer. In den getrennten Scatterplots erkennt man aber einen wesentlichen Unterschied, der durch die Kenntnis allein der Regressionsstatistiken unbemerkt geblieben wäre: Bei den Männern zeigen sich höhere bedingte Varianzen des Einkommens. Für fast jede Ausprägung des Berufsprestiges finden sich größere Streuungen bei den Männern als bei den Frauen.

Kategorisierte Scatterplots sind bei hohen Fallzahlen fast immer einfacher zu interpretieren als mehrfach codierte Scatterplots, da bei hohen Fallzahlen und/oder starker Überlappung der Kategorien unterschiedliche Verteilungen der Kategorien in symbolischen Scatterplots nur schwer erkennbar sind. Besonders interessant werden kategorisierte Scatterplots dann, wenn nicht nur zwei Kategorien unterschieden werden, sondern mehrere. In diesem Fall ist die Interpretation der graphischen Darstellung einfacher als die Interpretation formaler Prozeduren. Will man z.B. untersuchen, ob der Zusammenhang zweier Variablen in allen Subgruppen gleich ist, so benötigt man entweder einen statistischen Test auf die Gleichheit der Koeffizienten in getrennten Subgruppen oder eine Regression mit einer hohen Zahl von Interaktionseffekten. Wird zudem noch eine nichtlineare Beziehung unterstellt, gerät eine Datenanalyse mit Standardprogrammen rasch an ihre Grenzen. Mit einem kategorisierten Scatterplot ist ein solcher Vergleich jedoch dann sehr einfach, wenn alle Scatterplots nebeneinander dargestellt werden. Von zentraler Wichtigkeit ist hierbei die gleiche Skalierung der Achsen in allen Plots[1]. Die Nachteile der Kleinheit der einzelnen Scatterplots wird durch den Vorteil der einfachen Vergleichsmöglichkeit bei dieser Darstellung mehr als aufgewogen.

Ein Beispiel zeigt die Abbildung 6.15. Untersucht man den Zusammenhang zwischen Einkommen und Alter, so ergibt sich für die Bundesrepublik eine kurvilineare Beziehung: Die Jüngsten und die Ältesten verfügen über tendenziell niedrigere Einkommen als die mittleren Altersgruppen. Der Anstieg des Einkommens mit dem Alter ist zunächst linear; ebenso das Absinken des Einkommens. Eine lineare Regression kann daher nur einen schwachen Zusammenhang zeigen: Für den ALLBUS 1980 erklärt eine lineare Regression nur ca. 5% der Varianz, der Regressionskoeffizient für Alter ist negativ.

---

[1] Die meisten derzeitig verfügbaren statistischen Analysesysteme erlauben solche Plots nur mit unverhältnismäßig hohem manuellen Aufwand.

Abb. 6-15 Scatterplot: Einkommen*Alter, kategorisiert nach Bundesländern

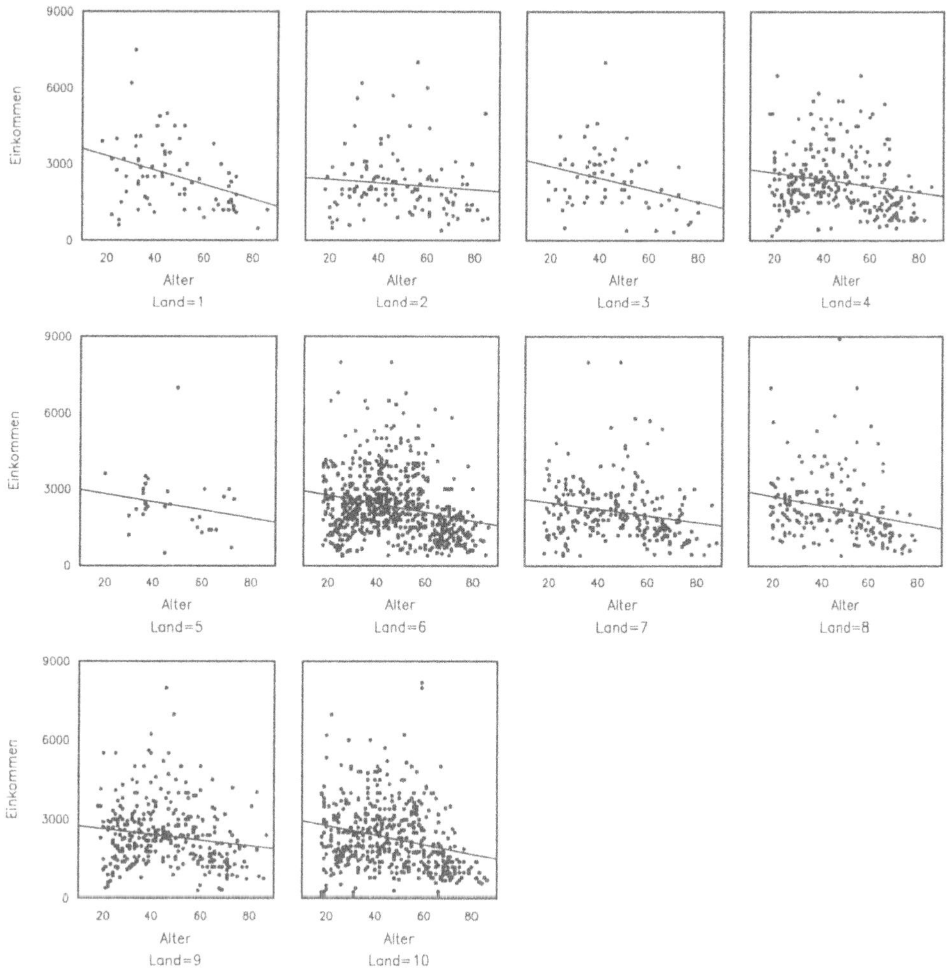

Möchte man prüfen, ob dieser Zusammenhang in allen Bundesländern gleich ist, dann ist dies mit einem nach Bundesländern kategorisierten Scatterplot leicht möglich. Der Plot (Abb. 6.15) zeigt eine abfallende Regressionsgerade in allen Bundesländern. Damit kann festgestellt werden, daß keine Interaktionseffekte zwischen Bundesländern und Alter in bezug auf dieses Modell vorliegen. Allerdings zeigt der Plot darüberhinaus die sehr geringe Anpassung einer linearen Regression: Die großen Streuungen und der eher kurvilineare Verlauf ist in fast allen Scatterplots erkennbar (vgl. Kap. 5.3.1.1).

Abb. 6-16 Casement-Plot: Einkommen nach Berufsprestige, getrennt für Berufsprestige des Vaters (kategorisiert)

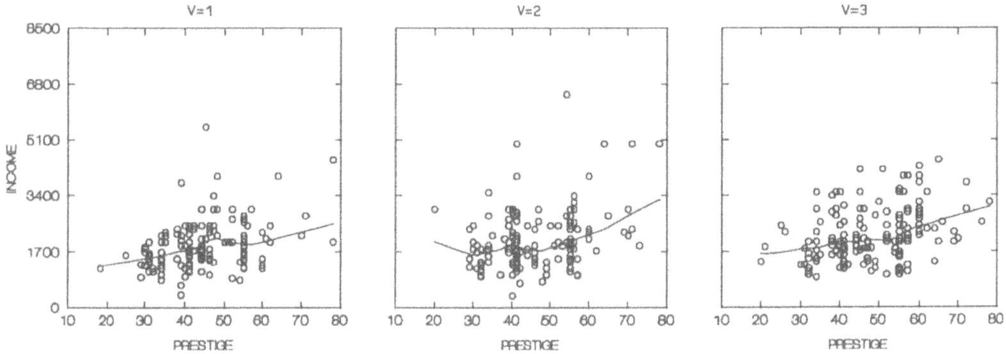

6.5.2 Casement-Plots

Es liegt nahe, kategorisierte Scatterplots nicht nur für den Vergleich der Beziehung zweier Variablen unter der Kontrolle einer kategorialen dritten Variablen zu verwenden, sondern auch zur Kontrolle einer dritten stetigen Variablen. Hierzu wird die dritte Variable entsprechend kategorisiert, z.B. in Quartile unterteilt und dann für jedes Quartil der dritten Variablen ein Scatterplot der beiden ersten Variablen erstellt. Diese bedingten Scatterplots werden nebeneinander dargestellt[1]. Grob gesagt wird also eine dreidimensionale Punktewolke in einer Ebene in Scheiben geschnitten, jede Scheibe flachgedrückt und die Scheiben nebeneinander gelegt (TUKEY/TUKEY 1983:61). Dieser Plottyp wird als "Casement-Plot" bezeichnet. Wie bei allen bedingten Scatterplots ist bei einem Casement-Plot die gleiche Skalierung der Achsen zwischen den verschiedenen Plots wichtig. Die Zahl der Unterteilungen ist hingegen fast nie kritisch, üblich sind 2 bis 8.

Die Abbildung 6.16 zeigt einen Casement-Plot für das Einkommen von Angestellten in Abhängigkeit vom Berufsprestige. Die Kontrollvariable ist das Berufsprestige des Vaters. Diese Variable wurde in drei Gruppen mit annähernd gleich vielen Beobachtungen eingeteilt. Der Plot zeigt nur triviale Unterschiede zwischen den Gruppen; es liegen hier also keine Interaktionseffekte zwischen den drei Variablen vor.

---

[1] Ob die bedingten Plots neben- oder untereinander geplottet werden, ist belanglos. Allerdings sollten die Plots immer eine Reihe bilden: Der Vergleich zweier Plots mit einer gemeinsam verlaufenden Achse ist wesentlich einfacher als ein Vergleich diagonal angeordneter Plots.

Abb. 6-17 Multiwindow-Plot der Iris-Daten: Scatterplot Petalwidth*Petallength, unter Kontrolle von Sepalwidth und Sepallength

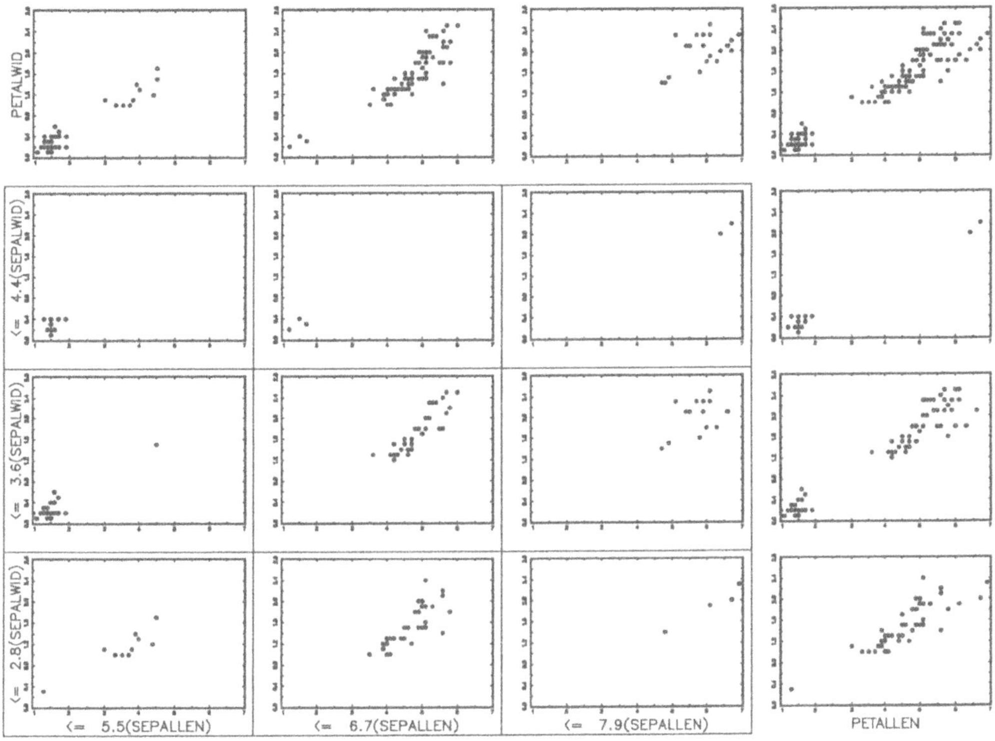

6.5.3 Multiwindow-Plots

Eine Weiterentwicklung der Casement-Plots sind "Multiwindow-Plots". Hierbei werden zwei statt einer Kontrollvariablen verwendet (vgl. Abb. 6.17). Für jede Kombination der beiden Kontrollvariablen wird ein bedingter Scatterplot erstellt und in einer Matrix angeordnet (TUKEY/TUKEY 1981c:231-232). Zusätzlich wird oben und am rechten Rand jeweils eine Reihe mit den nur durch eine Variable bedingten Scatterplots angefügt. Der Scatterplot oben rechts in einem Multiwindow-Plot ist der Standardscatterplot der beiden Variablen, deren Zusammenhang untersucht werden soll. Diese zusätzlichen Plots am Rand des Multiwindow-Plots entsprechen den Randsummen einer bivariaten Kreuztabelle.

Verwendet man zwei Kontrollvariablen, dann ergeben sich bei den vier beteiligten Variablen insgesamt 12 (4*3) verschiedene Möglichkeiten, den Multiwindow-Plot zu erstellen. Meistens lassen sich dabei den unterschiedlichen Plots jeweils andere Informationen entnehmen.

Abb. 6-18 Multiwindow-Plot simulierter Daten zur graphischen Darstellung von Mehrwegsinteraktionseffekten: Scatterplot Y*X, unter Kontrolle von R und C

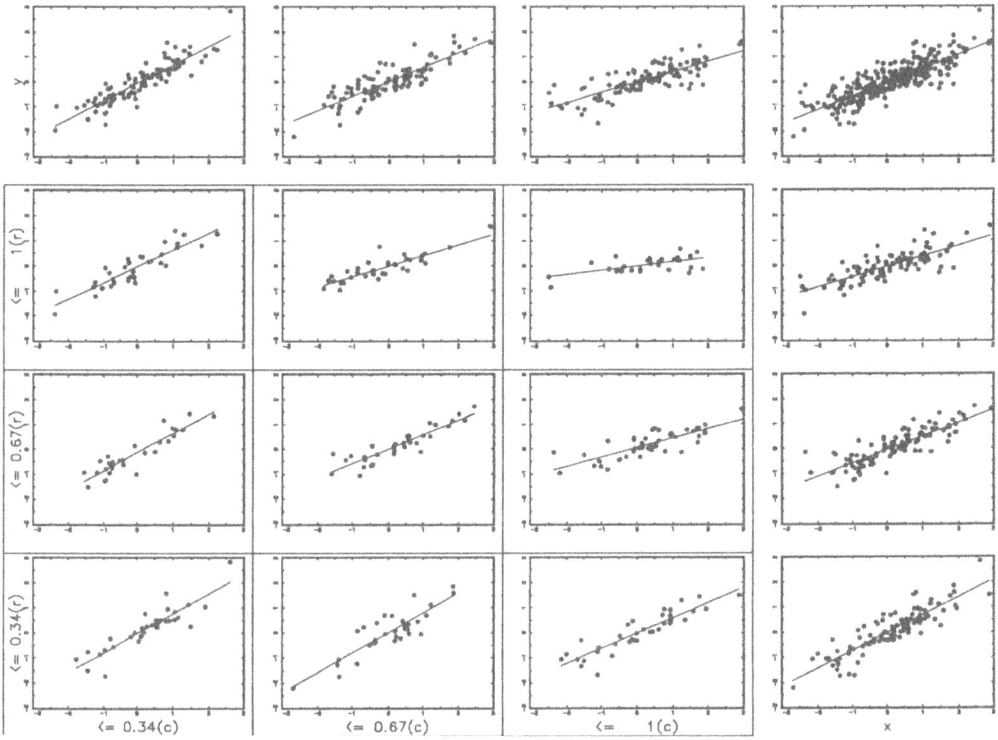

Leider kann dies auch bedingen, daß eventuell "interessante" Ansichten nicht bemerkt werden, da zufällig eine der anderen 11 Möglichkeiten der Darstellung von vier Variablen in einem Multiwindow-Plot gewählt wurde. Aus diesem Grund empfiehlt sich die Betrachtung verschiedener Kombinationen der Variablen immer dann, wenn keine theoretischen Vorstellungen über mögliche Interaktionseffekte bestehen. Handhabbar sind bei einem Multiwindow-Plot ca. 2 bis 5 Unterteilungen pro Kontrollvariable; damit ergeben sich maximal 36 Scatterplots auf einem Bildschirm. Je nach Datensatz läßt sich bei den dann nur noch briefmarkengroßen Scatterplots kaum noch etwas erkennen. Es empfiehlt sich daher, mit sehr wenigen Unterteilungen (z.B. 3) zu beginnen und dann gegebenenfalls weiter zu unterteilen.

Multiwindow-Plots eignen sich u.a. bei der Suche nach Clustern in einem Raum aus vier Variablen. Eine der interessantesten Anwendungen dürfte im Rahmen von multiplen Regressionen die Untersuchung von Interaktionseffekten mehrerer unabhängiger Variablen sein. In diesen Fällen ist es sinnvoll, in die einzelnen Scatterplots des Multiwindow-Plots Interpretationshilfen wie Dichteellipsen oder Regressionsgerade einzuzeichnen. Ein Beispiel (simulierte Daten, n=300) zeigt die Abbildung 6.18. Der Scatterplot Y-X zeigt einen recht starken linearen Zusammenhang beider Variablen. Betrachtet man die bedingten Scatterplots für die einzelnen Ausprägungen der Spaltenkontrollvariablen (oberste Zeile), dann fällt auf, daß der Zusammenhang Y-X mit Ansteigen der Spaltenvariablen deutlich abnimmt. Dasselbe zeigt sich für die Zeilenkontrollvariable (rechte Spalte). Betrachtet man die inneren Felder des Multiwindow-Plots, dann sieht man, daß der Zusammenhang zwischen Y und X um so schwächer wird, je größer beide Kontrollvariablen werden. Der gemeinsame Effekt beider Kontrollvariablen ist stärker als jeder der einzelnen Effekte. Es handelt sich daher um einen Interaktionseffekt zwischen Y und beiden Kontrollvariablen. Ein Multiwindow-Plot bietet so eine Möglichkeit, einen Interaktionseffekt zwischen vier Variablen graphisch zu untersuchen.

6.5.4 Coplots

Die neueste Variante der bedingten Scatterplots sind "Coplots" (Conditioning Plots). Der Zusammenhang zweier Variablen wird auch hier bedingt nach einer bzw. zwei Kontrollvariablen getrennt dargestellt. Im Gegensatz zu den bisherigen bedingten Scatterplots überlappen sich jedoch die in den bedingten Scatterplots dargestellten Teilmengen der Fälle.

Ein Beispiel zeigt die Abbildung 6.19. Der Zusammenhang zwischen Einkommen und Alter wird getrennt nach Berufsprestige des Vaters und eigenem Berufsprestige dargestellt. Die neun bedingten Scatterplots bilden den unteren linken Bereich der Abbildung ("dependency panel"). Oberhalb und rechts der bedingten Scatterplots finden sich graphische Darstellungen ("given panels") des Ausmaßes der Überlappung der bedingten Scatterplots.

Das obere "given panel" zeigt drei Balken. Die Balken geben den Wertebereich der Kontrollvariablen für den jeweiligen bedingten Scatterplot wieder. Berufsprestige des Vaters liegt für den ersten Scatterplot zwischen 18 und 40, für den zweiten Scatterplot zwischen 34 und 48, für den dritten Plot zwischen 40 und 78. Die Wertebereiche überlappen sich: dieselben Beobachtungen können also in mehreren bedingten Scatterplots liegen. Das rechte "given panel" gibt die Wertebereiche für die zweite Kontrollvariable wieder. Demzufolge liegt

Abb. 6-19 Coplot mit LOWESS-Smoother: Einkommen gegen Alter, bedingt nach eigenem Berufsprestige und Berufsprestige des Vaters

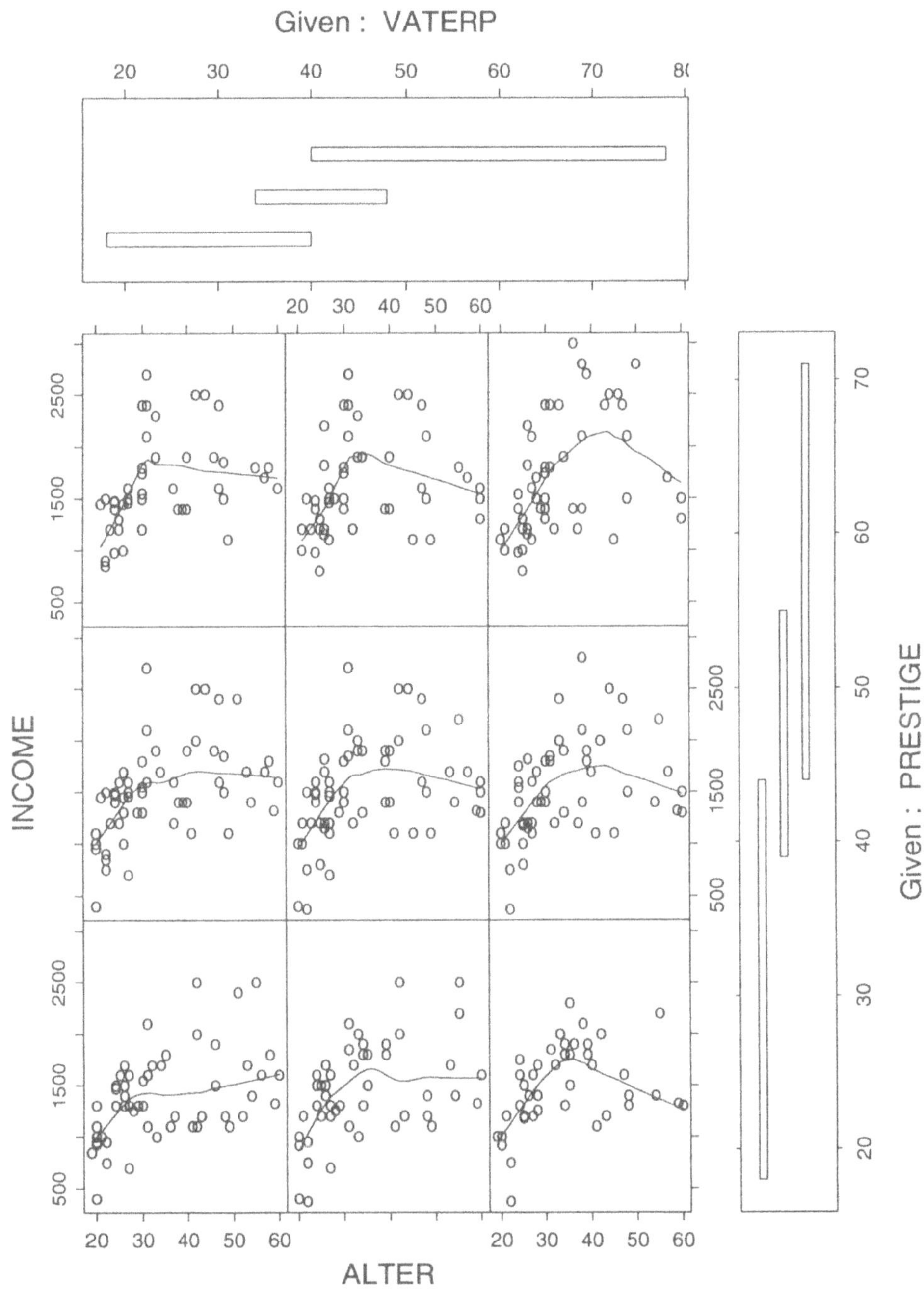

eigenes Berufsprestige in der untersten Zeile im "dependency panel" zwischen 18 und 44, in der mittleren Zeile zwischen 39 und 55 und in der obersten Zeile zwischen 44 und 71.

In diesem Beispiel zeigen die eingezeichneten LOWESS-Smoother in jedem bedingten Scatterplot nach einem steilen Anstieg zumindest eine Abflachung, wenn nicht sogar ein Abfallen an: Der Zusammenhang zwischen Einkommen und Alter ist nicht linear; Interaktionseffekte mit Berufsprestige des Vaters oder eigenem Berufsprestige scheinen nicht zu bestehen.

Für einen Coplot muß die Anzahl der bedingten Scatterplots und das Ausmaß der gegenseitigen Überlappung gewählt werden[1]. Das Ausmaß der Überlappung zweier nebeneinander liegenden bedingten Scatterplots liegt in der Regel zwischen 10% und 50% gemeinsamen Beobachtungen. Die Grenzen der Intervalle der Kontrollvariablen ergeben sich aus der Anzahl der bedingten Scatterplots, dem Ausmaß der Überlappung und der Forderung, daß die Zahl der dargestellten Beobachtungen in jedem Plot annähernd konstant sein soll[2]. Jeder bedingte Plot muß genügend Beobachtungen enthalten, um mögliche Effekte von reinen Zufallsschwankungen unterscheiden zu können. Andererseits dürfen die Intervalle nicht so groß werden, daß mögliche Interaktionseffekte zwischen den Plotvariablen und den Kontrollvariablen übersehen werden können.
Geeignete Werte für das Ausmaß der Überlappung und die Anzahl der bedingten Scatterplots lassen sich fast immer nur durch wiederholtes Ausprobieren finden. Auf diese Weise bemerkt man auch die gelegentlich sehr hohe Empfindlichkeit bedingter Plots gegenüber dem gewählten Ausmaß der Überlappung. Artefakte können sich insbesondere bei kleinen Fallzahlen, nicht-robusten Smoothern und geringer Überlappung leicht ergeben.
Coplots eignen sich wie alle bedingten Scatterplots insbesondere zur Untersuchung von Interaktionseffekten und zur Identifikation von Subgruppen mit abweichenden Reaktionsmustern. Die zusätzliche Möglichkeit der Überlappung der Wertebereiche erweitert den Anwendungsbereich auf kleinere Fallzahlen und verringert die Gefahr übersehener Effekte durch ungeeignete Zusammenfassungen der Wertebereiche der Kontrollvariablen.

---

[1] Dieser Abschnitt basiert auf CLEVELAND (1993:184-186).
[2] CLEVELAND (1993:133-135) beschreibt einen "Equal-Count"-Algorithmus zur Bestimmung der resultierenden Intervallgrenzen.

Abb. 6-20 Scatterplot-Matrix (SPLOM) für 4 Gesundheitsindikatoren

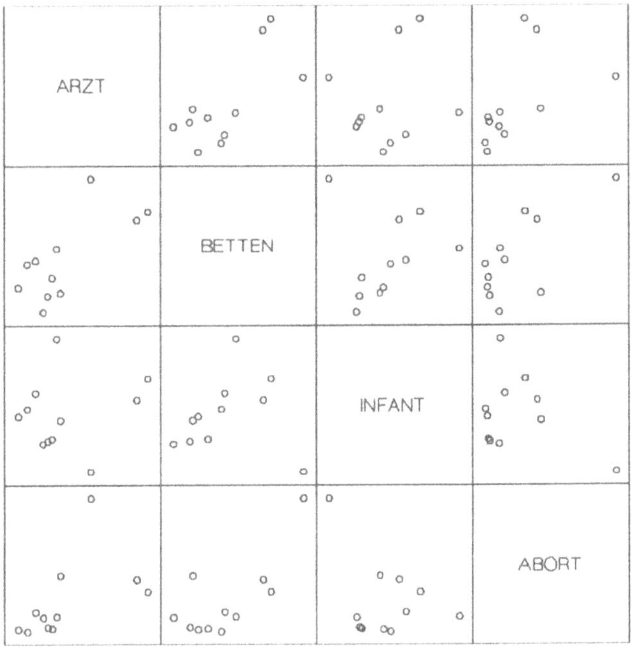

6.6 Scatterplot-Matrizen

Eine Möglichkeit zur Darstellung aller bivariaten Zusammenhänge innerhalb einer Reihe von Variablen sind "Scatterplot-Matrizen" ("SPLOMs")[1]. Dabei werden alle paarweisen Scatterplots der Variablen erstellt und in einer Matrix angeordnet (vgl. Abb. 6.20)[2].

Der Vorteil der Scatterplot-Matrizen liegt in der Möglichkeit, einzelne Datenpunkte über die Plots hinweg verfolgen zu können: Jeder Datenpunkt liegt in allen Scatterplots einer Spalte immer an derselben X-Koordinate. Da jeder Datenpunkt auch in allen Scatterplots einer Zeile immer an derselben Y-Koordinate liegt, sind individuelle Beobachtungen über die Plots hinweg lokalisierbar ("visual linking", CLEVELAND 1993:275). Dadurch kann man z.B. leicht Ausreißer auf einzelnen Variablen daraufhin prüfen, ob sie auch auf anderen Variablen auffälliges Verhalten zeigen.

[1] Der Erfinder des Plots scheint unbekannt. Obwohl der Plot schon früher in Gebrauch war (z.B. HARTIGAN 1975b:190-195), finden sich ausführliche Diskussionen erst bei TUKEY/TUKEY (1981a:202-210) und CHAMBERS u.a. (1983:136,145-156).

[2] SPLOMs werden auch als "Pairwise Scatterplots" ("PAIRS") und als "Draftsman's Display" bezeichnet.

In der Hauptdiagonalen des Plots werden meist nur die Namen der Variablen, gelegentlich aber auch Histogramme, eindimensionale Scatterplots oder Dotplots untergebracht. Falls man primär am "visual linking" der Scatterplots interessiert ist, stören diese Zusatzplots in der Hauptdiagonalen meistens[1].

Die einzelnen Scatterplots in der Matrix können mit verschiedenen zusätzlichen Informationen angereichert werden, z.B. mit Dichteellipsen, Influence-Bubbles usw. Welche zusätzliche Information hilfreich ist, hängt vom Datenanalyseproblem ab. Kennt man (z.B. nach einer Clusteranalyse) die Zugehörigkeit der Beobachtungen zu bestimmten Subgruppen, so kann man die Subgruppen in Hinsicht auf alle dargestellten Variablen vergleichen, wenn für die Subgruppen unterschiedliche Farben oder Drucksymbole verwendet werden. Mit Dichteellipsen und Influence-Bubbles angereicherte Scatterplot-Matrizen eignen sich vor allem für die Suche nach Ausreißern. Richtet sich das Interesse hingegen auf die Konstruktion von linearen Regressionsmodellen, dann ist fast immer das Plotten eines nicht-linearen Smoothers wie z.B. LOWESS in jedem einzelnen Scatterplot einer SPLOM sinnvoll: Scatterplots mit Smoothern können leicht Hinweise auf nicht-lineare Beziehungen und Kollinearität entnommen werden.

Scatterplot-Matrizen werden in verschiedenen Formen verwendet. Die quadratische Matrix (Plot jeder Variablen gegen jede andere Variable) eignet sich am besten für "visual linking". Liegt das Interesse in der Beurteilung des paarweisen Funktionszusammenhangs oder im Vergleich verschiedener Gruppen, so bietet sich eventuell die Darstellung nur der unteren Dreiecksmatrix an. Ist man an der Untersuchung des Zusammenhangs einer oder weniger abhängiger Variablen von vielen unabhängigen Variablen interessiert, so kann man dies in einer unsymmetrischen Rechtecksmatrix von Scatterplots untersuchen. Im allgemeinen empfiehlt sich fast immer aber zunächst die Darstellung der vollständigen quadratischen Scatterplot-Matrix.

[1] "Visual linking" wird allgemein meist durch alle zusätzlichen Elemente im Plot (wie Legenden, Achsenskalierungen, Gridlinien, Überschriften usw.) erschwert: Erstens absorbiert jedes dieser Elemente Platz, der für die Darstellung der Datenpunkte benötigt wird; zweitens werden Informationen dargestellt, die für den Zweck des Plots nicht benötigt werden und dadurch ablenken.

Die maximale Zahl der durch SPLOMs sinnvoll darzustellenden Variablen hängt von der Fallzahl und dem Auflösungsvermögen des Ausgabegerätes ab. Nur selten dürften dies mehr als neun Variablen sein. In den meisten Fällen führen schon weit weniger Variablen zu sehr kleinen Scatterplots. Je kleiner die Scatterplots werden, desto größer wird das Problem des Overplotting. Dies läßt sich zumindest bei kleineren Fallzahlen mit Sunflowers oder Jittering eindämmen. Bei größeren Fallzahlen kann eine Technik "hoch-interaktiver Graphik", das "Scatterplot-Brushing" (vgl. Exkurs 6.9), hilfreich sein.

6.7 Andrews-Plots

ANDREWS (1972) schlug einen Plot für p-variate Beobachtungen $(x_1,x_2,...,x_p)$ vor, bei dem für jede Beobachtung eine eigene Funktion

$$f(t)=\frac{x_1}{\sqrt{2}}+x_2\sin(t)+x_3\cos(t)+x_4\sin(2t)+x_5\cos(2t)+...$$

geplottet wird, wobei t von $-\pi$ bis π variiert. Jeder Beobachtung (jedem "Fall") entspricht in einem Andrews-Plot eine Kurvenlinie. Beobachtungen mit ähnlichen Ausprägungen aller Variablen besitzen ähnliche Kurvenverläufe[1]. Andrews-Plots werden daher häufig zur graphischen Identifikation von Clustern verwendet.

Das Erscheinungsbild von Andrews-Plots ist gegenüber unterschiedlichen Wertebereichen der Variablen empfindlich. Noch stärker gilt dies für die Reihenfolge der Variablen. Da die zuerst in die Funktion eingehenden Variablen den Andrews-Plot dominieren, wird meist entweder eine der theoretischen Wichtigkeit der Variablen entsprechende Abfolge oder eine vorherige Hauptkomponentenanalyse der Variablen empfohlen.

Die Abbildungen 6.21-6.24 zeigen anhand der Iris-Daten den Einfluß der Reihenfolge der Variablen auf den Plot (horizontaler Vergleich) sowie den Einfluß der Standardisierung (vertikaler Vergleich). Die Abbildungen 6.25 und 6.26 zeigen einen Andrews-Plot der ersten beiden Hauptkomponenten.

---

[1] Genauer gesagt: Die euklidische Distanz zwischen zwei Beobachtungen ist proportional zur Distanz zwischen zwei Funktionen.

Neben der Empfindlichkeit gegenüber der Reihenfolge der Variablen zeigen die Abbildungen das andere Hauptproblem von Andrews-Plots: Die Anzahl auswertbarer Kurven (Fälle) ist relativ klein. Jenseits von 50 bis 100 Fällen werden Andrews-Plots unübersichtlich[1]. Beide Probleme grenzen den Einsatzbereich von Andrews-Plots stark ein. Bei kleinen Fallzahlen (z.B. im Rahmen von Subgruppenanalysen) kann ein Andrews-Plot oder eine seiner Varianten bei der Suche nach homogenen Gruppen oder einzelnen Ausreißern allerdings manchmal hilfreich sein[2]. Trotz seiner Popularität in vielen Lehrbüchern ist ein Andrews-Plot weder als generelle Darstellungsmethode noch als graphischer Ersatz für eine Clusteranalyse allgemein brauchbar[3].

---

[1] Gelegentlich werden daher nur die Mittelwerte verschiedener Gruppen in einem Andrews-Plot dargestellt; dafür existieren aber geeignetere Techniken, z.B. Profil-Plots.

[2] GNANADESIKAN (1977:210) erwähnt einen "Quantil-Contourplot", bei dem für einige Werte von t nur die entsprechenden Quantile der Funktionen geplottet werden. Eine andere Variante des Andrews-Plots sind Blob-Plots. Blobs sind Icons, d.h. jede Beobachtung wird als eigenständiges Plotsymbol wiedergegeben (vgl. Kap. 6.2). Bei einem Blob-Plot wird für jede einzelne Beobachtung die resultierende Linie in Polarkoordinaten geplottet. Dadurch ergeben sich für unterschiedliche Beobachtungen unterschiedliche unregelmäßige Plotsymbole.

[3] Ausführliche Diskussionen des Andrews-Plots finden sich bei GNANADESIKAN (1977:207-225) sowie bei HENSCHKE/NAGEL (1990:185-193). Hinweise auf statistische Tests bei Andrews-Plots finden sich bei KRZANOWSKI (1990:253-254). Eine eher kritische Einschätzung der Einsatzmöglichkeiten findet sich bei EVERITT (1987). Andrews-Plots lassen sich in Standardprogrammen leicht realisieren (FRIENDLY 1991:432-435); ein PASCAL-Programm findet sich in einem Anhang bei HENSCHKE/NAGEL (1990).

Abb. 6-21 Andrews-Plot, unstandardisierte Iris-Daten, Reihenfolge 1

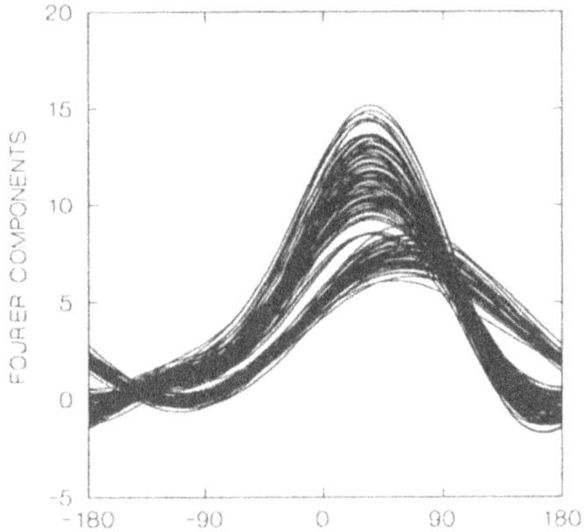

Abb. 6-22 Andrews-Plot, unstandardisierte Iris-Daten, Reihenfolge 2

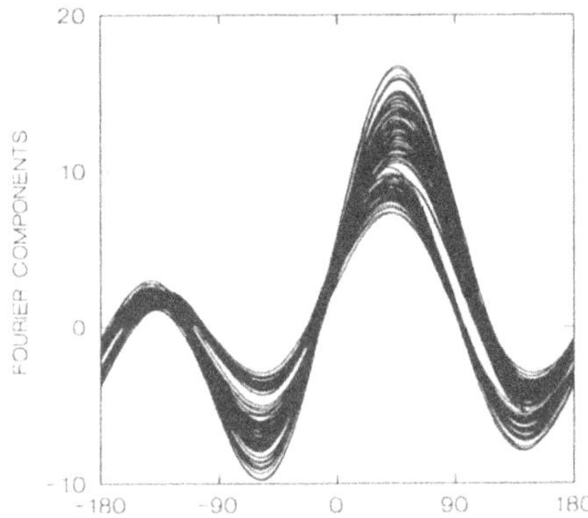

Abb. 6-23 Andrews-Plot, standardisierte Iris-Daten, Reihenfolge 1

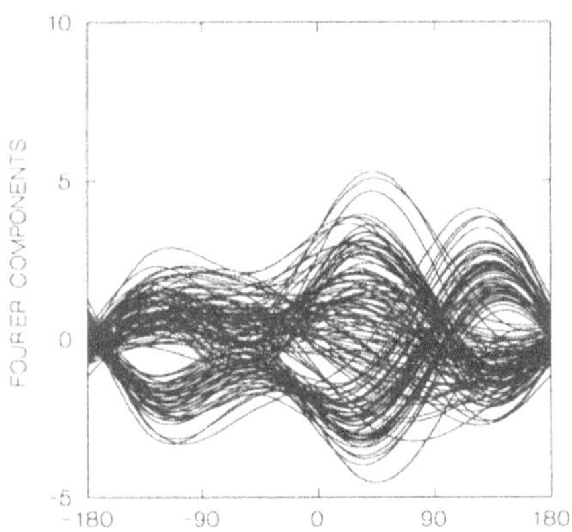

Abb. 6-24 Andrews-Plot, standardisierte Iris-Daten, Reihenfolge 2

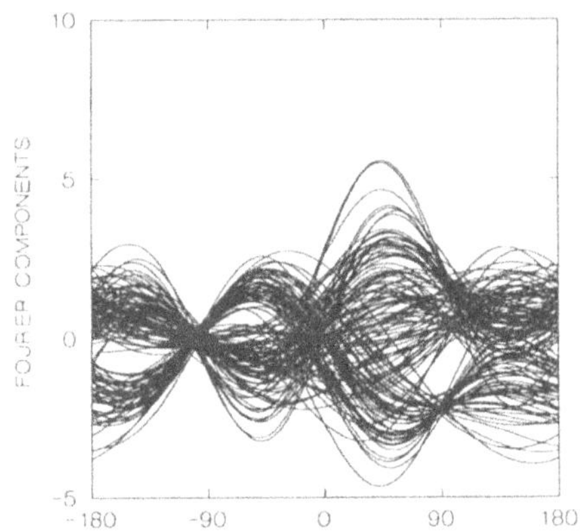

Abb. 6-25 Andrews-Plot, Iris-Daten, zwei Hauptkomponentenscores, Reihenfolge 1

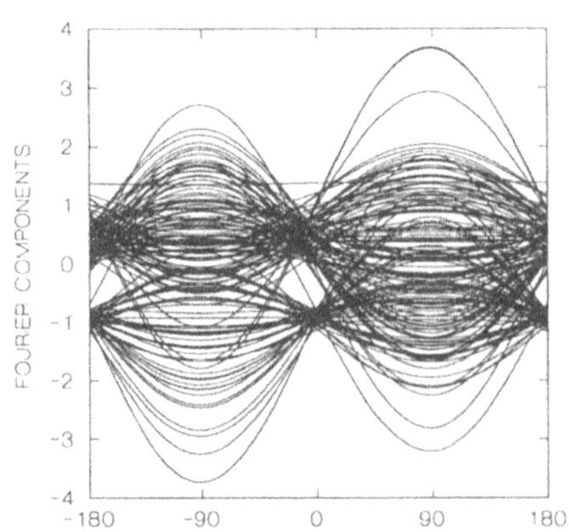

Abb. 6-26 Andrews-Plot, Iris-Daten, zwei Hauptkomponentenscores, Reihenfolge 2

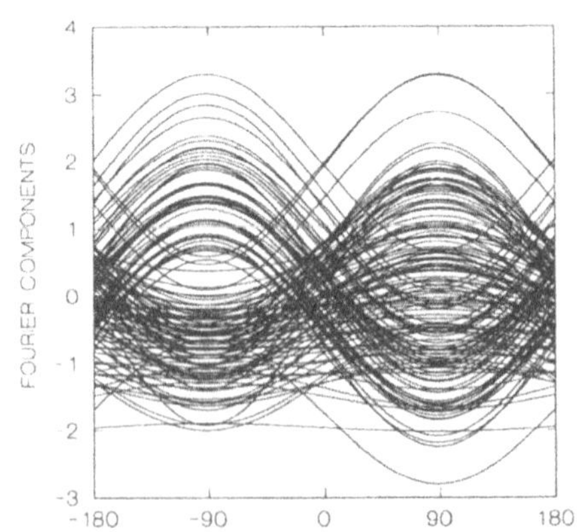

Abb. 6-27 Unterschiedliche Korrelationen und resultierende Muster im Parallel-Koordinatenplot (n=50)

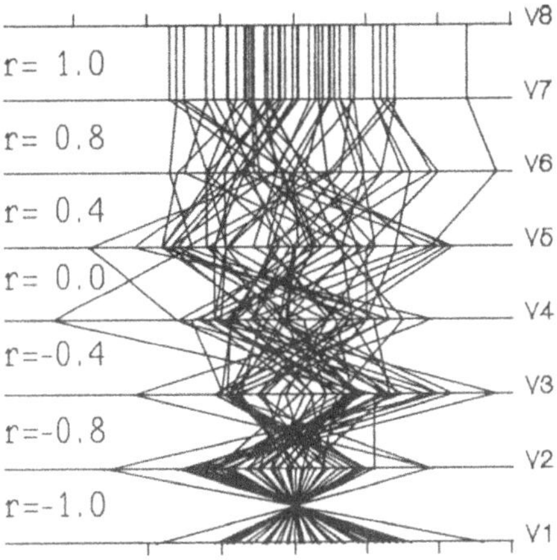

Abb. 6-28 Unterschiedliche Korrelationen und resultierende Muster im Parallel-Koordinatenplot (n=500)

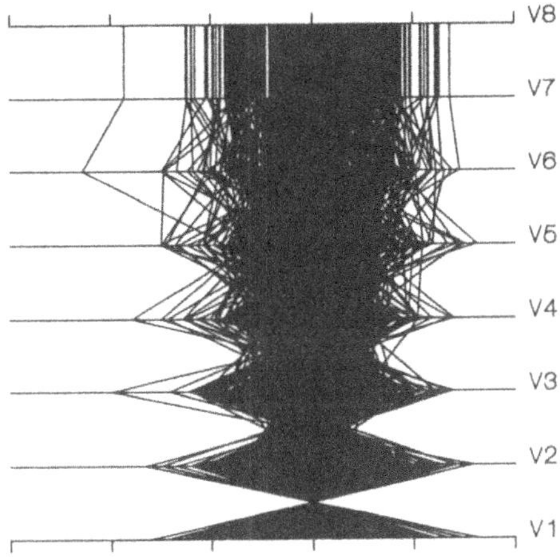

6.8 Parallel-Koordinatenplots

Eine einfache Methode zur Darstellung multivariater Daten mit prinzipiell beliebig vielen Variablen besteht in der Darstellung der Daten in einem Parallel-Koordinatenplot[1]. Die Variablen werden als parallel angeordnete Achsen untereinander geplottet. Jede einzelne Beobachtung wird auf allen Achsen markiert und die zu einer Beobachtung gehörenden Markierungen werden mit einer durchgezogenen Linie verbunden (vgl. Abb. 6.27).

Parallel-Koordinatenplots lassen sich zur Beurteilung verschiedener statistischer Aspekte eines multivariaten Datensatzes verwenden:

1. Die univariaten Randverteilungen jeder Variablen sind im Plot wie in einem eindimensionalen Scatterplot ablesbar.
2. Die Korrelation zweier Variablen wird durch die Zahl der Überkreuzungen der Linien zwischen zwei Achsen wiedergegeben.
3. Cluster von Objekten lassen sich in Parallel-Koordinaten relativ leicht entdecken.

[1] Die Idee, Parallel-Koordinatenplots zur multivariaten Datenanalyse zu verwenden, wurde durch INSELBERG (1985) und WEGMAN (1990) populär. WEGMAN (1990:664) nennt als Vorläufer neben ANDREWS (1972, vgl. Kap. 6.7) vor allem den "optimal linear profiles"-Algorithmus von HARTIGAN (1975a). HARTIGAN (1975a) enthält ein entsprechendes FORTRAN-Programm, FRIENDLY (1991:424-431) gibt ein SAS-IML-Programm.

Die beiden letzten Möglichkeiten sollen etwas näher erläutert werden. Betrachtet man die Korrelation zweier Variablen, so zeigen sich desto weniger Überkreuzungen im Plot, je höher die Korrelation ist. Bei einer perfekten positiven Korrelation verlaufen alle Linien zwischen zwei Achsen parallel; bei einer perfekten negativen Korrelation sind alle möglichen Überkreuzungen realisiert[1]. Je tiefer der "Einschnitt" zwischen zwei Achsen wird, desto stärker ist die negative Korrelation zwischen den beiden Variablen[2]. Die Abbildungen 6.27 und 6.28 zeigen die unterschiedlichen Muster, die sich in einem Parallel-Koordinatenplot bei Variation der Korrelation der Variablen ergeben. In beiden Plots sind die obersten beiden Variablen perfekt positiv korreliert, die beiden untersten Variablen perfekt negativ.

Parallel-Koordinatenplots eignen sich besonders zur Erkennung von Gruppen mit ähnlichen Profilen ("Clustern"). Die Abbildungen 6.29-6.31 zeigen verschiedene Formen von Clustertypen bei nur zwei Variablen jeweils als Scatterplot und Parallel-Koordinatenplot.

Die Abbildung 6.29 enthält keine Cluster: Es gibt keine Unterschiede zwischen den Gruppen. Der Scatterplot ist unstrukturiert, der Parallel-Koordinatenplot zeigt keine Bereiche besonders hoher Dichte.

Die Abbildung 6.30 zeigt zwei Cluster, die sich in ihrem Mittelwert auf der X-Achse unterscheiden. Den senkrechten Streifen höherer Dichte im Scatterplot entspricht die Trennung der Strahlenbündel im Parallel-Koordinatenplot bei der Variablen X.

Die Abbildung 6.31 zeigt im Scatterplot zwei Cluster, die sich sowohl in ihrem Mittelwert auf der X-Achse als auch in ihrem Mittelwert auf der Y-Achse deutlich voneinander unterscheiden. Der Parallel-Koordinatenplot zeigt entsprechend zwei getrennte Strahlenbündel. Zwar zeigen sich innerhalb der Bündel Überkreuzungen, aber nicht zwischen den Bündeln.

---

[1] Bemerkenswerterweise läßt sich zeigen, daß Kendalls tau ist durch die Anzahl der überkreuzten Linien schätzbar ist: $r = 1-[4X/n(n-1)]$, wobei X die Zahl der Überkreuzungen ist (WEGMAN 1990: 668), vgl. auch HARTIGAN (1975a:32).

[2] Stellt man sich um die Linien zwischen zwei Achsen eines Parallel-Koordinatenplots eine konvexe Hülle vor, dann wird die "Breite" an der schmalsten Stelle dieser Hülle um so geringer, je stärker negativ die Korrelation zwischen den beiden Variablen ist. Im Extremfall $r=-1$ reduziert sich die "Breite" auf einen Punkt. Zu den mathematischen Eigenschaften von parallelen Koordinaten vgl. INSELBERG (1985) und WEGMAN (1990).

Abb. 6-29 Keine Trennung der Objekte in X oder Y

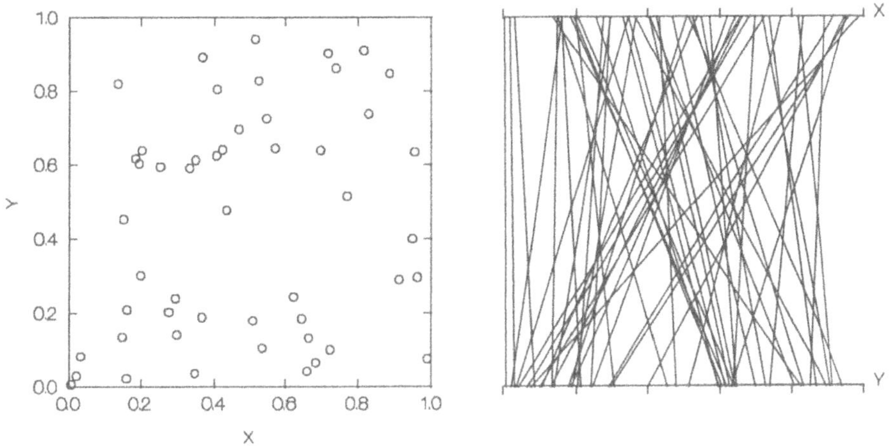

Abb. 6-30 Trennung der Objekte in X

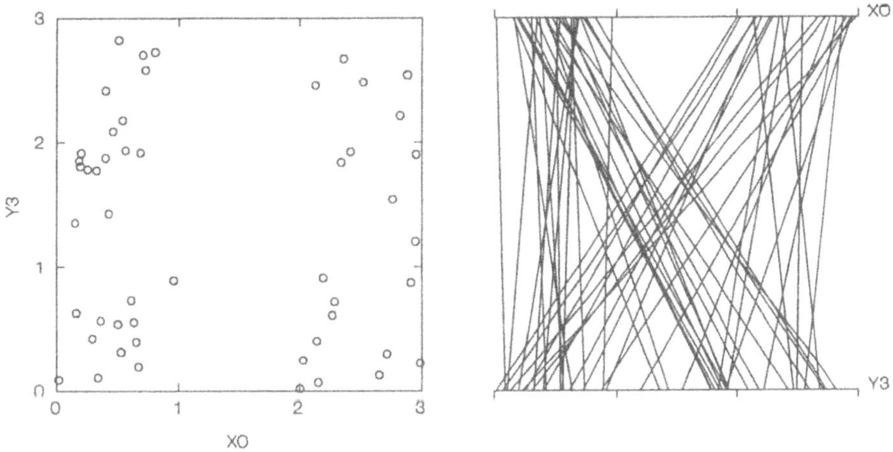

Abb. 6-31 Trennung der Objekte in X und Y

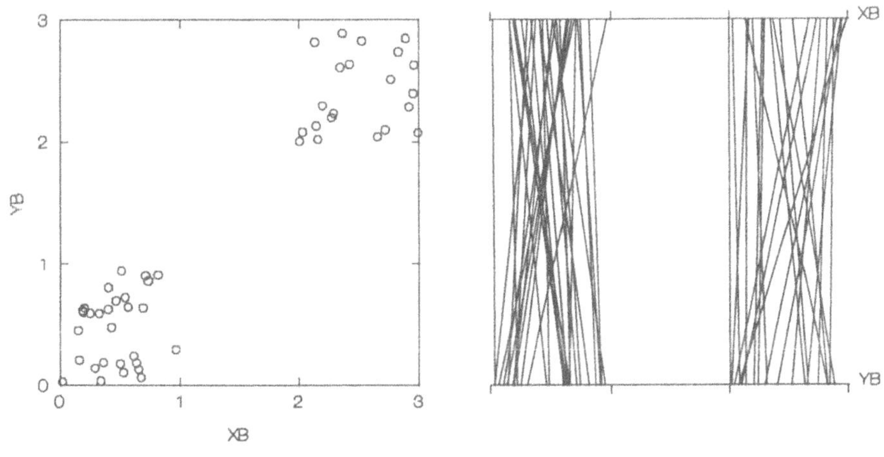

Abb. 6-32 Parallel-Koordinatenplot, Iris-Daten, unstandardisiert

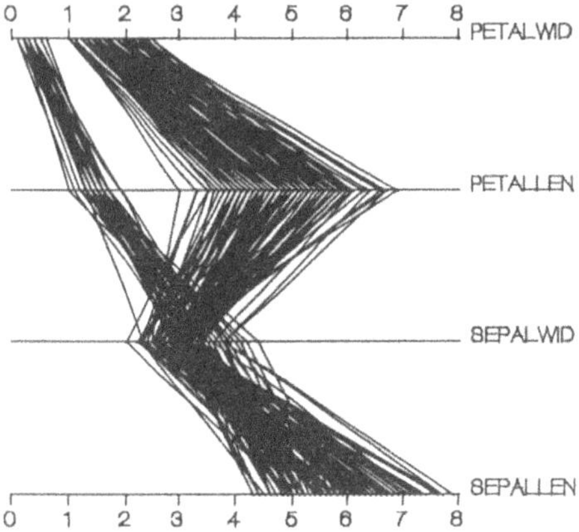

Abb. 6-33 Parallel-Koordinatenplot, Iris-Daten, standardisiert

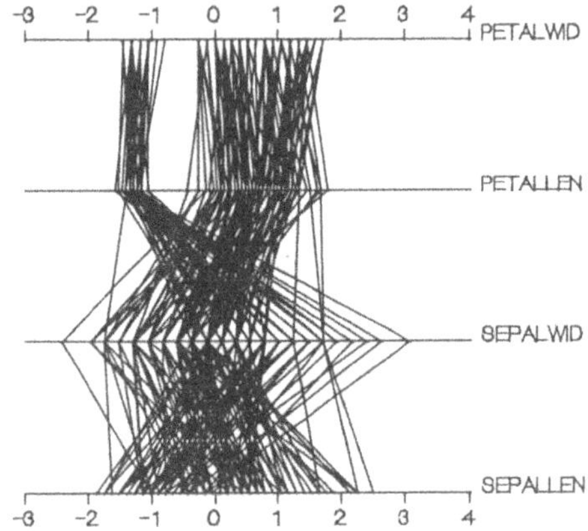

Das Erscheinungsbild eines Parallel-Koordinatenplots hängt u.a. von den Wertebereichen der Variablen ab. Die Abbildungen 6.32 und 6.33 zeigen dies anhand des Iris-Datensatzes. Der Abbildung 6.32 liegen die unstandardisierten Werte zugrunde. Deutlich kann man in diesem Plot zwei Gruppen mit unterschiedlichem Profil voneinander unterscheiden. Die Unterscheidung ist im Plot mit standardisierten Variablen (Abb. 6.33) nicht so deutlich, dafür sind hier einzelne Ausreißer deutlicher erkennbar. Damit eignen sich Parallel-Koordinatenplots auch zur Identifikation von Ausreißern. Ein Beispiel geben die Abbildungen 6.34 und 6.35. Während die Abbildung 6.34 alle Beobachtungen (n=132) enthält, wurden in der Abbildung 6.35 sechs Ausreißer gelöscht. Das Aussehen des Parallel-Koordinatenplots wird dadurch nicht unbeträchtlich verändert[1].

Liegt im Datensatz eine "natürliche" Kategorisierung der Fälle in Gruppen (Geschlecht, Gesundheitszustand etc.) vor, so kann die Darstellung interessierender Variablen in einem Parallel-Koordinatenplot je nach Gruppe mit unterschiedlichen Farben "typische Verläufe" und gruppenspezifische Ausreißer leicht erkennen lassen. Plottet man z.B. die Subspezies des Iris-Datensatzes mit unterschiedlichen Farben, dann erkennt man die Unterschiede zwischen den Mittelwerten der Subspezies deutlich.

---

[1] Es ist daher wünschenswert, in Parallel-Koordinatenplot zur Identifikation einzelner Beobachtungen oder Gruppen interaktiv Hervorhebungen ("Brushing", vgl. Exkurs 6.9) durchführen zu können.

Abb. 6-34 Parallel-Koordinatenplot, Nieren-Daten, mit Ausreißern

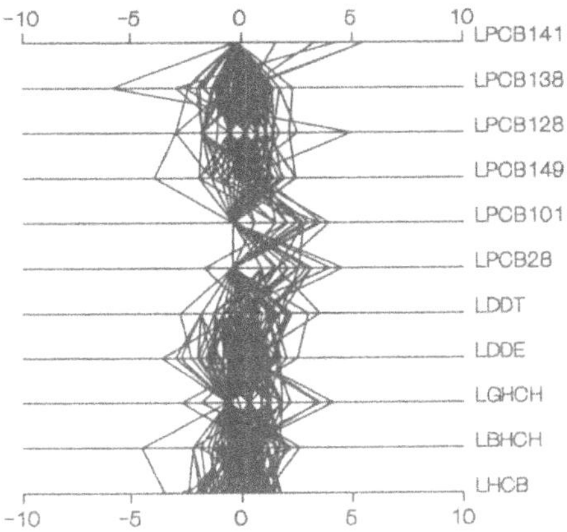

Abb. 6-35 Parallel-Koordinatenplot, Nieren-Daten, ohne Ausreißer

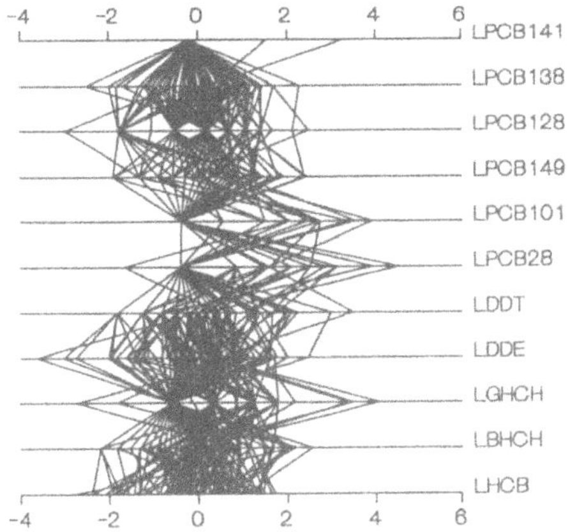

Erfahrungsgemäß sind Parallel-Koordinatenplots bei Fallzahlen bis ca. 150 relativ unproblematisch; bei höheren Fallzahlen werden Standard-Parallel-Koordinatenplots rasch unübersichtlich. Ein Beispiel zeigt die Abbildung 6.28 für n=500: Der Plot ist kaum noch auswertbar. Allerdings bleiben Parallel-Koordinatenplots bei stark ausgeprägten Clustern im Datensatz auch bei höheren Fallzahlen noch überschaubar. MILLER/WEGMAN (1991) schlagen daher für große Fallzahlen die Verwendung nichtparametrischer Dichteschätzer (wie z.B. die "Average Shifted Histograms", vgl. Kap. 2.3.2) vor. Die geschätzte Dichte der Linien wird in Konturplots farblich wiedergegeben. Mit dieser Technik gibt es für die maximal sinnvoll analysierbare Fallzahl bei Parallel-Koordinaten keine Obergrenze mehr[1].

Jenseits sehr kleiner Fallzahlen sind Parallel-Koordinatenplots gewöhnungsbedürftig - dies gilt insbesondere für die Konturplots der Liniendichte. Stärker als bei den meisten anderen Plots ist für eine sinnvolle Analyse Training erforderlich. Damit eignen sich Parallel-Koordinatenplots nicht für die Ergebnisdarstellung. Für eine Datenanalyse hingegen bieten Parallel-Koordinatenplots die einzige Möglichkeit, Rohdaten oder zumindest Häufigkeiten in mehr als drei Dimensionen ohne dimensionsreduzierende Verfahren darzustellen.

[1] Während sich elementare Parallel-Koordinatenplots leicht in den meisten Programmpaketen realisieren lassen (vgl. FRIENDLY 1991:424) gilt dies nicht für Kontur-Dichte-Parallelkoordinatenplots und ähnliche Modifikationen (BOLORFOROUSH/WEGMAN 1988:124-125).

6.9 Exkurs: Hochinteraktive Graphik ("Dynamic Graphics")

Unter "Dynamic Graphics" wird im allgemeinen die Verwendung hochinteraktiver graphischer Techniken in der Datenanalyse verstanden. Diese Techniken erlauben Datenanalytikern die rasche Veränderung von Datenanalyseplots, um z.B. den Effekt von Parameteränderungen, der Eliminierung von Ausreißern oder Modifikationen der Eingabedaten zu untersuchen. Es empfiehlt sich daher eher, von "hochinteraktiver Graphik" als von "Dynamic Graphics" zu sprechen (HUBER 1987:385).

6.9.1 Basistechniken

Zu den Basistechniken hochinteraktiver Graphik gehören neben der Rotation dreidimensionaler Plots (vgl. Kap. 6.3) vor allem die Identifikation und die Löschung sowie das Verbinden von Beobachtungen in verschiedenen Plots (BECKER/CLEVELAND/WILKS 1987).

Die direkteste Art der interaktiven Identifikation von Beobachtungen in Plots ist durch selektives Labeln möglich (z.B. durch Anklicken einer Beobachtung im Plot mit einer Maus wird ein Label für diesen Fall gezeigt). Auf ähnliche Weise lassen sich Subgruppen von Beobachtungen in verschiedenen Plots hervorheben. Diese Techniken zur Identifikation lassen sich natürlich auch zum Löschen der identifizierten Beobachtungen verwenden. So kann der Einfluß dieser Beobachtungen auf ein Modell untersucht werden. Wird eine Analyse nur für die Teilmenge der identifizierten Beobachtungen durchgeführt, spricht man von "slicing" oder "conditioning".

Die Verbindung von Punkten, die zu gleichen Beobachtungen gehören, in verschiedenen Plots wird als "linking" bezeichnet. Die Verwendung derselben Plotsymbole für identische Beobachtungen in verschiedenen Plots ist eine simple Anwendung der Idee des Linking[1].

---

[1] Eine andere Anwendung sind die "M und N-Plots" von DIACONIS/FRIEDMAN (1983), bei denen Objekte in zwei gegenüberliegenden Scatterplots mit geraden Linien verbunden werden. "M und N-Plots" werden schon bei sehr kleinen Fallzahlen rasch unübersichtlich.

Mit "brushing" ist sowohl Labeln und Löschen wie auch eine leistungsfähige dynamische Form des Linking möglich[1]. Ein "brush" ist ein auf dem Bildschirm sichtbares transparentes Rechteck. Die Größe des Rechtecks wird vom Benutzer gewählt. Das Rechteck kann z.B. mit einer Maus über den Bildschirm bewegt werden. Werden auf dem Bildschirm mit verschiedenen Plots dieselben individuellen Beobachtungen dargestellt, dann erscheinen in allen Plots die jeweils innerhalb des Rechtecks befindlichen Beobachtungen optisch hervorgehoben, z.B. durch Helligkeitswechsel ("highlighting"), Farbwechsel oder Labeln. Die Veränderung kann vorübergehend ("transient mode") oder permanent sein. Brushing wird vor allem bei der Analyse von Scatterplot-Matrizen verwendet. Subgruppen oder einzelne Beobachtungen können so rasch auch in einem hochdimensionalen Raum lokalisiert werden. Zum Beispiel kann man sehr schnell Ausreißer auf einzelnen Variablen daraufhin überprüfen, ob sie auch auf anderen Variablen ungewöhnliche Werte besitzen.

6.9.2 Anwendungen

Hochinteraktive Graphik erlaubt eine Reihe weiterer interessanter Anwendungen. Zum Beispiel kann man die graphische Darstellung der Verteilung einer Variablen auf dem Bildschirm dadurch verändern, daß der Exponent einer Powertransformation mit einem ebenfalls auf dem Bildschirm abgebildeten Schieberegler gesteuert wird (TIERNEY 1990:60-62). Auf diese Weise läßt sich eine befriedigende Transformation in der Regel sehr viel rascher finden als durch wiederholtes Testen. Eine andere Möglichkeit ist die entsprechende Modifikation der Bandbreite nichtparametrischer Dichteschätzungen. Das Ausmaß der Veränderung in der Zahl der lokalen Minima bzw. Maxima, der Form der Verteilung usw. kann bei der graphisch-interaktiven Wahl der Bandbreite wesentlich einfacher und rascher abgeschätzt werden als bei einem traditionellen System.

Hochinteraktive Graphik bietet darüber hinaus die Möglichkeit, bestimmte Elemente eines Plots in Abhängigkeit von einer anderen Variablen dynamisch veränderlich darzustellen ("animation"). So kann man z.B. die Farbe, Länge und Winkel der Vektoren eines Arrow-

[1] Zu Brushing vgl. ausführlich BECKER/CLEVELAND/WILKS (1987:361-371) sowie BECKER/CLEVELAND (1987).

Plots durch eine zeitlich veränderliche Variable steuern lassen und den scheinbaren Zeitablauf manuell steuern. Durch Animation werden auch andere Plotformen möglich, so u.a. 2-D- und 3-D-"Snake-Plots", bei denen neue Daten am Kopf einer Zeitreihe eingefügt und am Ende der Zeitreihe gelöscht werden. Die Zeitreihe führt so scheinbare Bewegungen im Raum aus.

Die interessantesten Anwendungen hochinteraktiver Graphik dürften in der algebraischen Verbindung verschiedener Plots bestehen. Veränderungen in einem Plot führen zu Veränderungen in den anderen Plots. Solche verbundenen Plots werden auch als "Spreadplots" bezeichnet[1]. So lassen sich z.B. Effekte einer Datentransformation auf die Residuen eines Models unmittelbar erkennen. Sensitivitätsanalysen für multivariate Modelle bei minimaler Veränderung der Ausgangsdaten können durch Spreadplots wesentlich vereinfacht werden (TIERNEY 1990:306-308).

Algebraisch verbundene Plots lassen sich bei vielen Formen multivariater Analyse verwenden, so z.B. bei der interaktiven Rotation von Hauptkomponenten oder bei der Verhinderung eines lokalen Minimums bei einer multidimensionalen Skalierung durch minimale Bewegung der Objekte im Plot[2].

6.9.3 Anwendungsprobleme

Weder die Probleme der Induktion noch die Prinzipien theoriegeleiteter Wahrnehmung verschwinden durch die Verwendung hochinteraktiver Graphik (vgl. Kap.11). Dies wird von einigen energischen Verfechtern "dynamischer Graphik" häufig übersehen. HUBER (1987: 385) betont, daß vor allem Anfänger von diesen Techniken eher durch ihren Videospiel-Charakter als durch ihren tatsächlichen Nutzen für die Datenanalyse angezogen werden. Für Datenanalysen sind primär andere Techniken als die einfache Rotation oder Brushing interessant. Dies gilt vor allem für bedingte Plots aller Art ("slicing"), für interaktive Parame-

---

[1] vgl. ausführlich YOUNG/FALDOWSKI/HARRIS (1990) sowie YOUNG/FALDOWSKI/McFARLANE (1993:962-975).

[2] Die beiden letzten Beispiele und die dafür von ihnen für Lisp-Stat (TIERNEY 1990) geschriebene Software ("ViSta") diskutieren YOUNG/FALDOWSKI/McFARLANE (1993: 977-991).

teränderungen, simultane Darstellungen des gleichen Modells mit verschiedenen randomisierten Datensätzen ("view sharing", BUJA u.a. 1988:295), schnelle Abfolge der Darstellung des gleichen Plots in verschiedenen Subgruppen ("Alternagraphics") usw. Der tatsächlich nützliche Einsatzbereich hochinteraktiver Techniken in der Datenanalyse scheint kleiner zu sein, als es die übliche Anfangsbegeisterung vermuten läßt[1].

Der Einsatz hochinteraktiver Graphik setzt darüber hinaus leistungsfähige Hardware und Software voraus. Die Entwicklung dieser Techniken fand überwiegend an den Bell-Laboratorien statt, wobei sehr ungewöhnliche Hardware verwendet wurde. Dadurch blieben diese Techniken normalen Anwendern lange unzugänglich[2]. Mittlerweile reicht die Rechnerleistung und das graphische Auflösungsvermögen moderner PCs aber für fast alle Techniken aus. Allerdings gibt es einen Mangel an tatsächlich verfügbarer Software. Keines der großen Standardpakete verfügt über Techniken hochinteraktiver Graphik jenseits der relativ unwichtigen 3-D-Rotation. Einige wenige Programme besitzen Scatterplot-Brushing oder interaktive Outlier-Identifikation. Möglichkeiten wie "slicing" oder "linked plots" sind für Datenanalytiker, die nicht selbst programmieren, derzeit nicht zugänglich[3].

[1] Eine Diskussion über den Nutzen und die Grenzen "dynamischer Graphik" anhand eines speziellen Gebietes (Regressionsdiagnostik) findet sich bei COOK/WEISBERG(1989).

[2] WAINER (1987:388) faßte das dahingehend zusammen, daß man einen BLNFY-87 ("Bell Labs Not for You") mit RB-1 ("one Rick Becker") benötige.

[3] So liegen z.B. die von COOK/WEISBERG (1989) verwendeten Techniken zum größten Teil nur als Lisp-Stat-Programme (TIERNEY 1990) vor.

6.10 Kognitionspsychologische Grenzen der Plots mehrdimensionaler Daten

Die in diesem Kapitel dargestellten Techniken stellen eine bewußte Auswahl aus den vorhandenen Methoden dar. Es gibt eine ganze Reihe weiterer nicht-dimensionsreduzierender Verfahren zur Darstellung multivariater Daten. Die meisten dieser Techniken scheitern jedoch daran, daß das zu lösende Problem verkannt wird: Das zentrale Problem der Darstellung multivariater Daten besteht nicht darin, möglichst viele Variablen "irgendwie" simultan darzustellen, sondern eine Darstellung zu finden, die kognitiv verarbeitbar bleibt. Es handelt sich also nicht um ein mathematisches oder technisches Problem, sondern um das der begrenzten Möglichkeiten menschlicher Kognition. Das Kurzzeitgedächtnis setzt hier sehr enge Grenzen. HUBER (1983:451) hat das Schicksal der exotischeren Techniken schon früh beschrieben: "In general, it was our experience that only simple-minded approaches will be used, and be interpretable, by anyone other than the inventor of the method". Im wesentlichen bedeutet dies für nicht-dimensionsreduzierende Verfahren die Beschränkung auf die visuelle Darstellung sehr weniger Variablen in einem letztlich zweidimensionalen Raum[1].

Die angesprochenen kognitiven Grenzen lassen es unwahrscheinlich erscheinen, daß man einer einfallsreichen graphischen Darstellung hochdimensionaler Daten auch tatsächlich komplexe Zusammenhänge entnehmen kann: "It is difficult to imagine, for example, that we could find true 7-D features in data by purely graphical means without the guidance of a mathematical model" (SCOTT 1992:302). Dies führt zur Notwendigkeit der Anwendung dimensionsreduzierender multivariater Verfahren. Die daraus resultierenden Plots sind Gegenstand des folgenden Kapitels.

[1] Versuche zur Ausdehnung auf andere Darstellungsformen (z.B. akustische) sollten daher sehr zurückhaltend aufgenommen werden: "It is important to avoid gimmicks" (HUBER 1987:385).

7 Plots dimensionsreduzierender Verfahren

"Problems we don't understand, we call multivariate" (John W. Tukey)

Eine explizit theoriegeleitete Forschung erlaubt in der Regel die Untersuchung nur weniger (häufig aufwendig gemessener) Variablen, für deren Zusammenhang ein detailliertes theoretisches Modell existiert. Liegt ein solches Modell nicht vor, so bestehen Datensätze in dem jeweiligen Forschungsgebiet häufig aus Hunderten von Variablen, die meist ad-hoc erhoben wurden. Um solche Datensätze analysieren zu können, wird zumeist eine Reduktion der Zahl der zu berücksichtigenden Variablen angestrebt. Dies geschieht mit dimensionsreduzierenden Verfahren wie z.B. der Faktorenanalyse, der Hauptkomponentenanalyse, der multidimensionalen Skalierung (vgl. Kap. 10.6.3) oder der Korrespondenzanalyse. Diese Verfahren führen u.a. zu Plots, die eine inhaltliche Interpretation erlauben sollen. Einige Verfahren sollen kurz dargestellt werden. Die meisten dimensionreduzierenden Verfahren sind Spezialfälle der Hauptkomponentenanalyse, die daher etwas ausführlicher dargestellt werden soll[1].

7.1 Plots in der Hauptkomponentenanalyse

Eine Hauptkomponentenanalyse ("Principal Component Analysis": PCA) besteht aus einer linearen Transformation von p gemeinsam beobachteten Variablen in p unkorrelierte Variablen, den Hauptkomponenten. Eine vollständige Hauptkomponentenanalyse führt also zu genauso vielen Hauptkomponenten wie Variablen in der Ausgangsmatrix vorhanden waren; die Hauptkomponenten korrelieren jedoch nicht mehr miteinander. Sie bilden folglich senkrecht zueinander stehende Achsen in einem p-dimensionalen Raum[2]. Die Hauptkomponenten werden durch die Forderung, daß die ihnen entsprechenden Achsen senkrecht zueinander stehen sollen, noch nicht eindeutig festgelegt. Dies wird aber durch eine zweite Forderung erreicht: Die erste Hauptkomponente soll das Maximum an gemeinsamer Varianz aller Variablen wiedergeben, die zweite Hauptkomponente das Maximum der verbleibenden Varianz usw.

---

[1] Eine exzellente Einführung in die Hauptkomponentenanalyse gibt DUNTEMAN (1989). Das derzeitige Standardwerk, das auch viele Sonderformen behandelt, ist das Buch von JOLLIFE (1986). Eine ausführliche anwendungsorientierte Darstellung findet man bei JACKSON (1991).

[2] Eine ausführliche geometrische Interpretation der PCA findet sich bei DILLON/GOLDSTEIN (1984:39-42) und KRZANOWSKI (1990:50-67).

Diese Forderungen reichen aus, um eine eindeutige Berechnung der Hauptkomponenten herzuleiten[1].

7.1.1 Berechnung von Hauptkomponenten

Die Hauptkomponenten sind Linearkombinationen der p Ausgangsvariablen x_1, $x_2 ... x_p$: Sie sind die Summe der mit den jeweiligen Gewichten a_1, $a_2 ... a_p$ multiplizierten Ausgangsvariablen. Für die erste Hauptkomponente gilt z.B. $PC_1 = a_1x_1+a_2x_2+...+a_px_p$. Da es p Hauptkomponenten gibt, existiert für jede der p Hauptkomponenten jeweils ein Vektor mit je einem Gewicht für jede der p Variablen. Die aus diesen Vektoren bestehende Matrix von Gewichtungsfaktoren wird meist als "Factor Score Coefficient Matrix" bezeichnet. Das Problem der Berechnung einer Hauptkomponentenanalyse liegt in der Bestimmung der Koeffizienten dieser Matrix, also der Gewichte. Aus den oben angeführten Forderungen zusammen mit der Zusatzbedingung, daß die Summe aller quadrierten Gewichte a_i^2 für $i=1,2,...,p$ gleich 1 sein muß, lassen sich diese Gewichte eindeutig bestimmen.

Die manuelle Berechnung einer Hauptkomponentenanalyse ist mühselig[2]. Die meisten modernen Computerprogramme berechnen eine Hauptkomponentenanalyse mithilfe einer "Singular-Value-Decomposition" (SVD) der Korrelationsmatrix der p Variablen. Die SVD zerlegt die Korrelationsmatrix **R** der Datenmatrix **X** in drei Matrizen: **R=ULU'**, wobei **U** die Eigenvektoren sind und **L** die Diagonalmatrix der Eigenwerte ist[3].

---

[1] Eine Herleitung der Berechnungsgleichungen der PCA aus den genannten Forderungen (und einer Zusatzbedingung, siehe unten) findet sich u.a. bei JOLLIFFE (1986:1-5;9-11).

[2] Die notwendige Berechnung der Eigenwerte geschieht in der Regel mit der sogenannten "Power-Methode"; ein ausführliches Beispiel gibt TATSOUKA (1971).

[3] Die "Singular Value Decomposition" (SVD) wird von vielen Programmen zur Berechnung der Eigenwerte verwendet: Bei symmetrischen Matrizen sind die Eigenwerte gleich den "Singular Values"; die SVD läßt sich aber auch auf nichtsymmetrische Matrizen anwenden. Eine verständliche Einführung in die SVD findet sich bei SIXTL (1982:355-366). Die tatsächliche Berechnung einer SVD ist manuell kaum zu leisten; entsprechende FORTRAN-Programme finden sich in den Programmsammlungen LINPACK (DONGARRA u.a. 1979) und EISPACK (SMITH u.a. 1976). Eine Variante in C und Pascal sowie FORTRAN findet sich in der entsprechenden Ausgabe von PRESS u.a. (1989: 61-84).

Die Eigenvektoren **U** sind die Gewichte[1]. Aus der standardisierten Datenmatrix **Z** lassen sich die Hauptkomponenten berechnen: **PC=ZU**. Für die Interpretation sind häufig die Korrelationen der Ausgangsvariablen mit den Hauptkomponenten von Interesse. Diese Korrelationen werden als "Ladungen" bezeichnet[2]. Die Ladungsmatrix ergibt sich als $\mathbf{C}=\mathbf{UL}^{1/2}$. Zwar ist die Berechnung einer PCA mit jedem Standardstatistikprogramm möglich, für die Verwendung einer PCA als Basis für viele multivariate Plots (z.B. in der Clusteranalyse, vgl. Kap. 10) ist eine Programmierung aber häufig unumgänglich[3].

7.1.2 Bestimmung der Zahl der Hauptkomponenten

Bei den meisten Anwendungen der PCA werden nicht alle p Hauptkomponenten verwendet, sondern man beschränkt sich auf die ersten Hauptkomponenten, da diese über ihre Konstruktion die größte gemeinsame Varianz aller Variablen wiedergeben. Damit stellt sich die Frage, wieviele Hauptkomponenten für eine Analyse verwendet werden sollen[4]. Bei der Entscheidung für die Zahl der Hauptkomponenten ist ein "Scree-Test" ("Scree"=Geröll) hilfreich.

---

[1] Dies gilt dann, wenn die Hauptkomponenten so skaliert werden, daß ihre Varianz den zugehörigen Eigenwerten entspricht (z.B. Default in SAS). Andere Programme (z.B. SYSTAT und SPSS) standardisieren die Hauptkomponenten (Mittelwert 0, Varianz 1). Zu diesen unterschiedlichen Skalierungen vgl. JACKSON (1991:16-18).

[2] In SPSS wird die Matrix dieser Ladungen als "factor matrix" und in SYSTAT als Matrix der "Component Loadings" bezeichnet.

[3] Mit einem Matrix-Paket wie z.B. SAS-IML oder GAUSS lassen sich diese Gleichungen fast unmittelbar als Programm verwenden. In GAUSS sieht eine vollständige PCA in der obigen Notation so aus: "r=corrx(data); {u,l,v}=svd1(r); c=u*sqrt(l); z=(data-meanc(data)')./stdc(data)'; pc=z*u;". Ein entsprechendes FORTRAN-Programm findet sich bei COOLEY/LOHNES (1971).

[4] Die gleiche Frage stellt sich in der Faktorenanalyse. In der Faktorenanalyse wird oft das "Kaiser-Kriterium" für die Zahl zu extrahierender Faktoren verwendet: Die zugehörigen Eigenwerte sollen größer als 1 sein. Bei einer PCA führt dies häufig zu einer Unterschätzung der Zahl der benötigten Hauptkomponenten. Simulationsstudien legen für PCAs einen Mindesteigenwert um 0.7 nahe (vgl. JOLLIFE 1986:95).

Abb. 7-1 Scree-Plot

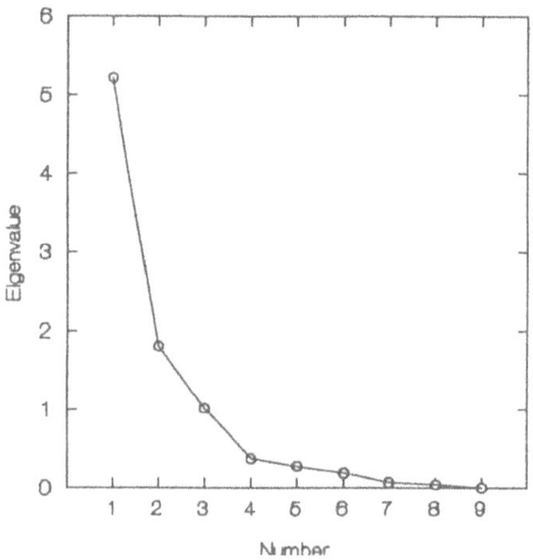

Abb. 7-2 PCA-Ladungsplot

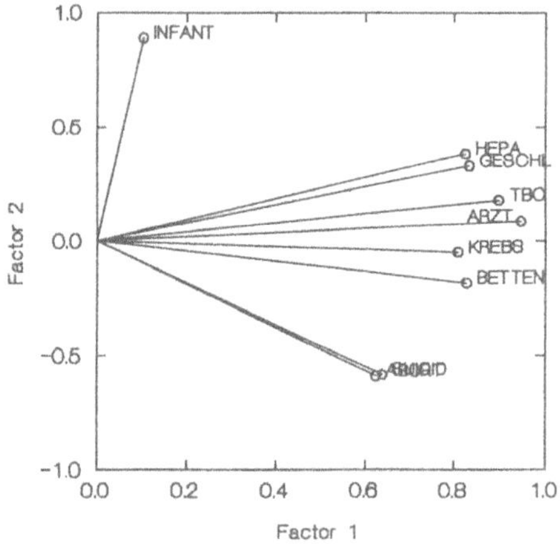

In diesem Plot wird die Nummer der Hauptkomponente gegen den zugehörigen Eigenwert geplottet (vgl. Abb. 7.1). In vielen Fällen zeigt sich im Scree-Plot ab einem Punkt eine deutliche Veränderung der Steigung der Verbindungslinie; jenseits dieses Punktes verläuft diese Linie gerade nach rechts aus (nicht notwendigerweise horizontal). Der Name "Scree-Test" beruht auf der Vorstellung, daß Geröll unterhalb einer Steilstufe in ähnlicher Form liegenbleibt (CATTEL 1966). Leider ist der Scree-Test nicht immer eindeutig zu interpretieren[1]. Der Plot des Beispiels würde zwei oder vier Dimensionen nahelegen.

Verwendet man weniger als p Hauptkomponenten, ergibt sich die Frage, wieviel Information verlorengeht. Geht man bei der Berechnung der Hauptkomponenten nicht von der Korrelationsmatrix, sondern von der Kovarianz-Matrix aus, dann ist die gesamte Varianz die Summe der Varianzen der einzelnen Variablen, also die Summe der Hauptdiagonalelemente. Diese Summe ist gleich der Summe der Eigenwerte l_i der Matrix. Da die gesamte Varianz bei der PCA erhalten bleibt, kann die durch eine Achse "erklärte" Varianz als der Anteil der Varianz dieser Achse an der Gesamtvarianz betrachtet werden. Der Anteil der erklärten Varianz einer PCA mit d Achsen ergibt sich dann als

[1] HORN (1965) schlug daher die Verwendung der Eigenwerte simulierter Datensätze mit unkorrelierten Variablen als Referenzgröße vor. In den Screeplot wird zusätzlich eine Gerade geplottet, die die durchschnittliche Verteilung der Eigenwerte in den simulierten Datensätzen wiedergibt. Es wird diejenige Zahl der Hauptkomponenten gewählt, bei der sich die beiden Linien schneiden ("Horns Kriterium").

$$P_d = \frac{S_d^2}{S_p^2} = \sum_{i=1}^{r} l_i \, / \sum_{i=1}^{p} l_i$$

Für Datenanalysen empfiehlt KRZANOWSKI (1990:67) eine Wahl von d, bei der die resultierenden P_d-Werte mindestens über 0.75, besser über 0.8 oder gar 0.85 liegen. In der Praxis werden Hauptkomponenten häufig als Achsen für Plots verwendet; da man dann mit zwei oder maximal drei Dimensionen auskommen muß, liegen bei Plots die P_d-Werte häufig deutlich unter den angegebenen Grenzen.

7.1.3 PCA als Projektionstechnik

Zwei verschiedene Plots im Rahmen einer PCA sind von großem allgemeinen Interesse: Der Plot der Variablenladungen und der Plot der Hauptkomponenten.

Ein Plot der Korrelationen der Ausgangsvariablen mit den Hauptkomponenten wird als "PCA-Ladungsplot" bezeichnet. Werden z.B. nur die beiden ersten Hauptkomponenten verwendet, so geben die Ladungen der Variablen auf die beiden ersten Hauptkomponenten die Plotkoordinaten in einem Scatterplot an. Der Plot enthält für jede Variable ein Plotsymbol. Die Abbildung 7.3 zeigt einen PCA-Ladungsplot für den Bundesländerdatensatz. Im Plot nahe zusammenliegende Variablen besitzen ähnliche Ladungsmuster. Der Plot zeigt z.B. für die Variablen ABORT und SUICID zwei sich fast überdeckende Symbole: Die Ladungsmuster (die Korrelationen dieser Variablen mit den Hauptkomponenten) sind fast identisch. Variablen, die sehr nahe am oberen Ende einer Achse liegen, laden hoch auf der entsprechenden Hauptkomponente und können daher für inhaltliche Interpretationen herangezogen werden. Im Plot des Beispiels wird die zweite Achse offensichtlich durch INFANT gebildet.
Der Ladungsplot erlaubt darüber hinaus weitere Interpretationen. Die Summe der quadrierten Ladungen einer Variablen auf die Hauptkomponenten gibt an, inwieweit die Variable durch die Hauptkomponenten "erklärt" werden kann[1].

---

[1] In der Faktorenanalyse wird dies als "Kommunalität" (h^2) einer Variablen bezeichnet.

Abb. 7-3 PCA-Ladungsplot

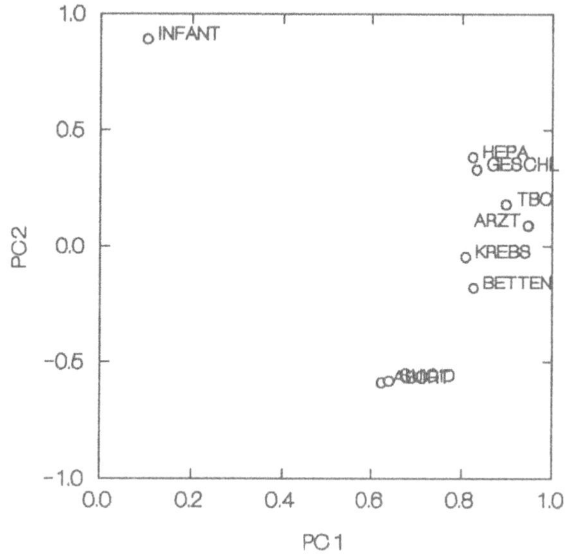

Im PCA-Ladungsplot entspricht das Quadrat der Länge des Vektors vom Ursprung zur Plotposition der Summe der quadrierten Ladungen dieser Variablen (der "Kommunalität"). Folglich liegen Variablen, die nicht durch die anderen Variablen linear erklärt werden können, im Ladungsplot nahe am Ursprung des Koordinatensystems[1].

Zeichnet man in den Ladungsplot die Vektoren vom Ursprung zu den Plotpositionen der Variablen ein, dann sind die Winkel zwischen diesen Vektoren interpretierbar (vgl. Abb. 7.2). Der Kosinus eines eingeschlossenen Winkels zwischen zwei Vektoren vom Ursprung zur Plotposition jeweils einer Variablen approximiert die Korrelation der beiden Variablen: je

---

[1] TABACHNIK/FIDELL (1989:637-638) geben für Faktorenanalysen als Interpretationshilfe des Ladungsplots folgende Regeln:

- alle Variablen sollten auf einer Achse des Plots hohe Werte und auf allen anderen Achsen niedrige Werte zeigen
- bilden die Variablen Cluster an den Enden der Achsen im Plot, so ist dies ein Hinweis auf eine einfache Faktorenstruktur
- Cluster von Variablen zwischen zwei Achsen sind ein Hinweis auf weitere Faktoren
- bilden Hilfslinien vom Ursprung zu den Variablenclustern keine rechten Winkel, so ist möglicherweise eine oblique Rotation der Achsen angeraten
- sind die Variablen gleichmäßig im Plot verteilt, so eignen sie sich vermutlich nicht für eine Faktorenanalyse

kleiner der eingeschlossene Winkel, desto größer die Korrelation der beiden Variablen[1]. Die Abbildung 7.2 zeigt deutlich drei Bündel von Variablen, die jeweils stark untereinander korrelieren bzw. nur aus einer Variablen bestehen.

Wichtiger als der Ladungsplot für die Anwendung der PCA als Ausgangsbasis für andere multivariate Techniken ist der Plot der Hauptkomponenten. Hauptkomponentenplots ("Component-Score-Plots") plotten die Objekte, an denen die Ursprungsvariablen erhoben wurden, in den Raum, der durch die Hauptkomponenten aufgespannt wird. Werden z.B. zwei Hauptkomponenten verwendet, so wird ein Scatterplot der beiden Hauptkomponenten erstellt. Damit bietet die PCA eine einfache Möglichkeit, die Objekte eines mehrdimensionalen Raums auf einen zweidimensionalen Raum abzubilden. Die PCA findet dabei diejenige Projektion, die die meiste Varianz erklärt. Für eine sinnvolle Interpretation solcher Plots empfiehlt sich die Verwendung von Objektlabeln oder Klassifikationssymbolen im Plot. Die Abbildung 7.4 zeigt den Hauptkomponentenplot des Bundesländerbeispiels. Der Plot zeigt deutlich zwei Cluster von Objekten: Die Stadtstaaten einerseits, alle anderen Bundesländer andererseits.

Nahe beieinander liegende Punkte besitzen ähnliche Ausprägungen auf allen Variablen: Die Distanzen der Objekte im Plot approximieren die euklidische Distanz der Objekte im Raum der Ausgangsvariablen. Hauptkomponentenplots eignen sich daher vor allem zur Identifikation homogener Cluster und Ausreißer[2].

---

[1] Nur falls zwei Dimensionen für eine fehlerfreie Darstellung ausreichen, ist die beobachtete Korrelation r_{jk} gleich der im Plot dargestellten reproduzierten Korrelation

$$r'_{jk} = h_j h_k \cos(\alpha_{jk})$$

wobei j und k die Variablen indizieren, h die Kommunalität und α den eingeschlossenen Winkel darstellt. Eine ausführliche Darstellung der geometrischen Interpretation findet man bei HARMAN (1960:44-68), vor allem in seiner Tabelle 4.1 (S.67).

[2] Während für die Identifikation von multivariaten Ausreißern ein Plot der ersten Hauptkomponenten hilfreich ist, schlägt GNANADESIKAN (1977:261) für einen anderen Typ von Ausreißern vor allem einen Plot der **letzten** Hauptkomponenten vor. Objekte, die in solchen Plots weit vom Ursprung entfernt liegen sind potentielle Ausreißer.

Abb. 7-4 Plot der Objekte in die Ebene der ersten beiden Hauptkomponenten (2D-Component Score Plot)

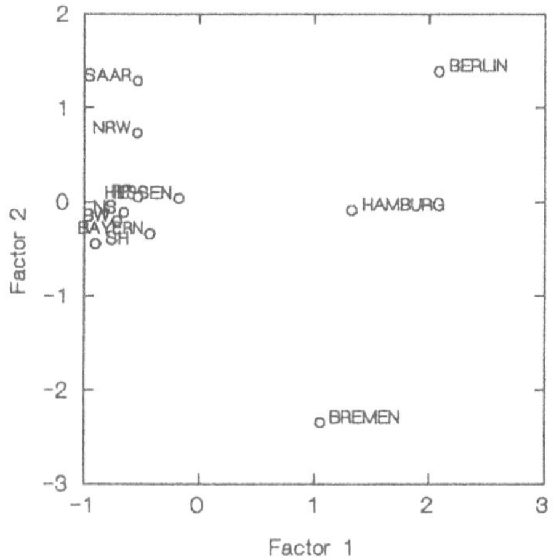

Abb. 7-5 Plot der Objekte in den Raum der ersten drei Hauptkomponenten (3-D-Component Score Plot)

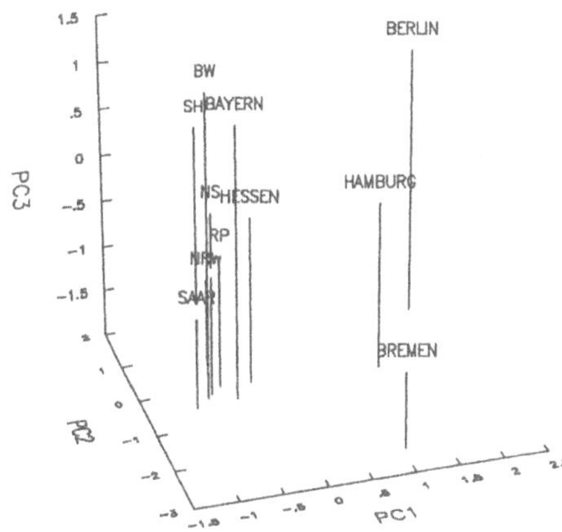

Erklären die beiden ersten Achsen einer PCA nur wenig Varianz, erbringt ein 3-D-Scatterplot der ersten drei Hauptkomponenten meist eine deutliche Verbesserung. Besonders nützlich ist ein solcher Plot dann, wenn die Punkte im Plot mit unterschiedlichen Farben, Symbolen oder Symbolgrößen in Abhängigkeit von einer interessierenden Variablen oder weiteren Hauptkomponentenscores versehen werden können. Die notwendigerweise zweidimensionale Darstellung eines dreidimensionalen Plots führt zu Wahrnehmungstäuschungen, da solche Plots keine Tiefeninformationen wiedergeben. Ein einfaches Hilfsmittel bei kleinen Fallzahlen sind "Spikes" (vgl. Kap. 6.3). Einen Spike-Plot der ersten drei Hauptkomponenten zeigt die Abbildung 7.5.

Für die praktische Arbeit mit größeren Fallzahlen eignen sich Spike-Plots nicht mehr. In solchen Situationen ist die Möglichkeit einer interaktiven Rotation des dreidimensionalen Scatterplots auf dem Bildschirm von großem Nutzen. Bei der Durchführung der Rotation gerät jedoch die unterschiedliche Varianzaufklärung der Achsen leicht in Vergessenheit, was zu Fehlinterpretationen führen kann.

Während Ladungsplots die Erkennung von Variablengruppen erlauben, sind Hauptkomponentenplots vor allem bei der Suche nach Objektclustern und bei der Ausreißeridentifikation nützlich[1]. Weiterhin ist es möglich, Variablen und Objekte in einem gemeinsamen Plot darzustellen: dem "Biplot" (vgl. Kap. 7.2). Dem Biplot sind über die Informationen, die bereits in den getrennten Plots zu finden sind, weitere Hinweise über die Struktur der Daten zu entnehmen.

[1] Beide PCA-Plots sind mit etwas Mühe mit jedem Standardprogramm zu erstellen. In vielen Programmen sind Ladungsplots (ohne Vektoren) direkt verfügbar; hingegen müssen für einen Plot der Hauptkomponenten in fast allen Programmen die Ergebnisse einer PCA gespeichert und die Hauptkomponenten dann mit einer Scatterplotroutine geplottet werden.

7.1.4 Exkurs: Plots in der Faktorenanalyse

Die bislang erörterten Plots in der PCA finden auch in den verschiedenen Varianten der Faktorenanalyse Verwendung[1]. Daneben können Plots bei der Vorbereitung einer Faktorenanalyse und bei der Residuenanalyse hilfreich sein.

7.1.4.1 Graphische Darstellung von Korrelationsmatrizen: RZ-Plots

Eine Faktorenanalyse für eine gegebene Menge von Variablen ist nur dann sinnvoll, wenn die Höhe der Korrelationskoeffizienten größer ist als durch Zufall bei unkorrelierten Variablen zu erwarten wäre. Sind die Variablen unkorreliert, existieren keine gemeinsamen Faktoren; die Faktorenanalyse ist dann unangebracht. Bei der Klärung dieser "factorability" einer Korrelationsmatrix ist eine graphische Darstellung der Korrelationsmatrix nützlich.
HILLS (1969) schlug vor, die p*(p-1)/2 Korrelationskoeffizienten einer p*p Korrelationsmatrix mit der Fisher-Z-Transformation

$$z=\frac{1}{2}\ln\left(\frac{1+r}{1-r}\right)$$

in eine normalverteilte Variable zu transformieren und die absoluten Werte dieser Variablen gegen eine Normalverteilung mit dem Mittelwert 0 und der Varianz $1/\sqrt{(n-3)}$ zu plotten. Es handelt sich also um einen Half-Normal-Probability-Plot (vgl. Kap. 4.1.3.2) der absoluten z-transformierten Korrelationskoeffizienten. Wären die Korrelationskoeffizienten der Matrix (mit Ausnahme der Hauptdiagonalen) in der Population gleich null, so müßte der Plot eine durch den Ursprung gehende Gerade mit der Steigung $1/\sqrt{(n-3)}$ ergeben. Weichen die Korrelationen deutlich von dieser Linie ab, so handelt es sich um "signifikante" Korrelationen[2].

---

[1] Obwohl sie häufig miteinander verwechselt werden, bestehen zwischen Faktorenanalysen und PCAs fundamentale Unterschiede; vor allem basieren PCAs im Gegensatz zu Faktorenanalysen nicht auf einem Modell (vgl. JOLLIFE 1986:122-124, DUNTEMAN 1989:55-60).

[2] Natürlich sind die "Tests" nicht unabhängig voneinander; die Methode ist in keiner Weise "exakt", sondern "graphisch" (HILLS 1969:252). Die Abhängigkeit der Tests gefährdet jedoch den Plot als Explorationsmethode in keiner Weise.

Abb. 7-6 RZ-Plot, n=131, mittlere Korrelation 0.13, p=16

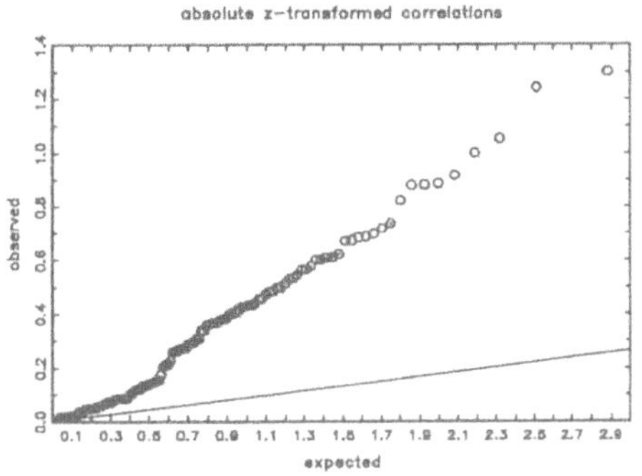

Abb. 7-7 RZ-Plot, n=100, mittlere Korrelation 0.2, p=10

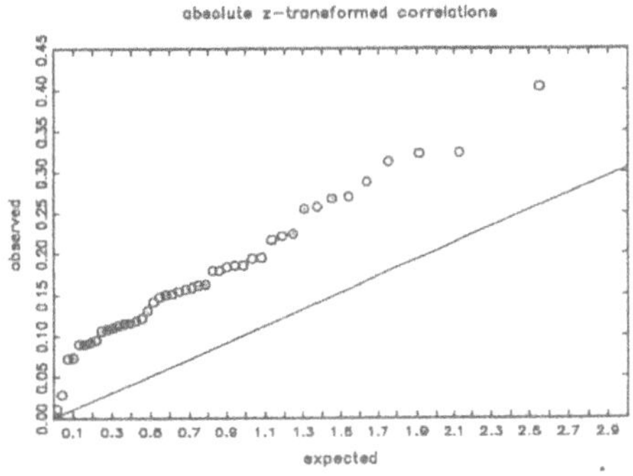

Der Plot beantwortet die gleiche Frage wie der Bartlett "test of sphericity"[1]: Geben die Korrelationen in der Matrix mehr als Zufallsschwankungen wieder? Meist wird von einer Faktorenanalyse abgeraten, wenn die Prüfgröße des Bartlett-Tests nicht signifikant ist (z.B. DILLON/GOLDSTEIN 1984:44-47). Dieser Test wird allerdings bei größeren Fallzahlen fast immer signifikant. Datenanalytiker empfehlen daher den Test nicht (TABACHNICK/FIDELL 1989:604). Der Plot stellt eine Alternative zu diesem Signifikanztest dar.

Die Abbildung 7.6 zeigt einen solchen "RZ-Plot". Die empirischen Daten (16 verschiedene Schadstoffbelastungen im Gewebe bei 131 Patienten) zeigen eine deutliche Abweichung von der Hilfslinie (Steigung: 0.09); ein großer Teil der Korrelationen zwischen den Variablen ist signifikant von null verschieden. Ein Blick auf die Skalierung der Y-Achse zeigt beobachtete Korrelationen bis z=1.3 (entspricht ca. r=0.86).

Die Abbildung 7.7 zeigt die Interkorrelationen von 10 Variablen bei einer (homogenen) mittleren Interkorrelation von 0.2 bei 100 Fällen (multivariatnormal verteilt, simulierte Daten). Auch hier liegen die Korrelationen höher, als es bei Annahme der Nullkorrelation in der Population zu erwarten wäre (Steigung der Hilfsgeraden: 0.1). Wie die Werte der Y-Achse zeigen (max. z=0.43 ≈ r=0.4), liegen die Korrelationen um den hier bekannten Populationswert (.2) herum.

---

[1] Der Bartlett-Test führt zu einer χ^2-verteilten Prüfgröße mit p(p-1)/2 Freiheitsgraden:

$$\chi^2 = -(n-1-(2p+5)/6)\ln|\boldsymbol{R}|$$

wobei p die Zahl der Variablen, n die Zahl der Fälle und **R** die Korrelationsmatrix ist.

Abb. 7-8 RZ-Plot, n=100, mittlere Korrelation 0.9, p=10

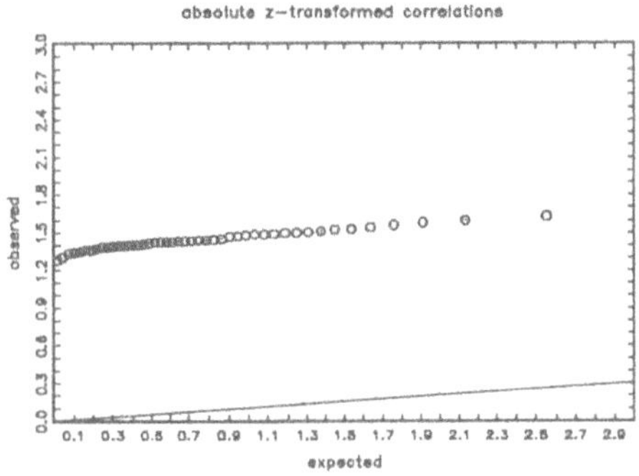

Abb. 7-9 RZ-Plot, n=100, mittlere Korrelation 0.0, p=10

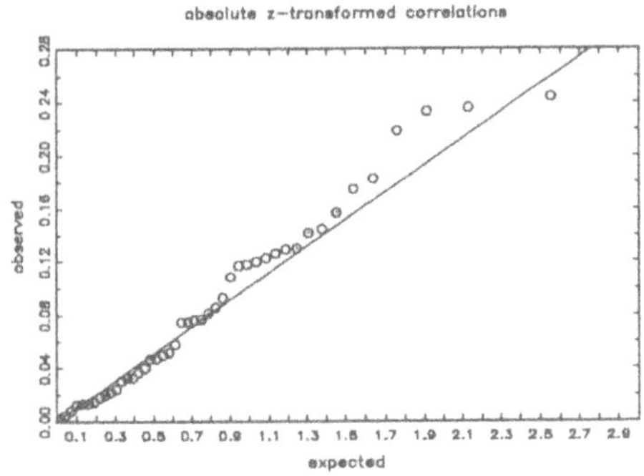

Die Interpretation des RZ-Plots basiert nicht auf der Linearität der Verbindungslinie zwischen den Korrelationskoeffizienten, sondern lediglich auf deren Abweichung von der Hilfslinie. Da die Steigung der Verbindungslinie im Plot von der Skalierung der Achsen abhängt, müssen entweder die Achsenskalierungen fixiert oder die Hilfslinie eingezeichnet werden. Der Plot ohne Hilfslinie kann irreführend sein[1].

Eine Fehlinterpretation des Plots besteht darin, in einer linearen Beziehung zwischen beobachteten und erwarteten Korrelationen die Abwesenheit "signifikanter" Korrelationen zu vermuten[2]. Dies ist falsch. Sind alle Korrelationskoeffizienten fast gleich groß und ist deren absolute Höhe ebenfalls groß, dann liegen die Korrelationskoeffizienten auf einer Geraden, die sehr weit von der Hilfslinie entfernt liegt. Dies zeigt z.B. die Abbildung 7.8. Die homogene mittlere Interkorrelation (multivariatnormal, simulierte Daten) erzeugt eine absolut lineare Beziehung; alle Korrelationskoeffizienten sind auf jedem üblichen Signifikanzniveau "signifikant". Die Abwesenheit signifikanter Korrelationen zeigt sich in der Nähe der Korrelationskoeffizienten zur Hilfslinie. Dies zeigt die Abbildung 7.9. Die Koeffizienten liegen ausnahmslos nahe der Hilfslinie; keiner der Korrelationskoeffizienten ist signifikant.

---

[1] Dabei ist zu beachten, daß bei großen Fallzahlen die Hilfslinie sehr flach verläuft. Sind die Korrelationskoeffizienten groß und verwendet man eine Plotroutine mit automatischer Skalierung der Y-Achse, so kann es dazu kommen, daß die Hilfslinie außerhalb des Wertebereichs des Plots liegt. In diesen Fällen sind alle Korrelationskoeffizienten "signifikant".

[2] So heißt es z.B. im SPSS-X-Manual (1986:507) fälschlich: "A straight line indicates that no significant correlations exist among the dependent variables."

RZ-Plots eignen sich als Hilfsmittel bei der Analyse großer Korrelationsmatrizen. Sie geben einen schnellen Überblick, ob die Daten (zumindest in Hinsicht auf einfache lineare Beziehungen) mehr enthalten als nur "Fehlerrauschen": Weichen die Korrelationen nicht von der Hilfslinie ab, so ist die Faktorenanalyse unangebracht[1].

7.1.4.2 Residuenanalyse

Faktorenanalysen konzentrieren sich meist auf die Korrelations- bzw. Kovarianzmatrix. Sobald diese verfügbar ist, wird den zugrundeliegenden Beobachtungen kaum noch Beachtung geschenkt. Der Begriff "Residuum" in der Faktorenanalyse wird daher in der Regel auf die Differenz zwischen beobachteten und modellimplizierten Korrelationen bezogen (BOLLEN/ARMINGER 1991:236). Für diese Art von Residuen werden von vielen Programmen u.a. graphische Darstellungen der Verteilung (Histogramme etc.) erstellt. Dies sind univariate Plots, die lediglich die Beurteilung der Größe der Residuen erlauben sollen und keinerlei Interpretationsprobleme aufwerfen.

Interessanter ist ein anderer Typ von Residuen in der Faktorenanalyse. BOLLEN/ARMINGER schlagen eine Berechnung von Faktorenanalyse-Residuen für Einzelbeobachtungen auf der Basis des jeweiligen Modells vor. Für jede beobachtete Variable ergibt sich so eine Residuumsvariable[2]. Diese Variablen werden - ähnlich wie in der Regressionsdiagnostik (Kap. 8) - mit den elementaren Plots (Boxplots, Index-Plots, Scatterplots) dargestellt und entsprechend interpretiert. Da aber Residuen für jede einzelne Variable des Modells berechnet werden, werden auch im Rahmen der Residuendiagnostik multivariate graphische Verfahren wie z.B. Scatterplotmatrizen oder Biplots der Residuenvariablen (vgl. Kap. 7.2) notwendig. Allerdings hat der Vorschlag von BOLLEN/ARMINGER bisher kaum Beachtung gefunden. Weder existiert Standardsoftware noch liegen bislang empirische Anwendungsbeispiele vor.

---

[1] Ähnliches gilt für die multivariate Varianzanalyse: Sind die abhängigen Variablen unkorreliert, so ist die Durchführung einer MANOVA unnötig. Der Bartlett-Test und der RZ-Plot sind z.B. in SPSS-MANOVA (Subkommando: PLOT=ZCORR) implementiert; der SPSS-Plot besitzt gegenüber dem Original vertauschte Achsen und enthält keine Hilfslinie.

[2] Die Darstellung der vergleichsweise aufwendigen Berechnung würde den Rahmen dieses Kapitels sprengen. Ein entsprechender SAS-IML-Macro stammt von DAVIS (1992).

7.2 Biplots

Ein Biplot ist eine graphische Darstellung einer Datenmatrix, bei der sowohl die Zeilen ("Fälle") als auch die Spalten ("Variablen") in einem gemeinsamen Plot dargestellt werden[1]. Im Plot werden Beobachtungen durch Punkte, Variablen durch Linien vom Ursprung des Plots wiedergegeben[2]. Ein Beispiel für einen Biplot zeigt die Abbildung 7.10.

7.2.1 Berechnung des Biplots

Die Berechnung eines Biplots besteht im wesentlichen aus einer Hauptkomponentenanalyse. Die PCA wird dabei mit der zentrierten Datenmatrix gerechnet: die Mittelwerte der Variablen werden also von den Daten subtrahiert. Diese n*p-Matrix **Y** wird mithilfe einer "singular value decomposition" (SVD) zerlegt:

$$Y=ULV'$$

wobei **L** eine p*p-Diagonalmatrix mit den "Singular Values", **U** eine n*p-Matrix und **V** eine p*p Matrix darstellt. Es werden im allgemeinen drei Typen von Biplots unterschieden: GH-Biplots, SQ-Biplots und JK-Biplots. Sie unterscheiden sich durch die Wahl einer Konstanten c, für die die Werte 0, 0.5 und 1 üblich sind. Die Plotpositionen der Objekte ergeben sich durch die Matrix **G**, die als $\mathbf{UL}^c$ definiert ist. Die Plotpositionen der Variablen ergeben sich durch die Matrix **H'**, die als $\mathbf{L}^{(1-c)}\mathbf{V'}$ definiert ist. Folglich ist z.B. für c=0 **G=U** und **H=LV'**. Der Biplot mit c=0 wird GH-Biplot, der Biplot mit c=0.5 SQ-Biplot und der Biplot mit c=1 JK-Biplot genannt. Interessanterweise sind die Koordinaten der Objekte eines JK-Biplots (c=1) identisch mit den ersten beiden Hauptkomponenten[3]. Damit kann man sie direkt durch eine Standard-PCA berechnen, falls das verwendete PCA-Programm die Hauptkomponenten

---

[1] Das Präfix "Bi-" bezieht sich auf die gemeinsame Darstellung der Zeilen und Spalten der Datenmatrix (GABRIEL 1985b:263), nicht hingegen auf die Zahl der dargestellten Dimensionen. Bei Verwendung von mehr als zwei Dimensionen nennt GABRIEL (1985b:269) den Plot "bimodel".

[2] Plottet man lediglich die Vektoren des Biplots, so wird der Plot gelegentlich als "h-plot" bezeichnet (SEBER 1984:204,208).

[3] Zur Herleitung vgl. JOLLIFFE (1986:79). Die Behauptung von FRIENDLY (1991:439), daß eine PCA die Koordinaten des SQ-Biplots (c=0.5) ergibt, ist daher falsch.

so skaliert, daß deren Varianz den zugehörigen Eigenwerten entspricht. Bei dieser Skalierung sind die Plotpositionen der Variablen identisch mit den ersten beiden Eigenvektoren, also den Gewichtungskoeffizienten der Variablen[1].

Die verschiedenen Biplottypen besitzen unterschiedliche Eigenschaften. GH-Biplots geben die Zusammenhänge zwischen den Variablen besser wieder; JK-Biplots hingegen die Distanzen zwischen den Objekten[2]. Der GH-Biplot wird daher auch als "column metric preserving" (CMP-) Biplot bezeichnet (GABRIEL/ODOROFF 1990:472), der JK-Biplot entsprechend als "row metric preserving" (RMP-) Biplot. SQ-Biplots ("symmetric biplots") sind vor allem deshalb weitverbreitet, weil die Plotpositionen für Variablen und Objekte schon über die Konstruktion vergleichsweise ähnliche Größenordnungen besitzen: Symmetrische Biplots streuen Variablen und Objekte gleichmäßig über die Plotfläche.

Bei allen praktischen Anwendungen werden nicht alle Spalten der Matrizen **G** und **H** verwendet, sondern nur die ersten zwei Spalten (2-D-Biplots)[3]. Biplots stellen damit in der Regel eine Projektion der Ausgangsmatrix in zwei orthogonale Dimensionen dar. Biplots approximieren daher die Datenmatrix nur. Die Güte der Approximation wird durch die erklärte Varianz der Hauptkomponenten beurteilt. Diese ergibt sich bei zwei Dimensionen als das Verhältnis der Summe der beiden größten Eigenwerte zur Gesamtsumme der Eigenwerte:

$$(l_1^2 + l_2^2) / \sum_{k=1}^{p} l_k^2$$

[1] Diese Skalierung verwendet z.B. SAS-PRINCOMP als Default, nicht aber z.B. SPSS und SYSTAT. Für diese Programme müssen die Hauptkomponenten mit der Wurzel aus dem zugehörigen Eigenwert multipliziert werden, um die Plotkoordinaten der Objekte zu erhalten. Die Plotpositionen der Variablen ergeben sich durch Multiplikation der "Factor Score Coefficients" mit der Wurzel aus dem zugehörigen Eigenwert.

[2] Die Herleitung findet sich bei JOLLIFFE (1986:78-80).

[3] In seltenen Fällen werden die ersten drei Spalten verwendet. Die Ausgangsmatrix wird dann in einen dreidimensionalen Raum projiziert und dadurch natürlich besser approximiert. Die Darstellung dreidimensionaler Biplots (3-D-Biplots) ist entsprechend schwieriger; zu unterschiedlichen Techniken vgl. GABRIEL/ODOROFF (1986:263-265, 1990:478). Nützlich sind vor allem auf dem Bildschirm rotierbare 3-D-Biplots.

Gemessen an der Güte der Approximation der Ausgangsmatrix ist bei jedem GH-Biplot die Güte der Approximation der Kovarianzmatrix relativ besser und die Güte der Approximation der Distanzen zwischen den Objekten relativ schlechter[1]. Die drei unterschiedlichen Biplot-Typen (GH, JK, SQ) führen aber immer zu numerisch identischen Approximationen der Ausgangsmatrix[2]. Trotzdem unterscheiden sich die Biplot-Typen in der graphischen Darstellung durch unterschiedliche Stauchungen und Streckungen der Achsen. Die Konfiguration der Punkte ändert sich durch die unterschiedliche Berechnung nicht, nur die Achsen des Plots werden unterschiedlich gestreckt (vgl. Abbildung 7.10-7.13).

Wie erwähnt, wird die SVD des Biplots in der Regel auf die zentrierte Datenmatrix angewendet. Üblicherweise wird bei unterschiedlichen Wertebereichen der Messung auch noch durch die Standardabweichung der Variablen dividiert; es wird also mit standardisierten Werten gerechnet (FRIENDLY 1991:438). In diesem Fall besitzen die Vektoren des Biplots dann natürlich approximativ alle die gleiche Länge (vgl. Abb. 7.11).

Der gemeinsame Plot der Beobachtungen und der Variablen erfordert häufig eine Reskalierung der Koordinaten, da die Größe der berechneten Plotpositionen sich um mehrere Größenordnungen unterscheiden (GABRIEL/ODOROFF 1990:476). Einige Programme verfügen daher über einen entsprechenden "Scale-"Parameter, der diese Reskalierung bewirkt. Die Wahl des Scale-Parameters geschieht in der Regel durch wiederholtes Plotten mit anderen Parametern.

Für den GH-Biplot führt GABRIEL (1971:462) die Multiplikation von G mit $n^{1/2}$ und die Division von H durch $n^{1/2}$ ein (in der Regel wird aber n-1 statt n verwendet). Diese Modifikation des GH-Biplots erlaubt die Interpretation der euklidischen Distanzen der Objekte im Plot als Approximation der Mahalanobisdistanzen der Objekte. Die Mahalanobisdistanz ist ein Distanzmaß, das (im Gegensatz z.B. zur euklidischen Distanz) die Korrelationen der Variablen berücksichtigt.

---

[1] Die Formel für die Güte der Approximation der Kovarianzmatrix ist identisch mit der Formel für die Güte der Datenmatrix bis auf die Verwendung von l_k^4 statt l_k^2. Die Distanzen werden mit der Güte 2/p approximiert (GABRIEL 1971:463-465).

[2] Vgl. JACKSON (1991:202).

Die Mahalanobisdistanz zweier Objekte i und j ist definiert als

$$D^2=(x_i-x_j)'S^{-1}(x_i-x_j)$$

wobei $\mathbf{S}^{-1}$ die Inverse der Kovarianzmatrix und $\mathbf{x}_i$ und $\mathbf{x}_j$ die Variablenvektoren der beiden Beobachtungen darstellen.

Nicht alle Biplot-Programme verwenden diese Modifikation. Zusammen mit der Standardisierung der Variablen und der Reskalierung der Variablenpositionen führt diese Modifikation zu jeweils leicht unterschiedlichen GH-Biplots. Ein Vergleich der Ergebnisse verschiedener Biplot-Programme zeigt daher häufig unterschiedliche Resultate.

7.2.2 Interpretation des Biplots

Biplots geben eine Reihe von Merkmalen der Variablen und der Beobachtungen in einem Plot wieder. Für GH-Biplots gilt[1]:

- die Länge der den Variablen zugeordneten Vektoren ist eine Näherung an die Standardabweichung der Variablen
- der Kosinus der Winkel zwischen den Vektoren ist eine Näherung an die Korrelation der Variablen
- die Distanzen zwischen den Objekten im Plot entsprechen näherungsweise den Distanzen der Objekte im ursprünglichen mehrdimensionalen Raum
- die Ausprägung der Objekte auf den Variablen wird durch die Projektion der Objekte auf die Variablenvektoren wiedergegeben.

Im Plot nahe beieinander liegende Punkte geben Beobachtungen mit ähnlichen Mustern auf den Variablen wieder; gleichzeitig zeigt die Projektion der Objekte auf die Variablenvektoren, auf welchen Variablen sich die Objekte unterscheiden.

---

[1] Da sich die anderen Biplots nur durch unterschiedliche Streckung der Achsen von GH-Biplots unterscheiden, lassen sich zumindest qualitativ ähnliche Aussagen auch auf der Basis anderer Biplots treffen (JOLLIFFE 1986:79-80). Dies wird durch einen Vergleich der GH-, JK- und SQ-Biplots des Beispiels (vgl. Abb. 7.10-7.13) einsichtig.

Abb. 7-10 GH-Biplot der Iris-Daten, unstandardisiert

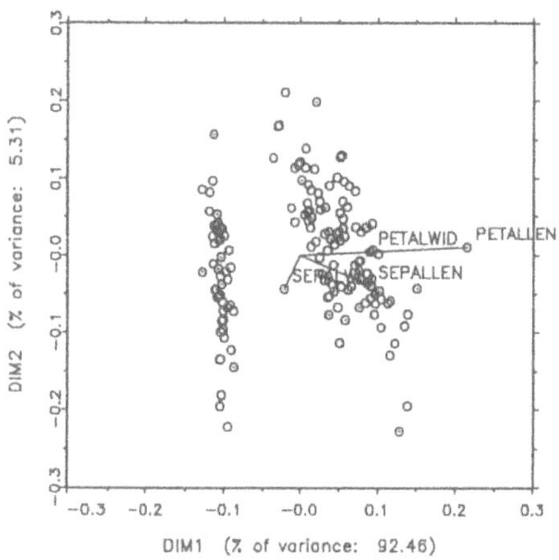

Abb. 7-11 GH-Biplot der Iris-Daten, standardisiert

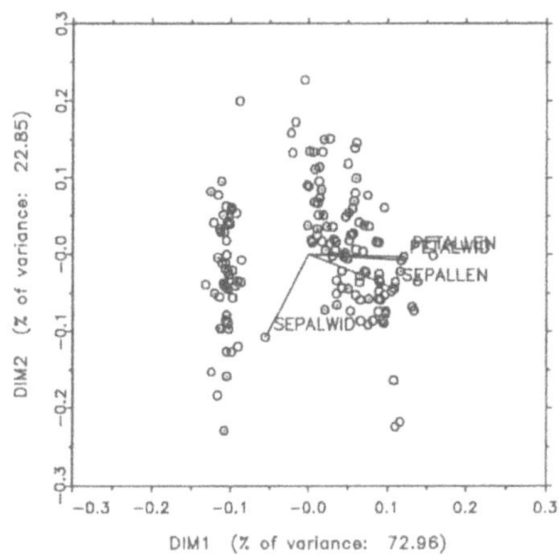

Damit zeigt ein Biplot neben der Korrelationsstruktur die Streuung der Variablen, die Cluster der Objekte im Raum der ersten Hauptkomponenten und die Variablen, bei denen Mittelwertunterschiede erwartbar sind.

Diese Eigenschaften lassen sich am Iris-Datensatz deutlich demonstrieren. Alle Aussagen des Beispiels beziehen sich auf den GH-Biplot der unstandardisierten Variablen (Abb. 7.10). Wie erwähnt, approximiert der Kosinus des Winkels der Variablenvektoren deren Korrelation. PETALLEN korreliert mit PETALWID .96: Die Vektoren sind im Plot nicht zu trennen. Die Korrelation von SEPALLEN und SEPALWID beträgt -.12: Der Winkel im Plot liegt bei 95°, was einer Korrelation von ca. -0.09 entspricht. Die Korrelation zwischen PETALLEN und SEPALWID ist -0.43, der Winkel von 122° im Plot entspricht einer Korrelation von -0.53.

Weiterhin soll die Länge der Vektoren die Standardabweichungen der Variablen approximieren. Der längste Vektor im Plot gehört zu PETALLEN. Das Verhältnis der Länge dieses Vektors zur Länge des Vektors von SEPALWID beträgt 4.5, das Verhältnis der tatsächlichen Standardabweichungen liegt bei 4.0. Betrachtet man PETALLEN und PETALWID, so zeigen ihre Vektoren ein Längenverhältnis von 2.3, ihre Standardabweichungen zeigen ebenfalls ein Verhältnis von 2.3.

Abb. 7-12 JK-Biplot der Iris-Daten

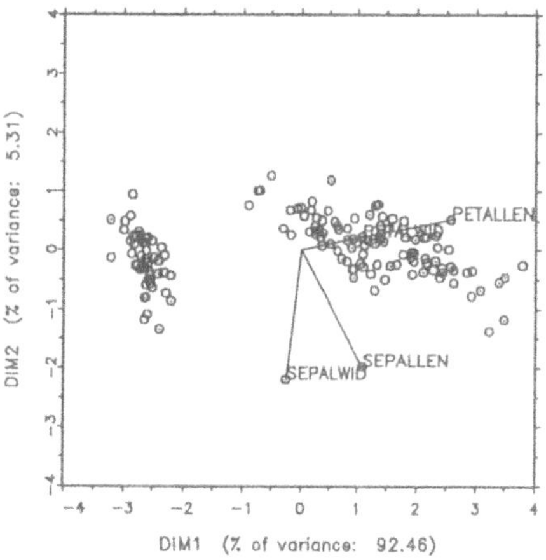

Abb. 7-13 SQ-Biplot der Iris-Daten

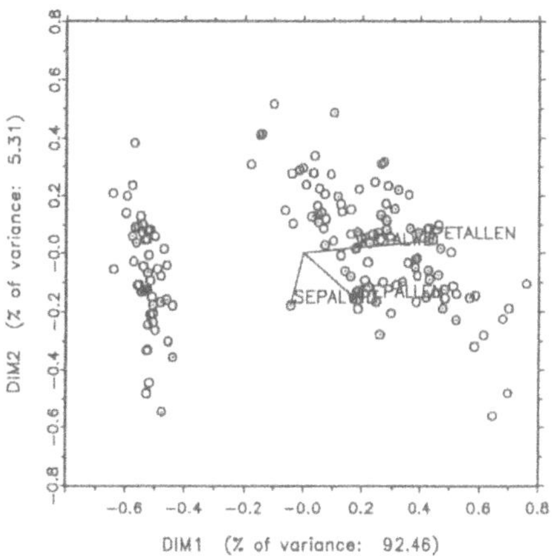

Der Biplot zeigt eine deutliche Trennung einer Gruppe von zwei anderen Gruppen entlang der X-Achse. Fast parallel zur X-Achse verlaufen die Vektoren für PETALLEN und PETALWID; ihr Winkel zur Y-Achse beträgt ca. 92°. Der Vektor für SEPALWID bildet mit der Y-Achse einen Winkel von ca. 32°. Da die Werte für die Beobachtungen durch die Projektion auf die Variablen approximiert werden, muß der Unterschied zwischen der ersten Gruppe und den beiden anderen Gruppen auf den Variablen PETALLEN und PETALWID deutlich größer sein als der Unterschied auf SEPALWID.

Zwar sind alle Mittelwertunterschiede zwischen den Gruppen "signifikant", die Testgrößen zeigen aber das erwartete Ergebnis: Zwischen der ersten und der zweiten Gruppe ergeben sich für PETALLEN, PETALWID und SEPALWID die t-Werte -39.5, -34.0 und 9.5; zwischen der ersten und der dritten Gruppe -50.0, -42.8 und 6.5.

Wie das Beispiel demonstriert, eignen sich Biplots unter anderem zur Identifikation von Clustern und Entdeckung von Regelmäßigkeiten der Korrelationsstruktur sowie eventueller Mittelwertdifferenzen[1]. Schließlich lassen sich auch rasch multivariate Ausreißer identifizieren.

---

[1] Biplots lassen sich daneben im Rahmen der Varianzanalyse zur Diagnose des Fits verwenden (GABRIEL/RAVE/WEBER 1976, BRADU/GABRIEL 1978, GABRIEL/ODOROFF 1986, GOWER 1990).

Abb. 7-14 Biplot mit Dichte-Ellipsen

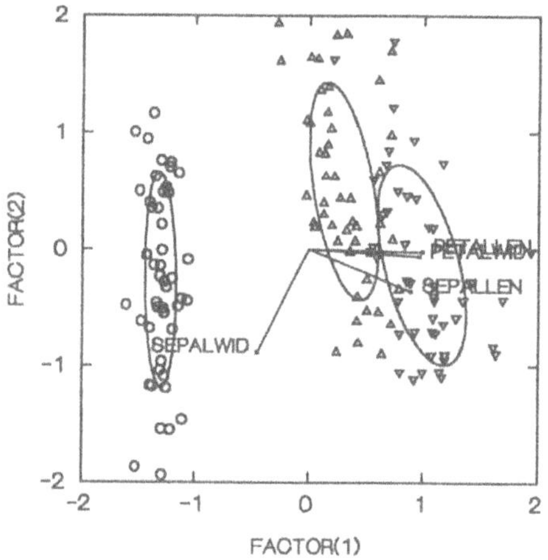

Abb. 7-15 h-Plot mit Dichte-Ellipsen

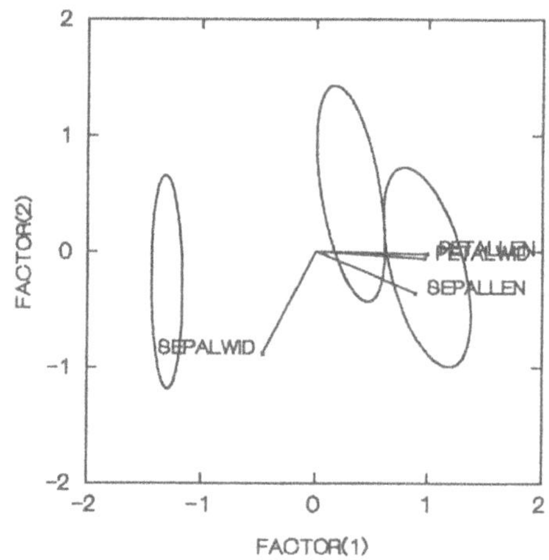

7.2.3 Darstellung großer Fallzahlen

Bei höheren Fallzahlen zeigt sich in den existierenden Programmen ein praktisches Problem: Das Plotten aller Objekt- und Variablenlabel führt zu unübersichtlichen Darstellungen. Verzichtet man auf Objektlabel, dann kann die Identifikation der Objekte z.B. durch farbliche Kennzeichnung von Subgruppen erfolgen. Eine andere Möglichkeit besteht darin, daß lediglich Gruppenzentroide oder die konvexen Hüllen der Gruppen geplottet und gelabelt werden. Schließlich können für Subgruppen auch getrennte Dichte-Ellipsen in den Biplot eingezeichnet werden. Die Abbildung 7.14 zeigt einen Biplot der Iris-Daten, in den zusätzlich für die drei Subgruppen getrennte Dichte-Ellipsen eingezeichnet wurden. Da hier 3 Ellipsen, 4 Vektoren und 150 Beobachtungen eingezeichnet wurden, ist der Plot relativ unübersichtlich. Für viele Zwecke ausreichend ist in solchen Fällen ein h-Plot (ein Biplot ohne Beobachtungen), in den getrennte Dichte-Ellipsen für die Subgruppen eingetragen werden (vgl. Abb. 7.15). Besteht trotz hoher Fallzahl Interesse an einzelnen Beobachtungen, reichen diese Möglichkeiten nicht mehr aus. Dann ist eine Bildschirmdarstellung des Biplots, bei der eine Teilmenge der Objekte interaktiv ausgewählt werden kann, hilfreich. Wird diese Teilmenge in einem Bildschirmfenster durch Punktidentifikation oder Berechnung von Teilmengenstatistiken identifiziert, können auch große Fallzahlen im Biplot dargestellt werden.

7.2.4 Varianten des Biplots

Es existieren eine Reihe von Erweiterungen des Biplots, so z.B. die Einführung von Gewichten (GABRIEL/ZAMIR 1979) sowie robuste (GABRIEL/ODOROFF 1984) und nichtlineare Varianten (GOWER/HARDING 1988). UNDERHILL (1990:242) definiert einen "coefficient of variation biplot", der auf den Vergleich der Variation der Spalten einer Tabelle zielt. Die Länge der Vektoren gibt die Variationskoeffizienten der Variablen wieder. Eine spezielle Adaption des Biplots für Kreuztabellen, der Konfidenzintervalle für Zellenbesetzungen als Bubble-Plot darstellt, wird von GABRIEL/ODOROFF (1990:483) diskutiert. HARTUNG/ ELPELT (1985:638-640) schlugen die Verwendung von Biplots für die Fixierung der Winkel und der maximalen Länge der Vektoren in Icon-Darstellungen individueller Beobachtungen vor ("Bi-Plot-Sonnen"). YOUNG (1990:222) schlägt die Erweiterung der Biplots zu "Triplots" vor: Hierbei werden Objekte und Vektoren für Kriteriums- und Prädiktorvariablen in den Raum der ersten beiden Redundanzvariablen einer Redundanzanalyse geplottet[1].

7.2.4.1 Relative Variationsdiagramme (RV-Plots)

Biplots lassen sich auf Tabellen nur dann ohne Probleme anwenden, wenn sich die Zeilen der Tabelle nicht zu einer Konstanten addieren (z.B. 100%)[2]. Allgemein wird eine Menge von Variablen, deren einzelne Variablen nur positive Ausprägungen annehmen können und deren Summe pro Fall eine Konstante darstellt, als "composition" bezeichnet. Beispiele für solche Daten ("compositional data") sind z.B. Mischungen, bei denen die einzelnen Bestandteile in Prozent der Gesamtmasse angegeben werden oder bestimmte Formen von Zeitbudgetdaten.

---

[1] zur Redundanzanalyse vgl. VAN DEN WOLLENBERG (1977).

[2] Datensätze mit **genau** drei Variablen, deren Summe konstant ist (z.B. Kreuztabellen mit Zeilenprozenten), lassen sich ohne dimensionsreduzierendes Verfahren darstellen (SNEE 1974). Die Punkte des Plots werden dabei in ein gleichseitiges Dreieck als Koordinatensystem eingezeichnet. Solche Plots werden als "Triangular Scatterplots" (GOWER/DIGBY 1981:87), "Ternary Diagrams" (AITCHISON 1986a) oder als Plots mit "baryzentrischen Koordinaten" bezeichnet.

"Compositional Data" können nur beschränkt mit Standard-Datenanalysetechniken untersucht werden. Die zusätzlichen Beschränkungen durch die konstante Summe zieht Abhängigkeiten der Variablen nach sich, die die Standardtechniken nicht berücksichtigen[1]. Daher sind bei der Analyse solcher Daten Artefakte leicht möglich. Die Anwendung des Biplots erfordert in diesem Fall daher eine vorherige Transformation der Datenmatrix. Jedes Element der Datenmatrix wird zur Basis e logarithmiert. Anschließend wird von jedem Element der Zeilenmittelwert, danach der Spaltenmittelwert subtrahiert.

Diese modifizierte Datenmatrix wird dann durch einen Biplot dargestellt. Eine Darstellung von "compositional data" mit einem Biplot wird als "relatives Variationsdiagramm" (vgl. AITCHISON 1990, 1991) oder "RV-Plot" bezeichnet. Relative Variationsdiagramme sind eine effiziente Darstellung einer "compositional data matrix" und zugleich eine einfache Gruppierungsmethode[2].

Nr.	Jahr	SPD	CDU	CSU	FDP	Andere
1	1949	33.2	28.5	5.8	12.9	19.5
2	1953	31.8	38.7	10.2	10.4	8.8
3	1957	34.9	42.8	10.6	8.3	3.5
4	1961	39.0	38.6	9.6	12.9	0.0
5	1965	41.9	39.0	9.5	9.7	0.0
6	1969	45.7	38.8	9.5	6.0	0.0
7	1972	46.7	35.9	9.3	8.1	0.0
8	1976	43.2	38.8	10.2	7.7	0.0
9	1980	43.9	35.6	10.0	10.4	0.0
10	1983	38.8	38.8	10.2	6.7	5.4
11	1987	37.2	35.6	9.4	9.3	8.5
12	1991	36.1	40.5	7.7	11.9	3.8

Tab. 7-1 Sitzverteilung im Deutschen Bundestag 1949-1991

[1] Es existieren spezielle Analysetechniken für solche Daten (einführend: AITCHISON 1991; das Referenzwerk ist derzeit AITCHISON 1986a; AITCHISON 1986b stellt eine Sammlung entsprechender BASIC-Programme dar).

[2] Die exakte Interpretation eines RV-Plots erfordert die Einführung zusätzlicher Konzepte: So entsprechen z.B. benachbarte Variablen einem nahezu konstanten Verhältnis der Variablen über die Objekte. Schneiden sich die Verbindungslinien zwischen jeweils zwei Variablen senkrecht, so variieren die beiden Verhältnisse der Variablen unabhängig voneinander usw; zu den Einzelheiten vgl. AITCHISON (1990:497-498, 1991:224-226).

Abb. 7-16 Sitzverteilung im Deutschen Bundestag 1949-1991

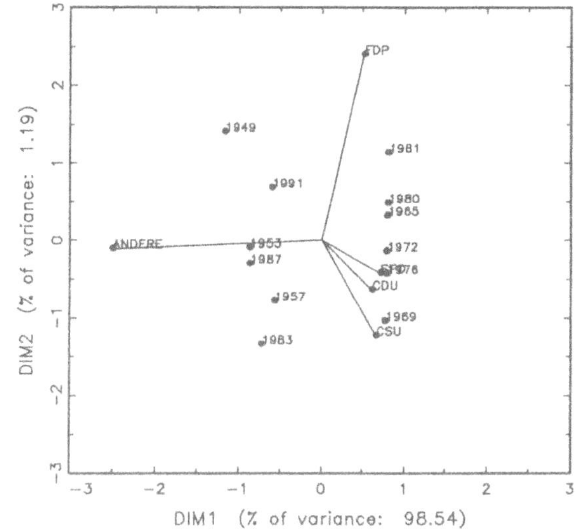

Ein Beispiel für einen RV-Plot ist die Abbildung 7.16. Der Plot zeigt ein relatives Variationsdiagramm der Sitzverteilung im deutschen Bundestag bei den ersten zwölf Bundestagswahlen (vgl. Tab. 7.1[1]). Die beiden Achsen der Abbildung 7.16 erklären zusammen 99.7% der Gesamtvarianz, die Darstellung des ursprünglich 5-dimensionalen Raumes durch nur zwei Dimensionen ist folglich unproblematisch. Die erste Achse erklärt 98.5% der Varianz, die zweite Achse 1.2% der Varianz. Der Plot muß daher in Hinsicht auf die zweite Achse zurückhaltend interpretiert werden.

Deutlich kann man zwei Typen von Sitzverteilungen erkennen: Die Wahlen {1949, 1953, 1957, 1983, 1987, 1991} einerseits, und die Wahlen {1961-1980} andererseits. Die erste Achse wird offensichtlich durch "Andere" gebildet. Die Wahlen der ersten Gruppe waren durch außerordentlich hohe Anteile von "Anderen" geprägt (vgl. Tab. 7.1). Die zweite Achse wird durch den Anteil der FDP-Sitze gebildet: Die Wahlen 1949 und 1961 waren durch sehr hohe FDP-Anteile geprägt, die Wahlen 1983 und 1969 durch sehr niedrige FDP- Anteile.

[1] Um das Problem leerer Zellen zu vermeiden, wurde zu jeder Zelle 0.5 addiert.

7.2.4.2 Biplots und andere Projektionstechniken

Wie erwähnt sind Biplots im wesentlichen Hauptkomponentenanalysen. Damit existieren auch Übergänge zu anderen Techniken, insbesondere zur Korrespondenzanalyse (CA, vgl. GREENACRE 1984:348-349) und zum "multidimensional preference scaling" (MDPREF[1]). Während Biplots die Abweichungen vom Spaltenmittelwert darstellen, gibt MDPREF die Abweichung vom Zeilenmittelwert in einem JK-Biplot wieder. Im MDPREF-Plot werden die Objekte als Vektoren mit Einheitslänge dargestellt.

Schließlich kann auch die Analyse der bei Psychologen und Soziologen verbreiteten "repertory grid technique" (SLATER 1977, FRANSELLA/BANNISTER 1977, RIEMANN 1991) als Spezialfall des Biplots angesehen werden[2].

Trotz der Vielzahl von Erweiterungs-, Anwendungs- und Interpretationsmöglichkeiten sind Biplots bei weitem nicht so populär wie andere Projektionstechniken, z.B. die Korrespondenzanalyse. Der Hauptgrund dürfte darin zu suchen sein, daß derzeit nur wenige Standardprogramme Biplots enthalten, die dann auch gelegentlich nur schwer auffindbar sind, weil sie tief in Subkommandos versteckt wurden[3].

---

[1] vgl. JACKSON (1991:204-210), allgemein zu MDPREF siehe auch GREEN/CARMONE/SMITH (1989:79-109).

[2] vgl. KRZANOWSKI (1990:134-140). KRZANOWSKIs Darstellung ist leicht mißverständlich. Die Erhebungsmethode wird als "repertory grid" bezeichnet, die Standardanalysetechnik ist eine PCA. Die üblichen graphischen Darstellungen der Ergebnisse eines "grids" unterscheiden sich von den Standarddarstellungen des Biplots nur minimal, z.B. dem Plotten von Punkten auf einem Einheitskreis anstelle der Verwendung von Vektoren (z.B. SLATER 1977:155, FRANSELLA/BANNISTER 1977:41). Im Normalfall wird bei Grid-Analysen zudem das Grid **einer** Person analysiert; KRZANOWSKIs Beispiel (1990:138) basiert auf dem "average"-Grid einer Gruppe. Die psychologische Interpretation der Grid-Technik wird damit weitgehend sinnlos.

[3] Biplots lassen sich mit wenigen Zeilen in Matrixsprachen wie S oder GAUSS realisieren. Einen leicht adaptierbaren SAS-IML-Macro gibt FRIENDLY (1991:532-536). Ein PASCAL-Programm findet sich bei HENSCHKE/NAGEL (1990).

7.3 Korrespondenzanalyse

Eine in den letzten Jahren insbesondere in der Marktforschung populär gewordene Projektionstechnik ist unter dem Namen "Korrespondenzanalyse" (CA) bekannt[1]. Rezipienten der Ergebnisse einer "Korrespondenzanalyse" übersehen dabei oft, daß eine CA lediglich die graphische Darstellung einer Kreuztabelle ist. Etwas genauer handelt es sich um die graphische Darstellung der Residuen einer Kreuztabelle unter der Annahme, daß Zeilen und Spalten unabhängig voneinander sind. Eine CA ist daher eine graphische Darstellung der Interaktionseffekte einer Kreuztabelle - mehr nicht. Die fälschlich trivial erscheinende Interpretation der graphischen Darstellung der CA hat zu vielen Mißverständnissen, Fehlern und heftigen Diskussionen geführt[2]. Um die Grenzen der Interpretationsmöglichkeit zu zeigen, muß kurz die Berechnung einer CA dargestellt werden.

7.3.1 Berechnung einer Korrespondenzanalyse

Korrespondenzanalysen können nur auf positive Zahlen angewendet werden; in der Praxis sind dies meist Häufigkeiten in einer Kreuztabelle[3]. Das Ziel der CA ist die graphische Darstellung der Zeilen und Spalten einer Kreuztabelle. Dargestellt werden die "Zeilenprofile" und "Spaltenprofile". Ein "Zeilenprofil" besteht aus dem Vektor der Zeilenprozente ("Row Percentage") einer Zeile; ein "Spaltenprofil" besteht aus dem Vektor der Spaltenprozente ("Column Percentage") einer Spalte[4]. Die Ähnlichkeit zweier Zeilen wird beurteilt, indem man die Zeilenprofile vergleicht; zur Beurteilung der Ähnlichkeit der Spalten werden die Spaltenprofile verglichen. Ein Vergleich der Zeilenprofile mit den Spaltenprofilen ist dagegen meist sinnlos, wie man durch Betrachtung einer beliebigen Kreuztabelle leicht sieht.

---

[1] Die CA wurde mehrfach unabhängig voneinander wiederentdeckt; dies führt zu einer Vielzahl von Namen für diese Technik, so u.a. "dual scaling", "optimal scaling" , "reciprocal averages" und "homogeneity analysis".

[2] vgl. GREENACRE/HASTIE (1987), GREENACRE (1993).

[3] Zur Anwendung der CA auf Rating-Skalen vgl. GREENACRE (1993:161-170).

[4] Um genau zu sein: Die Profile sind als Anteile definiert, also als "Prozent/100".

Die Berechnung einer CA läßt sich am einfachsten darstellen, indem die Häufigkeiten durch die Summe der Objekte in der Tabelle dividiert werden, die Ausgangsmatrix also aus den Anteilswerten p_{ij} besteht[1]. Wenn c_j die Spaltensumme der Spalte j und r_i die Zeilensumme der Zeile i der Tabelle p_{ij} darstellt (vgl. Tab. 2), dann läßt sich als Maß für die Unähnlichkeit von Zeilenprofilen untereinander die "Chi-Quadrat-Distanz" der Zeilen i und k über alle Spalten als

$$d_{ik}(\chi^2)=\sqrt{\sum_j (p_{ij}/r_i-p_{kj}/r_k)^2/c_j}$$

berechnen. Die Chi-Quadrat-Distanz zweier Zeilenprofile ist also die Wurzel aus der Summe der quadrierten Differenzen der beiden Profile über alle Spalten, wobei die einzelnen Summanden mit der Spaltensumme gewichtet werden. Die Chi-Quadrat-Distanz zweier Spaltenprofile wird entsprechend berechnet, wobei anstelle der Spaltensummen die Zeilensummen r_i zur Gewichtung verwendet werden und über alle Zeilen summiert wird.

Die CA besteht im wesentlichen nur aus der Darstellung der Chi-Quadrat-Distanzen der Zeilen bzw. der Chi-Quadrat-Distanzen der Spalten in zwei Plots bzw. einem Plot.

	Spalte				
Zeile	1	2	3	j	Summe
1	p_{11}	p_{12}	p_{13}	p_{1j}	r_1
2	p_{21}	p_{22}	p_{23}	p_{2j}	r_2
3	p_{31}	p_{32}	p_{33}	p_{3j}	r_3
i	p_{i1}	p_{i2}	p_{i3}	p_{ij}	r_i
Summe	c_1	c_2	c_3	c_j	1.0

Tab. 7-2 Beispieltabelle

[1] Die Berechnung einer CA kann auf verschiedene Art erläutert werden, vgl. z.B. JOBSON (1992:433-452), JACKSON (1991:215-219), LEBART/MORINEAU/WARWICK (1984:30-49). Die hier gewählte Art der Darstellung basiert auf GREENACRE (1993:181-183).

Dies wird durch eine Projektion der Distanzen in einen Raum mit weniger Dimensionen erreicht. Der erste und wichtigste Schritt der Korrespondenzanalyse besteht daher aus der Singular-Value-Decomposition **S=UDV'** der Matrix **S**, wobei

$$s_{ij}=(p_{ij}-r_i c_j)/\sqrt{r_i c_j}$$

und **D** die Diagonalmatrix der "singular values" darstellt. **U** und **V** sind die Matrizen der entsprechenden "singular vectors".

Der zweite Schritt bei der Durchführung einer CA besteht, wie bei allen Projektionstechniken, aus der Beantwortung der Frage, wieviel Dimensionen (Achsen) der Raum bzw. Plot besitzen soll, in den die Punkte projiziert werden. Bei allen Techniken auf der Basis einer Singular-Value-Decomposition wird diese Frage in der Regel durch die Beurteilung der Größe der ersten "singular values" zur Summe aller "singular values" beantwortet. Die erste Achse erklärt meist deutlich mehr Varianz als die zweite Achse, diese deutlich mehr als die dritte usw. Bei praktischen Anwendungen wird fast immer eine Entscheidung für zwei Achsen getroffen, weil das Erscheinungsbild zweidimensionaler Plots vertraut ist. Manchmal reicht aber schon eine Achse, manchmal reichen auch vier Achsen nicht aus. Die Wahl der Zahl der Achsen muß daher stets begründet und die erklärte Varianz der Achsen **immer** dokumentiert werden. Je geringer die erklärte Varianz durch die Achsen im Plot ist, desto schlechter geben die Distanzen im Plot die tatsächlichen Distanzen zwischen den Objekten wieder.

Der dritte Schritt einer CA besteht in der Berechnung der Koordinaten der Punkte des Plots. Es wird im Anschluß an GREENACRE (1984) allgemein zwischen "standard coordinates" und "principal coordinates" unterschieden. Standardkoordinaten sind definiert als $o_{ik}=u_{ik}/\sqrt{r_i}$ und $h_{ik}=v_{ik}/\sqrt{c_j}$. Die "principal coordinates" entstehen aus den Standardkoordinaten durch Multiplikation mit den "singular values": $f_{ik}=d_k*o_{ik}$ bzw. $g_{ik}=d_k*h_{ik}$.

Der vierte Schritt besteht aus der graphischen Darstellung der berechneten Koordinaten. Die Plotpositionen der Punkte werden durch die ersten k Spalten der Matrizen **G**, **H**, **F** und **O** gebildet. Da fast immer zweidimensionale Plots verwendet werden, ist k fast immer 2. Die Matrizen **G** und **H** beziehen sich auf die Spalten, **F** und **O** auf die Zeilen.

Es gibt mehrere CA-Plots für eine gegebene Tabelle; die Plots unterscheiden sich durch die unterschiedlichen Kombinationen der Plotkoordinaten. Im Anschluß an GREENACRE (1984) wird meist zwischen "asymmetrischen" und "symmetrischen" Plots der CA unterschieden.

Als "asymmetrische Plots" oder "asymmetric maps" werden Plots bezeichnet, bei denen für die Darstellung der Zeilen und Spalten der Tabelle unterschiedliche Koordinaten verwendet werden. Für eine "asymmetric map" der Zeilen werden die Zeilen in "principal coordinates" und die Spalten in "standard coordinates" dargestellt; für eine "asymmetric map" der Spalten werden hingegen die Spalten in "principal coordinates" und die Zeilen in "standard coordinates" dargestellt. Der asymmetrische Plot der Zeilen verwendet also die ersten k Spalten von **F** und **H**, der asymmetrische Plot der Spalten die ersten k Spalten von **G** und **O**.

Als "symmetrischer Plot" (auch "french plot") wird eine gemeinsame Darstellung der Zeilen und Spalten in einem Plot in "principal coordinates" bezeichnet. Der symmetrische Plot verwendet also die ersten k Spalten der Matrizen **F** und **G**.

7.3.2 Interpretation der CA-Plots

Die euklidischen Distanzen in den CA-Plots approximieren die Chi-Quadrat-Distanzen in der Kreuztabelle. Die Interpretation der Plots basiert daher meist auf den Entfernungen der Plotpositionen. Von zentraler Wichtigkeit für die Interpretation aller CA-Plots ist es, daß die Nähe der Plotposition einer Spalte zur Plotposition einer Zeile **nicht** interpretiert werden darf. Die euklidischen Abstände zwischen Punkten, die Zeilenprofile und Punkten, die Spaltenprofile darstellen, können in **keinem** CA-Plot sinnvoll interpretiert werden[1].

---

[1] CARROL/GREEN/SCHAFFER (1986) schlugen eine Achsenskalierung ("CGS-Scaling", vgl. Abb. 7.20) vor, die die Abstände zwischen Zeilen und Spalten interpretierbar werden lassen sollte. Es handelt sich im wesentlichen um die Anwendung der "Multiple Correspondence Analysis" (vgl. Kap. 7.3.4) auf eine zweidimensionale Tabelle. Algebraisch ist CGS-Scaling identisch mit dem "Symmetric Plot" wobei für beide Achsen anstelle der Diagonalmatrix der Singular-Values **D** die Matrix $(\mathbf{D}+\mathbf{I})^{½}$ verwendet wird. Da CGS-Scaling in SAS CORRESP durch die Kommandos ROW=DAID1/2 und COLUMN=DBID1/2 verfügbar ist, ist diese Skalierung recht verbreitet. GREENACRE (1989) konnte jedoch zeigen, daß die Begründung für die CGS-Skalierung inkorrekt ist; auch hier sind die Abstände zwischen Zeilen- und Spaltenprofilen im Plot **nicht** sinnvoll interpretierbar. Das Hauptproblem des CGS-Scalings besteht darin, daß die Chi-Quadrat-Distanzen zwischen den Kategorienprofilen nur sehr

Die Interpretation kleiner Distanzen im Plot als große Ähnlichkeit der Zeilen bzw. Spalten ("Distanzinterpretation") ist immer nur für den Vergleich der Zeilen miteinander bzw. der Spalten miteinander sinnvoll. Dies läßt sich am einfachsten anhand eines asymmetrischen Plots zeigen. Wie bereits erwähnt, werden in einem asymmetrischen Zeilenplot die Zeilen in "principal coordinates" und die Spalten in "standard coordinates" dargestellt. Da sich die beiden Koordinatentypen nur durch Multiplikation mit einem Vektor positiver Zahlen unterscheiden, sind in allen Plots einer gegebenen CA die Abfolgen der Plotpositionen in Hinsicht auf eine Achse immer gleich; lediglich die Abstände zum Ursprung und damit die euklidischen Distanzen der Punkte unterscheiden sich zwischen den Plots.

Die euklidischen Distanzen der Plotpositionen der Zeilenprofile in asymmetrischen Zeilenplots approximieren die Chi-Quadrat-Distanzen der Zeilen. Die Plotpositionen der Spalten in diesen Plots stellen die Positionen dar, die ein Zeilenprofil besäße, das ausschließlich diese Spalte besetzen würde. Die Plotpositionen der Spalten in asymmetrischen Zeilenplots geben also die im extremsten Fall möglichen Zeilenprofile in Hinsicht auf die Spalten wieder. Aus diesem Grund liegen die meist interessierenden Zeilenpunkte in asymmetrischen Zeilenplots recht gedrängt um den Ursprung, während die für die Beurteilung der Ähnlichkeit der Zeilen unwichtigen Extrempunkte den Plot dominieren (vgl. Abb. 7.17)[1]. Die Interpretation asymmetrischer Spaltenplots erfolgt vollständig analog der Interpretation der asymmetrischen Zeilenplots.

Der symmetrische CA-Plot entsteht durch die Überlagerung zweier verschiedener Räume in einem Plot (vgl. Abb. 7.19). Daß dieser Plot leicht zu Mißverständnissen führt, ist daher naheliegend. Obwohl die Standardliteratur zur CA entsprechende Warnungen enthält (z.B. GREENACRE 1984:65, LEBART/MORINEAU/WARWICK 1984:46) wird insbesondere dieser "French Plot" meist nicht nur in Hinsicht auf die Ähnlichkeit der Zeilenprofile bzw.

---

schlecht wiedergegeben werden: die Distanzen zwischen Kategorien derselben Variablen hängen nur von der Randverteilung dieser Kategorien ab; Distanzen zwischen Kategorien verschiedener Variablen hängen sowohl von den Randverteilungen als auch von den Zusammenhängen der Variablen ab (GREENACRE 1989; 1990:252-253). Das Problem der CGS-Skalierung führt zu einer allgemeinen Kritik der "Multiple Correspondence Analysis".

[1] Einige Programme plotten daher in asymmetrische Zeilenplots keine Spaltenpositionen; damit ist zwar dann die Beurteilung der Ähnlichkeiten der Zeilen leichter, aber die Interpretation der Achsen schwieriger.

der Spaltenprofile interpretiert, sondern fälschlich auch auf die "Ähnlichkeit" von Zeilen- mit Spaltenprofilen. Um Mißverständnisse zu vermeiden, empfiehlt es sich daher, keine symmetrischen Plots, sondern nur asymmetrische Plots zu verwenden. In den meisten Fällen interessiert vor allem der Vergleich der Zeilenprofile; daher dürfte in der Regel ein asymmetrischer Zeilenplot der geeignetere Plot sein.

Will man im Plot einer Korrespondenzanalyse die Entfernungen interpretieren, muß gewährleistet sein, daß einer Einheit auf der X-Achse auch eine Einheit auf der Y-Achse entspricht ("preserving the aspect ratio", GREENACRE 1993:71-72). Viele der verwendeten Scatterplot-subroutinen gewährleisten dies nicht. Einige CA-Programme verfügen deshalb über Möglichkeiten, die Plots entsprechend zu kalibrieren. Wird deren Output dann aber nicht direkt interpretiert, sondern muß z.B. erst ein Textverarbeitungsprogramm den Output drucken oder muß das Fileformat konvertiert werden, so erfüllt der resultierende Plot die Forderung meist nicht. Viele publizierte Plots verstoßen daher gegen diese scheinbar triviale Voraussetzung.

Im Gegensatz zur Distanzinterpretation der CA-Plots ist die "Dimensionsinterpretation" unabhängig von der Skalierung der Achsen und damit für symmetrische und asymmetrische Plots identisch. Bei der Dimensionsinterpretation der CA wird für jede einzelne Achse des Plots zunächst die Position der Spalten zur Kennzeichnung der Bedeutung der Achse verwendet; theoretisches oder alltagsweltliches Vorwissen wird zur Interpretation herangezogen (Was unterscheidet Spalten der Tabelle, die links im Plot liegen von denen, die rechts im Plot liegen? Was unterscheidet Spalten der Tabelle, die oben im Plot liegen von denen, die unten im Plot liegen?). Anschließend werden die Plotpositionen der Zeilen in Hinsicht auf die so interpretierten Achsen beurteilt. Es wird somit nur die **Abfolge** der Plotpositionen der Spalten in Hinsicht auf die Plotpositionen der Zeilen interpretiert (also die Abfolge der Projektionen auf die Achsen), nicht hingegen die Distanzen.

Abb. 7-17 CA-Plot: "Asymmetric Row Profiles Map"

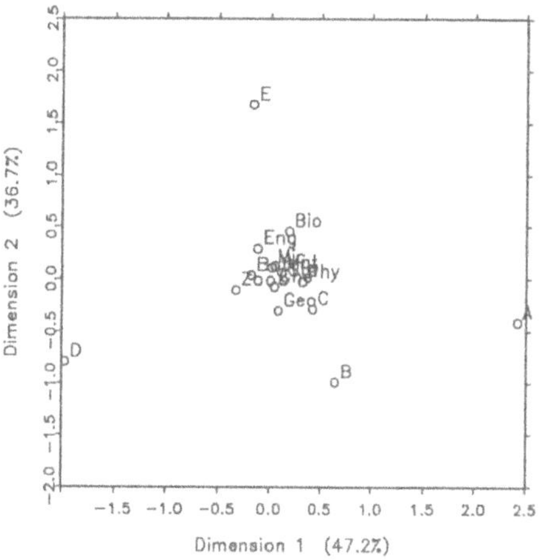

Abb. 7-18 CA-Plot: "Asymmetric Columns Profiles Map"

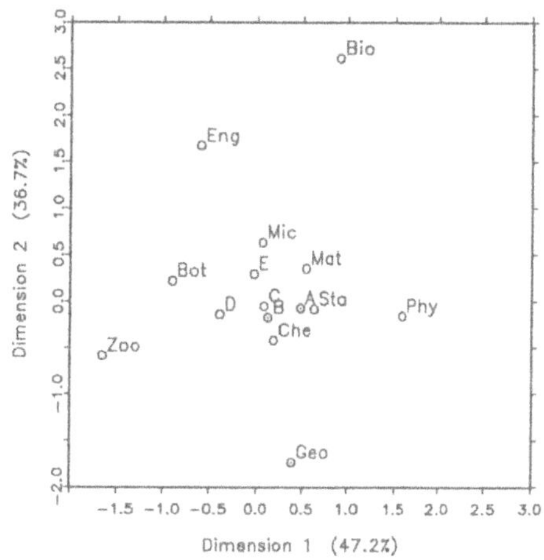

Als Beispiel für die Anwendung einer Korrespondenzanalyse sollen die Daten einer 10*5-Tabelle von GREENACRE (1993:75) verwendet werden. Es handelt sich um eine Kreuztabellierung des Ausmaßes der Forschungsförderung in 10 verschiedenen Fakultäten (Tab. 7.3). "A" bis "D" bezeichnet in dieser Reihenfolge zunehmend weniger Forschungsförderung, "E" bezeichnet keine Forschungsförderung.

Die Interpretation der asymmetrischen Beispielplots 7.17 und 7.18 ist simpel: Je höher eine Fachrichtung in den Plots liegt, desto höher ist der Anteil nicht geförderter Wissenschaftler; je weiter rechts eine Fachrichtung im Plot liegt, desto mehr Forschungsförderung erfährt sie.

	A	B	C	D	E	Summe
Geo	3	19	39	14	10	85
Bio	1	2	13	1	12	29
Che	6	25	49	21	29	130
Zoo	3	15	41	35	26	120
Phy	10	22	47	9	26	114
Eng	3	11	25	15	34	88
Mic	1	6	14	5	11	37
Bot	0	12	34	17	23	86
Sta	2	5	11	4	7	29
Mat	2	11	37	8	20	78
Summe	31	128	310	129	198	796

Tab. 7-3 Kreuztabelle: Forschungsförderungskategorie nach Fakultät

Abb. 7-19 CA-Plot: "Symmetric Map"

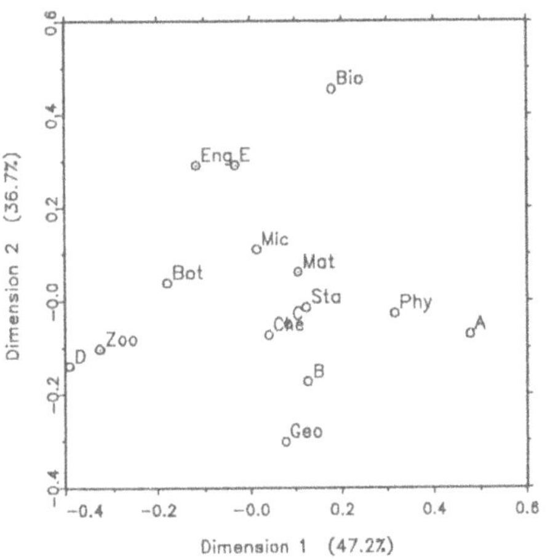

Abb. 7-20 CA-Plot: CGS-Scaling

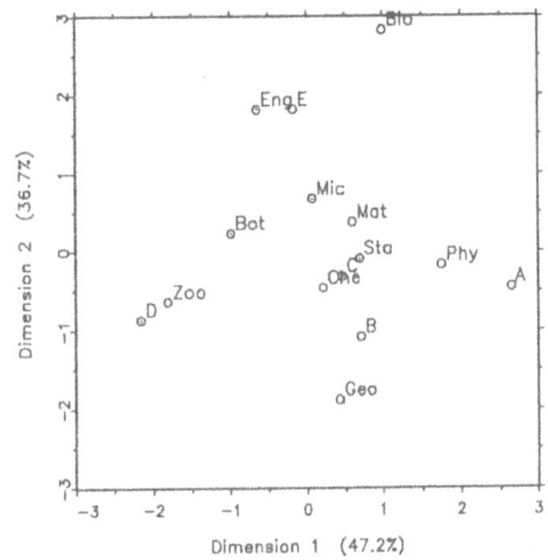

Betrachtet man z.B. die Abbildung 7.17, so zeigt sich die Abfolge D, E, C, B, A der Spalten. E liegt in der zweiten Dimension deutlich von den anderen Spalten entfernt. Keine Forschungsförderung ("E") scheint etwas anderes als die Höhe der Forschungsförderung zu sein. Die Abfolge der Spalten D,C,B,A in der Dimension 1 als empirisches Ergebnis zeigt anhand des Beispiels die Möglichkeit, die CA als Skalierungsmethode zu verwenden: Die Abfolge wurde nicht vorgegeben.

Ein weiteres Problem der Interpretation der Plots entsteht durch die unterschiedliche Qualität der Wiedergabe der Distanz der Objekte[1]. Um die Qualität der Abbildung der Objekte im zweidimensionalen Raum wiederzugeben kann z.B. ein Bubble-Plot verwendet werden[2]. Die Abbildung 7.21 zeigt einen symmetrischen CA-Plot, bei dem die Symbolgröße durch die Qualität der Abbildung des Punktes gesteuert wird[3]. Die Punkte "Sta", "Mat" (Zeilenprofile), "C" und "A" (Spaltenprofile) werden offensichtlich wesentlich schlechter wiedergegeben als die anderen Punkte. Die Distanzen zwischen diesen Punkten und denen anderer Punkte des gleichen Sets müssen daher mit Vorsicht behandelt werden.

---

[1] Für einen Zeilenpunkt i ist die Qualität einer k-dimensionalen Darstellung definiert als

$$\Sigma_k r_i f_{ik}^2 / \Sigma_j s_{ij}^2$$

(GREENACRE 1993:183). Viele CA-Programme geben diese Größe als "Quality" aus.

[2] Bei größeren Fallzahlen werden Bubble-Plots im allgemeinen sehr unübersichtlich; dann ist eine Codierung der Qualität durch die Farbe des Plotpunkts möglich.

[3] Die zugrundeliegende Kreuztabelle wurde GREENACRE (1993:75) entnommen.

Abb. 7-21 Symmetrischer CA-Plot, Plotsymbole proportional zur Qualität der Darstellung der Punkte

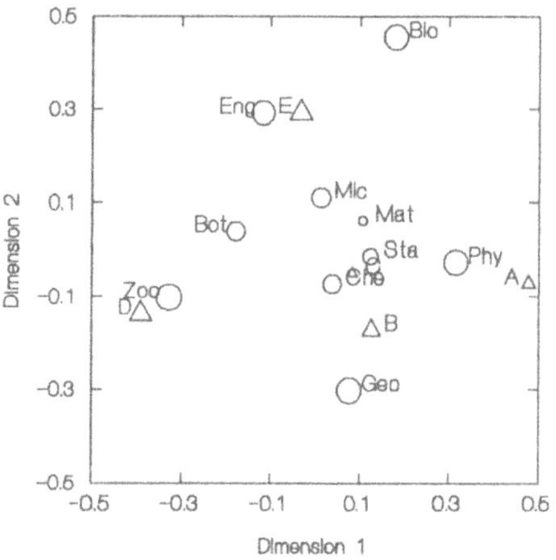

Abb. 7-22 Plot der tatsächlichen Zeilen-Distanzen gegen die Distanzen im CA-Plot

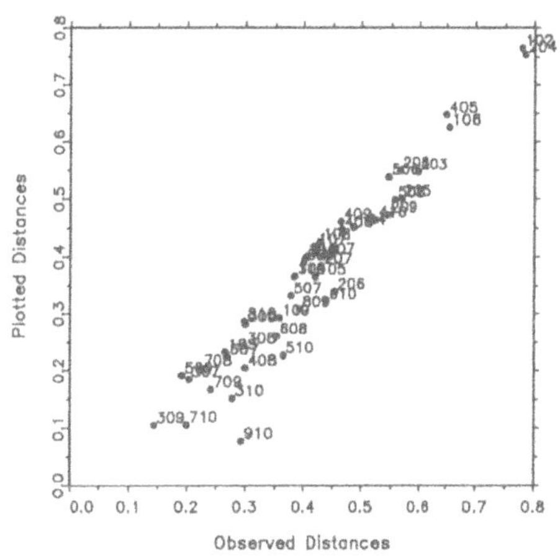

Will man nur die Qualität der Darstellung der Punkte wiedergeben, empfiehlt sich ein Plot der (euklidischen) Distanzen der Punkte im CA-Plot gegen die (Chi-Quadrat-) Distanzen der Profile in der Tabelle[1]. In diesem Plot sollten die Punkte nicht wesentlich von einer Geraden abweichen. Alle geplotteten (euklidischen) Distanzen in solchen Plots sind kleiner als die tatsächlichen (Chi-Quadrat-) Distanzen. Daher liegen die Punkte stets unterhalb der Diagonalen.

Die Abbildung 7.22 zeigt einen solchen Plot[2]. In diesem Beispiel ist die Beziehung zwischen den tatsächlichen und den geplotteten Distanzen nicht immer monoton, d.h. es gibt eine Reihe von Punktepaaren, bei denen eine größere Distanz im Plot tatsächlich einer etwas kleineren Distanz entspricht. Am auffälligsten ist der Punkt mit der Bezeichnung "910". Dieser Punkt gibt die Distanz zwischen den Zeilen "9" und "10" der entsprechenden Kreuztabelle wieder. Es handelt sich um die Zeilen "Sta" und "Mat". Die niedrige Qualität der Wiedergabe dieser Punkte (Abb. 7.22) bedingt in diesem Fall die größte Differenz (ca. 0.22) zwischen tatsächlichen und geplotteten Distanzen.

---

[1] Zu weiteren Möglichkeiten der Beurteilung der Qualität von Plots (vor allem der "Multiple Correspondence Analysis"), vgl. NISHISATO (1988).

[2] Um den Plot übersichtlich zu halten, wurden hier nur die Distanzen zwischen den Zeilenprofilen geplottet.

7.3.3 Graphische Darstellung der Stabilität der Ergebnisse einer CA

Wie jedes Analyseverfahren, so reagiert auch die CA auf zufällige Schwankungen in den Daten, die allein durch die variierende Zusammensetzung von Stichproben aus der gleichen Grundgesamtheit bedingt ist. Im Gegensatz zu den meisten anderen Analysetechniken existiert für die CA keine explizite inferenzstatistische Theorie. Daher ist man auf praktische Näherungen, wie z.B. den "Bootstrap" angewiesen[1].

Der "Bootstrap" der CA basiert auf der wiederholten Ziehung **mit Zurücklegen** von Replikationsstichproben des Umfangs n aus der gegebenen Stichprobe mit n Elementen. Eine Replikationsstichprobe enthält daher eine Reihe von Elementen mehrfach, andere Elemente der gegebenen Stichprobe überhaupt nicht. Für jede Replikationsstichprobe werden die Plotpositionen der Objekte berechnet. Die Plotpositionen der Objekte aus allen Stichproben werden in einen Scatterplot eingezeichnet. Das Ausmaß der Streuung der Plotpositionen eines Objekts gibt die "Instabilität" der Plotposition des Objekts wieder.

Je größer die Variation der Plotpositionen, desto stärker wird die Plotposition auch in anderen Stichproben schwanken. Die Interpretation dieses Plots kann durch das Einzeichnen der konvexen Hülle (vgl. Kap. 10.6.5) um alle Plotpositionen eines Objekts erleichtert werden. Die Größe der konvexen Hülle im Plot ist dann eine direkte graphische Darstellung der Instabilität der Plotpositionen.

Beispiele für solche Plots zeigen die Abbildungen 7.23 und 7.24. Sie geben die Positionen der Spaltenprofile der Tabelle 7.3 bei 15 bzw. 100 Replikationen wieder. In beiden Plots zeigt sich die große Zufallsstreuung der Plotpositionen der CA. Diesem Beispiel liegt ein Datensatz mit ca. 800 Beobachtungen zugrunde; bei kleineren Fallzahlen sind noch größere Schwankungen der Plotpositionen erwartbar. Die Interpretation der "Nähe" von Objekten anhand solcher Plots sollte dementsprechend vorsichtig ausfallen.

---

[1] Zu Anwendung des "bootstrap" auf die Korrespondenzanalyse, vgl. GIFI (1990:415-424) und GREENACRE (1993:174-177).

Abb. 7-23 15 Replikationen einer CA mit konvexen Hüllen der Plotpositionen

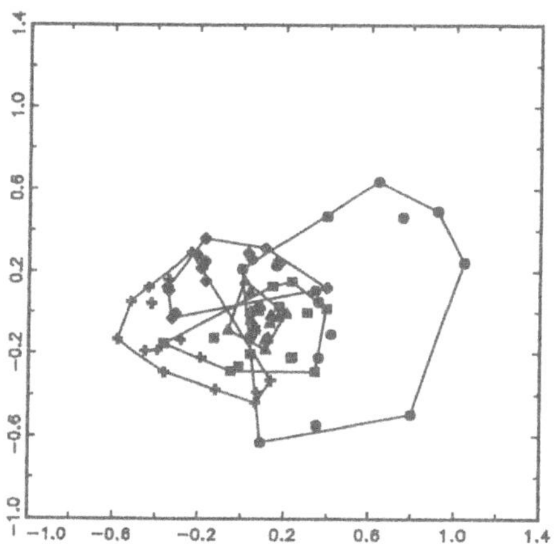

Abb. 7-24 Konvexe Hüllen der Plotpositionen bei 100 Replikationen einer CA

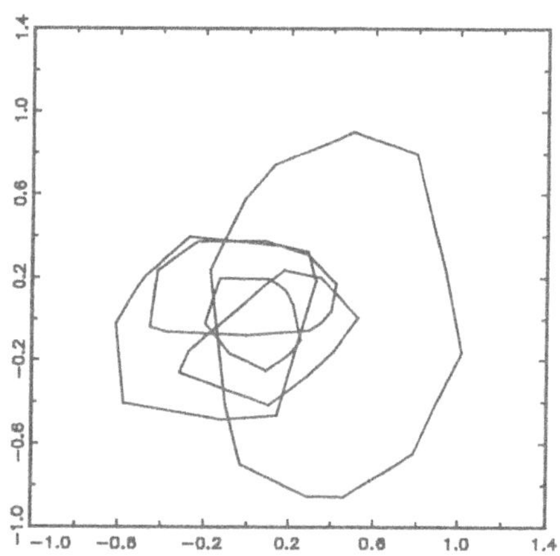

Wie eine genauere Betrachtung der beiden Plots zeigt, gilt dies auch für die Dimensionsinterpretation: jedes Objekt wechselt mindestens einmal den Quadranten[1].

Das große Ausmaß der Streuung in diesem Beispiel verdeutlicht die Notwendigkeit der Beurteilung der Stabilität von Plots. Allgemein empfiehlt sich daher die routinisierte Anwendung von Bootstraps und ähnlichen Techniken für "explorative" Plots. Die Berechnung eines Bootstraps für Plots ist nicht besonders zeitaufwendig. Bei einer CA werden je nach Größe der Kreuztabelle und der Zahl der Replikationen höchstens einige Minuten Rechenzeit benötigt[2]. Gegenüber der Gefahr, reine Zufallsergebnisse inhaltlich zu interpretieren (die bei explorativen Verfahren wie der CA stets gegeben ist), erscheint der vergleichsweise geringe Aufwand berechtigt.

---

[1] Bei der wiederholten Singular-Value-Decomposition im Rahmen des Bootstraps einer CA muß beachtet werden, daß die Vorzeichen der resultierenden Vektoren unbestimmt sind. Um die Wiederholungen vergleichbar zu machen, müssen die Vorzeichen der Vektoren der Plotkoordinaten mit der Referenzlösung (Plot des Ausgangsdatensatzes) verglichen und gegebenenfalls angepaßt werden.

[2] Standardsoftware für solche Plots existiert nicht. Entsprechende Programme lassen sich aber aus wenigen Subroutinen (zur Zufallsziehung, Kreuztabellierung, CA und zur Berechnung der konvexen Hülle) recht leicht in einer Matrixsprache realisieren.

7.3.4 "Multiple Correspondence Analysis" (MCA)

Die CA ist nicht nur auf zweidimensionale Tabellen anwendbar, sondern auch auf mehrdimensionale Kreuztabellen. Die Analyse solcher Tabellen wird als "Multiple Correspondence Analysis" (MCA) bezeichnet.

Ausgangspunkt der MCA ist die sogenannte "Indikatormatrix". Bildet man für jede Ausprägung einer Variablen eine Dummyvariable, dann wird die Datenmatrix der Dummyvariablen aller Variablen "Indikatormatrix" **Z** genannt. Liegen z.B. für 9 Fälle zwei Variablen mit 3 bzw. 4 Kategorien vor, dann besitzt die Indikatormatrix 9 Zeilen und 7 Spalten. Eine MCA ist eine Korrespondenzanalyse der Indikatormatrix **Z**[1].

Viele Programme behandeln die MCA wie eine einfache Verallgemeinerung der CA; der ähnliche Output legt eine identische Interpretation nahe. Die geometrische Interpretation der MCA ist aber problematischer als die der CA. So ist die Bedeutung von Chi-Quadrat-Distanzen zwischen Zeilenprofilen in einer Indikatormatrix nicht so unmittelbar einleuchtend wie in der CA (GREENACRE/HASTIE 1987:447). Darüber hinaus treten bei einer MCA eine Reihe weiterer Probleme auf. Hierzu gehört die meist geringe erklärte Varianz der Achsen der zweidimensionalen Darstellung[2]. Weiterhin hängen die Chi-Quadrat-Distanzen zwischen den Spaltenprofilen stark von der Randverteilung der Variablen ab. Beide Probleme sind direkte Konsequenzen der Verwendung der Indikatormatrix: Es werden "künstliche" Dimensionen produziert, die nicht inhaltlich interpretiert werden (GREENACRE 1984:144-145; 1991:198).

---

[1] Die Matrix **Z'Z** wird "Burt matrix" **B** genannt. **B** ist eine quadratische, symmetrische Matrix. In der Hauptdiagonalen finden sich die Randverteilungen der Variablen, die anderen Felder geben die Zellenbesetzungen aller möglichen zweidimensionalen Tabellen der Variablen wieder. Gelegentlich wird die MCA als Korrespondenzanalyse von **B** definiert. Die Ergebnisse einer MCA sind mit einer Ausnahme unabhängig davon, ob **Z** oder **B** analysiert wird: Die Eigenwerte der Analyse von **Z** sind die Wurzeln der Eigenwerte der Analyse von **B**. Die erklärten Varianzen erscheinen daher bei der Analyse von **Z** kleiner als bei der Analyse von **B** (GREENACRE 1993:147).

[2] Die niedrigen erklärten Varianzen der MCA haben zu mehreren Reformvorschlägen geführt, so z.B. einer Redefinition der Gesamtvariation (GREENACRE 1990:251).

Neuere Arbeiten versuchen die geometrischen Probleme der MCA durch die Einführung einer "joint correspondence analysis" (JCA) zu vermeiden. Man kann die JCA als eine Art "durchschnittlicher Analyse" aller zweidimensionalen Tabellen betrachten. Die relative Leistungsfähigkeit der JCA kann jedoch derzeit kaum beurteilt werden, da hierzu bisher nur wenige theoretische oder empirische Arbeiten vorliegen[1].

Neben den erwähnten geometrischen Problemen wird bei praktischen Anwendungen der MCA häufig übersehen, daß die MCA im Gegensatz z.B. zu loglinearen Modellen eine Analyse aller Zweiweg-Kreuztabellen ist; Interaktionseffekte lassen sich daher mit der Routineanwendung der MCA kaum entdecken (GREENACRE 1990:250). Die Nützlichkeit der MCA als exploratives Hilfsmittel ist damit eingeschränkt.

7.3.5 CA im Vergleich mit anderen multivariaten Analyseverfahren

Man kann die CA als Spezialfall vieler anderer Analysetechniken interpretieren, so z.B. als loglineares Modell[2], als Skalierungstechnik mit einem Übergang zur Guttman-Skalierung[3] bzw. zur MDS[4] usw. Die Art der Berechnung einer CA unterscheidet sich kaum von anderen Projektionstechniken. PCA, MDPREF[5] und CA basieren alle auf der Eigenwertzerlegung der Datenmatrix; sie unterscheiden sich lediglich durch die Art der Datentransformation vor der Zerlegung und die Art der Verwendung der berechneten Eigenvektoren (WELLER/ROMNEY 1990:23). Da aber die CA auf die Darstellung positiver Zahlen beschränkt ist, ist ein direkter Vergleich der Ergebnisse einer CA mit anderen Techniken, wie z.B. MDS, Biplots oder PCA anhand desselben Datensatzes nur bedingt möglich (JOLLIFFE 1986:88-89).

---

[1] zur JCA vgl. GREENACRE (1991:203-205, 1993:131-150).
[2] vgl. VAN DER HEIJDEN/FALGUEROLLES/DeLEEUW (1989) und GOODMAN (1991).
[3] vgl. WELLER/ROMNEY (1990:79-83).
[4] vgl. GIFI (1990:255-273).
[5] Zu MDPREF vgl. GREEN/CARMONE/SMITH (1989:79-109).

Korrespondenzanalysen eignen sich vor allem für die graphische Darstellung größerer Kreuztabellen, über deren Struktur **nichts** bekannt ist; für kleine Tabellen benötigt man keine graphische Darstellung. Liegen explizite Hypothesen über die Struktur der Kreuztabelle vor, so sind andere Analyse- und Darstellungstechniken angemessener[1].

7.3.6 Beurteilung der CA als Analysetechnik

GREENACRE (1989:364) faßt die Probleme der CA so zusammen: "All the preceding considerations should demonstrate that the interpretation of correspondence analysis is by no means a trivial exercise. (...) Experience is needed to extract valid information from the displays and the underlying geometry should always be borne in mind". Die Probleme der Skalierung der Achsen, die Interpretation der Distanzen zwischen den Punkten, die Beurteilung der Güte und der Stabilität der Lösung und selbst die Aufrechterhaltung eines konstanten "aspect ratios" überfordert viele Anwender der CA. Somit ist die CA keineswegs ein einfach handhabbares universelles Instrument explorativer "Datenanalyse". Die Korrespondenzanalyse ist lediglich eins von mehreren Verfahren zur graphischen Darstellung einer Kreuztabellierung[2]. Besondere Vorteile gegenüber anderen Analyse- oder Darstellungstechniken besitzt sie nicht. Ihr ein "advanced level of analysis" (GREEN/CARMONE/SMITH 1989:105) zuzuschreiben, ist daher unsinnig.

---

[1] TAKANE (1987:495-497) erläutert die Anwendung der "Ideal Point Discriminant Analysis" (DA) auf die Analyse von Kreuztabellen. Hierbei werden die Koordinaten der Objekte einer Kreuztabelle in einem mehrdimensionalen Raum durch eine Reihe von Prädiktorvariablen vorhergesagt. Eine didaktisch nicht immer gelungene Übersicht über Standardanalysetechniken kategorialer Daten gibt AGRESTI (1990).

[2] Zum Beispiel diskutiert GREENACRE (1988; 1993:111-118) eine andere Art der graphischen Darstellung einer zweidimensionalen Kreuztabelle. Hierbei werden schrittweise diejenigen Zeilen zusammengefaßt, durch deren Zusammenfassung die χ^2-Statistik der Kreuztabelle am wenigsten geändert wird; eine entsprechende Analyse ist ebenso für die Spalten möglich. Die Ergebnisse der Zusammenfassung können in Form eines Dendrogramms (vgl. Kap. 10.3.1) dargestellt werden.

7.4 Weitere Projektionstechniken

Die statistische Literatur enthält weit mehr Projektionsverfahren für Datenmatrizen, die letztlich zu Plots multivariater Daten führen, als hier angesprochen werden können. Zwei der älteren Techniken und einige neuere Entwicklungen sollen hier jedoch abschließend kurz dargestellt werden[1].

Im Umkreis der multidimensionalen Skalierung (MDS) gibt es eine Vielzahl von Varianten, die überwiegend zur graphischen Darstellung von Ähnlichkeitsmatrizen verwendet werden[2]. Interessanterweise haben diese Techniken kaum größere Verbreitung in der Praxis gefunden[3]. In der theoretischen Datenanalyseliteratur werden vor allem zwei Verfahren aus diesem Bereich häufiger erwähnt: "nonlinear mapping" und "principal co-ordinate analysis".

7.4.1. Nonlinear Mapping (NLM)

Das "nonlinear mapping" (NLM, SAMMON 1969) ist eine Skalierungstechnik ähnlich der MDS, die die Summe der Abweichungsquadrate zwischen empirischer und im Plot impliziterter Distanzmatrix minimiert.

SAMMON (1969) verwendet für seinen Nonlinear-Mapping-Algorithmus euklidische Distanzen. Ausgehend von der Konfiguration der Objekte im Raum der ersten zwei bzw. drei Hauptkomponenten wird iterativ der Fehler der Abbildung der Objekte verringert.

---

[1] Für andere gelegentlich erwähnte Techniken wie z.B. "multidimensional unfolding" (SCHÖNEMANN 1970) und die Analyse asymmetrischer Matrizen (GOWER 1977, CONSTANTINE/GOWER 1978) muß auf die Originalarbeiten verwiesen werden.

[2] Eine Reihe einfacher Plots in diesem Zusammenhang werden im Kapitel "Plots in der Clusteranalyse" (Kap. 10.2) erörtert.

[3] Eine Ursache dafür dürfte in der Lehrbuchliteratur, vor allem in der BRD zu suchen sein: Fast immer werden MDS-Techniken im Zusammenhang mit besonderen Formen der Datenerhebung behandelt. Nur selten wird den Lesern deutlich gemacht, daß MDS auf fast alle Datenstrukturen angewendet werden kann. Eine andere Ursache dürfte in der MDS-Software liegen, die meist nur die Verarbeitung kleiner Matrizen erlaubt.

Als Maß für die Fehler der Abbildung der n Objekte wird

$$E=\frac{1}{\sum\limits_{i<j}[d_{ij}^{*}]}\sum_{i<j}^{n}\frac{[d_{ij}^{*}-d_{ij}]^{2}}{d_{ij}^{*}}$$

verwendet (SAMMON 1969:401), wobei d_{ij} für die Distanz der Objekte im Plot und d^{*}_{ij} für die Distanz der Objekte im Ausgangsraum steht.

Im Gegensatz zu MDS-Verfahren werden bei SAMMONs Nonlinear-Mapping kleine Distanzen stärker gewichtet als große. Daher sind im Vergleich zur PCA leicht unterschiedliche Darstellungen erwartbar. Standardsoftware existiert nicht[1].

Ein Beispiel für einen NLM-Plot zeigt die Abbildung 7.26. Im Gegensatz zum entsprechenden Plot der Hauptkomponentenanalyse (Abb. 7.25) sind die Iris-Gruppen deutlich getrennt und erscheinen kompakter als im PCA-Plot.

7.4.2 Principal Co-Ordinate Analysis

"Principal co-ordinate analysis" (GOWER 1966) basiert auf einer Hauptkomponentenanalyse der Ähnlichkeitsmatrix der Objekte[2]. Ist das verwendete Distanzmaß die quadrierte euklidische Distanz, dann sind die berechneten Koordinaten der "principal co-ordinate analysis" identisch mit den Koordinaten einer PCA der Datenmatrix (GOWER 1966:331). Ähnliches gilt für Distanzmaße, die proportional zur quadrierten euklidischen Distanz sind (z.B. Matching-Koeffizienten). Wenn die Datenmatrix vorliegt, besitzt die Durchführung einer "principal co-ordinate analysis" im allgemeinen keine Vorteile gegenüber einer PCA[3].

[1] Eine ausführliche Diskussion des NLM findet sich bei FUKUNAGA (1972:288-322). Ein vollständiges NLM-FORTRAN-Programm findet sich bei MATHER (1976:474-479).

[2] "Principal co-ordinate analysis" wird von KRZANOWSKI (1990:106) als "metric scaling" und "classical scaling" bezeichnet. Bei KRZANOWSKI (1990:107) findet sich auch eine nahezu algorithmische Darstellung der Technik.

[3] vgl. JOLLIFFE (1986:75). Ein FORTRAN-Programm findet sich bei MATHER (1976).

Abb. 7-25 PCA-Plot der Iris-Daten

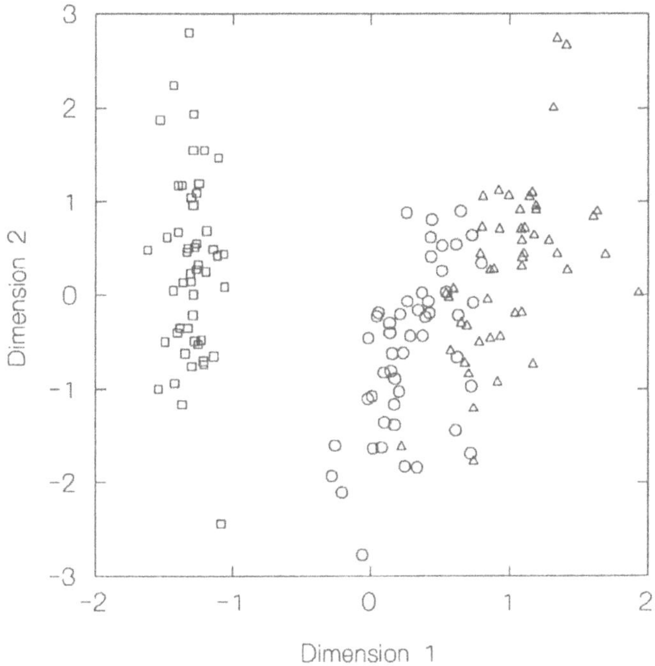

Abb. 7-26 NLM-Plot der Iris-Daten

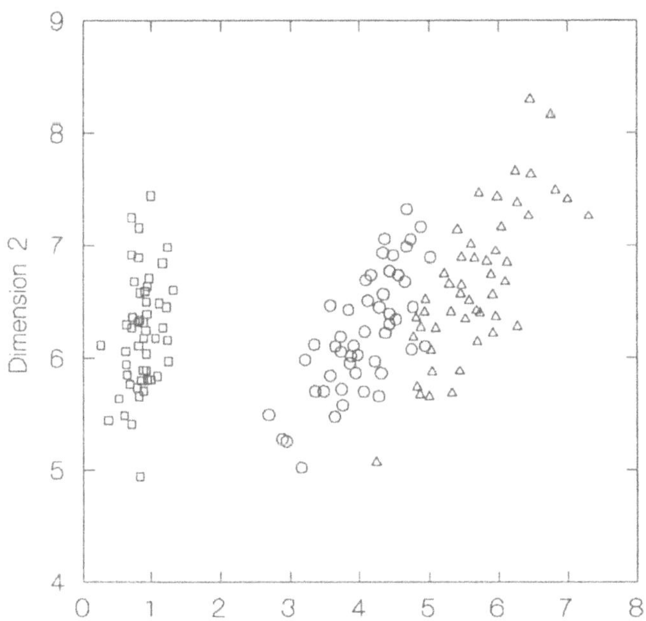

7.4.3 Sliced-Inverse-Regression (SIR)

Eine relativ neue Entwicklung bei dimensionsreduzierenden Verfahren ist die "sliced inverse regression" ("SIR", LI 1991). SIR benötigt die Spezifikation einer abhängigen Variablen und einer Reihe unabhängiger Variablen; allerdings wird **keine** Spezifikation der Form des funktionalen Zusammenhangs (z.B. linear) vorausgesetzt.

Die Berechnung einer SIR ist vergleichsweise einfach. Nach dem Standardisieren der Datenmatrix wird eine abhängige Variable y in Intervalle ("slices") eingeteilt. Für jedes Intervall werden die Mittelwerte der unabhängigen Variablen berechnet[1]. Aus diesen Mittelwerten und den Anteilen der Beobachtungen pro Intervall wird eine gewichtete Kovarianzmatrix gebildet. Die Eigenwerte und Eigenvektoren dieser Kovarianzmatrix werden zur Berechnung der neuen Dimensionen ("effective dimension-reduction": e.d.r.) verwendet (LI 1991:319-320). Der resultierende Raum wird durch die e.d.r-Richtungen der größten Eigenwerte aufgespannt. Das Ergebnis kann durch 2-D- oder 3-D-Scatterplots dargestellt werden. SIR ist zu neu, als daß umfangreiche empirische Erfahrungen vorliegen könnten. SIR scheint sich jedoch besonders zur Unterstützung bei der Entwicklung von Regressionsmodellen zu eignen[2].

7.4.4 Plots optimaler Scores

Durch Verallgemeinerung der Korrespondenzanalyse lassen sich weitere Projektionstechniken herleiten. Die Korrespondenzanalyse kann als Spezialfall von Techniken zur Gewinnung "optimaler" Scores für ordinale Daten betrachtet werden. "Optimal" sind die Scores immer in Hinsicht auf ein spezielles statistisches Kriterium, meist in Hinsicht auf eine maximale (kanonische) Korrelation. In den letzten zehn Jahren wurden Verallgemeinerungen dieser Technik entwickelt (z.B. "nicht-lineare Hauptkomponentenanalyse"). Es ergeben sich aus diesen Techniken eine Reihe von Plots, die inhaltlich interpretiert werden können. So z.B. Plots der Variablenausprägungen als Ergebnis einer nicht-linearer Hauptkomponentenanalysen

---

[1] Die Einteilung in Slices und die Berechnung der Mittelwerte sind eine grobe Schätzung einer "inversen Regression", also der Kurve $E(\mathbf{z} \mid y)$ statt $E(y \mid \mathbf{z})$.

[2] Eine SIR-Implementation findet sich in XPLORE (BROICH/HÄRDLE/KRAUSE 1990).

mit ordinalen Variablen nach einer Optimierung der Merkmalsausprägungen (GIFI 1990)[1]. Die Interpretation der resultierenden Plots unterscheidet sich nicht wesentlich von der einer Korrespondenzanalyse bzw. Hauptkomponentenanalyse, lediglich die Scores werden optimiert und nicht als gegeben vorausgesetzt (YOUNG 1981). Da die Software leicht zugänglich ist, wird die Verwendung dieser Techniken vermutlich schnell zunehmen[2]. Die inhaltliche Interpretation optimaler Scores ist hingegen nicht immer einfach.

7.4.5 "Small tour" und "Grand tour"

In vielen Forschungsbereichen fallen große Datenmengen mit einer Vielzahl ad-hoc gemessener Variablen an. In solchen Datensätzen ist die Zahl möglicher Zusammenhänge zwischen den Variablen so groß, daß weder theoretische Vorstellungen für alle diese Zusammenhänge existieren können, noch die Zeit ausreicht, um auch nur alle bi- und trivariaten Zusammenhänge getrennt untersuchen zu können.
Zur Lösung dieses Problems gibt es mehrere Vorschläge. Als "Kleine Reise" (Small Tour) wird die sequentielle Betrachtung dreidimensionaler, rotierender Scatterplots bezeichnet (STÜTZLE 1984:67), wobei der Benutzer die Auswahl und Abfolge der Variablen steuert. Die "Große Reise" (Grand Tour) ist eine Abfolge zweidimensionaler Scatterplots, die Projektionen multivariater Daten darstellen. Der Projektionswinkel wird dabei dauernd verändert (ASIMOV 1985, BUJA/McDONALD 1985). Für die praktische Anwendung ist es wichtig, daß die Reise angehalten und rückwärts betrachtet werden kann. Wird eine interessante Projektion entdeckt, so versucht man eine inhaltliche Interpretation der Projektionswinkel der ursprünglichen Variablen auf die dargestellte Ebene[3]. Eine von WEGMAN (1991) vorgeschlagene Variante projiziert die multivariaten Daten in einen Parallel-Koordinatenplot, der weniger Dimensionen als die Ursprungsdaten besitzen kann[4].

---

[1] Die Mitarbeiter der niederländischen Arbeitsgruppe des Departments of Data Theory der Universität Leiden publizieren gemeinsam unter dem Pseudonym "Albert Gifi".
[2] SPSS und SAS bieten entsprechende Routinen (PRINCALS bzw. PRINQUAL).
[3] Eine Implementation der "Großen Reise" findet sich z.B. in XploRe (BROICH/HÄRDLE/KRAUSE 1990) und LISP-STAT (TIERNEY 1990).
[4] Da auch dieser Plot schon bei kleinen Fallzahlen unübersichtlich wird (vgl. WEGMAN 1991), empfiehlt sich die Darstellung als farblich kodierte Dichtekontur.

7.4.6 Exploratory Projection Pursuit (EPP)

Selbst bei einer relativ kleinen Zahl von Dimensionen wird die Zahl der möglichen Projektionen zu groß, um alle betrachten zu können[1]. Viele der möglichen Projektionen sind aber "uninteressant", z.B. Projektionen auf einen Punkt oder eine Projektion, die eine vollkommen gleichmäßige Verteilung der Plotpunkte bewirkt. Mittels eines Ergebnisses von DIACONIS/ FREEDMAN (1984) läßt sich zeigen, daß die meisten "uninteressanten" 2-D-Projektionen Scatterplots normalverteilter Variablen ähneln. Da man sich in der Regel nur die interessanten Projektionen ansehen will, liegt es nahe, einen Index der Abweichung einer Projektion von der Normalverteilung zu berechnen und nur Projektionen mit hohen Indexwerten zu betrachten. Das ist die zugrundeliegende Idee des "Exploratory Projection Pursuit" (EPP)[2]. Das graphische Resultat eines EPP sind Scatterplots, die mehr oder weniger "interessante" Punktekonstellationen (Cluster, "Löcher", nichtlineare Zusammenhänge) zeigen.

Ein einfaches Beispiel für die Anwendung des explorativen Projection-Pursuit zeigen die Abbildungen 7.27 und 7.28. Der 3-D-Scatterplot zeigt 500 aufeinanderfolgende Dreiergruppen erzeugter Zahlen des früher weitverbreiteten Zufallszahlengenerators RANDU[3]. In diesem 3-D-Scatterplot zeigen sich keine Auffälligkeiten. Rotiert man diesen 3-D-Plot, so kann man Perspektiven finden, aus denen der Plot so aussieht wie die Abbildung 7.28. Der Zufallszahlengenerator RANDU ist offensichtlich mit schweren Mängeln behaftet: Die generierten Zahlen liegen in 15 parallelen Ebenen. Ein explorativer Projection-Pursuit findet eine entsprechende Projektion innerhalb von Sekunden. Die Abbildung 7.28 ist das Ergebnis eines EPP der RANDU-Daten. Während in diesem Beispiel die gleiche Projektion noch einfach durch Rotation hätte gefunden werden können, ist dies bei höherdimensionalen Datensätzen nicht der Fall. Bei solchen Datensätzen kann EPP dann ein nützliches Hilfsmittel sein.

---

[1] STÜTZLE (1984:74) erachtet maximal sechs als praktikabel.

[2] Der erste Algorithmus für "Projection Pursuit" geht auf FRIEDMAN/TUKEY (1974) zurück. Eine anschauliche Einführung geben FRIEDMAN/STUETZLE (1982). Neuere Übersichten geben HUBER (1985), JONES/SIBSON (1987) und FRIEDMAN (1987).

[3] RANDU arbeitet mit der Formel $x_{n+1}=(2^{16}+3)x_n$ (mod 2^{31}). Das RANDU-Beispiel für EPP findet sich bei COOK/BUJA/CABRERA (1993:238).

Abb. 7-27 RANDU-Daten: 3-D-Scatterplot

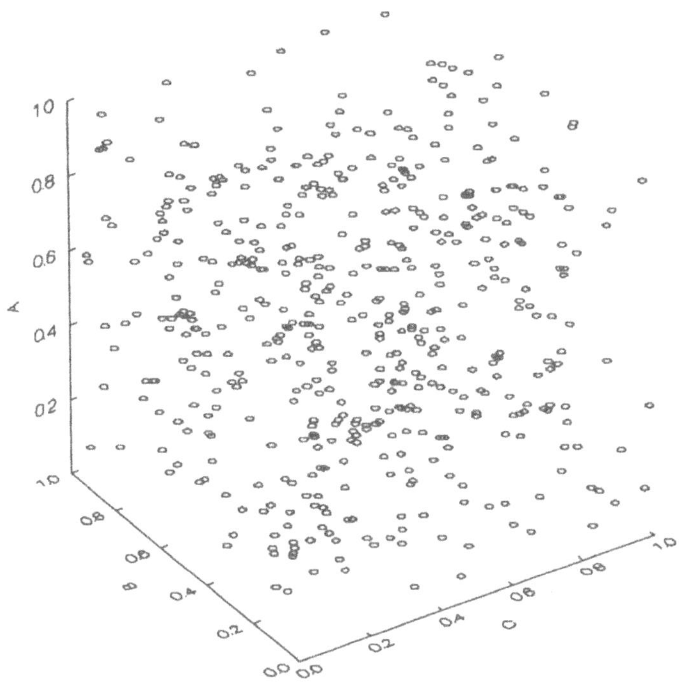

Abb. 7-28 RANDU-Daten: Exploratory Projection Pursuit Plot

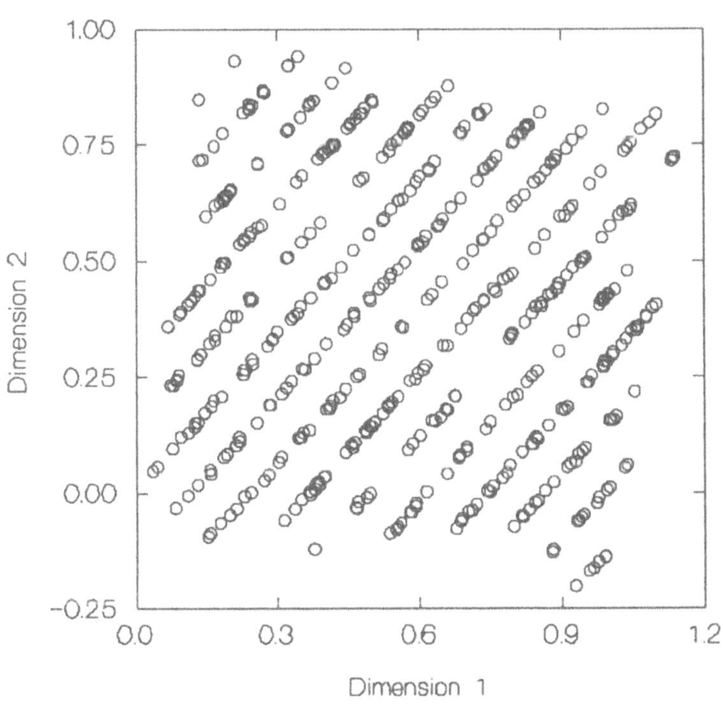

Das formale Ergebnis eines zweidimensionalen explorativen Projection-Pursuits mit p Variablen besteht aus einer 2*p-Matrix von Gewichtungskoeffizienten. Die Plotkoordinaten des Scatterplots ergeben sich als Linearkombination aus der Multiplikation der Ausgangvariablen mit den Gewichtungskoeffizienten. Diese lassen sich wie die Factor-Score-Koeffizienten einer Faktorenanalyse interpretieren. Wie bei der Faktorenanalyse wird die Interpretation der Gewichtungskoeffizienten manchmal durch eine Rotation erleichtert[1]. Üblicherweise wird hierzu eine Varimax-Rotation der EPP-Lösung vorgenommen[2]. Trotzdem ist die Interpretation einer EPP-Lösung häufig nicht einfach.

Zu diesen allgemeinen Interpretationsproblemen kommen weitere. Die Resultate (und die Durchführungsdauer) eines EPP hängen u.a. vom gewählten Projektionsindex und dem Optimierungsalgorithmus ab[3]. Über die "optimale" Wahl des Index besteht derzeit keine Einigkeit in der Literatur[4]. Die verschiedenen vorgeschlagenen Indizes scheinen sich jeweils für die Identifikation bestimmter Strukturen (z.B. homogene Gruppen) besonders, hingegen nicht für die anderer Strukturen (z.B. "Ringe") zu eignen. Im Rahmen eines EPP empfiehlt sich daher die Verwendung verschiedener Projektionsindizes[5]. Ein Plot oder eine Ladungsmatrix eines explorativen Projection-Pursuit ist auch daher kein eindeutiges Ergebnis.
Ein anderes Problem des EPP besteht darin, daß ein EPP (ebenso wie eine Korrespondenzanalyse) immer eine Lösung erbringt. Teststatistiken für dieses Problem existieren bisher nur in Ansätzen (SUN 1991). Die einzige allgemeine Möglichkeit zur Beurteilung, ob eine gefundene EPP-Lösung mehr als nur zufällige Strukturen zeigt, besteht im Vergleich des Wertes des Projektionsindex mit den Projektionsindexwerten simulierter Stichproben des gleichen Umfangs aus unabhängig normalverteilten Variablen.

---

[1] MORTON (1990) schlägt eine Modifikation der Projektionsindizes vor, bei der die leichte Interpretierbarkeit bereits in den Projektionsindex eingeht.

[2] Das Programm von FRIEDMAN enthält den FORTRAN-Code für eine entsprechende optionale Varimax-Rotation.

[3] Die Rechenzeiten einiger EPP-Varianten sind kaum zumutbar. POSSE (1990) schlägt eine Variante mit wesentlich geringeren Rechenzeiten vor. Zu effizienten EPP-Algorithmen vgl. auch SUN (1990). Das Programm von FREEDMAN (1987) liefert erfahrungsgemäß auf Rechnern mit 5 Megaflop für mittlere Datensätze Ergebnisse innerhalb einer Minute.

[4] vgl. HALL (1989), SUN (1990) und COOK/BUJA/CABRERA (1993).

[5] Mit dem X-Windows-Programm XGobi (SWAYNE/COOK/BUJA 1991a, 1991b) ist ein Vergleich der Ergebnisse verschiedener Projektionsindizes relativ einfach möglich.

Zusammen mit dem derzeitigen Mangel an effizienter Software lassen die genannten Probleme den explorativen Projection-Pursuit zwar als interessante Erweiterung des Methodenarsenals erscheinen; über seine tatsächliche Nützlichkeit sind aber derzeit keine Aussagen möglich. Inhaltliche sozialwissenschaftliche Anwendungen finden sich bislang nicht in der Literatur[1].

7.5 Vergleich verschiedener Projektionen: Prokrustes-Analyse

Im Rahmen einer Datenanalyse entsteht regelmäßig das Problem, daß zwei verschiedene graphische Darstellungen derselben Objekte in einem zweidimensionalen Raum miteinander verglichen werden müssen. Ein solcher Vergleich zweier n-Punkte-Konfigurationen ergibt sich z.B. bei der Durchführung multidimensionaler Skalierungen mit unterschiedlichen Techniken, bei der Darstellung der Ergebnisse zweier Clusteranalysen im Raum der ersten beiden Hauptkomponenten usw. Selbst wenn sich die beiden Konfigurationen nur durch eine Rotation unterscheiden, fällt schon bei kleinen Fallzahlen ein qualitativer Vergleich durch Betrachten der graphischen Darstellung der beiden Konfigurationen schwer: Die gemeinsame Rotation mehrerer Objekte in einem Koordinatensystem ist eine nichttriviale mentale Aufgabe. Eine einfache Methode des Vergleichs zweier n-Punkte-Konfigurationen bietet eine "Prokrustes-Analyse".

Ausgangspunkt einer Prokrustes-Analyse sind die beiden Punkte-Konfigurationen **X** und **Y**, die jeweils eine n*2 Matrix der Koordinaten der n Punkte in gleicher Abfolge enthalten. Das Element $\mathbf{X}_{ij}$ stellt also dasselbe Objekt wie in einer anderen Analyse das Element $\mathbf{Y}_{ij}$ dar. Die Idee der Prokrustes-Analyse besteht darin, eine Transformation der Matrix **Y** zu finden, die die Summe der quadrierten Abstände zur Matrix **X** minimiert. Als Transformationen sind dabei nur Verschiebungen der Konfiguration sowie Drehungen und Streckungen der Achsen zulässig. Der Vergleich der transformierten Matrix mit der Referenzmatrix (z.B. in einem gemeinsamen Plot) ist dann wesentlich einfacher.

---

[1] Standardsoftware für EPP existiert derzeit nicht. Lediglich das weithin unbekannte PC-ISP enthält entsprechende Routinen. Ein FORTRAN-Programm stammt von FRIEDMAN (1987).

Die Berechnung einer Prokrustes-Analyse ist vergleichsweise einfach[1]. Sie besteht aus drei voneinander unabhängigen Schritten. Die beste Übereinstimmung der beiden Konfigurationen läßt sich dann erzielen, wenn die Mittelwerte der beiden Konfigurationen übereinstimmen. Am einfachsten läßt sich dies durch Zentrieren der beiden Matrizen erreichen. Der erste Schritt besteht also in der Subtraktion der Spaltenmittelwerte der beiden Matrizen von den jeweiligen Spalten.

Der zweite Schritt besteht in der Wahl einer optimalen Rotation der Matrix **Y**. Die Rotation ergibt sich durch **R=VU'**, wobei **V** und **U** durch die Singular-Value-Decomposition **USV'** der Matrix **X'Y** berechnet werden. Die transformierte Matrix ist gleich **YR**.

Um eventuelle Effekte unterschiedlicher Skalen auszugleichen, ist es häufig wünschenswert in einem dritten Schritt die Matrix **Y** mit einer Konstanten c zu multiplizieren. Die Konstante wird als c=Spur(**S**)/Spur(**YY'**) berechnet[2].

Die Prokrustes-Transformation der Matrix **Y** zur Matrix **X** ist nicht identisch mit der entsprechenden Transformation der Matrix **X** zur Matrix **Y**. Um Interpretationsprobleme zu vermeiden, wird daher in der Regel vor der Berechnung der Rotation eine Standardisierung beider Matrizen derart durchgeführt, daß die Spur(**XX'**)=Spur(**YY'**)=1 wird[3]. Dies geschieht durch $\mathbf{X}_s=\mathbf{X}/\sqrt{\mathrm{Spur}(\mathbf{X'X})}$ bzw. $\mathbf{Y}_s=\mathbf{Y}/\sqrt{\mathrm{Spur}(\mathbf{Y'Y})}$. Die Summe der Abweichungsquadrate nach dieser Standardisierung hängt nun nicht mehr davon ab, ob **X** zu **Y** transformiert wurde oder **Y** zu **X**.

Ein Beispiel für den Vergleich zweier n-Punkte-Konfigurationen zeigen die Abbildungen 7.29-7.31[4]. Die Abbildung 7.29 zeigt die beiden Ausgangskonfigurationen in einem gemeinsamen Plot (11 Objekte, Konfigurationen "M" und "P"; gleiche Objekte besitzen gleiche Nummern). Obwohl beide Konfigurationen Ähnlichkeiten besitzen, ist eine exakte Beur-

[1] Eine rigorose mathematische Darstellung samt Beweisen gibt SIBSON (1978). Einfache Beispiele finden sich bei GORDON (1981:106-112). Eine ausführliche Darstellung bietet KRZANOWSKI (1990:155-164).

[2] Die Spur ("Trace") einer Matrix ist die Summe ihrer Diagonalelemente.

[3] In diesem Fall ist die Summe der Abweichungsquadrate der so standardisierten und dann optimal transformierten Matrizen identisch mit GOWERs (1971) m^2-Statistik (GORDON 1981:110).

[4] Die Ausgangsdaten der Plots stellen zwei multidimensionale Skalierungen des Bundesländerbeispiels (vgl. Kap. 10) dar. Zusätzlich wurde eine Matrix um 30° rotiert und die Skalierung geändert.

teilung der Ähnlichkeit der beiden Projektionen schwer (die Summe der Abweichungsquadrate beträgt 12.02). Die Abbildung 7.30 zeigt die Konfiguration nach der Rotationsphase der Prokrustes-Analyse. Die Beurteilung der Ähnlichkeit ist wesentlich einfacher geworden, da keine mentale Rotation mehr notwendig ist. Die Summe der Abweichungsquadrate beträgt nur noch 3.30. Der Plot zeigt aber deutlich den Effekt der unterschiedlichen Skalen auf die beiden Konfigurationen: Die "P"-Punkte scheinen stets einen größeren Abstand zum Ursprung zu besitzen als die entsprechenden "M"-Punkte. Die Korrektur dieser Streckung der Achsen im letzten Schritt der Prokrustesanalyse führt zum Plot 7.31, der eine Abweichungsquadratsumme von nur noch 0.24 besitzt. Der transformierte Plot zeigt eindeutig, daß die beiden Konfigurationen keine interpretierbaren Unterschiede besitzen.

Bei der Datenexploration bieten sich Prokrustes-Analysen für den Vergleich der Ergebnisse verschiedener Projektionstechniken an[1]. Durch diese Art der Analyse kann der Einfluß verschiedener Skalierungsalgorithmen, Distanzmaße usw. auf die inhaltliche Interpretation der Ergebnisse einfacher (und objektiver) untersucht werden als durch eine grobe visuelle Einschätzung der "Ähnlichkeit" zweier Projektionsplots. Obwohl die größere Verfügbarkeit von Projektionstechniken in modernen Datenanalysesystemen den Vergleich mehrerer Techniken an einem Datensatz nahelegen, erlauben die Standardstatistikpakete bisher keine solchen Prokrustes-Analysen. Die Programmierung in einer Matrix-Sprache bereitet aber keine besonderen Schwierigkeiten.

[1] Verallgemeinerungen auf mehr als zwei Matrizen werden von GOWER (1975) diskutiert, vgl. hierzu auch KRZANOSWKI (1990:164-167). KRZANOWSKI (1990:167-176) gibt auch Hinweise für den Vergleich von Unterräumen in mehreren Subgruppen.

Abb. 7-29 Ausgangsdaten

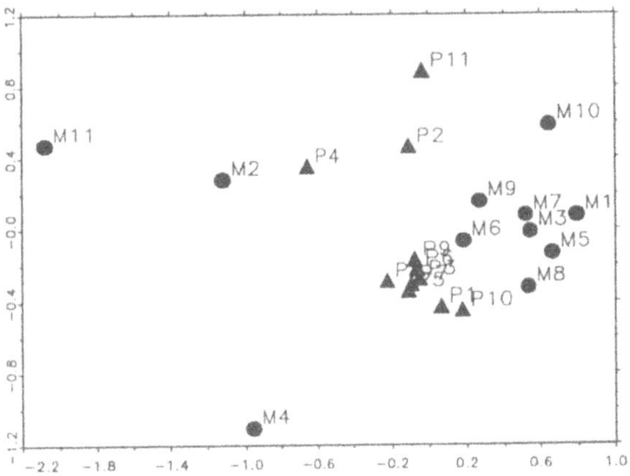

Abb. 7-30 transformiert, keine Streckung

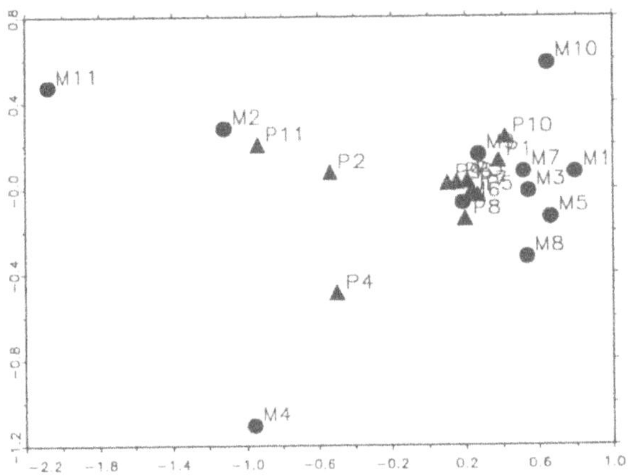

Abb. 7-31 transformiert, gestreckt

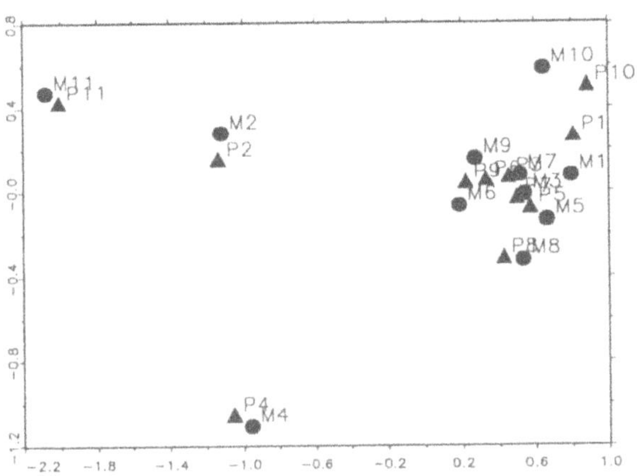

7.6 Interpretation von Projektionsplots

Die Anwendung von Projektionsplots der sogenannten graphischen multivariaten explorativen Datenanalyse ("MEDA", oder "VEDA") wie MDS, CA oder EPP wird durch die steigende Rechnerleistung und das immer größer werdende Bedürfnis nach einer scheinbar automatischen Datenanalyse zunehmen. Bei all diesen Techniken treten aber zwei Hauptprobleme auf.

Das erste Problem bezieht sich auf die Möglichkeit eines Individuums, eine tatsächlich vorhandene Regelmäßigkeit zu identifizieren. Da die Zahl der Stimulusinformationen in Projektionsplots wesentlich höher ist als bei den meisten anderen Plottypen, gelten hier die Argumente für eine notwendigerweise schema-basierte kognitive Verarbeitung in besonderem Maße. Stärker als bei anderen Plots bestimmen die verfügbaren Schemata die überhaupt möglichen Wahrnehmungen (vgl. Kap 1.3). Training und das Verständnis der den Plot generierenden Datenanalysetechnik erhöhen die Wahrscheinlichkeit der korrekten Identifikation tatsächlich vorhandener Muster.

Das zweite Problem besteht darin, ob ein vermeintlich erkanntes Muster tatsächlich auf eine Regelmäßigkeit des datengenerierenden Prozesses schließen läßt oder nicht. Die Fähigkeit und Neigung des menschlichen Wahrnehmungsapparats zur Erkennung von Mustern führt nämlich auch dazu, Muster in Daten zu erkennen, die sich objektiv nicht in den Daten nachweisen lassen.

Zur Wahrnehmung und Interpretation von Punktewolken in Projektionsplots scheint es kaum psychologische Forschungsarbeiten zu geben. Schließt man relativ triviale Fälle wie z.B. vollständig separierte einzelne Cluster, ringförmige Strukturen und einzelne Ausreißer aus, so sind die "random dots" vieler Projektionsplots Beispiele für mehrdeutige Stimuli. Die vorhandene allgemeine psychologische Literatur zur Wahrnehmung legt daher einige Vermutungen in Hinsicht auf solche Stimuli nahe. KAHNEMAN/TVERSKY (1982:513) vermuten eine biologische Basis für die Tendenz zur Unterdrückung mehrerer Interpretationen bei nichteindeutigen visuellen Stimuli. Die Folge dieser Tendenz wäre die Notwendigkeit der Erkennung irgendeines Musters; gegebenenfalls eines Zufallsmusters. Die Fähigkeit zur Unterscheidung zwischen Zufallsmustern und systematischen Tendenzen ist jedoch keineswegs unproblematisch[1]. Menschen sind weder in der Lage, graphische Zufallsmuster noch Zufallszahlen zu erzeugen[2]. Aus den gleichen Gründen wird die Identifikation von Zufallsmustern kaum zuverlässig sein können. Daher kann auch noch so intensives Training mit erzeugten Zufallsmatrizen nicht vor der inhaltlichen Interpretation von Zufallsmustern schützen: Erfahrung bringt hier kaum Vorteile.

Zur Klärung der Frage, ob ein wahrgenommenes Muster in den Daten objektiv existiert oder nicht, gibt es eine Reihe datenanalytischer Techniken.

Ein Nachweis der objektiven Existenz eines vermeintlichen Musters ist letztlich nur durch Validierung an einem anderen Datensatz möglich. Dieser steht aber meist nicht zur Verfügung. Man muß sich daher mit Näherungen begnügen. Die einfachste Technik besteht in der "Kreuzvalidierung" anhand des gegebenen Datensatzes: **Vor** Durchführung der ersten Analyse wird der Datensatz zufällig in zwei Teilmengen zerlegt; die Analyse wird zunächst nur mit einer der Hälften durchgeführt. Erst wenn alle geplanten Untersuchungen abgeschlossen sind, wird die Analyse für die zweite Hälfte des Datensatzes wiederholt.

Die Alternative zur Kreuzvalidierung besteht in der Verwendung von "Resampling-Verfahren". Hierbei wird die gegebene Stichprobe durch verschiedene Techniken zur Simulation der Grundgesamtheit verwendet. Eine Variante dieser Vorgehensweise wurde anhand der Berechnung der konvexen Hülle der Objekte einer CA durch Bootstrapping demonstriert (vgl. Kap. 7.3.3).

Eine ähnliche Möglichkeit wird von BUJA u.a. (1988:295) angedeutet: In einem Bildschirmfenster wird ein Projektionsplot der tatsächlichen Daten gezeigt, in einem anderen Bildschirmfenster die identische Projektion eines "randomisierten" Datensatzes ("view sharing"). Die Randomisierung des Datensatzes kann z.B. durch das Permutieren der Abfolge der Beobachtungen für jeden einzelnen Variablenvektor erfolgen[3]. Eine Zeile einer permutierten

---

[1] vgl. z.B. LOPES/ODEN (1987).

[2] HOLLINGSWORTH-LISANBY/LOCKHEAD (1991:99) fassen die Konsequenz ihrer Hypothesen so zusammen: "If so, then perceptual structure would be different from stochastic structure, and perceptual models and stochastic models ought to be examined from different baselines."

[3] Zu Randomisierungstests allgemein, vgl. EDGINGTON (1987) und MANLY (1991).

n*p-Datenmatrix enthält also Werte verschiedener Beobachtungen. Stellt man durch Projektionsplots nacheinander unterschiedliche permutierte Datenmatrizen dar, so sollten sich die meisten dieser Plots von der Projektion der tatsächlichen Daten unterscheiden. Ähneln sich die Datenprojektion und die Projektionen der randomisierten Daten stark, so ist die inhaltliche Interpretation der Datenprojektion unangebracht.

Schließlich muß durch weitere Untersuchungen mit anderen Techniken eine inhaltliche Interpretation des Musters versucht werden. So kann man z.B. eine CA durch eine Clusteranalyse ergänzen, wobei der wichtigste Aspekt hierbei in der inhaltlichen Interpretation der Clusterlösung liegt[1].

[1] Für eine Reihe solcher Verfahren sind, im Gegensatz zu den meisten Projektionsttechniken, näherungsweise Konfidenzintervalle berechenbar.

8 Plots in der multiplen Regression

Die multiple Regression ist die am häufigsten verwendete multivariate Datenanalysetechnik. Plots besitzen eine Fülle von Anwendungsmöglichkeiten in der multiplen Regression. Datenanalyseplots zur multiplen Regression nehmen in der modernen Lehrbuchliteratur großen Raum ein[1]. In der tatsächlichen Forschungspraxis werden allerdings neuere Regressions- oder Plot-Techniken bisher kaum angewendet. Plots sind aber für eine korrekte Anwendung der multiplen Regression unverzichtbar.

Dies kann anhand eines mittlerweile berühmten Beispiels demonstriert werden. ANSCOMBE (1973) konstruierte vier bivariate Datensätze mit je 11 Fällen (vgl. Tab. 8.1). In allen vier Datensätzen sind die Mittelwerte der unabhängigen Variablen gleich, ebenso die Mittelwerte der abhängigen Variablen. Weiterhin stimmen die jeweiligen Varianzen überein. Der Korrelationskoeffizient liegt in allen Datensätzen bei 0.8. Alle vier Datensätze produzieren dieselben Regressionsstatistiken, R^2 liegt bei .67, die Konstante ist gleich 3 und die Steigung der Regressiongeraden beträgt 0.5. Die üblichen zusammenfassenden Statistiken für die Regressionen zeigen nichts Auffälliges.

X1	Y1	X2	Y2	X3	Y3	X4	Y4
10.00	8.04	10.00	9.14	10.00	7.46	8.00	6.58
8.00	6.95	8.00	8.14	8.00	6.77	8.00	5.76
13.00	7.58	13.00	8.74	13.00	12.74	8.00	7.71
9.00	8.81	9.00	8.77	9.00	7.11	8.00	8.84
11.00	8.33	11.00	9.26	11.00	7.81	8.00	8.47
14.00	9.96	14.00	8.10	14.00	8.84	8.00	7.04
6.00	7.24	6.00	6.13	6.00	6.08	8.00	5.25
4.00	4.26	4.00	3.10	4.00	5.39	8.00	5.56
12.00	10.84	12.00	9.13	12.00	8.15	19.00	12.50
7.00	4.82	7.00	7.26	7.00	6.42	8.00	7.91
5.00	5.68	5.00	4.74	5.00	5.73	8.00	6.89

Tab. 8-1 Der Datensatz von ANSCOMBE (1973)

[1] Vergleicht man die Kapitel älterer Standardlehrbücher multivariater Techniken mit modernen Lehrbüchern zur multiplen Regression (SEN/SRIVASTAVA 1990, CHATTERJEE/PRICE 1991, HAMILTON 1992), so ist eine deutliche Verschiebung des Schwerpunkts festzustellen: Die modernen amerikanischen und englischen Lehrbücher betonen graphische Techniken zur Diagnose von Modellverstößen wesentlich stärker.

Abb. 8-1 Scatterplots Y1-X1

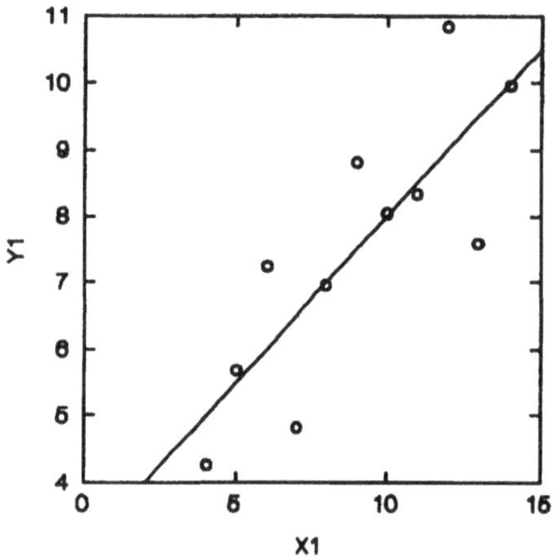

Abb. 8-2 Scatterplot Y2-X2

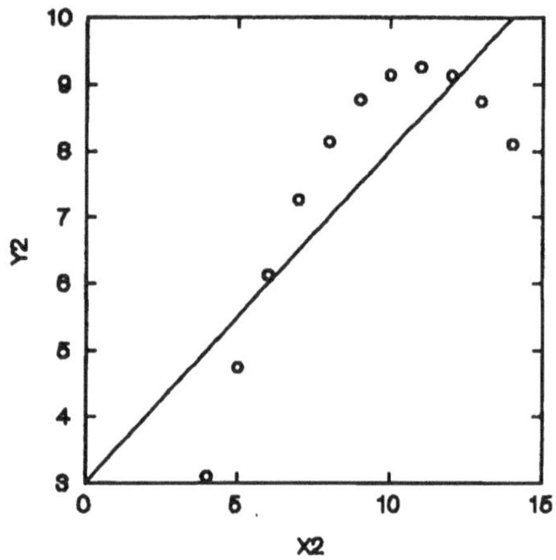

Betrachtet man jedoch die Scatterplots der beiden Variablen in den vier Datensätzen, so wird deutlich, daß nur der erste Datensatz unproblematisch ist. Der zweite Scatterplot zeigt einen kurvilinearen Zusammenhang. Der dritte Scatterplot zeigt einen perfekten Zusammenhang mit einem Ausreißer. Der vierte Scatterplot zeigt eine konstante unabhängige "Variable" mit einem Ausreißer. Die Anwendung einer Regression wäre nur für den ersten Datensatz problemlos; in allen anderen Fällen wäre der tatsächliche Zusammenhang bei alleiniger Betrachtung der Regressionsstatistiken unerkannt geblieben. Das Beispiel illustriert die wichtigste Aufgabe von Plots in der Regression: Die Überprüfung der notwendigen Annahmen der Regressionsanalyse.

Abb. 8-3 Scatterplot Y3-X3

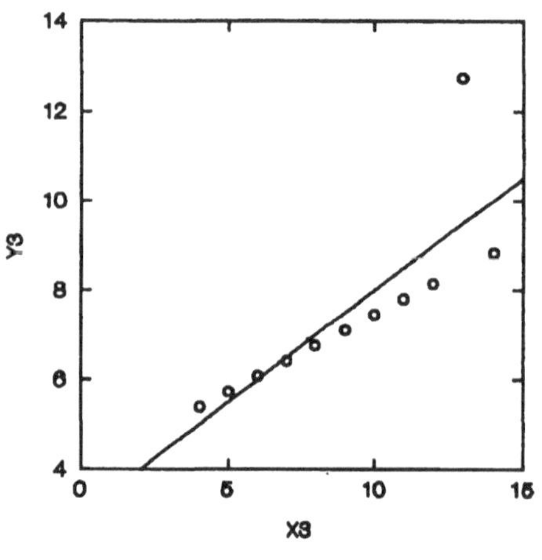

Abb. 8-4 Scatterplot Y4-X4

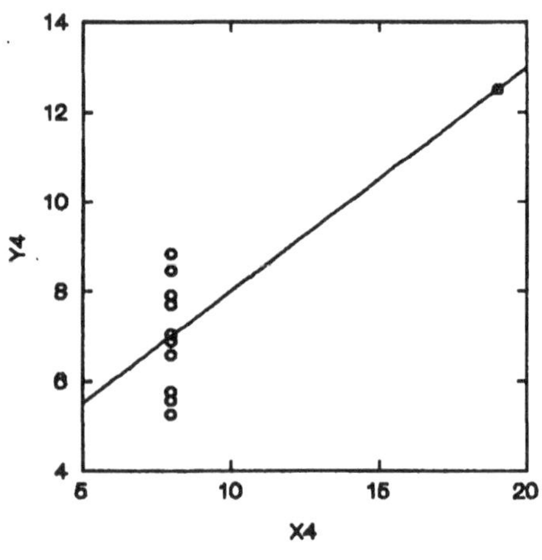

8.1 Annahmen der multiplen Regression

Das Modell der multiplen linearen Regression wird definiert durch die Gleichung

$$y_i=\beta_0+\beta_1x_{1i}+\beta_2x_{2i}+...+\beta_kx_{ki}+\epsilon_i$$

wobei y die abhängige Variable, x_k die unabhängigen Variablen k=1,...,p und die Beobachtungen i=1,...,n darstellen. In der Praxis werden für die Fehler ε_i folgende Voraussetzungen als erfüllt angenommen[1]:

1. Der Mittelwert der Fehler ist gleich null ($E(\varepsilon_i)=0$),
2. die Varianz der Fehler ist konstant ("Homoskedastizität": $var(\varepsilon_i)=\delta^2$),
3. die Fehler sind unkorreliert ($cov(\varepsilon_i,\varepsilon_j)=0$; für $i\neq j$),
4. die Meßfehler der unabhängigen Variablen sind klein im Verhältnis zur Varianz und
5. die Fehler sind annähernd normalverteilt ($\varepsilon_i \sim N(0,\delta^2)$).

Als Ersatz für die prinzipiell unbeobachtbaren Fehler werden die Residuen

$$e=Y-\hat{Y}$$

verwendet, also die Differenz zwischen beobachteten und durch das Regressionsmodell vorhergesagten Werten[2]. Demzufolge ist die genaue Analyse der Residuen zentral für die Überprüfung der Annahmen jeder empirischen Anwendung der multiplen Regression.

Wenn die Bedingungen 1-3 (die "Gauss-Markov-Bedingungen") erfüllt sind, dann sind die resultierenden Schätzungen in einem bestimmten Sinn optimal ("BLUE": best linear unbiased

---

[1] vgl. COOK/WEISBERG (1992:5-6), SEN/SRIVASTAVA (1990:11-42).

[2] Der Zusammenhang zwischen den Residuen e und den Fehlern ε ergibt sich durch

$$e=(I-H)\epsilon$$

wobei

$$H=X(X'X)^{-1}X'$$

und I die Einheitsmatrix darstellt (COOK/WEISBERG 1992:11). Sind die Elemente von H (der "Hat-Matrix") klein, so können die Residuen anstelle der Fehler verwendet werden. Mit Hilfe der beiden Gleichungen kann man zeigen, daß die "normalen" Residuen auch dann korreliert sind und keine Homoskedastizität zeigen, wenn die Fehler unkorreliert sind und konstante Varianz besitzen (vgl. z.B. MADDALA 1988:409-411).

estimator)[1]. Damit stellt sich die Frage, was bei Verletzung der Annahmen passiert (vgl. BERRY 1993:27-82)[2]:

Verletzung der Annahme 1 (Mittelwert der Fehler gleich null): Ist der Mittelwert der Fehler konstant, aber nicht gleich null, dann wird nur die Konstante in der Regression verzerrt geschätzt. Dies kann z.B. durch einen konstanten Meßfehler der abhängigen Variablen verursacht werden. Ein variierender Mittelwert der Fehler zwischen den Beobachtungen ist z.B. möglich durch eine nichtzufällige Stichprobenauswahl oder die Vernachlässigung unabhängiger Variablen, die mit im Modell enthaltenen Variablen korrelieren. In diesem Fall sind die resultierenden Schätzungen der Regressionsparameter verzerrt.

Verletzung der Annahme 2 (Homoskedastizität): Nichtkonstante Varianz der Fehler ("Heteroskedastizität") kann z.B. durch systematische Meßfehler der abhängigen Variablen oder ein falsch spezifiziertes Regressionsmodell entstehen. Die Schätzungen der Regressionsparameter sind dann zwar unverzerrt, schwanken aber stark zwischen verschiedenen Stichproben. Die Standardfehler der Regressionsparameter werden unterschätzt, daher sind die Signifikanztests verfälscht (MADDALA 1988:167-169).

Verletzung der Annahme 3 (unkorrelierte Fehler): Da die Fehler den Effekt im Modell nicht berücksichtigter Variablen wiedergeben, resultiert eine Korrelation zwischen den Fehlern verschiedener Beobachtungen dann, wenn die nichtberücksichtigten Variablen für diese Beobachtungen ähnliche Werte annehmen. Dies ist zum Beispiel häufig bei Zeitreihen für aufeinanderfolgende Beobachtungen gegeben ("serielle Autokorrelation"). Das gleiche Problem tritt aber auch z.B. bei räumlicher Nähe der Erhebungseinheiten auf, da benachbarte Einheiten sich häufig ähnlich sind ("spatial correlation", z.B. Erhebungen in Schulklassen). Die Effekte dieser gegenseitigen Abhängigkeiten der Beobachtungen sind die gleichen wie

[1] Genau dies ist die Aussage des zentralen Theorems für die multiple Regression, des "Gauss-Markov-Theorems". Keinerlei andere Annahmen sind für den Beweis des Theorems notwendig (der Beweis findet sich u.a. bei SEN/SRIVASTA 1990:41).

[2] Häufig wird fälschlich die Abwesenheit hoher Interkorrelationen der unabhängigen Variablen ("Multikollinearität") zu den notwendigen Annahmen gerechnet; dies ist aber unzutreffend. Auch bei hoher Multikollinearität bleiben die Regressionsschätzungen unverzerrt, die Standardfehler der Regressionskoeffizienten werden aber sehr groß.

die Effekte der Heteroskedastizität (siehe Annahme 2)[1].

Verletzung der Annahme 4 (kleine Meßfehler): Zufällige Meßfehler auf der abhängigen Variablen führen zu unverzerrten Schätzungen, die aber große Streuungen besitzen. Die erklärte Varianz wird unterschätzt. Zufällige Meßfehler auf den unabhängigen Variablen führen zu verzerrten Schätzungen. Systematische, nichtzufällige Fehler führen immer zu verzerrten Schätzungen.

Verletzung der Annahme 5 (Normalverteilung): Die Annahme der Normalverteilung der Fehler ist nur für die Rechtfertigung von Signifikanztests notwendig; die Parameterschätzungen sind auch bei Verletzung dieser Annahme unverzerrt. Für die Forschungspraxis ist diese Annahme daher meist die unwichtigste, gerade deren Überprüfung wird aber meist besondere Aufmerksamkeit zuteil.

8.2 Überprüfung der Annahmen

Die empirische Überprüfung der Annahmen der multiplen Regression geschieht überwiegend (aber nicht ausschließlich) durch Residuenanalyse. Ihre Aufgabe besteht in der Entdeckung von Problemen der Anwendung der multiplen Regression auf einen Datensatz. Solche Probleme können z.B. Datenfehler in den Variablen (Meß-, Erhebungs-, Codier- und Verarbeitungsfehler) sein. Die Residuenanalyse kann zur Entdeckung nichtlinearer Beziehungen führen oder die Notwendigkeit von Datentransformationen zeigen. Häufig führt eine sorgfältige Residuenanalyse zur Identifikation einer Variablen, deren Wirkung auf die Variablen des Modells übersehen wurde und die eine Revision des Modells oder gar die Verwerfung des Datensatzes erfordert[2]. Nicht zuletzt kann die Residuenanalyse zur Entdeckung von Fällen führen, für die das zugrunde liegende theoretische Modell nicht gilt. In vielen Fällen sind solche "abweichenden" Beobachtungen theoretisch bedeutsamer als der "Fit" des Modells.

---

[1] Häufig wird vergessen, daß dieser Effekt auch durch Besonderheiten der Erhebungssituation (z.B. Interviewer, die viele Interviews durchführen) produziert werden kann.

[2] Solche Variablen werden gelegentlich als "lurking variables" bezeichnet. JOINER (1981) gibt eine Reihe von Beispielen, die auf mangelnde Randomisierung bei Experimenten, Abfolgeeffekte durch Meßinstrumentveränderung, räumliche Nähe und andere erhebungstechnische Probleme hinweisen.

8.2.1 Residuen-Definitionen

In der Regressionsdiagnostik werden neben den üblichen ("ordinary least square", "OLS-") Residuen vor allem zwei weitere Residuenformen verwendet. Um die Größe der Residuen einschätzen zu können, empfiehlt sich eine Standardisierung ihres Wertebereichs. Hierzu werden die Residuen durch ihre geschätzte Standardabweichung dividiert. Das "standardized residual" ist definiert als

$$z_i = \frac{e_i}{s\sqrt{1-h_i}}$$

wobei s die Wurzel aus der geschätzten Varianz der Residuen $\Sigma e^2/(n-p-1)$ darstellt. Schließt man die Beobachtung i aus der Berechnung der Standardabweichung der Residuen aus, gelangt man zu den "studentized residuals":

$$t_i = \frac{e_i}{s(i)\sqrt{1-h_i}}$$

wobei s(i) den Ausschluß der Beobachtung i aus der Berechnung der Standardabweichung wiedergibt. Diese auch als RSTUDENT (BELSLEY/KUH/WELSH 1980:20) bezeichneten Residuen sind t-verteilt mit n-p-2 Freiheitsgraden. Die Größe dieser Residuen kann also anhand einer t-Verteilung beurteilt werden. Als grobe erste Orientierung können absolute Werte von RSTUDENT größer als 2 als "groß" betrachtet werden. Da RSTUDENT zudem konstante Varianz besitzt, wird diese Art der Residuen für Plots der Regressionsdiagnostik bevorzugt[1].

Obwohl für die meisten Annahmen der multiplen Regression über die Residuen formale Tests existieren[2], werden im Rahmen der Residuendiagnostik vor allem eine große Zahl verschiedener Plots eingesetzt, da Plots im allgemeinen weniger zusätzliche Annahmen als formale

[1] Die Begriffe "standardized residuals" und "studentized residuals" werden in der Literatur und in der Folge in den Standardprogrammen nicht immer einheitlich verwendet. Häufig werden diese beiden Standardisierungen auch als "internal" bzw. "external studentization" bezeichnet (VELLEMAN/ WELSCH 1981:237-238).

[2] Eine ausführliche praktische Übersicht über viele dieser Tests gibt MADANSKY (1988).

Tests erfordern und häufig auf völlig unerwartete Probleme hinweisen. Die Plots der Residuendiagnostik verwenden sowohl zum Teil spezielle Prüfgrößen für den Einfluß einzelner Beobachtungen auf die Ergebnisse der multiplen Regression als auch spezielle Residuen. Vor der Darstellung der Plots muß daher zunächst die Definition der Prüfgrößen erörtert werden.

8.2.2 Prüfgrößen für den Einfluß einzelner Beobachtungen

Von zentraler Bedeutung für die Regressionsdiagnostik ist die sogenannte "Hat-Matrix". Die Matrix **H**

$$H=X(X'X)^{-1}X'$$

wird als "Hat-Matrix" bezeichnet, weil sie die y-Werte mit einem "hat" (^) versieht[1]:

$$\hat{y}=Hy$$

Die vorhergesagten Werte für Y ergeben sich also durch Multiplikation der Hat-Matrix mit den Y-Werten. Die Diagonalelemente h_{ii} von **H** werden als h_i direkt mit

$$h_i=x_i(X'X)^{-1}x_i' \qquad (i=1,...n)$$

berechnet. H_i kann als Maß für die Entfernung der Beobachtung i von den anderen n-1 Beobachtungen aufgefaßt werden (vgl. VELLEMAN/WELSCH 1981:238).

Eine Beobachtung mit einem großen h_i-Wert besitzt potentiell großen Einfluß auf die Schätzung der Parameter; h_i wird daher als "Leverage" (Einfluß) bezeichnet. Eine Beobachtung mit einem hohen Leverage wird einen h_i-Wert nahe bei 1 besitzen: Der vorhergesagte Wert wird fast vollständig durch den y-Wert bestimmt.

[1] ATKINSON (1985:15). CHATTERJEE/HADI (1988:9) bezeichnen die Hat-Matrix als "Prediction Matrix", da sie die Transformationen angibt, mit denen die Werte der abhängigen Variablen in die vorhergesagten Werte umgewandelt werden.

Die möglichen Werte für h_i liegen zwischen 1/n und 1. Der Mittelwert ergibt sich durch p/n, wobei p die Zahl der unabhängigen Variablen ist. H_i-Werte größer als 2p/n werden als auffällig angesehen ("leverage points", BELSLEY/KUH/WELSCH 1980:17). Liegt das Maximum der h_i-Werte zwischen 0.2 und 0.5 gilt das Modell als gefährdet; Maximumwerte über 0.5 sollten vermieden werden (HAMILTON 1992:130).

Die Werte der unabhängigen Variablen eines Leverage-Points liegen meist weit von den Werten anderer Beobachtungen entfernt. Als Folge zwingen Leverage-Points die Regressiongerade in ihre Nähe, dadurch besitzen sie meist kleine Residuen. Trotzdem muß der tatsächliche Einfluß eines Leverage-Points auf die Schätzung der Regressionsparameter nicht notwendigerweise groß sein. Will man die Veränderung der Regressionsparameter durch einzelne Beobachtungen direkt quantifizieren, benötigt man andere Kennziffern. Um den Einfluß einzelner Beobachtungen auf die Schätzung der Regressionsparameter zu beurteilen, wurde eine große Zahl verschiedener Prüfgrößen definiert. Die wichtigste Prüfgröße ist Cooks-D. Cooks-D gibt den Einfluß einer Beobachtung auf alle p+1 Parameter eines Regressionsmodells wieder. Es gibt für jede Beobachtung also nur eine Cooks-D-Statistik[1]:

$$D_i = \frac{e_i^2}{s^2(p+1)} \times \frac{h_i}{(1-h_i)^2}$$

Werte größer als 1 bzw. 4/n gelten als groß.

8.2.3 Plots zur Entdeckung einflußreicher Beobachtungen

Leverage und Cooks-D lassen sich auf viele verschiedene Arten graphisch darstellen. Da in den meisten Anwendungsfällen das Interesse vor allem ungewöhnlichen Ausprägungen dieser Prüfgrößen gilt, ist ein Index-Plot der Größen (also ein Scatterplot der Größen gegen die laufende Nummer im Datensatz) eine einfache und effektive Darstellung.

---

[1] vgl. FOX (1991:84).

Abb. 8-5 Leverage-Index-Plot

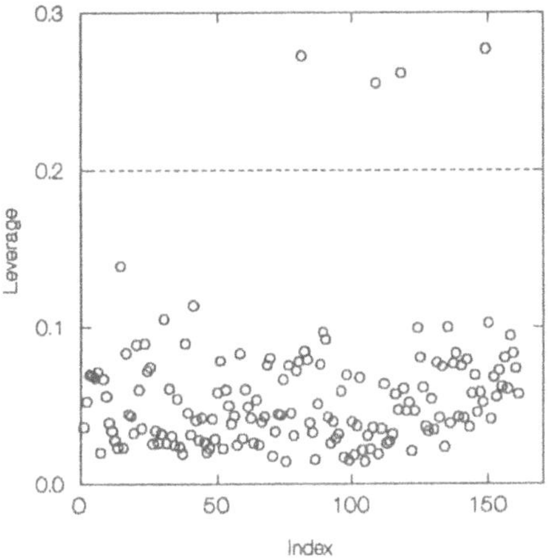

Abb. 8-6 Cooks-Distance-Index-Plot

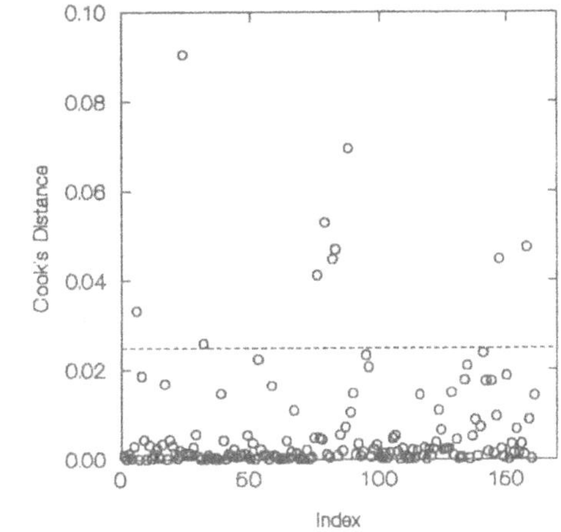

Die Abbildungen 8.5 und 8.6 zeigen die entsprechenden Plots für ein Regressionsmodell[1]. Der Index-Plot der Leverage-Werte (Abb. 8.5) zeigt vier Beobachtungen mit Werten über 0.2, kein Wert liegt höher als 0.3. Obwohl also vier Beobachtungen etwas ungewöhnliche Kombinationen der unabhängigen Variablen besitzen, scheint es unwahrscheinlich, daß diese das gesamte Modell gefährden. Trotzdem wäre eine inhaltliche Klärung dieser vier Fälle angebracht.

Der Index-Plot der Cooks-D-Werte (Abb. 8.6) zeigt mehr als 10 Beobachtungen über der in den Plot eingezeichneten Grenze (4/n=0.025), wobei eine Beobachtung einen besonders starken Einfluß auf die Parameterschätzungen besitzt. Insbesondere diese Beobachtung sollte näher untersucht werden.

Betrachtet man den Index-Plot der "studentized residuals" (Abb. 8.7), so fallen hier ein besonders großes negatives Residuum sowie einige größere positive Residuen auf. Der Zusammenhang zwischen Cooks-D, Leverage und RSTUDENT wird durch einen gemeinsamen Plot deutlicher. Da bei größeren Fallzahlen statische 3-D-Scatterplots rasch unübersichtlich werden, empfiehlt sich die Verwendung eines Bubble-Plots.

---

[1] Das Regressionsmodell dieses Beispiels basiert auf DIEKMANNs (1984) Modell zur Einkommensdiskriminierung von Frauen im Angestelltenverhältnis anhand der Daten des ALLBUS 80 (n=161). Einkommen wird in diesem Modell durch Bildung, Berufsprestige, Alter, Bildung des Vaters, Berufsprestige des Vaters und vier Leistungskategorien als Dummy-Variablen (einfache Tätigkeiten, schwierige selbständige Tätigkeit nach allgemeiner Anleitung, selbständige Leistung in verantwortungsvoller Tätigkeit, Führungsaufgaben) erklärt. Einzelheiten des Modells finden sich bei DIEKMANN (1984) und SCHNELL (1993).

Abb. 8-7 RSTUDENT-Index-Plot

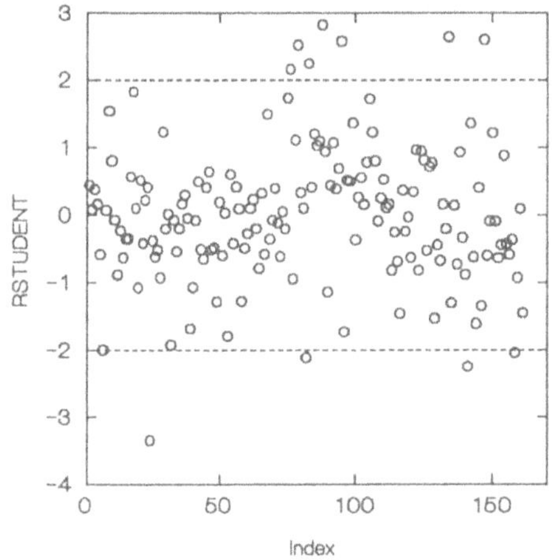

Abb. 8-8 Leverage-Cooks-D-Scatterplot

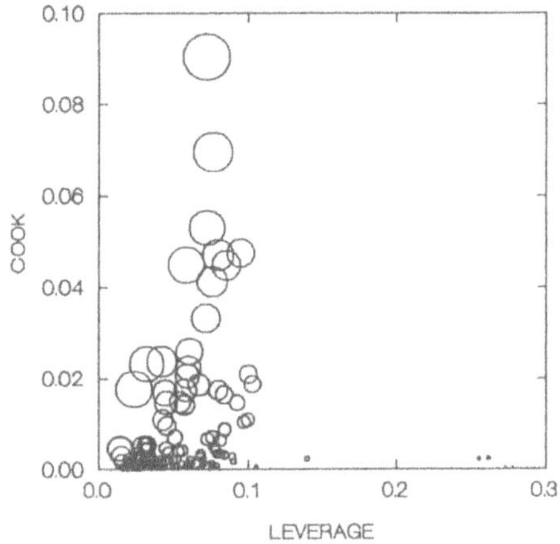

Die Abbildung 8.8 zeigt einen Plot der Cooks-D-Werte gegen die Leverage, wobei die Größe der Plotsymbole durch den absoluten Betrag von RSTUDENT gesteuert wird. Eine ungewöhnliche Kombination der x-Werte (=Leverage) muß nicht unbedingt einen großen Einfluß auf die Parameterschätzungen (=Cooks-D) besitzen: Die Abbildung 8.8 zeigt, daß in diesem Beispiel die höchsten Cooks-D-Werte eher kleine Leverage-Werte besitzen; die höchsten Leverage-Werte gehen hier auch mit niedrigen Cooks-D-Werten einher. Die Beobachtungen mit dem größten Einfluß auf die Schätzungen besitzen hier auch die größten Residuen. Eine simultane Kontrolle der Größe der Residuen (RSTUDENT), des Einflusses auf die Schätzung (Cooks-D) und der Entfernung von anderen Datenpunkten (Leverage) ist daher ratsam[1].

8.2.4 Standard-Scatterplots

Eine Reihe einfacher Scatterplots können zur Klärung vieler potentieller Probleme bei der Durchführung einer multiplen Regression beitragen. Diese Standardplots können ohne Schwierigkeiten bei jeder Analyse erstellt werden. Aufgrund der konstanten Varianz der "studentized residuals" empfiehlt sich meist die Verwendung von RSTUDENT anstelle der einfachen Residuen in diesen Plots. Insbesondere bei hohen Fallzahlen können zusätzliche Scatterplot-Smoother die Interpretation erleichtern.

[1] Zu anderen Kennziffern vgl. die Übersicht bei CHATTERJEE/HADI (1988:182-184).

Abb. 8-9 Scatterplot-Matrix für eine multiple Regression mit zwei unabhängigen Variablen einschließlich LOWESS, Influence und Randverteilung

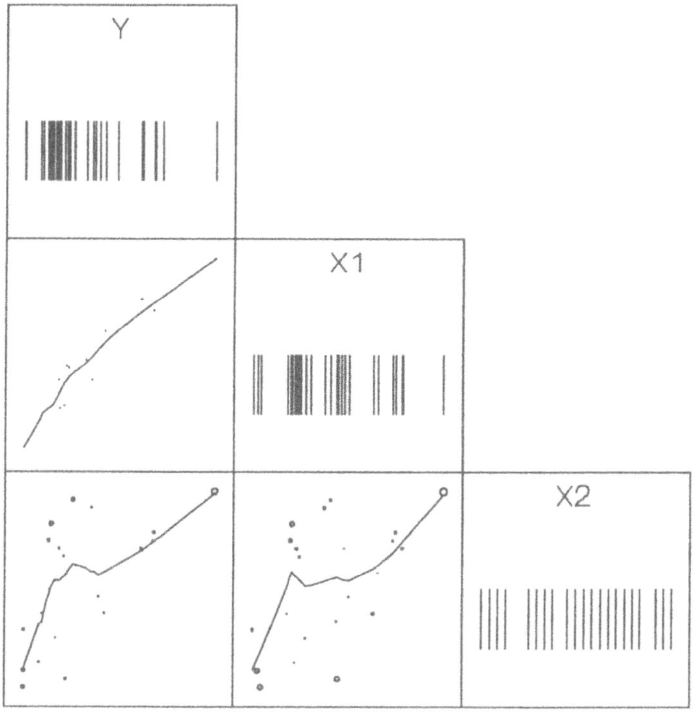

8.2.4.1 Scatterplots aller Variablen

Bei der Vorbereitung einer multiplen Regression ist das Erstellen aller möglichen bivariaten Scatterplots häufig aufschlußreich. Am einfachsten und übersichtlichsten geschieht dies mit einer Scatterplot-Matrix. Influence-Plots als Scatterplots, Scatterplot-Smoother wie LOWESS und eindimensionale Randverteilungen in der Diagonale des Plots sind meist sinnvoll. Solche Plots geben Hinweise auf nichtlineare Beziehungen, die Stärke der bivariaten Beziehungen sowie auf Ausreißer. Die Abbildung 8.9 zeigt einen solchen Plot. Wie der gekrümmte Verlauf der LOWESS-Kurven in diesem Beispiel zeigt, sind hier alle bivariaten Zusammenhänge zumindest nicht vollständig linear, weiterhin fallen einige einflußreiche Ausreißer durch die Größe ihrer Plotsymbole auf[1]. Bei Regressionen mit bis zu ca. 10 Variablen sind Scatterplot-Matrizen dieser Art übersichtlich und schnell auf grobe Anomalien prüfbar. Solche Plots sollten daher vor der Durchführung jeder multiplen Regression betrachtet werden.

[1] Beispielsdaten: MINITAB-"Tree"-Daten (Quelle: ATKINSON 1985:64).

Abb. 8-10 Scatterplot beobachteter Werte gegen vorhergesagte Werte (r^2:0.95)

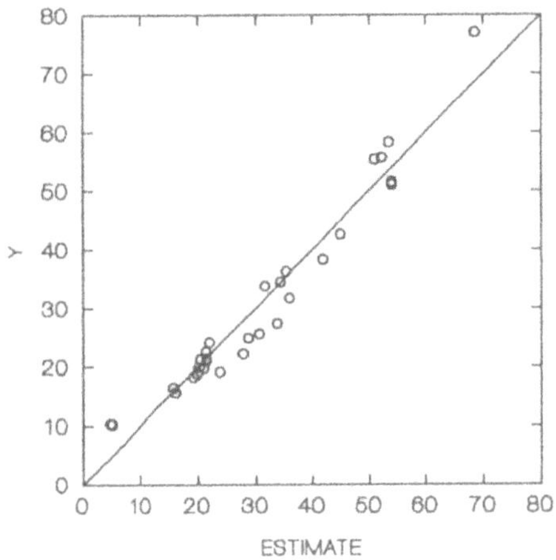

Abb. 8-11 Scatterplot beobachteter Werte gegen vorhergesagte Werte (r^2:0.36)

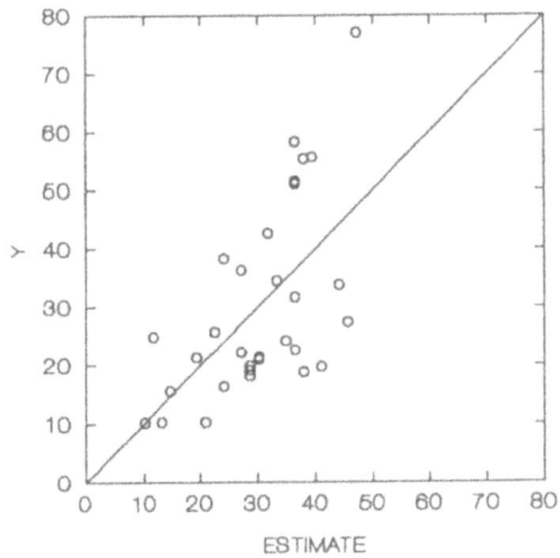

8.2.4.2 Plot der beobachteten Werte gegen die vorhergesagten Werte

Eine direkte graphische Darstellung der erklärten Varianz einer multiplen Regression ist durch einen Scatterplot der beobachteten Werte der abhängigen Variablen gegen die durch das Regressionsmodell vorhergesagten Werte möglich[1]. Die durch die Punktewolke dargestellte bivariate Korrelation ist identisch mit dem multiplen Korrelationskoeffizienten der entsprechenden multiplen Regression. Die Abweichungen der Punkte von der Geraden (Y=X) sind die Residuen der multiplen Regression; je weiter sich also die Punkte von der Geraden entfernen, desto größer die Residuen, desto kleiner die erklärte Varianz. Vergleicht man die Abbildungen 8.10 und 8.11, so wird der Unterschied zwischen einer erklärten Varianz von 95% und einer von 36% deutlich[2].

Der Plot der beobachteten Werte gegen die vorhergesagten Werte erlaubt die Identifikation von Ausreißern und einflußreichen Beobachtungen. Zeigt sich im Plot ein systematisches Streuen der Punkte um die Vergleichslinie, dann gibt dies einen Hinweis auf eine möglicherweise notwendige Datentransformation: Das Modell scheint dann für Teile des Wertebereichs der abhängigen Variablen besser zu passen als für andere.

---

[1] Dieser Abschnitt basiert auf CHAMBERS/CLEVELAND/KLEINER/TUKEY (1983:280).

[2] MINITAB-Tree-Daten, beide unabhängigen Variablen bzw. nur X_2.

Abb. 8-12 Scatterplot RSTUDENT gegen die unabhängige Variable X_1

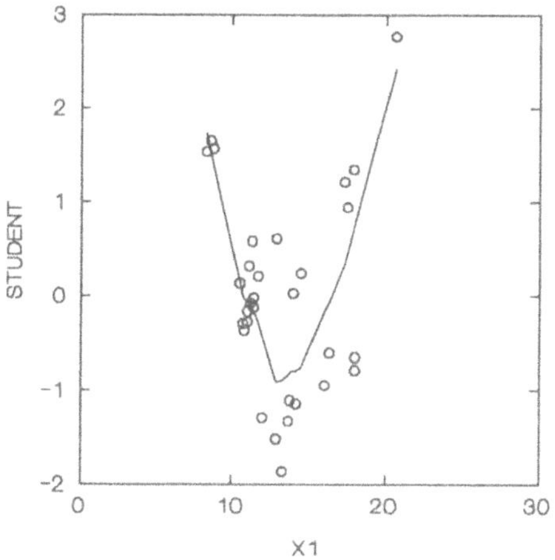

Abb. 8-13 Scatterplot RSTUDENT gegen die unabhängige Variable X_2

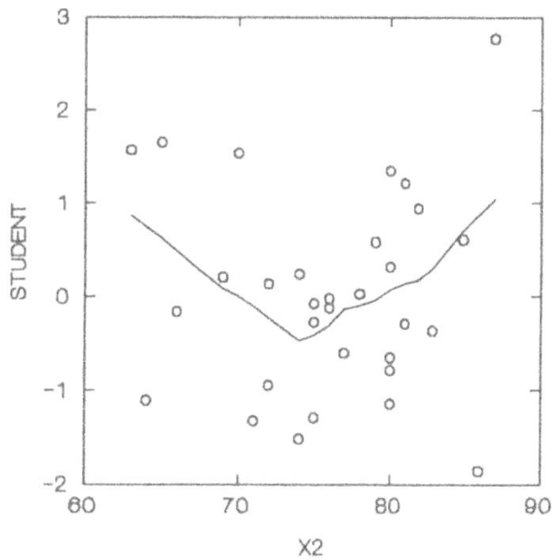

8.2.4.3 Scatterplots der Residuen gegen die unabhängigen Variablen

Aus den Annahmen des Gauss-Markov-Theorems folgt, daß zwischen den Fehlern und den unabhängigen Variablen kein Zusammenhang bestehen darf. Scatterplots der Residuen gegen die unabhängigen Variablen sollten daher keine Systematik zeigen. Läßt sich eine Systematik demonstrieren, so ist dies ein Hinweis auf einen nichtlinearen Zusammenhang zwischen der abhängigen und der unabhängigen Variablen. Damit werden z.B. Datentransformationen, Änderungen des funktionalen Zusammenhangs oder die Aufnahme quadratischer Terme in die Regression erforderlich.

Die Abbildungen 8.12 und 8.13 zeigen zwei Beispiele für den Plot der Residuen gegen die unabhängigen Variablen. In beiden Plots zeigt die LOWESS-Kurve deutlich eine systematische Tendenz; das zugrundeliegende Regressionsmodell ist offensichtlich nicht angemessen.

8.2.4.4 Scatterplots der Residuen gegen andere unabhängige Variablen

Alle für die Erklärung der abhängigen Variablen notwendigen Variablen sollten im Modell enthalten sein: Daher dürfen zwischen den Fehlern und nicht im Modell enthaltenen Variablen keine Zusammenhänge bestehen (sonst wären die Fehler nicht unabhängig).

Abb. 8-14 RSTUDENT gegen eine nicht im Modell enthaltene Variable (X_1*X_1)

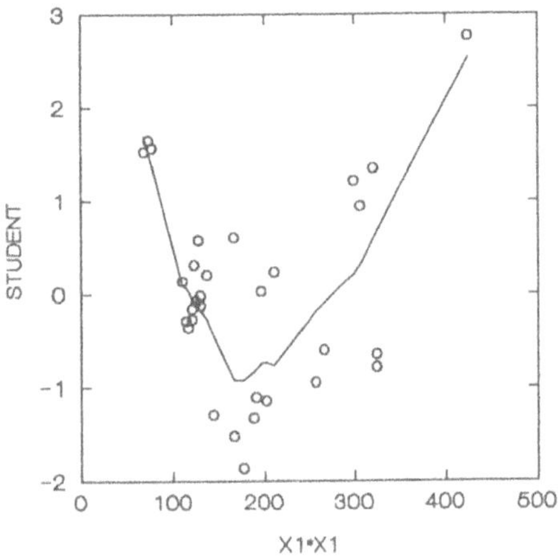

Abb. 8-15 RSTUDENT gegen eine nicht im Modell enthaltene Variable (X_2*X_2)

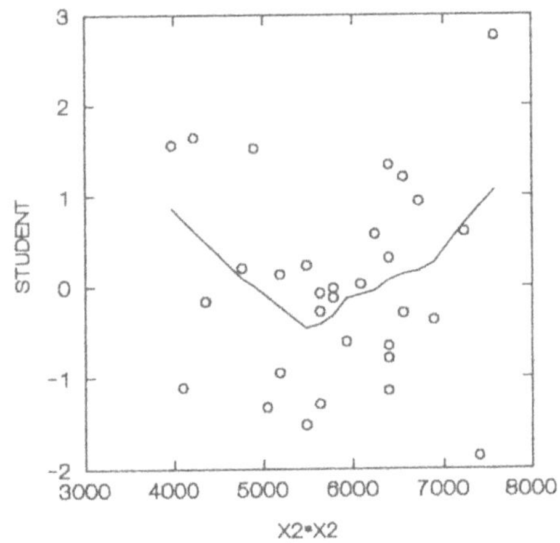

Scatterplots der Residuen gegen unabhängige Variablen, die nicht im Modell enthalten sind, dürfen daher keine systematischen Zusammenhänge erkennen lassen. Lassen sich in diesen Plots Systematiken zeigen, so ist in der Regel die Aufnahme der Variablen in das Modell erforderlich.

Zwei Beispiele zeigen die Abb. 8.14 und 8.15. Hier wurden zusätzlich zu den im Modell enthaltenen Variablen X_1 und X_2 die jeweiligen Quadrate dieser Variablen gegen die RSTUDENT geplottet. Insbesondere die Abbildung 8.14 legt die Aufnahme des quadratischen Terms für X_1 in die Regression nahe.

Die Auswahl der Variablen für einen solchen Plot muß aufgrund inhaltlicher Überlegungen erfolgen. Hinweise auf Erhebungs- oder Meßprobleme kann man erhalten, falls die Beobachtungen zeitlich oder nach Kontrollvariablen der Datenerhebung (z.B. Interviewernummern) geordnet werden können. Dann empfiehlt sich neben einem Plot der Residuen gegen die Zeit immer auch ein Plot der abhängigen Variablen gegen die Zeit bzw. die entsprechende Kontrollvariable.

Abb. 8-16 RSTUDENT gegen die vorhergesagten Werte

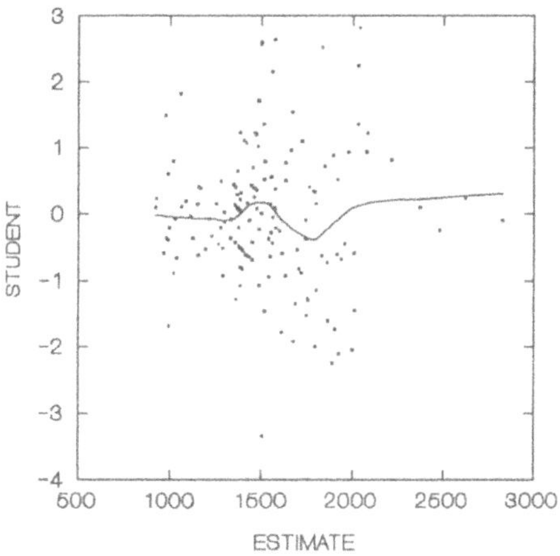

Abb. 8-17 Plot der absoluten RSTUDENT-Werte gegen die vorhergesagten Werte

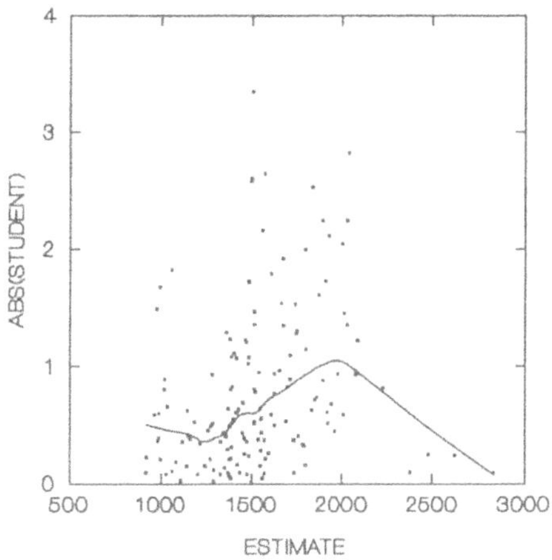

8.2.4.5 Scatterplot der Residuen gegen die vorhergesagten Werte

Die Annahme konstanter Fehlervarianz läßt sich mit einem einfachen Scatterplot der Residuen gegen die vorhergesagten Werte überprüfen. Da die "normalen" Residuen aber auch dann keine konstante Streuung besitzen, wenn die Fehler konstant sind, werden besonders für diesen Plot die "studentized residuals" verwendet. Einen solchen Plot zeigt die Abbildung 8.16. Im Plot zeigt sich kein systematischer Zusammenhang zwischen der Größe der Residuen und der Größe der vorhergesagten Werte. Allerdings scheint die Streuung der Residuen im mittleren Bereich der vorhergesagten Werte deutlich größer. Solche Tendenzen lassen sich besser erkennen, wenn man die absoluten oder quadrierten RSTUDENT-Werte gegen die vorhergesagten Werte plottet. Die Abbildung 8.17 zeigt die absoluten Werte dieser Residuen. In diesem Plot zeigt sich die vermutete Tendenz deutlicher: Die absolute Größe der Residuen und deren Streuung ist im mittleren Bereich der vorhergesagten Werte höher.

Sehr häufig zeigt sich in solchen Plots ein fächerförmiger Zusammenhang zwischen der Streuung der Residuen und den vorhergesagten Werten. Ein Beispiel zeigt die Abbildung 8.18[1].

---

[1] Die Daten stellen ein Regressionsmodell zur Vorhersage der Länge des Bremswegs mithilfe der Geschwindigkeit eines Fahrzeugs dar. Die ursprünglich von M. Ezekiel und F.A. Fox publizierten Daten wurden SEN/SRIVASTAVA (1990:112) entnommen.

Abb. 8-18 RSTUDENT-Werte gegen vorhergesagte Werte

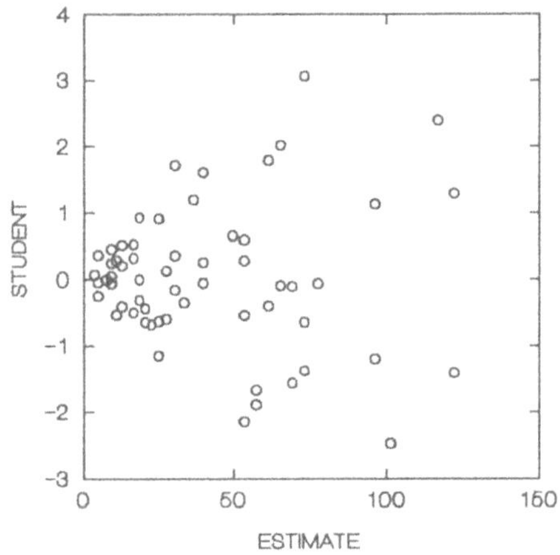

Abb. 8-19 Absolute RSTUDENT-Werte gegen vorhergesagte Werte

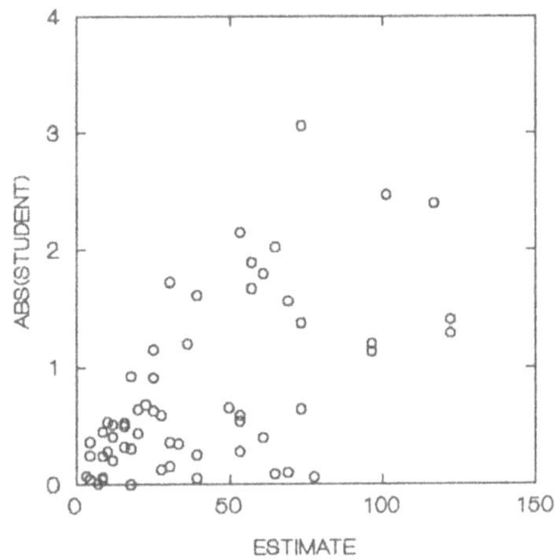

Deutlicher wird ein solcher Zusammenhang bei Verwendung der absoluten "studentized residuals" wie in Abbildung 8.19; die Punkte bilden in solchen Fällen dann einen Keil. Am deutlichsten wird ein solcher Zusammenhang, wenn die vorhergesagten Werte in drei bis fünf Gruppen zusammengefaßt werden und gruppierte Dot-Plots (Abb. 8.20) oder gruppierte Boxplots (Abb. 8.21) der ("studentized") Residuen für diese Gruppen geplottet werden.

Abb. 8-20 RSTUDENT-Dot-Plot gegen gruppierte vorhergesagte Werte

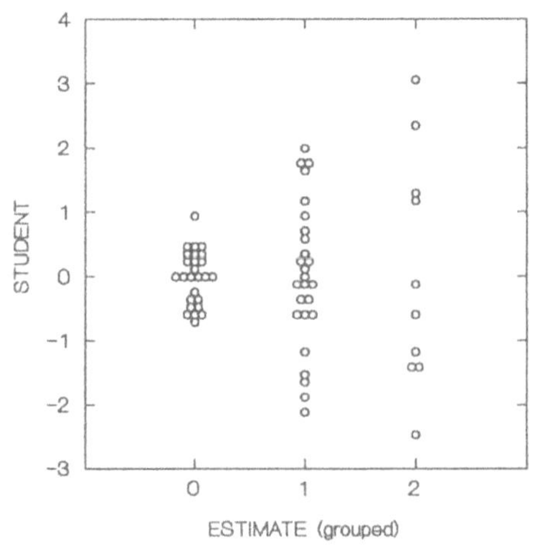

Abb. 8-21 RSTUDENT-Box-Plot gegen gruppierte vorhergesagte Werte

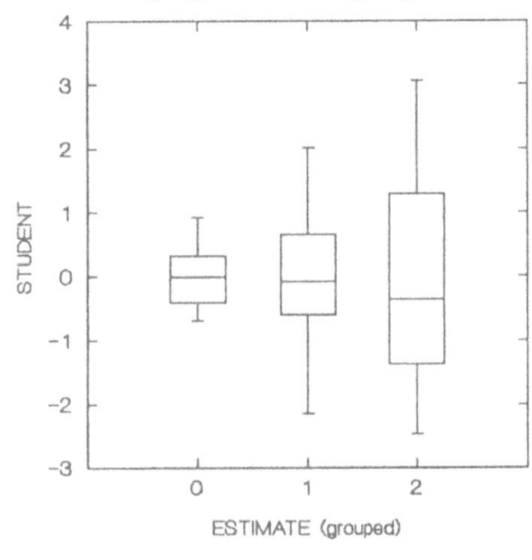

Abb. 8-22 Normal-Probability-Plot der Residuen

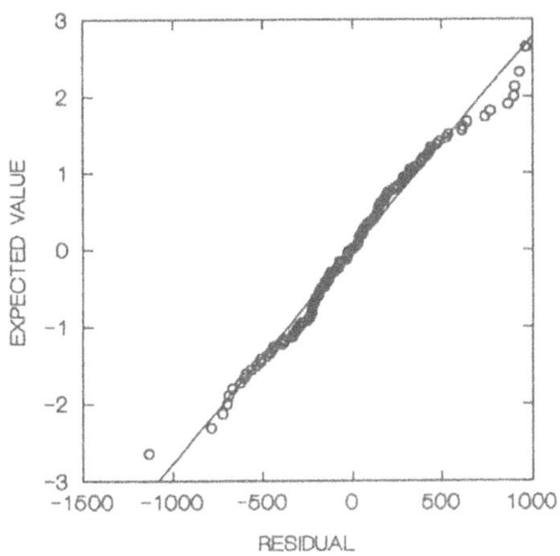

Abb. 8-23 Normal-Probability-Plot der "studentized residuals"

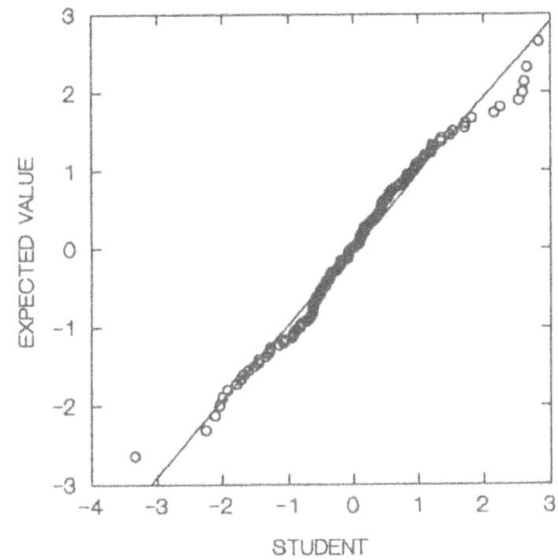

8.2.4.6 Plots zur Prüfung der Normalverteilung der Residuen

Die Annahme der Normalverteilung der Residuen wird nur für die Rechtfertigung der Signifikanztests der Regressionsparameter benötigt. Trotzdem sollte die Normalverteilung der Residuen in jedem Fall mit einem Normal-Probability-Plot überprüft werden; auch hierzu empfiehlt sich die Verwendung der "studentized residuals". Neben Verteilungsabweichungen, Klumpungen und Datenfehlern zeigen sich bei diesen Plots häufig einzelne Ausreißer, die besonderer Aufmerksamkeit bedürfen.

Die Abbildungen 8.22 und 8.23 zeigen die Normal-Probability-Plots der Residuen bzw. "studentized residuals". Wie die Plots belegen, sind in diesem Beispiel die Residuen annähernd normalverteilt. Im Gegensatz zu den formalen Tests auf Normalverteilung (z.B. K-S-Test, Lillifors-Test; vgl. MADANSKY 1988:44-49) weisen die Plots auf einzelne Ausreißer hin. Vor allem im RSTUDENT-Plot fällt eine Beobachtung mit einem unerwartet großen negativen Residuum und eine kleine Gruppe von Beobachtungen mit unerwartet großen positiven Residuen auf.

Vergleicht man die mit einer Normalverteilung überlagerten Histogramme der Residuen (Abb. 8.24) bzw. der "studentized residuals" (Abb. 8.25) mit den Normal-Probability-Plots, so ist die Überlegenheit der Probability-Plots offensichtlich: Die Ausreißer sind in den Histogrammen weit weniger deutlich erkennbar als in den Probability-Plots.

Abb. 8-24 Histogramm der Residuen mit überlagerter Normalverteilung

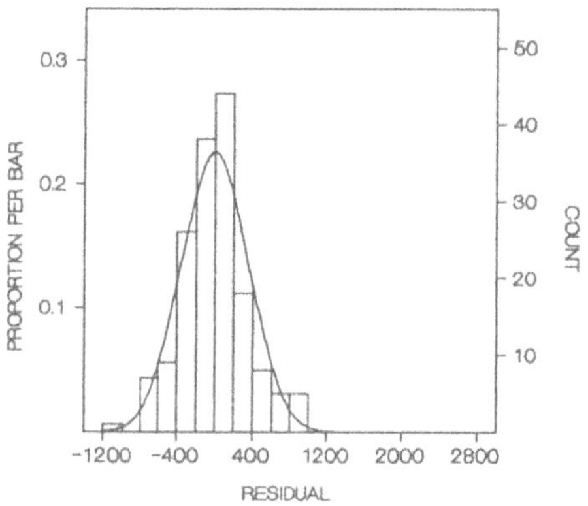

Abb. 8-25 Histogramm der "studentized residuals" mit überlagerter Normalverteilung

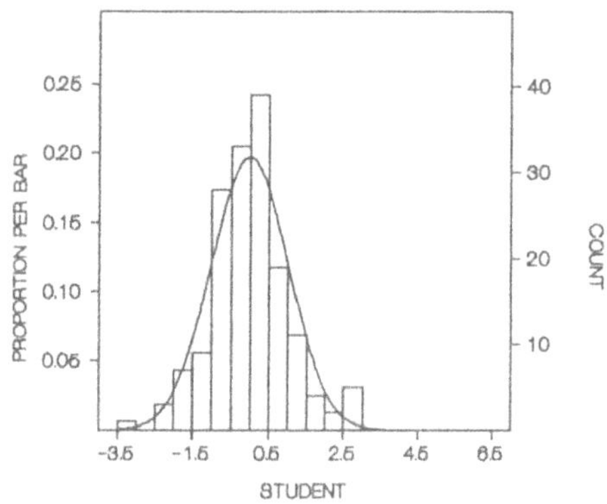

Insbesondere zur Entdeckung von Datenfehlern und mehrgipfligen Verteilungen ist eine Ergänzung der Normal-Probability-Plots der "studentized residuals" durch einen entsprechen den Stem-and-Leaf-Plot sinnvoll. Die Stem-and-Leaf-Plots des Beispiels (Abb. 8.26-8.27) zeigen ebenfalls einen negativen Ausreißer (-1130 bzw. -3.3) und eine Reihe positiver Ausreißer (die jeweils 3 Größten: 900, 930 und 960 bzw. 2.6, 2.6 und 2.8). In einem Fall ist das beobachtete Einkommen um 1130 DM niedriger als erwartet, in drei Fällen um mindestens 900 DM höher als erwartet.

Abb. 8-26 Stem-and-Leaf-Plot der Residuen

```
-11   3
      ***OUTSIDE VALUES***
 -7   82
 -6   99720
 -5   96311
 -4   7544
 -3   98833211
 -2H  99854332222221100
 -1   9888877655553332222
 -0M  9987777774332222211
  0   0012233333345555567789
  1H  0111233344444557778899
  2   134578888
  3   022246889
  4   123378
  5   23
  6   114
  7   4
      ***OUTSIDE VALUES***
  7   7
  8   69
  9   036
```

Abb. 8-27 Stem-and-Leaf-Plot der "studentized residuals"

```
-3   3
     ***OUTSIDE VALUES***
-2   210
-1   9977665
-1   443322100
-0H  99988887766666666666655555555
-0M  444444433333332222222221000000000
 0   000000000111111122222333333334444444
 0H  55555566777788889999
 1   00012222334
 1   5778
 2   1
     ***OUTSIDE VALUES***
 2   255668
```

Die entsprechenden RSTUDENT-Werte erscheinen bei t-Verteilung ebenfalls auffällig groß[1]. Diese Beobachtungen bedürfen offensichtlich einer Klärung. Falls es sich nicht um Daten- oder Erhebungsfehler handeln sollte, müßte das theoretische Modell zur Erklärung des Einkommens erweitert werden.

8.2.5 Spezielle Residuenplots

Neben den bisher erörterten Standardscatterplots in der Residuendiagnostik gibt es weitere spezielle Residuenplots, die bei genaueren Fragestellungen im Rahmen einer Residuenanalyse sinnvoll sind. Diese Plots sind weniger explorativ als die Standardplots.

8.2.5.1 Partielle-Regressions-Plots

Bivariate Regressionen lassen sich in Scatterplots problemlos darstellen. Enthält eine Regression aber mehr als eine unabhängige Variable, dann zeigt ein Scatterplot der abhängigen Variablen gegen eine unabhängige Variable nur dann die Wirkung dieser unabhängigen Variablen auf die abhängige Variable, wenn die unabhängigen Variablen vollständig unkorreliert sind. Will man den Zusammenhang jeder einzelnen unabhängigen Variablen mit der abhängigen Variablen ohne den Einfluß der anderen unabhängigen Variablen darstellen, benötigt man einen "partial-regression plot"[2]. In einem Partial-Regressions-Plot für die Variable k werden die Residuen einer multiplen Regression der abhängigen Variablen auf alle Variablen mit Ausnahme von k gegen die Residuen einer multiplen Regression mit der Variablen k als abhängiger Variable auf alle anderen unabhängigen Variablen geplottet. Sowohl aus der abhängigen Variablen als auch aus der Variablen k wird also der linear durch alle anderen Variablen erklärbare Anteil herausgerechnet. Am einfachsten läßt sich dies bei

---

[1] Obwohl die einzelnen Werte mit df=n-k-1 t-verteilt sind, muß bei einer Interpretation als Test berücksichtigt werden, daß n Tests durchgeführt werden. Um signifikante Abweichung auf einem fixierten α-Level zu sichern, gibt es verschiedene Techniken. Am einfachsten ist ein Vergleich mit dem kritischen t-Wert für ein $\alpha'=\alpha/n$ (HAMILTON 1992:132).

[2] Solche "partial-regression plots" werden in der Literatur (und in den Standardprogrammen) unter anderem auch als "partial-regression leverage plots" und "added-variable plots" bezeichnet.

einer Regression mit zwei unabhängigen Variablen sehen. Für einen Partial-Regressions-Plot für X_1 wird zunächst in einer ersten Regression der lineare Einfluß von X_2 aus Y herausgerechnet:

$$e_i(Y|X_2)=Y_i-(b_0+b_2X_{i2})$$

Dann wird der lineare Einfluß von X_2 aus X_1 in einer zweiten Regression herausgerechnet:

$$e_i(X_1|X_2)=X_{i1}-(b_0^*+b_2^*X_{i2})$$

(NETER/WASSERMAN/KUTNER 1990:387). Der Plot für X_1 besteht dann aus einem Scatterplot von $e_i(Y|X_2)$ gegen $e_i(X_1|X_2)$. Dieser Plot weist eine Reihe interessanter Eigenschaften auf (VELLEMAN/WELSCH 1981:255):

1. Der Koeffizient der bivariaten Regression in diesem Plot ist identisch mit dem Koeffizienten der multiplen Regression mit allen unabhängigen Variablen.
2. Die Regressionsgerade der bivariaten Regression verläuft durch den Ursprung.
3. Die Residuen der bivariaten Regression sind identisch mit den Residuen der multiplen Regression.

In solchen Plots ist insbesondere der Einfluß einzelner Beobachtungen auf die Schätzungen einzelner Regressionskoeffizienten leicht erkennbar. Plots dieser Art geben weiterhin Hinweise auf Heteroskedastizität. Um die Interpretation zu erleichtern, empfiehlt sich das Einzeichnen der Regressionsgeraden.

Zwei Beispiele zeigen die Abbildungen 8.30 und 8.31. Sie stellen die Partial-Regression-Plots einer multiplen Regression mit zwei unabhängigen Variablen dar (Tree-Daten). Während der Partialplot für X_1 gegenüber dem einfachen Scatterplot Y-X_1 (Abb. 8.28) kaum eine Veränderung zeigt, ist das Bild des Partialplots für X_2 deutlich vom einfachen Scatterplot Y-X_2 (Abb. 8.29) verschieden. Der Partialzusammenhang ist schwächer, die Heteroskedastizität deutlich sichtbar. Ein großer Teil des bivariaten Zusammenhangs Y-X_2 scheint auf den Zusammenhang X_1-X_2 zurückzuführen sein. Um die relativ geringe zusätzliche Erklärungskraft von X_2 optimal zu nutzen, scheint eine Datentransformation für X_2 daher angebracht.

Abb. 8-28 Scatterplot Y-X_1

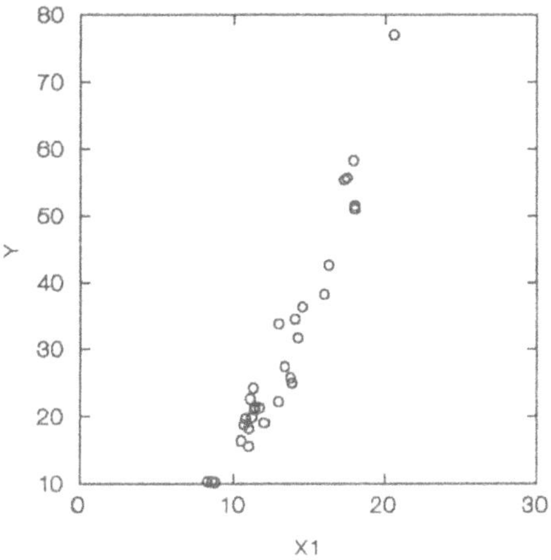

Abb. 8-29 Scatterplot Y-X_2

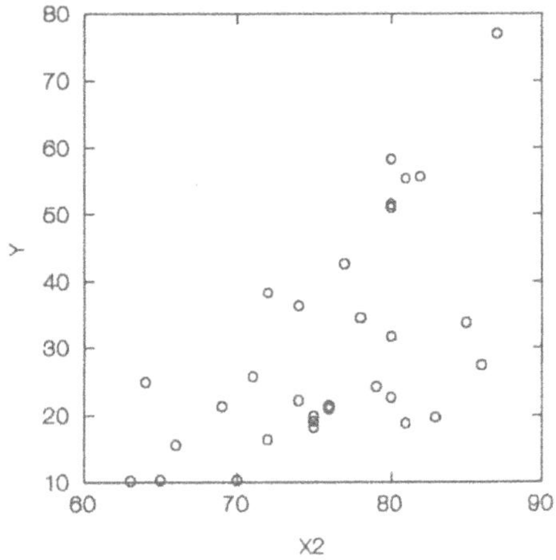

Abb. 8-30 Partial-Regression-Plot X_1

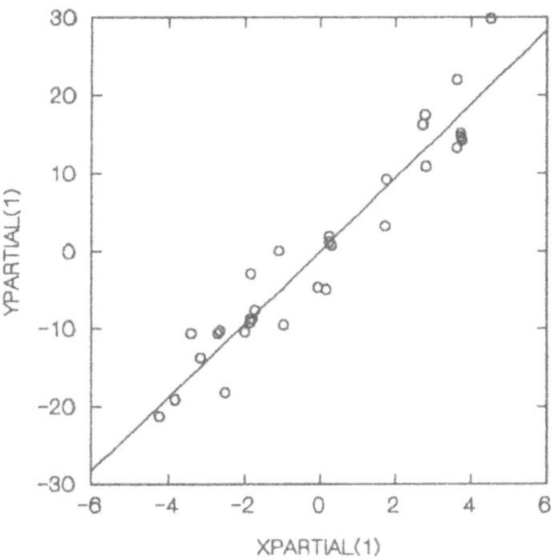

Abb. 8-31 Partial-Regression-Plot X_2

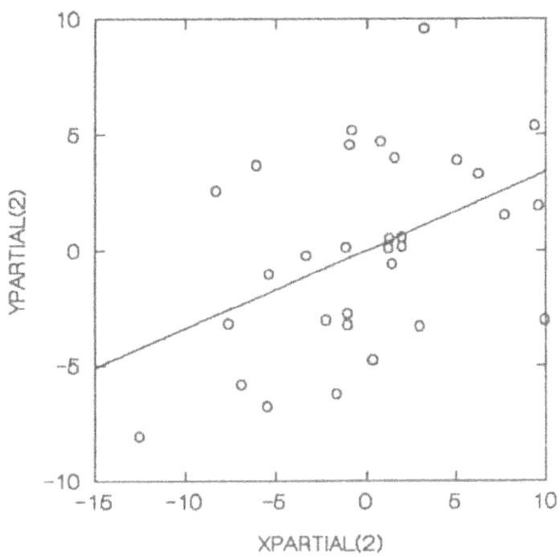

Abb. 8-32 Partial-Residual-Plot X_1

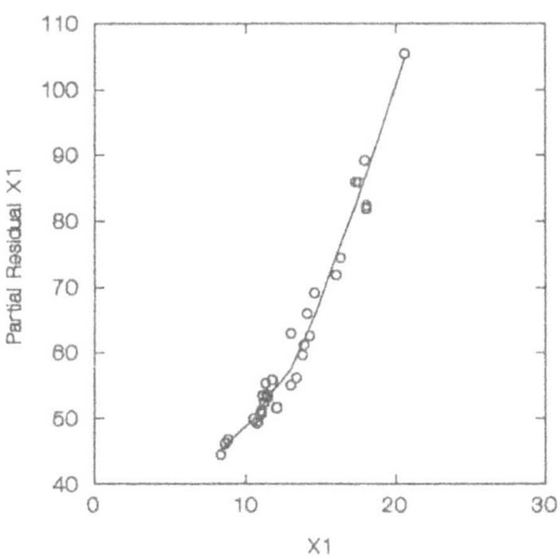

Abb. 8-33 Partial-Residual-Plot X_2

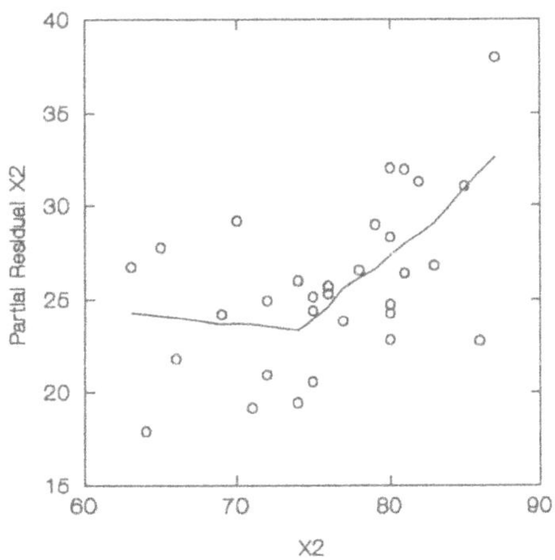

8.2.5.2 Partial-Residual-Plots

Insbesondere zur Identifikation nichtlinearer Zusammenhänge in multiplen Regressionen eignen sich "partial-residual plots". Für den "Partial-Residual-Plot" einer Variablen k werden die Residuen einer multiplen Regression mit allen unabhängigen Variablen berechnet. Anschließend wird zu den Residuen der linear durch die Variable k erklärbare Anteil addiert[1]. Hierbei wird der Regressionskoeffizient der Variablen k in der Regression mit allen Variablen verwendet. Die Berechnung eines Partial-Residual-Plots für X_1 am Beispiel einer multiplen Regression mit zwei unabhängigen Variablen beginnt mit der Berechnung der Residuen der multiplen Regression:

$$e_i(X_1,X_2)=Y_i-(b_0'+b_1'X_{i1}+b_2'X_{i2})$$

Anschließend wird der lineare Anteil von X_1 wieder addiert:

$$e_i((X_1,X_2)+X_1))=e_i(X_1,X_2)+b_1'X_{i1}$$

Der Partial-Residual-Plot für X_1 besteht aus einem Scatterplot von $e_i((X_1,X_2)+X_1)$ gegen X_1. Die Regressionsgeraden der bivariaten Regressionen in partiellen Regressionsplots und partiellen Residuenplots laufen durch den Ursprung. Der Regressionsparameter ist in beiden Plots gleich und identisch mit dem Regressionsparameter der entsprechenden multiplen Regression. Durch die Skalierung der Achsen ist die Gleichheit des Regressionsparameters im partiellen Regressionsplot mit dem Regressionsparameter im partiellen Residuenplot nicht immer offensichtlich (vgl. Abb. 8.30 und 8.32, sowie 8.31 und 8.33).

Partielle Residuenplots eignen sich nicht so gut wie partielle Regressionsplots zur Identifikation einflußreicher Beobachtungen, dafür aber besser für die Bestimmung notwendiger Datentransformationen aufgrund nichtlinearer Zusammenhänge. Daher empfiehlt sich das Einzeichnen eines Scatterplot-Smoothers in diesen Plot. Die Abbildungen 8.32 und 8.33 stellen Beispiele für solche Plots dar. Der Plot für X_1 zeigt den starken Zusammenhang mit der Variablen, wobei die leichte Krümmung im unteren Wertebereich weder im Scatterplot (Abb. 8.28) noch im Partial-Regression-Plot (Abb. 8.30) auffällig ist. Der Plot für X_2 (Abb.

---

[1] Partial-Residual-Plots werden daher auch als "component+residual plots" bezeichnet.

8.33) zeigt vor allem durch den Scatterplot-Smoother (LOWESS) eine ausgeprägte Krümmung, die ebenfalls weder im Scatterplot (Abb. 8.29) noch im Partial-Regression-Plot (Abb. 8.31) deutlich wird[1]. In diesem Beispiel ist dies ein Hinweis auf ein nicht korrekt spezifiziertes Modell: Der Zusammenhang zwischen Y und X_1 und X_2 ist nicht linear-additiv sondern multiplikativ.

Sowohl partielle Regressionsplots als auch partielle Residuenplots können im Rahmen der Residuenanalyse hilfreiche Informationen liefern. Partielle Regressionsplots können von vielen Standardprogrammen erstellt werden. Partielle Residuenplots können leicht mit den Datentransformationsmöglichkeiten der Analyseprogramme aus den Ergebnissen einer multiplen Regression berechnet werden.

8.2.5.3 CUSUM-Plots

Falls die Beobachtungen einer (multiplen) Regression zeitlich geordnet werden können, stellt sich häufig die Frage, ob der Zusammenhang über die Zeit konstant geblieben ist. BROWN/ DURBIN/EVANS (1975) schlugen zur Überprüfung der Hypothese der zeitlichen Konstanz der geschätzten Regressionsparameter einen spezielle Plot der Residuen vor.
Plottet man Residuen gegen die Zeit, so sind allmähliche Änderungen der Regressionsparameter nur schwer erkennbar. Ein ähnliches Problem stellt sich bei statistischen Analysen zur Qualitätssicherung in Produktionsprozessen. Eine dort angewandte Technik ist ein Plot der kumulativen Summen (CUSUM-Plot), wobei die Summen der Beobachtungen von i=1,...,m gegen m geplottet werden. In einem CUSUM-Plot sind Änderungen des Mittelwerts eines Prozesses durch eine deutliche Änderung der Steigung der Verbindungslinie der Punkte leicht erkennbar.
BROWN/DURBIN/EVANS schlugen daher vor, die kumulativen Summen der Residuen gegen die Zeit zu plotten. Bei ihrem CUSUM-Plot wird eine spezielle Form von Residuen

---

[1] Eine noch stärkere Betonung nichtlinearer Effekte erhält man durch eine von MALLOWS (1986) vorgeschlagene Modifikation des Plots ("augmented partial residuals"): Hierbei wird die Y-Achse des Plots aus der Summe der Residuen, dem linearen Effekt einer Variablen und einem quadratischer Effekt dieser Variablen gebildet.

("rekursive Residuen"[1]) gegen die Zeit geplottet[2]. Rekursive Residuen sind im Gegensatz zu "normalen" Residuen unkorreliert. Weiterhin sind sie mit dem Mittelwert null und der Varianz σ^2 normalverteilt.

Einen solchen CUSUM-Plot zeigt die Abbildung 8.35[3]. Die dem Plot zugrunde liegende Regression stellt die Schätzung einer US-Produktionsfunktion zwischen 1929 und 1967 dar. Das Bruttosozialprodukt wird durch einen Erwerbspersonenindex und einen Kapitalindex erklärt[4]. Konstante Regressionsparameter sind durch einen unsystematischen Verlauf der rekursiven Residuen im CUSUM-Plot gekennzeichnet. Dieser CUSUM-Plot zeigt hingegen eine deutliche Veränderung der Residuen nach 1945. Die Abbildung 8.34 zeigt zum Vergleich den Index-Plot der normalen Residuen. Die Veränderung ist hier nur durch drei bis vier ungewöhnlich große Residuen gekennzeichnet, der visuelle Eindruck der Veränderung ist wesentlich geringer.

Als zusätzlichen Plot schlugen BROWN/DURBIN/EVANS einen Plot der kumulativen Quadrate der rekursiven Residuen vor (vgl. Abb. 8.36)[5].

---

[1] Das rekursive Residuum r ist definiert als

$$e_r = \frac{y_r - x_r' \beta_{r-1}}{\sqrt{1 + x_r'(X_{r-1}' X_{r-1})^{-1} x_r}}$$

für r=k+1,...,n, wobei k die Zahl der Regressoren darstellt. X_{r-1} und β_{r-1} werden hierbei für die ersten r-1 Fälle berechnet (BROWN/DURBIN/EVANS 1975:151). Das technisch inkorrekt verwendete Wort "rekursiv" erklärt sich über die Berechnung mithilfe einer Update-Formel (vgl. z.B. MADANSKY 1988:73), die die Berechnung vollständig neuer Regressionskoeffizienten nach dem Hinzufügen nur einer Beobachtung erspart.

[2] Dieser CUSUM-Plot ist definiert als

$$cusum_r = \frac{1}{\sigma} \sum_{j=k+1}^{r} e_j$$

gegen r=k+1,...,n, wobei $\sigma^2 = \Sigma e^2/(n-k)$.

[3] Um solche CUSUM-Plots untereinander vergleichbar zu machen, empfiehlt sich die in der Definition des Plots vorgesehene Standardisierung der Größe der Residuen.

[4] Die Daten stammen von L.R. CHRISTENSEN und D.W. JORGEN, hier zitiert nach MADDALA (1988:65).

[5] Dieser Plot ist definiert als

$$s_r = \sum_{j=k+1}^{r} e_j^2 / \sum_{j=k+1}^{n} e_j^2$$

gegen r, r=k+1,...,n (BROWN/DURBIN/EVANS 1975:154).

Abb. 8-34 Residuen gegen die Zeit, US-Produktionsdaten

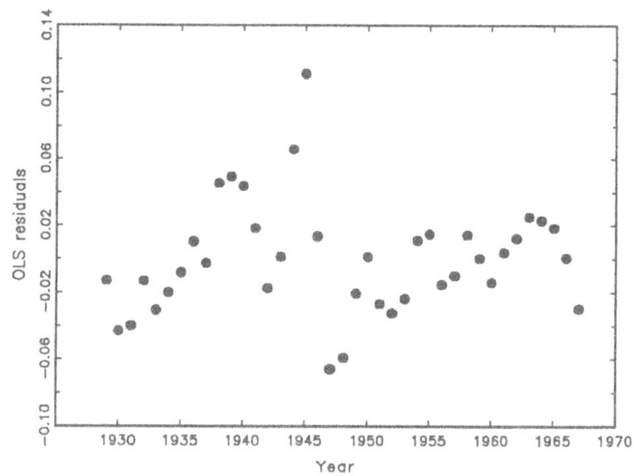

Abb. 8-35 CUSUM-Plot der rekursiven Residuen

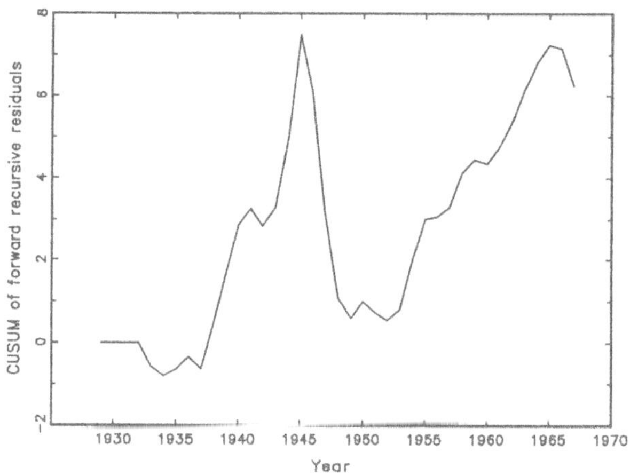

Abb. 8-36 CUSUM-Plot der quadrierten rekursiven Residuen

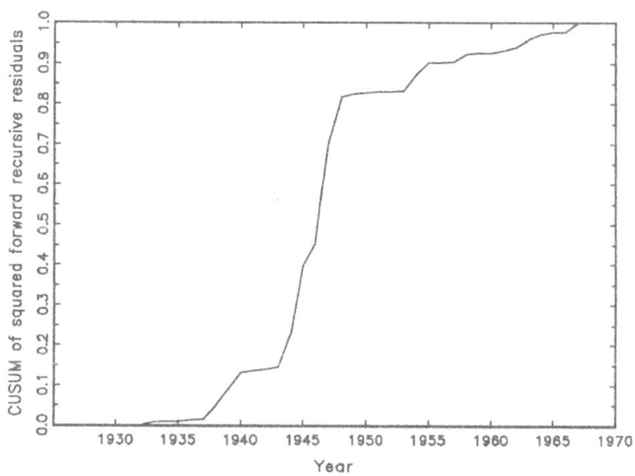

Abb. 8-37 ACF-Plot der Residuen mit geschätzten Konfidenzintervallgrenzen

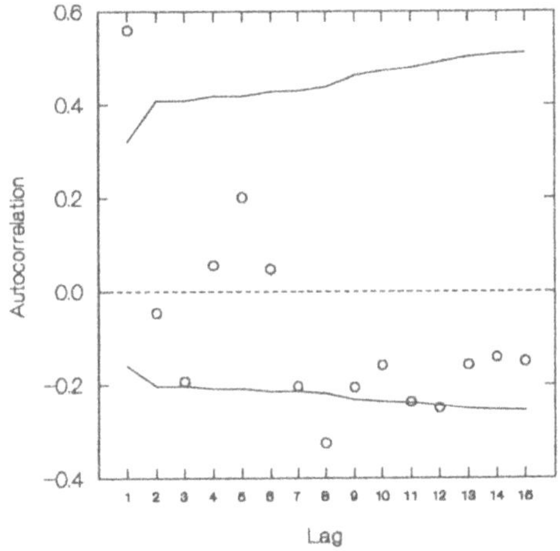

Bei einem CUSUM-Plot der Quadrate der rekursiven Residuen zeigt sich eine Veränderung der Regressionsparameter durch eine abrupte Änderung im Kurvenverlauf. In der Abbildung 8.36 ist die Änderung nach 1945 unübersehbar.

CUSUM-Plots der Residuen eignen sich zur Prüfung der zeitlichen Konstanz einer multiplen Regression. In manchen Fällen erlauben diese Plots auch dann eine Beurteilung der Konstanz der Regression, wenn entsprechende formale Tests keine eindeutigen Ergebnisse erbringen[1]. Können die Beobachtungen nach anderen inhaltlichen Kriterien geordnet werden, so kann der gleiche Test für die entsprechenden Kriterien durchgeführt werden[2].

8.2.5.4 Plots der seriellen Autokorrelation

Lassen sich die Beobachtungen eines Regressionsmodells zeitlich ordnen, so dürfen die Residuen des Modells keine systematischen Zusammenhänge mit der Zeit zeigen. Eine Überprüfungsmethode besteht in der Berechnung der Autokorrelation der Residuen. Die Autokorrelation ist ein Maß des Zusammenhanges zwischen zeitlich auseinanderliegenden

---

[1] MADDALA (1988:132-134; 415-416). Beispiele für die Interpretation von CUSUM-Plots rekursiver Residuen finden sich bei GALPIN/HAWKINS (1984).

[2] CUSUM-Plots "normaler" Residuen sind mit allen Programmen möglich, die Module zu "Quality Control" enthalten. Einen SAS-IML-Macro gibt FRIENDLY (1991:248-254).

Beobachtungen. Liegen n Beobachtungen y zu den Zeitpunkten t vor, so ist die Autokorrelation zum "lag" 1 der Zusammenhang zwischen den Beobachtungen y_t und y_{t+1} für t=1,..,n-1. Für ein Lag von 3 ergibt sich der Zusammenhang zwischen den Beobachtungen y_t und y_{t+1} für t=1,..,n-3[1]. Ein Plot der Autokorrelation einer Zeitreihe gegen den Lag heißt "Korrelogramm" bzw. ACF-Plot (ACF="autocorrelation function").

Ein Beispiel für einen ACF-Plot der Residuen zeigt die Abbildung 8.37 (US-Produktionsdaten). Zusätzlich wurden die Grenzen der geschätzten Konfidenzintervalle der Autokorrelationskoeffizienten eingezeichnet. Zwei Autokorrelationen liegen deutlich außerhalb dieser Grenzen: bei Lag=1 und bei Lag=8. Folglich ist in diesem Beispiel die notwendige Unabhängigkeit der Residuen nicht gegeben[2].

8.3 Bedeutung von Plots in der Regressionsdiagnostik

Das Kapitel sollte gezeigt haben, daß Plots in der Regressionsdiagnostik unverzichtbar und häufig informativer sind als formale Tests. Die hier erörterten Plots erfordern keinen großen technischen Aufwand und sind für die meisten Zwecke ausreichend[3]. Die meisten dieser Plots können problemlos vor jeder Publikation der Ergebnisse einer Regression erstellt werden; die Vielzahl möglicher Fehlerquellen läßt dies sogar dringend geboten erscheinen[4].

---

[1] Allgemein ist die Autokorrelation r zum Lag k definiert als (HARTUNG 1985:675-677):

$$r(k)=\left(\sum_{t=1}^{n-k}(y_t-\bar{y})(y_{t+k}-\bar{y})\right) / \sum_{t=1}^{n}(y_t-\bar{y})^2$$

[2] Der entsprechende formale Test ist der "Durbin-Watson-Test" (MADDALA 1988:186-188). Im Beispiel ist die Prüfgröße DW=0.858 und indiziert damit für n=39 und k=2 eine "signifikante" Autokorrelation mit dem Lag 1.

[3] Es gibt eine unübersehbar große Zahl weiterer Kennziffern und Plots in der Regressionsdiagnostik, vgl. z.B. COOK/WEISBERG (1992). Für die meisten Zwecke reichen wenige davon aus (CHATTERJEE/HADI 1986). Dynamische Graphik-Techniken in der Regressionsdiagnostik sind bisher kaum verwendet worden; aufgrund des hohen Aufwands und des notwendigen Trainings dürfte deren Verbreitung mit Ausnahme von "slicing" (Veränderung eines 2-D-Plots durch die interaktive Variation einer Drittvariablen) und "linking" (Verbindung der Elemente verschiedener Plots, wobei die Verbindung z.B. durch gleiche Farben gleicher Beobachtungen sichtbar wird) gering bleiben (vgl. COOK/WEISBERG 1989).

[4] Ein Beispiel anhand eines klassischen Datensatzes geben DENBY/PREGIBON (1987).

Abb. 8-38 C_p-Plot aller möglichen Prädiktorkombinationen

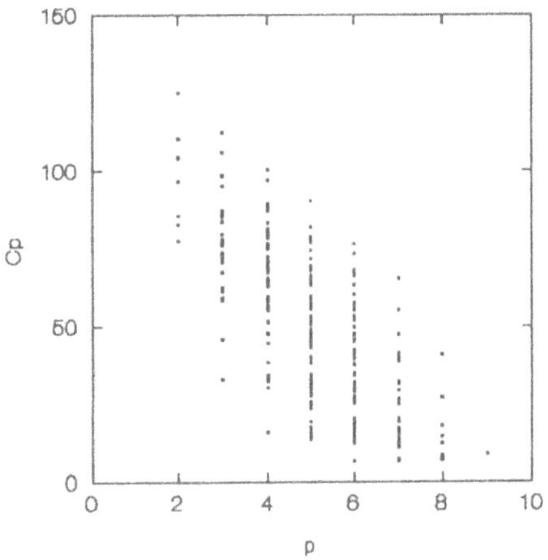

Abb. 8-39 C_p-Plot der Modelle mit Werten nahe C_p=p

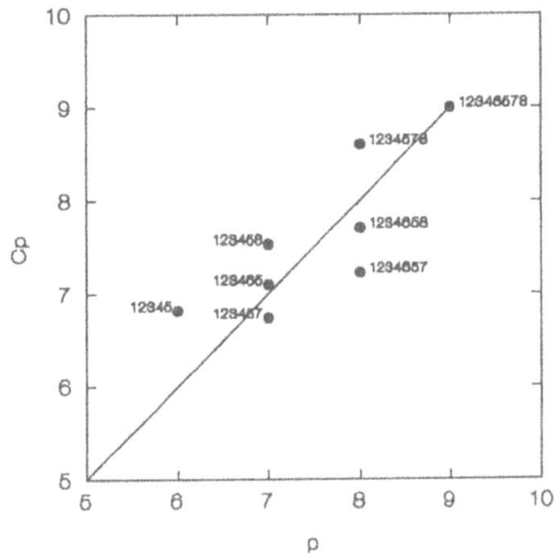

8.4 Spezielle Plots für lineare Regressionen

Insbesondere zwei spezielle Plots sind als Hilfsmittel jenseits der Regressionsdiagnostik von großer Bedeutung für multiple Regressionen: Mallows C_p-Plot für die Auswahl von Prädiktorvariablen und Ridge-Trace bei Multikollinearitätsproblemen.

8.4.1 Mallows C_p-Plot

Enthält ein multiples Regressionsmodell eine hohe Zahl unabhängiger Variablen, so ist eine Vereinfachung des Modells durch Entfernen einzelner Variablen meist wünschenswert. Das Löschen einzelner Variablen aus dem Modell führt jedoch in der Regel zu verzerrten Schätzungen der Parameter der verbleibenden Variablen. Ein Maß für diese Verzerrung ist C_p (MALLOWS 1973)[1]. C_p gibt das Verhältnis der Summe der quadrierten Residuen im reduzierten Modell zur Varianz der Residuen im vollständigen Modell wieder.

[1] C_p wird meist als

$$C_p = \frac{\Sigma e_i^2}{s^2} + 2p - n$$

berechnet, wobei n die Fallzahl, p die Zahl der Parameter und e_i die Residuen des derzeit betrachteteh Modells und s² die Varianz der Residuen des vollständigen Modells darstellt.

Abb. 8-40 C_p-p-Plot aller möglichen Prädiktorkombinationen

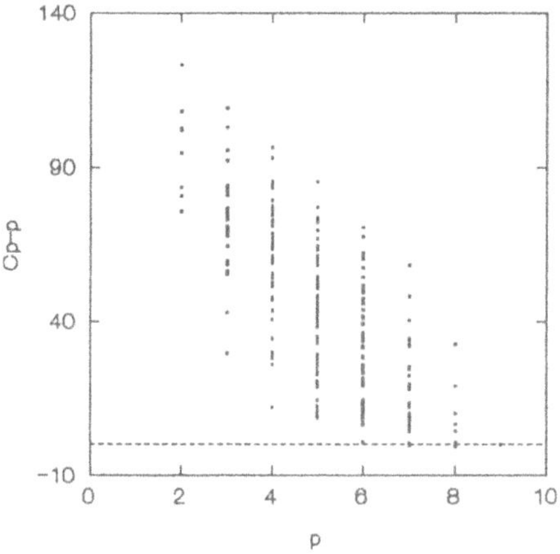

Abb. 8-41 C_p-p-Plot der Modelle mit Werten nahe C_p-p=0

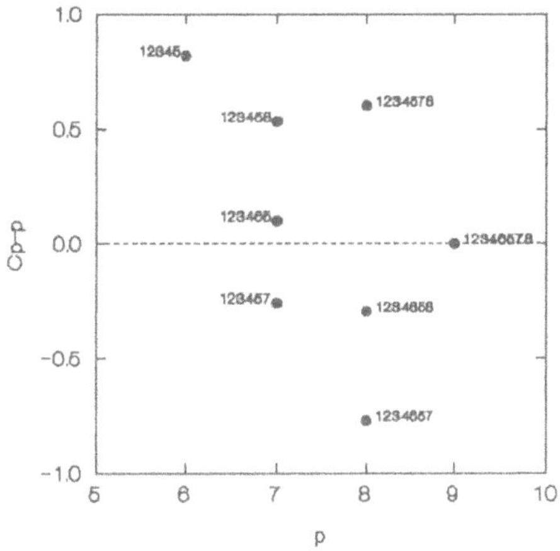

Die Beurteilung eines Modells mit p Parametern erfolgt häufig mithilfe eines Plots, bei dem die C_p-Werte gegen p geplottet werden. Werte nahe der Linie C_p=p werden als günstig für das entsprechende Modell interpretiert.

Ein Beispiel zeigt die Abbildung 8.38. Im Plot finden sich die C_p-Werte aller möglichen Teilmengen eines Regressionsmodells mit ursprünglich neun Parametern. Die Label an den Plotpositionen geben die Nummern der Variablen in der jeweiligen Prädiktormenge wieder. Interessant sind nur diejenigen Modelle, die Werte nahe der Vergleichsline C_p=p aufweisen; Abbildung 8.39 zeigt daher eine lesbarere Ausschnittsvergrößerung des Plots 8.38.

Um die Beurteilung der Abweichung von der Vergleichslinie zu erleichtern, kann man die Y-Achse modifizieren: Plottet man C_p-p gegen p so werden Werte in der Nähe der dann horizontal verlaufenden Vergleichsline bei Null als günstig interpretiert[1]. Ein Beispiel zeigt die Abbildung 8.40; die Abbildung 8.41 zeigt nur die Teilmenge der Modelle nahe der Vergleichslinie.

[1] Diese Modifikation findet sich bei FOX (1991:17). Andere Möglichkeiten bestehen im Plot der entsprechenden F-Statistik bzw. der p-Werte der F-Statistiken (SPJOTVOLL 1977).

Das den Daten des Beispiels zugrundeliegende Regressionsmodell ist das Einkommensmodell von DIEKMANN (1984) zur Erklärung des Einkommens weiblicher Angestellter (n=161, p=9). Für insgesamt acht Modelle liegt der C_p-Wert nicht weiter als 1 von der Vergleichslinie; besonders interessant ist ein Modell mit nur p=6. Betrachtet man dieses Modell näher, so verliert man gegenüber dem Ausgangsmodell weniger als 1.5% erklärter Varianz. Für eine Prognose des Einkommens könnte in diesem Beispiel auf die zusätzlichen Variablen (Berufsprestige, Bildung des Vaters, Berufprestige des Vaters) verzichtet werden.

Bei der Interpretation des C_p-Plots muß berücksichtigt werden, daß die Verwendung der Varianz der Residuen des vollständigen Modells als Bezugsgröße voraussetzt, daß das vollständige Modell angemessen ist. Gelegentlich weisen eine Reihe von Modellen gegenüber dem vollständigen Modell deutlich kleinere "residual mean squares" (RMS: RSS/[n-p]) auf. In solchen Fällen ist C_p nur von begrenztem Nutzen. Eine Entscheidung auf der Basis eines C_p-Plots sollte daher immer von einem Vergleich der RMS-Werte begleitet werden[1].

8.4.2 Ridge-Trace

Als "Multikollinearitätsproblem" wird im allgemeinen die hohe Korrelation von Prädiktorvariablen im Rahmen der multiplen Regression bezeichnet. Die Voraussetzungen der multiplen Regressionen beinhalten zwar keine expliziten Annahmen über die Höhe der zulässigen Interkorrelationen der Prädiktorvariablen, doch ist es für eine Berechnung zumindest erforderlich, daß die Variablen keine Linearkombinationen (z.B. $X_2=2*X_1+5*X_3$) darstellen[2]. Trotzdem stellen hohe Korrelationen der unabhängigen Variablen ein Problem dar: Der Effekt jeder einzelnen Variablen auf die abhängige Variable kann kaum von den Effekten der anderen Variablen getrennt werden. Hohe Multikollinearität innerhalb einer multiplen Regression kann daher zu einer Reihe von Problemen führen:

---

[1] vgl. CHATTERJEE/PRICE (1991:241). Obwohl viele Standardprogramme C_p auf Anforderung ausgeben, ist die Erstellung solcher Plots in den meisten Standardprogrammen nur mit hohem manuellen Aufwand möglich.

[2] Bilden zumindest einige unabhängige Variablen Linearkombinationen, so spricht man von "exakter Multikollinearität". In diesem Fall ist die Korrelationsmatrix der Prädiktoren bzw. die Matrix X'X nicht mehr invertierbar. In der Datenanalysepraxis sind solche nichtinvertierbaren Matrizen in der multiplen Regression in den meisten Fällen die Folge von Codierfehlern und "missing values".

- Die Standardfehler der geschätzten Regressionskoeffizienten werden sehr groß, so daß die Schätzungen zwischen verschiedenen Stichproben stark variieren.
- Regressionskoeffizienten können überraschende Vorzeichen zeigen: Zwei stark positiv korrelierende Prädiktoren können zu partiellen Regressionskoeffizienten mit unterschiedlichen Vorzeichen führen.
- Kleine Veränderungen in den Daten (Löschen einzelner Fälle, minimale Datenbereinigungen) können dramatische Veränderungen der Regressionskoeffizienten zur Folge haben.

Die Identifikation hoher Multikollinearität ist daher für die Praxis der multiplen Regression von großer Bedeutung[1]. Ein graphisches Hilfsmittel läßt sich sowohl zur Identifikation von Multikollinearität als auch zur Schätzung der Regressionskoeffizienten verwenden: Die "Ridge-Regression" und der damit verbundene Plot, die "Ridge-Trace".

Das Vorgehen bei einer Ridge-Regression besteht darin, daß zur Hauptdiagonalen der für die Berechnung der Regressionskoeffizienten zu invertierenden Matrix $\mathbf{X'X}$ eine kleine Konstante (meist als k oder Theta bezeichnet) addiert wird.

[1] Eine formale Möglichkeit zur Identifikation hoher Multikollinearität besteht in der Berechnung der sogenannten "Varianzinflations-Faktoren" (VIF), die als $1/(1-R_i^2)$ definiert sind, wobei R_i^2 den quadrierten multiplen Korrelationskoeffizient der Variablen i mit allen anderen Variablen darstellt. VIF-Werte um 1.0 indizieren keinen Zusammenhang; Werte ab 10 werden meist als problematisch angesehen. Viele Programme geben "Tolerance"-Werte aus, die als $1-R_i^2$ definiert sind; VIF_i ergibt sich also als 1/Tolerance. Kleine Tolerance-Werte bzw. große VIF-Werte weisen auf ein potentielles Multikollinearitätsproblem hin. Andere Möglichkeiten bestehen in der Berechnung der Eigenwerte λ der Korrelationsmatrix $\mathbf{R}$ der p Variablen (die Eigenwerte λ_j sind die Diagonalelemente der Matrix Λ der Gleichung $\mathbf{R}=\mathbf{V}\Lambda\mathbf{V}'$). Hohe Multikollinearität zeigt sich darin, daß der kleinste Eigenwert λ_p der Matrix sich null nähert. Häufig wird die "condition number" als Index für Multikollinearität verwendet; die "condition number" ist als Verhältnis des größten Eigenwerts zum kleinsten Eigenwert definiert: $k=\lambda_1/\lambda_p$. Werte kleiner als 30 werden als unproblematisch angesehen, Werte über 100 deuten auf ein ernstes Multikollinearitäts-Problem hin. Diese einfachen Indikatoren sind aber nicht ausreichend: Starke multiple Korrelationen sind weder notwendig noch hinreichend für Multikollinearität (MADDALA 1988:224-227). Zu elaborierteren diagnostischen Verfahren vgl. BELSLEY/KUH/WELSCH (1980:112ff.,156ff.).

Abb. 8-42 Ridge-Trace für drei standardisierte Regressionskoeffizienten, Ridge-Parameter zwischen 0 und 1

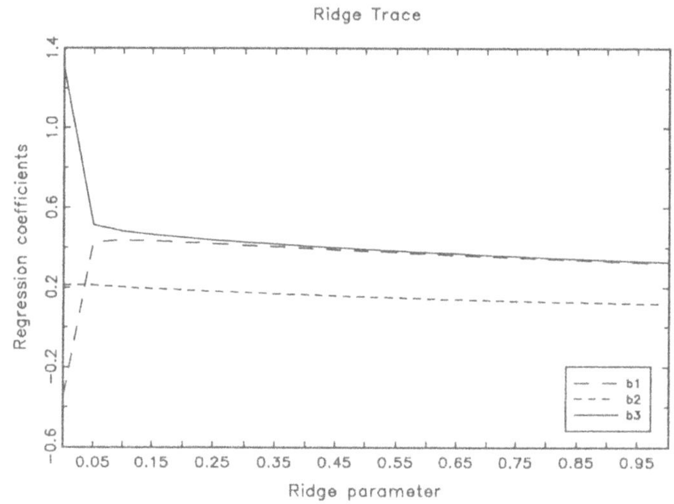

Etwas exakter: Die Ridge-Regression zur Schätzung der Regressionskoeffizienten **b** ist definiert als

$$b=(X'X+kI)^{-1}X'y$$

wobei k der Ridge-Parameter ist. K ist größer als 0 und meist sehr viel kleiner als 1.
Die Wahl der Größe von k wird durch einen Plot von k gegen die geschätzten Regressionskoeffizienten einer Ridge-Regression erleichtert[1]. Dieser Plot wird "Ridge-Trace" genannt (vgl. Abb. 8.42). In der Regel werden standardisierte Regressionskoeffizienten in der Ridge-Trace geplottet, da der Wertebereich der Koeffizienten dann vergleichbar ist[2].

Ein Beispiel für eine Ridge-Trace stellt die Abbildung 8.42 dar[3]. Der Ridge-Parameter in diesem Plot variiert zwischen 0 und 1. Ab einem Wert um ca. 0.05 scheinen sich die Schätzungen zu stabilisieren; die Regressionskoeffizienten verändern sich jenseits dieser Schwelle

[1] Bei geeigneter Wahl von k besitzen die Regressionskoeffizienten zwar gegenüber den normalen Regressionskoeffizienten einen etwas größeren Bias, aber einen kleineren "mean square error". Ridge-Regression wird daher häufig als "biased estimation" bezeichnet.

[2] Ein Plot der Ridge-Trace unstandardisierter Regressionskoeffizienten kann durch Skalierung und Wahl des Ursprungs einen gänzlich anderen Eindruck vermitteln. Dies gilt ebenso für Varianten der Ridge-Trace; so z.B. wird gelegentlich eine logarithmierte X-Achse verwendet (vgl. VINOD/ULLAH 1981:178-181).

[3] Die zugrundeliegenden Daten sind Import-Daten Frankreichs zwischen 1949 und 1959 in Milliarden Franc. Die Daten finden sich u.a. bei CHATTERJEE/PRICE (1991:182).

Abb. 8-43 Ridge-Trace für drei standardisierte Regressionskoeffizienten, Ridge-Parameter zwischen 0 und 0.05

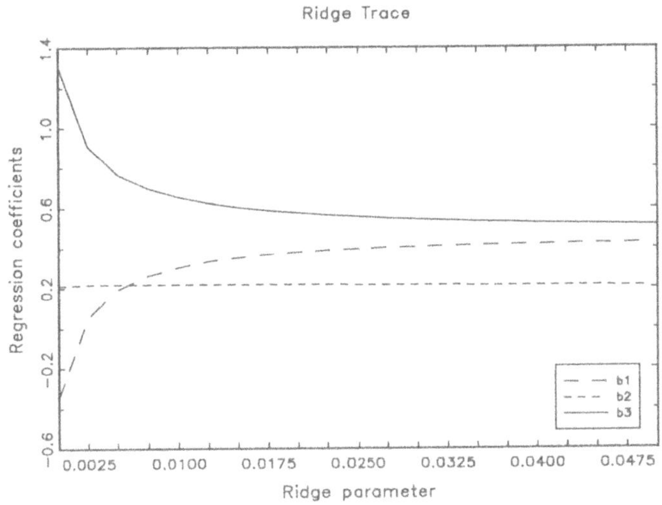

kaum noch. Wie auch in diesem Beispiel sind die geeigneten Werte des Ridge-Parameters sehr klein, so daß ein Plot des Parameters über den üblichen Wertebereich 0-1 relativ uninformativ ist. Ein weiterer Plot der Ridge-Trace über einen kleineren Wertebereich (vgl. Abb. 8.43) zeigt dann den interessanten Bereich des Ridge-Parameters genauer. In diesem Plot liegt der Ridge-Parameter zwischen 0 und 0.05. Die Stabilisierung der Regressionskoeffizienten erfolgt offensichtlich bei etwas kleineren Werten als auf der Basis der Abbildung 8.42 erwartet wurde: Werte zwischen 0.03 und 0.04 führen zu relativ stabilen Lösungen.

Ridge-Regressionen zur Schätzung der Regressionskoeffizienten sind in der Literatur genauso wie alle anderen Ad-hoc-Techniken bei Vorliegen von Multikollinearität umstritten[1]. Das Basisproblem beim Vorliegen hoher Multikollinearität ist einfach: Es liegen nicht genügend Informationen für eine Schätzung des unabhängigen Einflusses mehrerer Variablen auf eine abhängige Variable vor. Die eigentliche Lösung des Problems kann daher nur die Sammlung weiterer Daten oder eine Veränderung der Fragestellung sein (MADDALA 1988:248).

[1] Zwei andere Methoden werden meist im Umgang mit Multikollinearität erwähnt: Erstens die Berechnung einer multiplen Regression mit den Hauptkomponenten der Prädiktoren anstelle der Prädiktorvariablen ("principal components regression", zur Kritik vgl. MADDALA 1988:238). Zweitens die Entfernung derjenigen Variablen aus dem Regressionsmodell, die hohe multiple Korrelationen mit anderen Variablen besitzen. Leider kann dies zu verzerrten Schätzungen für die im Modell verbleibenden Variablen führen.

Abb. 8-44 Nichtparametrische Regression mit drei Bandbreiten; Herzkrankheiten: AGE*CHD

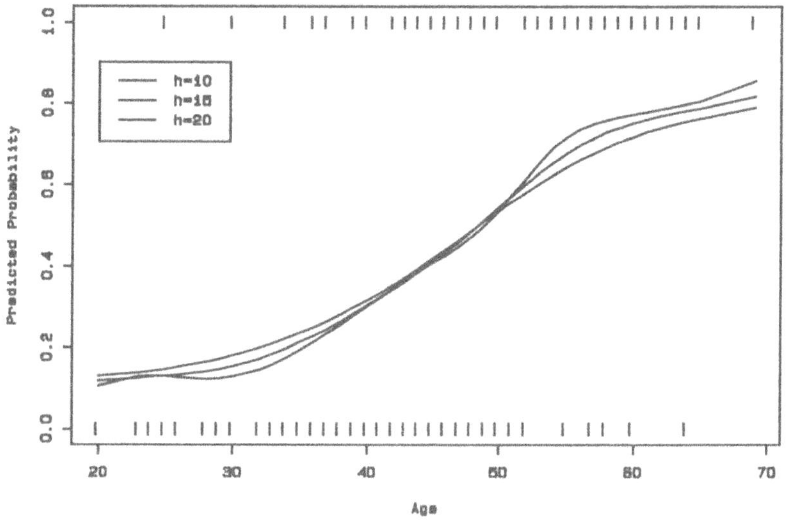

Ein Plot der Ridge-Trace als Bestandteil einer multiplen Regression kann aber als diagnostisches Hilfsmittel eingesetzt werden. Zeigt sich in der Ridge-Trace eine deutliche Instabilität der Regressionskoeffizienten, liegt möglicherweise ein Multikollinearitätsproblem vor, das näher untersucht werden sollte[1].

8.5 Plots für logistische Regressionen

Für binäre abhängige Variablen hat die logistische Regression als Analysetechnik in den letzten Jahren an Bedeutung gewonnen; fast alle Standardprogramme erlauben die Schätzung logistischer Regressionen. Obwohl Plots in der logistischen Regression mindestens so wichtig sind wie in der multiplen Regression, werden sie im Vergleich eher selten eingesetzt.

Dies mag unter anderem auf den Unterschied im Scatterplot zwischen einer linearen Regression und einer logistischen Regression zurückzuführen sein. Während der einfache Scatterplot in der linearen Regression eine unmittelbare Einschätzung der Angemessenheit des linearen

[1] Ridge-Regressionen sind nur in wenigen Standard-Programmen vorhanden. Die Programmierung mit einer Matrix-Sprache ist aber weitgehend problemlos. Ein entsprechender Macro gehört zu den Beispielen für die Matrixroutinen in SAS und SPSS.

Abb. 8-45 Nichtparametrische Regression mit drei Bandbreiten; LDDT*CANCER

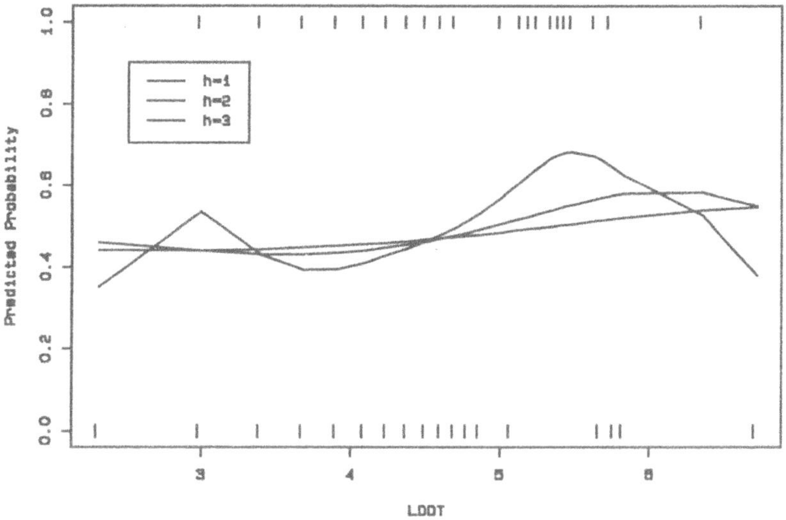

Modells erlaubt, scheint dies für die logistische Regression nicht zu gelten. Der einfache Scatterplot einer unabhängigen Variablen mit einer binären Variablen kann zwar Verteilungsunterschiede zeigen, nicht aber die Angemessenheit des logistischen Modells. Dies wird erst möglich, wenn nicht mehr nur Rohdaten, sondern zusätzlich Scatterplot-Smoother geplottet werden.

Ein Beispiel für einen solchen Plot zeigt die Abbildung 8.44. Der Plot gibt den Zusammenhang zwischen der unabhängigen Variablen (AGE) und der beobachteten binären Variablen (CHD = koronare Herzkrankheiten) durch drei nichtparametrische Regressionsfunktionen wieder[1]. Die senkrechten Striche am oberen und unteren Rand des Plots stellen die beobachteten Daten dar. Ein Scatterplot einer unabhängigen Variablen gegen die abhängige Variable würde nur diese Symbole enthalten und wäre daher weitgehend uninformativ. In diesen Plot wurden zusätzlich drei Scatterplotsmoother eingezeichnet. Die Smoother zeigen deutlich einen Zusammenhang zwischen AGE und CHD: Ein logistisches Modell mit dieser unabhängigen Variablen scheint angemessen[2].

---

[1] Die der Abbildung zugrundeliegenden Daten von 100 Patienten stammen aus der Tabelle 1.1 bei HOSMER/LEMESHOW (1989:3).

[2] Zu solchen Plots vgl. COPAS (1983) und HASTIE/TIBSHIRANI (1990:95-102). Weitere Möglichkeiten diskutiert FOWLKES (1987). Eine nützliche Variante plottet die Datenpunkte mit kleiner Zufallsstreuung (jittered), vgl. Abbildung 8.46.

Die Nichtangemessenheit eines logistischen Modells zeigt sich in solchen Plots durch einen horizontalen oder "zufällig" erscheinenden Kurvenverlauf wie in Abbildung 8.45[1].

Als Scatterplot-Smoother wurde in diesem Beispiel eine Kern-Regression mit einem Gauss-Kern verwendet (vgl. Kap. 5.3.1.5). Wie bei allen Kern-Schätzern ist die Wahl der Bandbreite von großer Bedeutung. Es empfiehlt sich daher die wiederholte Glättung mit unterschiedlichen Bandbreiten; die Plots 8.44 und 8.45 enthalten daher z.B. drei Funktionen mit unterschiedlicher Bandbreite.

Die Idee des Smoothings logistischer Regressionen läßt sich auf Probleme mit mehr als einer Prädiktorvariablen anwenden. Recodiert man eine oder zwei unabhängige Variablen in neue Variablen mit wenigen Ausprägungen, so kann man bedingte, geglättete Scatterplots logistischer Regressionen erstellen. Auf diese Weise kann man Interaktionseffekte von zwei bzw. drei unabhängigen Variablen darstellen.

Ein Beispiel zeigt die Abbildung 8.46. Versucht man den Telefonbesitz der Einpersonenhaushalte im ALLBUS 1988 mit einer logistischen Regression durch Einkommen und Alter zu erklären, so sind beide Prädiktoren "signifikant". Betrachtet man aber die bedingten Scatterplots, so zeigt sich ein Alterseffekt nur in den beiden höchsten Einkommensgruppen (untere Reihe der Scatterplots). Bei niedrigen materiellen Ressourcen zeigt "Alter" also keine zusätzliche Erklärungskraft. Interessanterweise steigt der Telefonbesitz mit dem Alter in den hohen Einkommensgruppen.

Eine Weiterentwicklung solcher bedingten geglätteten Scatterplots wird von CLEVELAND/ MALLOWS/McRAE (1993) im Rahmen ihrer "ATS-Methoden" diskutiert. Bei den entsprechenden Plots wird zunächst der Mittelwert der abhängigen und unabhängigen Variablen aus den nächsten Nachbarn der Beobachtungen berechnet ("averaging"). Dann werden die Werte der abhängigen Variablen einer varianz-stabilisierenden Transformation ("transformation") unterzogen, z.B. einer Arcus-Sinus-Transformation. Die transformierten Werte werden mit einer nichtparametrischen Regression vorhergesagt ("smoothing").

---

[1] Den Daten liegen die Ergebnisse von 132 Patienten mit unterschiedlicher Schadstoffbelastung (LDDT) und einer Nierenkrebserkrankung (CANCER) zugrunde (HELLER 1994).

Abb. 8-46 Bedingte (jittered) Scatterplots mit LOWESS-Smoother: Telefonbesitz nach Alter, bedingt nach Einkommensgruppe (steigend von oben links nach rechts unten)

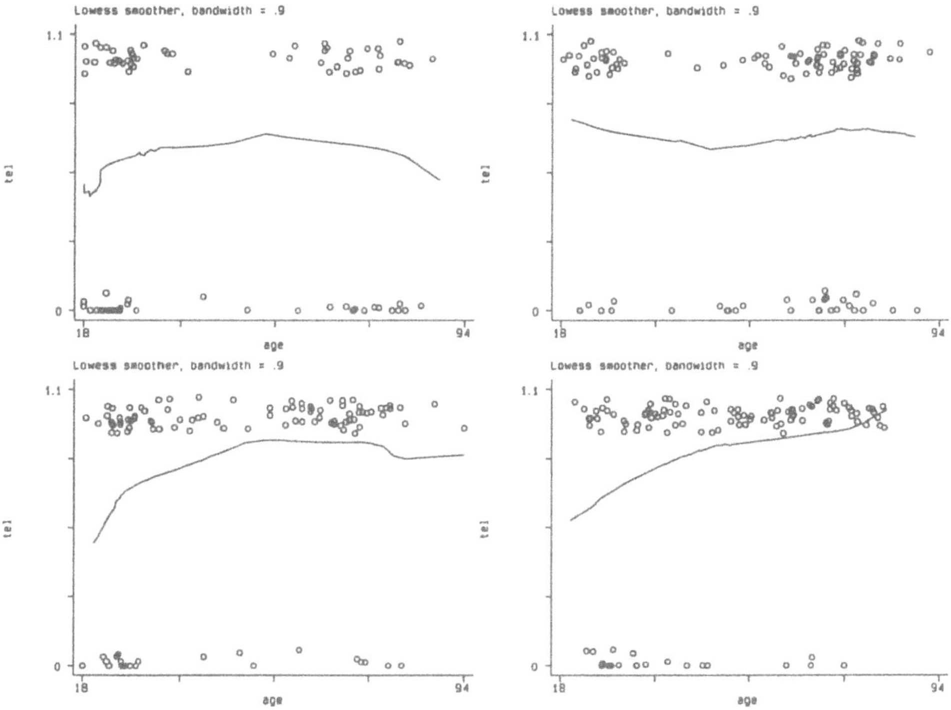

CLEVELAND/MALLOWS/McRAE (1993:823) stellen die Ergebnisse ihrer ATS-Methode für binäre Regressionen in bedingten Scatterplots dar.

8.5.1 Regressionsdiagnostik in logistischen Regressionsmodellen

Da bei logistischen Regressionen kein so leicht interpretierbares Maß wie R^2 existiert, müßte die Beurteilung des Modellfits mithilfe diagnostischer Verfahren und deren graphischer Darstellung in der Praxis eine eher größere Rolle spielen. Hierzu benötigt man ein Maß für die Abweichung der vorhergesagten Werte von den beobachteten Werten.

Ein solches Maß ist der Pearson X^2-Wert. Der Beitrag einer Kombination der unabhängigen Variablen zu diesem Gesamtwert ist das Quadrat des "Pearson-Residuums" (vgl. Kap. 6.5.2). Diese kann man näherungsweise als normalverteilt betrachten. Ein Normal-Probability-Plot der Pearson-Residuen sollte daher eine Gerade zeigen.

Abb. 8-47 Normal-Probability-Plot der Pearson-Residuen

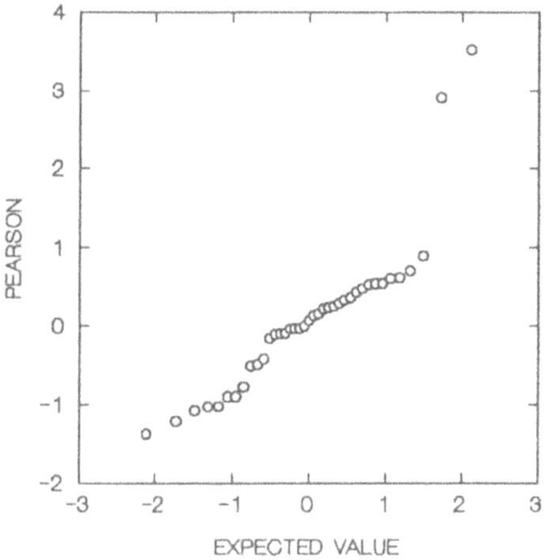

Abb. 8-48 Plot der Einfluß-Statistik Δβ gegen vorhergesagte Wahrscheinlichkeit

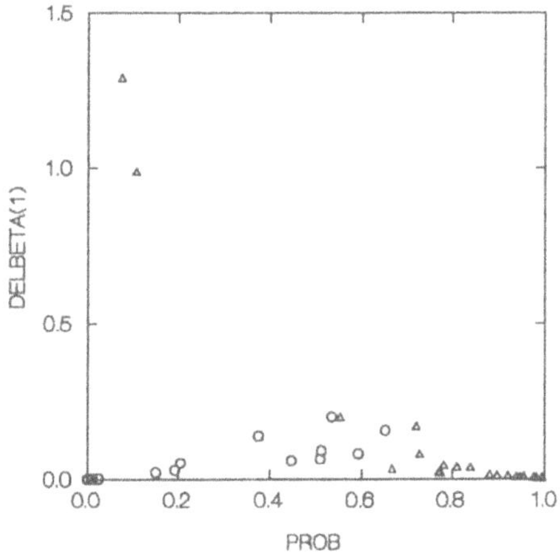

Ein Beispiel zeigt die Abbildung 8.47[1]. Zwei Beobachtungen fallen als deutliche Abweichung von der Geraden auf. Diese beiden Kombinationen werden durch das Modell nur schlecht gefittet. Folglich sind ihre Pearson-Residuen groß. Eine Löschung der Fälle mit diesen Kombinationen wird daher zu einer Verbesserung des Fits und damit einer Verringerung des X^2-Wertes führen.

Die Veränderung des X^2-Wertes durch die Löschung einer Kombination läßt sich zur Regressionsdiagnostik verwenden: Dieses Maß wird als ΔX^2 (HOSMER/LEMESHOW 1989:156) oder DELPSTAT (STEINBERG/COLLA 1991:29) bezeichnet. HOSMER/LEMESHOW (1989:161) empfehlen einen Plot von ΔX^2 gegen die durch das Modell vorhergesagten Wahrscheinlichkeiten. Einen solchen Plot zeigt die Abbildung 8.49.

In solchen Plots bilden die Punkte zwei Kurven: Eine Kurve von links oben nach rechts unten, eine andere Kurve von links unten nach rechts oben. Die erste Kurve entspricht den Punkten mit beobachteten Werten gleich "1", die zweite Kurve den Punkten mit beobachteten Werten gleich "0". In die Abbildung 8.48 wurden entsprechende Kurven zur Veranschaulichung eingezeichnet.

---

[1] Die Daten des folgenden Beispiels wurden PREGIBON (1981:709) entnommen.

Abb. 8-48 Plot der Fit-Statistik ΔX^2 gegen die vorhergesagten Wahrscheinlichkeiten

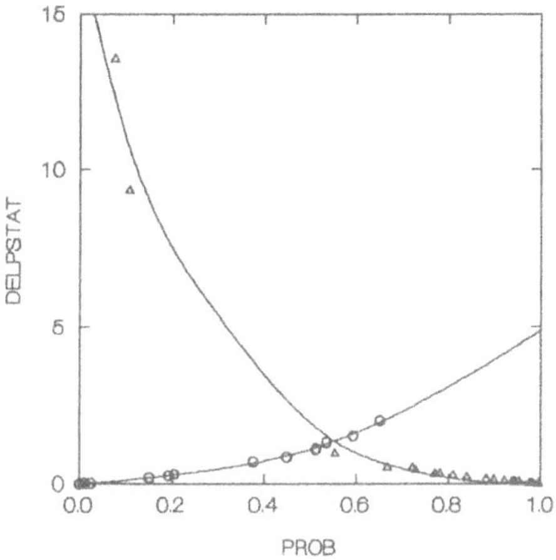

Abb. 8-49 Plot der Fit-Statistik ΔD gegen die vorhergesagten Wahrscheinlichkeiten

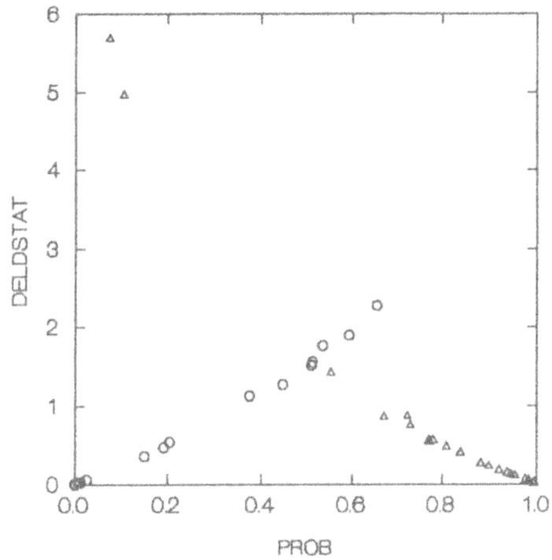

Um die Plots leichter interpretieren zu können, empfiehlt sich die Verwendung unterschiedlicher Plotsymbole für unterschiedliche beobachtete Werte; hier wurden Dreiecke für "1" und Kreise für "0" verwendet.

Auch hier fallen die bereits im Normal-Probability-Plot (Abb. 8.47) auffälligen Kombinationen wieder auf. Beide Kombinationen liegen links oben im Plot; folglich wurde für beide Kombinationen "1" beobachtet, obwohl das Modell für diese Kombinationen nur eine sehr kleine Wahrscheinlichkeit dafür vorhersagt.

Eine Alternative zum Pearson-Residuum ist das Devianz-Residuum; die Summe der quadrierten Devianz-Residuen ist die Devianz des Gesamtmodells. Entsprechend ΔX^2 wird die Veränderung der Devianz durch die Löschung einer Kombination als ΔD bzw. DELDSTAT bezeichnet. Ein Beispiel für einen ΔD-Plot gegen die vorhergesagten Wahrscheinlichkeiten zeigt die Abbildung 8.50.

Abb. 8-50 Plot der Fit-Statistik ΔX^2 und der Einflußstatistik $\Delta\beta$ (Symbolgröße) gegen die vorhergesagten Wahrscheinlichkeiten

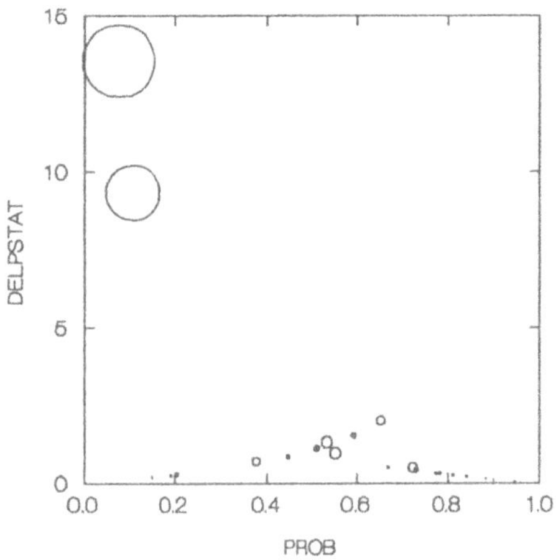

Abb. 8-51 Plot der Fit-Statistik ΔD^2 und der Einflußstatistik $\Delta\beta$ (Symbolgröße) gegen die vorhergesagten Wahrscheinlichkeiten

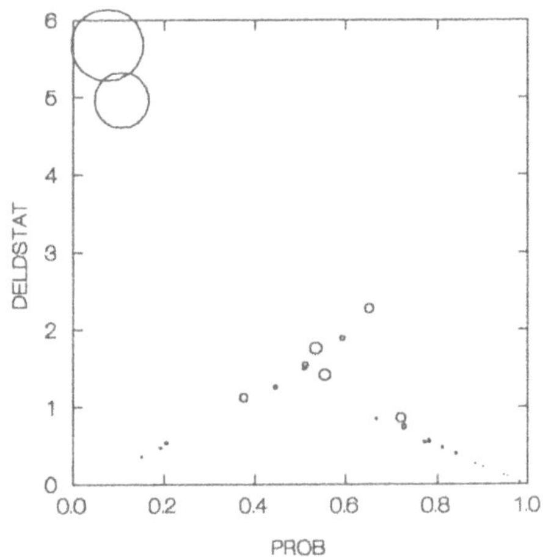

Mit Ausnahme des kleineren Wertebereichs für ΔD zeigt der Plot kaum Unterschiede zum Plot ΔX^2; die Interpretation der beiden Kurven ist gleich. HOSMER/LEMESHOW (1989: 163) geben als groben Anhaltspunkt für auffällig große ΔX^2- und ΔD-Werten den Wert 4 an[1]. In diesem Beispiel liegen in beiden Plots nur die beiden bereits auffälligen Kombinationen über 4.

Da die Schätzungen der Parameter in logistischen Regression sehr empfindlich auf einzelne Kombinationen reagieren, ist eine Abschätzung des Einflusses einer Kombination auf die Parameterschätzungen von Interesse. Eine solche Statistik ist $\Delta\beta$ (DELBETA). In direkter Entsprechung zu Cooks-D in der linearen Regression gibt $\Delta\beta$ für die logistische Regression die standardisierte Veränderung aller geschätzter Koeffizienten durch die Löschung eines Musters wieder. HOSMER/LEMESHOW (1989:160-161) empfehlen eine Plot von $\Delta\beta$ gegen die durch das Modell vorhergesagten Wahrscheinlichkeiten. Einen solchen Plot zeigt die Abbildung 8.48. Auch in diesem Plot sind nur zwei Kombinationen auffällig.

[1] Beide Größen sind näherungsweise χ^2 verteilt mit einem Freiheitsgrad. Da das 95%-Perzentil hierfür bei 3.84 liegt, ist der Wert 4 für Plots ein brauchbarer Anhaltspunkt.

Abb. 8-53 Plot der vorhergesagten Wahrscheinlichkeiten einer logistischen Regression gegen die beobachteten Anteile innerhalb der Kovariatengruppen

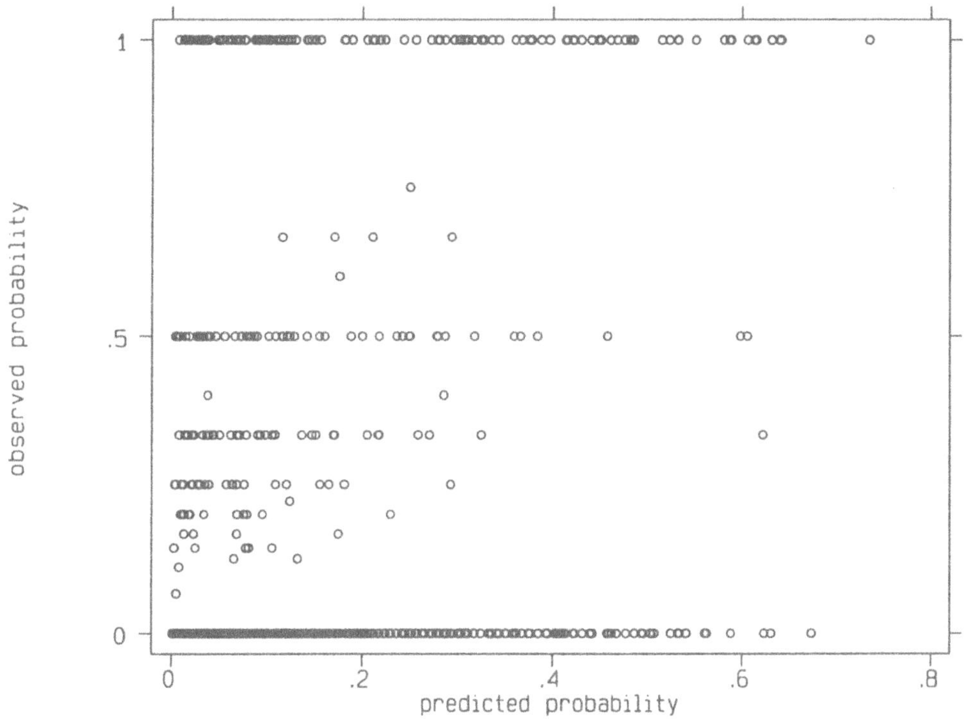

HOSMER/LEMESHOW (1989:161) schlagen vor, in den ΔD- bzw. ΔX^2-Plots gegen die vorhergesagten Wahrscheinlichkeiten die Symbolgröße proportional zu Δβ zu plotten. Zwei solche Plots zeigen die Abbildungen 8.51 und 8.52. In diesen kombinierten Plots zeigen sich auffällige Kombinationen durch ihren schlechten Fit in hohen Ausprägungen auf der Y-Achse und/oder durch ihren Einfluß auf die geschätzten Parameter in der Symbolgröße.

Neben den genannten Plots gibt es eine Reihe weiterer nützlicher Plots für logistische Regressionen, so vor allem partielle Residuenplots zur Diagnose nichtlinearer Beziehungen[1]. Standardsoftware für solche Plots existiert bisher nicht.

---

[1] Weitere Einzelheiten zur Regressionsdiagnostik in der logistischen Regression finden sich einführend bei HOSMER/LEMESHOW (1989:149-170); anschauliche Beispiele gibt HAMILTON (1992:236-242). Partielle Residuenplots werden von LANDWEHR/PREGIBON/SHOEMAKER (1984) behandelt, neuere Entwicklungen finden sich bei O'HARA HINES/CARTER (1993).

8.5.2 Beurteilung der tatsächlichen Leistungsfähigkeit des Modells

Häufig besteht das eigentliche Ziel der Durchführung einer logistischen Regression in der Vorhersage des Verhaltens einer Beobachtungseinheit (z.B. des Entscheidungsverhaltens einer Person) zu einem späteren Zeitpunkt. Für viele praktische Anwendungen logistischer Regressionen ist dies allein die den Anwender interessierende Frage. Um die tatsächliche Leistungsfähigkeit eines Modells beurteilen zu können, benötigt man folglich das tatsächliche Verhalten zu einem späteren Zeitpunkt. Weder ein Signifikanztest noch ein Maß für den Modellfit können diese Beurteilung des Modells ersetzen. Eine solche Überprüfung eines Modells erstreckt sich nicht nur auf die statistische Güte des Modells zu einem Zeitpunkt. Diese Art der Überprüfung muß natürlich voraussetzen, daß die das Verhalten steuernden Variablen zwischen der ersten Messung und der Entscheidung konstant geblieben sind. Die Genauigkeit einer Verhaltensprognose auf der Basis einer logistischen Regression liegt daher immer unter der Genauigkeit, die bei Konstanz der Variablen erreichbar wäre[1].

Im Rahmen einer logistischen Regression kann es maximal nur so viele verschiedene vorhergesagte Wahrscheinlichkeiten geben, wie es unterschiedliche Kombinationen der unabhängigen Variablen gibt. Für jede dieser Kovariatengruppen gibt es nur eine vorhergesagte Wahrscheinlichkeit aufgrund des Modells. Verfügt man über eine tatsächliche Verhaltensbeobachtung zu einem späteren Meßzeitpunkt, dann kann man für jede Kovariatengruppe den Anteil derjenigen Beobachtungen bestimmen, für die das Ereignis eingetreten ist. Will man z.B. das Ereignis "Heirat innerhalb eines Jahres" vorhersagen und verfügt über zwei ein Jahr auseinanderliegende Meßzeitpunkte, so kann der Anteil der Neuverheirateten für jede Kovariatengruppe festgestellt werden. Faßt man diese beobachteten Anteile als Wahrscheinlichkeiten auf, so kann diese "beobachtete Wahrscheinlichkeit" mit der "vorhergesagten Wahrscheinlichkeit" verglichen werden. Eine Möglichkeit dazu besteht in einem Plot der beobachteten gegen die vorhergesagte Wahrscheinlichkeit.

[1] vgl. hierzu ausführlich MANSKI (1990).

Ein Beispiel zeigt die Abbildung 8.53. Hier wurde die Wahrscheinlichkeit für einen Wohnortswechsel durch eine logistische Regression vorhergesagt[1]. Obwohl das Modell nach den üblichen Kriterien relativ gut angepaßt ist[2], zeigt der Plot eine große Zahl inkonsistenter Muster: hohe vorhergesagte Wahrscheinlichkeit und niedrige beobachtete Anteile einerseits (unten rechts im Plot), hohe beobachtete Anteile und niedrige vorhergesagte Wahrscheinlichkeiten des Modells andererseits (oben links im Plot).

Ist man tatsächlich an der Vorhersage individuellen Verhaltens interessiert, so muß auf der Basis des Vergleichs beobachteter und vorhergesagter Wahrscheinlichkeiten eine Verbesserung des Modells durch eine theoretische Erklärung der abweichenden Muster angestrebt werden.

---

[1] Die Datengrundlage bilden die deutschen Haushaltsvorstände des Sozio-ökonomischen Panels der ersten beiden Panelwellen (n=4487). Das Regressionsmodell enthält Variablen zu Wohnungseigentum, Kinderzahl, Alter, Haushaltsgröße und Wohnungszufriedenheit. Das Modell wurde mir freundlicherweise von Frank Kalter und Martin Slabi zur Verfügung gestellt.

[2] R^2_L des Modells liegt bei 0.232; der Hosmer-Lemeshow-Test (HOSMER/LEMESHOW 1989:140-145) ergibt 5.2 bei df=6 und p=0.52.

8.5.3 Exkurs: Regressionsdiagnostische Kriterien in der logistischen Regression

Die für die Residuendiagnostik zentrale Hat-Matrix wird berechnet als

$$H=X^*(X^{*\prime}X^*)^{-1}X^{*\prime}$$

wobei

$$X^*=W^{1/2}X$$

W ist eine n*n Diagonalmatrix mit

$$w_i=\hat{p}_i(1-\hat{p}_i)$$

in der Hauptdiagonalen. Liegt jede Kombination der unabhängigen Variablen nur einmal vor, dann ist das Pearson-Residuum definiert als

$$r_j=(y_j-\hat{p}_j)/\sqrt{\hat{p}_j(1-\hat{p}_j)}$$

wobei y die beobachtete Reaktion ist. Die Veränderung des Modellfits durch das Löschen einer Kombination ΔX^2 (DELPSTAT) ist definiert als

$$\Delta X^2=r_j^2/(1-h_j)$$

Verwendet man nicht das Pearson-Residuum, sondern das Devianz-Residuum, so ergibt sich die Veränderung des Devianz-Modellfits ΔD (DELDSTAT)

$$\Delta D=-2[\ln(L_k)-\ln(L_{k(j)})]$$

wobei L_k der Wert der Likelihoodfunktion für ein Modell mit k Parametern ist; $L_{k(j)}$ ist der Wert der Likelihoodfunktion für das gleiche Modell nach Löschen der Kombination j.
Die standardisierte Veränderung der Koeffizienten $\Delta\beta$ (DELBETA) ist definiert als

$$\Delta\beta=(r_j^2h_j)/(1-h_j)$$

Einige Programme verwenden leicht unterschiedliche Formeln[1], daher kann die Berechnung mit verschiedenen Programmen zu minimal anderen Ergebnissen führen.

[1] Dieser Abschnitt basiert auf STEINBERG/COLLA (1991:206-207), vgl. auch HAMILTON (1992: 236-237).

9 Plots in der Varianzanalyse

Zu den in den Sozialwissenschaften (und insbesondere in der Psychologie) am weitesten verbreiteten Verfahren gehören Varianzanalysen. Die Anwendung der Varianzanalyse erfolgt häufig in ritualisierter Form, d.h. Daten werden einer Varianzanalyse unterworfen und lediglich die Ergebnisse der Signifikanztests zur Kenntnis genommen. In vielen Fällen wird weder auf die Annahmen der Varianzanalyse eingegangen noch wird die Stärke (meist eher: Schwäche) der "signifikanten" Effekte bei der Interpretation berücksichtigt. Dieses Vorgehen führt zur Produktion von Artefakten und zur Akkumulation trivialer Ergebnisse (signifikante, aber überaus schwache Effekte). Viele Ergebnisse wären kaum publiziert worden, hätte man einen Plot der Residuen oder einen multiplen Boxplot erstellt. Das ausschließliche Starren auf die Signifikanz der F-Werte verhindert häufig das Verständnis des Prozesses, der die Daten hervorbrachte. Damit wird aber der eigentliche Zweck der Datenanalyse verfehlt: "The real purpose of data analysis is not to display an erudition in statistical tests, but rather to answer satisfactorily the practical questions that can be asked about the experiment" (MANDEL 1991:235).

Eine sinnvolle Anwendung der Varianzanalyse setzt immer eine Überprüfung der Annahmen der Tests voraus. Daß die Interpretation eines Experiments die Effektstärke berücksichtigen muß, ist selbstverständlich. Sowohl bei der Überprüfung der Annahmen als auch bei der Interpretation der Ergebnisse der Varianzanalyse sind Plots unentbehrlich.

9.1 Plots bei der Überprüfung der Annahmen der Varianzanalyse

Die rechnerische Durchführung einer Varianzanalyse ist an keine Voraussetzung geknüpft; die Zerlegung der Varianz in experimentelle Varianz und Fehlervarianz ist nur an die Voraussetzungen gebunden, daß das tatsächlich realisierte Design der Art der rechnerischen Zerlegung entspricht. Es macht z.B. keinen Sinn, zwei beliebig aus einem Datensatz gegriffene Variablen als Meßwiederholungen anzusehen. Verteilungsannahmen der Varianzanalysen werden erst dann bedeutsam, wenn die Testgrößen wie z.B. die F-Werte, inferenzstatistisch interpretiert werden sollen.

Im einfachsten Fall müssen folgende Annahmen erfüllt sein[1]:

1. Die Residuen müssen in der Population für jede Zelle normalverteilt sein (Normalverteilungsannahme).
2. Die Varianzen der Residuen müssen innerhalb der Zellen des Designs gleich sein (Homogenitätsannahme).
3. Die Residuen müssen innerhalb der Zellen unabhängig voneinander sein (Unabhängigkeitsannahme).

Da die Residuen sich nur durch eine Konstante (den Gruppenmittelwert) von den beobachteten Werten unterscheiden, gelten die Annahmen auch für die abhängige Variable (BORTZ 1977:344).

9.1.1 Überprüfung der Normalverteilungsannahme

Die Annahme der Normalverteilung der abhängigen Variablen ist für die Geltung der inferenzstatistischen Interpretation der Prüfgröße notwendig[2]. Die Annahme ist vergleichsweise leicht prüfbar; allerdings ist sie auch die unkritischste der Annahmen.

Einige Programme bieten eine Überprüfung der Normalverteilungsannahme der abhängigen Variablen einer Varianzanalyse mit einem Kolmogorov-Smirnov- oder einem χ^2-Test (vgl. z.B. SIEGEL 1976:42-50) an. Eine graphische Alternative besteht in einem Normal-Probability-Plot (vgl. Kap. 4.1); bedingt eignet sich auch ein Symmetrieplot (vgl. Kap. 4.3.2.2).

---

[1] Bei komplexeren Formen der Varianzanalyse kommen weitere Annahmen hinzu. So sollten bei der Kovarianzanalyse die Kovariaten nicht sehr stark miteinander korrelieren, der Zusammenhang der Kovariaten untereinander und mit den abhängigen Variablen sollte linear sein, die Reliabilität der Kovariaten sollte hoch (>.8) sein und die Regressionskoeffizienten der Kovariaten sollten in allen Zellen gleich sein (TABACHNICK/FIDELL 1989:323-326). Bei einer MANOVA kommen multivariate Normalverteilung der Stichprobenverteilung der Mittelwerte pro Zelle und die Gleichheit aller Varianz-Kovarianzmatrizen in den Zellen hinzu. Die meisten Annahmen sind mit formalen Tests überprüfbar.

[2] Die Normalverteilungsannahme wird zusammen mit der Annahme, daß es sich um echte einfache Zufallsstichproben aus den entsprechenden Grundgesamtheiten handelt, für die Herleitung der Prüfgröße verwendet (FISZ 1967:524-526).

Abb. 9-1 Normal-Probability-Plot

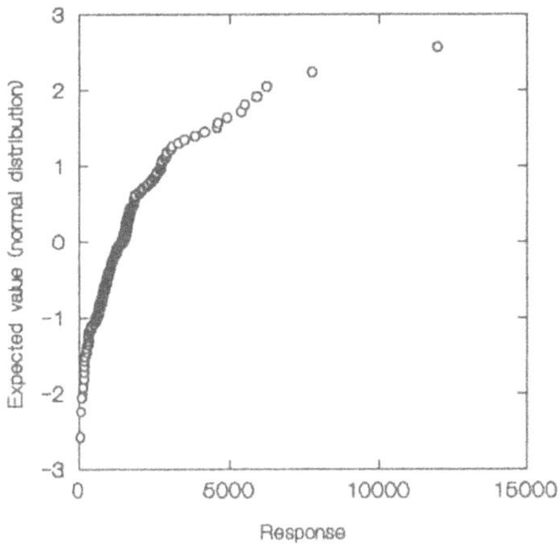

Abb. 9-2 Residuen-Probability-Plot

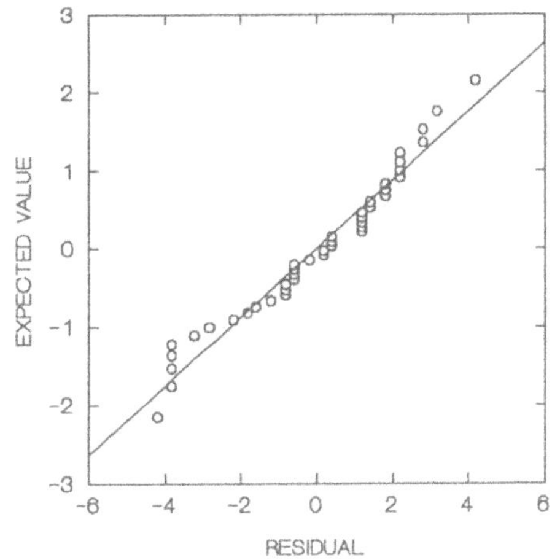

Ein Beispiel für einen Normal-Probability-Plot zeigt die Abbildung 9.1. Die Daten sind hier deutlich nicht normal verteilt: Die Punkte liegen nicht auf einer Geraden. Als weiteres diagnostisches Mittel lassen sich die Residuen auf Normalverteilung prüfen. Dies ist mit einem Probability-Plot der Residuen am einfachsten[1]. Das Beispiel (Abb. 9.2) zeigt einen Probability-Plot der Residuen eines sozialpsychologischen Experiments: Die Abweichungen der Residuen gegenüber der Normalverteilung sind hier nicht besonders ausgeprägt[2].

Solche Plots sind mittlerweile in vielen Programmen innerhalb der Varianzanalysemodule realisiert. Die Plots besitzen gegenüber den Tests den Vorteil, daß sie sowohl Aufschluß über die Art der Abweichung geben, als auch Hinweise für eine eventuell sinnvolle Datentransformation.

Da Varianzanalysen gegenüber Ausreißern nicht robust sind, ist häufig ein einfacher graphischer Ausreißertest, der die Abwesenheit einzelner Ausreißer auf der abhängigen Variablen gewährleistet, wichtiger als die Überprüfung der Normalverteilung. Es ist durchaus möglich,

---

[1] Da man die Residuen in den meisten Programmen als Variable speichern kann, lassen sich mit fast allen Programmen Probability-Plots der Residuen erstellen. Andere Programme enthalten solche Plots bereits als Option der Varianzanalyseroutinen.

[2] Der Plot enthält ein Plotsymbol für jeden einzelnen Datenpunkt. Der Plot zeigt eine Anzahl von Ties an: Die abhängige Variable wurde mit einer 11-stufigen Skala gemessen, einige Residuen sind daher exakt gleich groß. Einige Programme verwenden eine irreführende Variante des Plots, bei der die Ties nicht berücksichtigt werden: In den Plots wird dann nur ein Plotsymbol für jede unterschiedliche Ausprägung der Residuen wiedergegeben.

Abb. 9-3 Grouped Boxplots

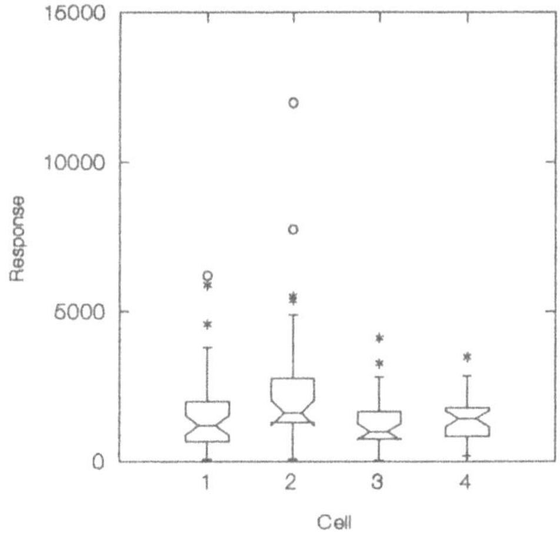

daß einzelne Datenpunkte einem Normalverteilungstest entgehen und trotzdem das Ergebnis einer Varianzanalyse verfälschen. Als Ausreißertest empfiehlt sich die Verwendung gruppierter Boxplots für jede abhängige Variable; eine Box für jede experimentelle Gruppe[1]. Ungewöhnliche Datenpunkte, z.B. aufgrund von Codier- oder Meßfehlern, aber auch aus inhaltlichen Gründen, fallen in solchen Plots sofort auf. Notched-Boxplots erlauben darüber hinaus noch einen Mediandifferenzentest, der wesentlich robuster als ein Mittelwertdifferenzentest ist. Sollte sich ein starker Effekt einer Varianzanalyse bei einem Vergleich der Mediane der Zellen mittels Notched-Boxplot nicht mehr zeigen, so ist eine nähere Beschäftigung mit der Verteilung der abhängigen Variablen ratsam. Ein entsprechendes Beispiel zeigt die Abbildung 9.3. Hier geht der Effekt auf zwei extreme Beobachtungen zurück.

[1] Zu gruppierten Boxplots und Notched-Boxplots vgl. Kap. 3.2.

9.1.2 Varianzhomogenitätsannahme

Insbesondere bei ungleichen Stichprobenumfängen pro Zelle empfiehlt sich eine Überprüfung der Annahme, daß die Varianzen in allen Zellen gleich sind. Üblicherweise geschieht dies mit einem Bartlett Chi-Quadrat-Test, dem Hartley F_{max}-Test bzw. Cochrans C Test (vgl. z.B. SACHS 1974:381-385). Der Bartlett-Test reagiert nicht nur auf Ungleichheit der Varianzen, sondern auch auf eine eventuelle Nichtnormalverteilung; der Test gilt im allgemeinen als zu empfindlich[1]. Man kann die Homogenitätsannahme auch sehr einfach und anschaulich mit einem graphischen Verfahren überprüfen: dem "Spread-versus-Level-Plot". Bei einem solchen Plot wird die Streuung einer Variablen gegen den Median dieser Variablen geplottet. Genauer: Der natürliche Logarithmus des Spreads (Interquartilsabstandes) einer Variablen in einer Subgruppe wird gegen den natürlichen Logarithmus des Medians dieser Variablen in einer Subgruppe geplottet.

Die zugrundeliegende Idee ist einfach. Die Streuung einer Variablen sollte für bestimmte Analyseverfahren (z.B. eine Varianzanalyse) unabhängig von ihrem Mittelwert (über die Subgruppen) sein. Nimmt man an, die Streuung einer Variablen sei proportional zu einer Potenz des Medians, so ist

$$S=cM^{b}$$

wobei S für den Spread, c für eine Konstante, M für den Median und b für eine andere Konstante stehen. Logarithmieren der Gleichung erbringt

$$\ln(S)=\ln(c)+b\cdot\ln(M)$$

Die logarithmierte Streuung und der logarithmierte Median hängen also linear zusammen (EMERSON/STRENIO 1983:78).

---

[1] Einige Programme verwenden den robusten Levene-Test, der eine einfache Varianzanalyse der absoluten Abweichungen der Beobachtungen von ihren Zellenmittelwerten darstellt (SACHS 1974:208, 387). Häufig unterscheiden sich die tatsächlich berechneten Testgrößen zwischen den Programmen.

Abb. 9-4 Spread-versus-Level-Plot

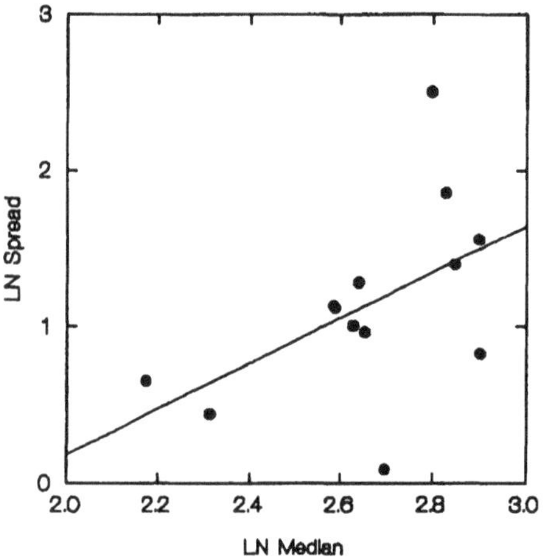

Abb. 9-5 Std.-Dev.-versus-Mean-Plot

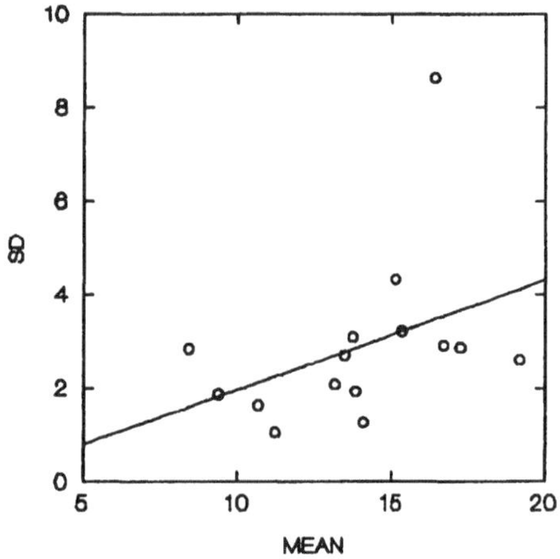

Für die Punkte des Plots wird eine lineare Regression berechnet, also zwischen der jeweils logarithmierten Streuung und dem Median. Ist der Regressionskoeffizient b=0, so besteht zwischen Streuung und Median kein linearer Zusammenhang. Variiert die Streuung mit dem Median, so ist die Annahme der Varianzhomogenität in den Subgruppen verletzt. Der berechnete Regressionskoeffizient b führt in diesem Fall aber sofort zu einem geeigneten Exponenten der bereits diskutierten Transformationen der "Ladder of Powers": p = 1-b. Um die Variable so zu transformieren, daß die Varianzhomogenitätsannahme erfüllt ist, muß die Variable entsprechend transformiert werden: $y' = y^p$.

Die Abbildung 9.4 zeigt einen Spread-versus-Level-Plot der Verweigerungsraten bei allgemeinen Bevölkerungsumfragen in der BRD zwischen 1967 und 1985[1]. Deutlich kann man einen linearen Trend erkennen: Mit steigendem Median der Verweigerungen nimmt auch die Streuung der Verweigerungsraten innerhalb desselben Jahres zu. Inhaltlich bedeutet dies, daß sich unter identischen äußeren Bedingungen höchst unterschiedliche Verweigerungsraten erzielen lassen. Die eingezeichnete Regressionsgerade besitzt eine Steigung von ca 1.4, der Exponent für die Transformation wäre also 1-1.4=-0.4. Transformiert man die Verweigerungsraten entsprechend, so ist keine Abweichung von der Homogenitätsannahme mehr feststellbar.

---

[1] Es handelt sich um die Verweigerungen in allen Zufallsstichproben, für die im Zentralarchiv für empirische Sozialforschung in Köln entsprechende Unterlagen vorhanden sind (SCHNELL 1992). Durch fehlende Angaben reduziert sich die Zahl der hier betrachteten Studien auf insgesamt 54.

Einige Programme bieten einen Plot der Zellenmittelwerte gegen die Streuung (Standardabweichung bzw. Standardfehler) pro Zelle samt Regression an. Dieser Plot ist gegenüber einzelnen Ausreißern nicht robust. Die Interpretation ist identisch: Auch bei diesem Plot sollte kein Zusammenhang zwischen Streuung und Mittelwert bestehen, die Korrelation muß Null betragen. Den entsprechenden Plots des Beispiels zeigt die Abbildung 9.5. Auch hier erkennt man die Verletzung der Annahme der konstanten Varianz. Der lineare Zusammenhang ist hier aber weniger deutlich[1].

Spread-versus-Level-Plots eignen sich nicht nur zur Überprüfung der Varianzhomogenitätsannahme bei Varianzanalysen, sondern stellen für viele inhaltliche Fragestellungen, bei denen (wie im ersten Beispiel) die Inhomogenität der Varianzen selbst inhaltlich von Interesse ist, eine geeignete Analysetechnik dar.

Spread-versus-Level-Plots lassen sich in wenigen Sekunden (maschinell) oder wenigen Minuten (manuell) mit jedem Programm durchführen, das Mediane und Spreads berechnen und Scatterplots erstellen kann[2]. Plots der Standardabweichung gegen den Mittelwert sind noch schneller zu erstellen. Angesichts des hohen diagnostischen Wertes und des minimalen Aufwandes eignen sich diese Plots als Bestandteil der normalen Vorgehensweise bei jeder Varianzanalyse.

---

[1] Logarithmiert man in diesem Beispiel beide Achsen, dann sind die Plots fast identisch.

[2] Verwendet man eine Variable mit vielen Ausprägungen als Gruppierungsvariable, so werden die Plots einiger Programme unübersichtlich und wenig aussagekräftig. Der Regressionskoeffizient wird aber auch dann korrekt berechnet.

9.1.3 Residuen-Diagnostik

Varianzanalysen reagieren auf die Verletzung der Annahme der Unabhängigkeit der Residuen wesentlich empfindlicher als auf die Verletzung der anderen Annahmen. Im allgemeinen wird diese Annahme als erfüllt angesehen, wenn die Stichprobe eine Zufallsstichprobe aus der Population darstellt, auf die verallgemeinert werden soll und die Zuweisung zu den experimentellen Bedingungen zufällig erfolgt. Aber selbst in den Fällen, in denen diese Bedingungen gegeben sind, sind immer noch systematische Verletzungen der Annahmen der Unabhängigkeit der Residuen möglich.

Eine Abhängigkeit der Residuen untereinander kann auf verschiedene Art und Weise zustande kommen. So können z.B. soziale Prozesse (Absprachen der Versuchsteilnehmer, Durchführung "schriftlicher Befragungen" in Gruppen etc.) zur Abhängigkeit der Residuen untereinander führen.

Häufig liegen Alternativhypothesen über Abfolgeeffekte nahe. Solche Abfolgeeffekte können z.B. durch ein verändertes Verhalten des Versuchsleiters aufgrund von Lerneffekten oder Ermüdung entstehen. Auch eine Veränderung der Meßinstrumente (z.B. Alterung und Wärmeeffekte bei elektronischen Messungen, Intervieweffekte) kann sequentielle Abhängigkeiten der Residuen hervorrufen. Solche Abfolgeeffekte lassen sich mit Index- bzw. Sequenzplots (Kap. 2.1.4) prüfen (DUNN/CLARK 1987:394). Von zentraler Wichtigkeit für diesen Plot ist, daß die Abfolgevariable einer inhaltlichen Hypothese entspricht. Vermutet man z.B. einen Lerneffekt des Versuchsleiters, so muß die Sequenz der Fälle im Datensatz der Abfolge der Fälle bei der Datenerhebung entsprechen. Ein Index-Plot gegen den Anfangsbuchstaben der Versuchsperson oder die Eingabereihenfolge ist hingegen immer dann unsinnig, wenn nicht gerade diese Effekte überprüft werden sollen.

Die Abbildung 9.6 zeigt einen Index-Plot der Residuen einer Varianzanalyse. Ein systematischer Zusammenhang zwischen Größe der Residuen und der Abfolge der Messungen scheint hier nicht zu bestehen.

Abb. 9-6 Residuen-Index-Plot

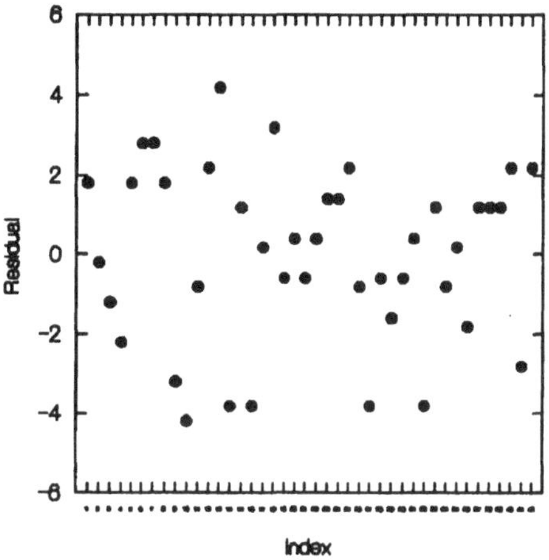

Abb. 9-7 Residuen*Predicted

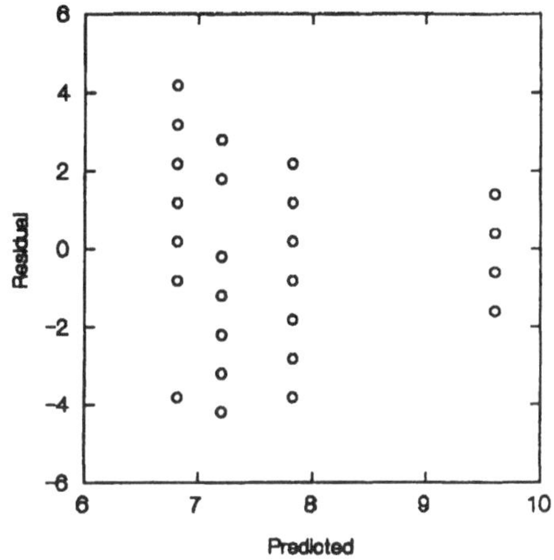

Neben dem Index-Plot der Residuen eignet sich ein weiterer Residuenplot besonders für die Anwendung im Rahmen einer Varianzanalyse: Ein "Residual*Predicted-Plot" (vgl. Abb. 9.7)[1]. Dieser Plot ist ein Scatterplot der Residuen gegen die vorhergesagten Werte. Da es in diesem Beispiel nur vier experimentelle Gruppen gab, zeigt der Plot die Y-Werte (Residuen) in nur vier "Streifen" auf der X-Achsen: Jede experimentelle Gruppe (Zelle) besitzt ja nur einen vorhergesagten Wert. Der Plot zeigt deutlich, daß höhere vorhergesagte Werte mit einer kleineren Streuung der Residuen einhergehen; damit ist die Homoskedastizitätsannahme (konstante Fehlervarianzen) nicht mehr gegeben.

Ein Residual*Predicted-Plot gibt weiterhin Hinweise auf die Additivität der Effekte in Designs mit mehr als einem Faktor[2]. Zeigt sich in einem solchen Plot eine deutliche nichtlineare Beziehung zwischen Residuen und vorhergesagten Werten, so ist die Additivität der Effekte nicht gegeben (KENDALL/STUART 1976:99): Es liegen Interaktionseffekte der Faktoren vor. Bei einer hohen Zahl von Zellen kann die Möglichkeit der graphischen Darstellung verschiedener Scatterplot-Smoother (vgl. Kap. 5.3.1) von großem Nutzen sein.

[1] Da Varianzanalysen und multiple Regressionen Spezialfälle des allgemeinen linearen Modells sind, sind die Techniken der Residuendiagnose, die insbesondere für multiple Regressionen entwickelt wurden, auf die Varianzanalyse übertragbar (vgl. Kap. 8.2). Folglich können weitere Techniken der Residuendiagnose auf die Ergebnisse einer Varianzanalyse angewendet werden.

[2] Die Notwendigkeit der Additivität der Effekte ist eine Folge der Unabhängigkeitsannahme der Residuen.

Sowohl Index-Plots als auch Residual*Predicted-Plots lassen sich ohne größere Probleme mit jedem modernen Datenanalyseprogramm realisieren[1].

9.1.4 Zusammenfassung

Varianzanalysen sind gegenüber Verletzungen der Annahmen relativ robust, aber selbstverständlich nicht völlig. Dies hängt u.a. vom Ausmaß der Abweichung der Daten von den Annahmen ab[2]. Ob eine gegebene Verletzung einer Annahmen ausreicht, um die Ergebnisse zu gefährden, ist ohne weitergehende Analysen kaum zu entscheiden[3]. Werden die Verteilungsannahmen ernsthaft verletzt, so hat man die Möglichkeit entweder die Variablen zu transformieren (Kap. 4.3), oder Verfahren zu verwenden, die andere oder keine Verteilungsannahmen voraussetzen, z.B. nichtparametrische Tests (vgl. z.B. SPRENT 1988) oder Randomisierungstests (NOREEN 1989, MANLY 1991)[4]. Bei der Einschätzung, ob eine ernsthafte Verletzung der Annahmen vorliegt oder nicht, sind graphische Methoden oft hilfreicher als die Information über die Signifikanz einer entsprechenden Teststatistik.

---

[1] Einige Programme bieten Index-Plots und Residual*Predicted-Plots in den Varianzanalysemodulen an. In anderen Programmen müssen die Residuen nach ihrer Berechnung gespeichert und dann geplottet werden. Der Vorteil dieser etwas mühseligeren Variante liegt darin, daß dann alle Möglichkeiten der Regressiondiagnostik (Leverage, Cooks-D usw.) und der Plots verfügbar sind.

[2] Zwar geben einige Tests (z.B. auf Varianzhomogenität) Auskunft darüber, ob die gegebenen Daten mit einer bestimmten Verteilungsannahme vereinbar sind; das heißt aber nicht, daß eine "signifikante" Verletzung einer Annahme zur Ungültigkeit der Ergebnisse der Varianzanalyse führt.

[3] Statistische Theorie und Simulationsstudien legen einige Faustregeln nahe: Die Verletzung der Normalverteilungsannahme bei großen Stichproben gilt als unproblematisch, ebenso die Verletzung der Varianzhomogenitätsannahmen (**falls** die Stichprobenumfänge pro Zelle gleich sind). Als kritisch gelten systematische Zusammenhänge der Residuen, vgl. hierzu z.B. TABACHNICK/FIDELL (1989:70-71; 323-324; 377-380.)

[4] Letztere sind zwar gegenüber den nichtparametrischen Tests um mehrere Potenzen rechenaufwendiger, setzen aber im Gegensatz zu den meisten nichtparametrischen Tests u.a. keine Reduktion der Daten auf Ränge voraus.

9.2 Plots als Hilfe bei der Interpretation der Varianzanalyse

In der Forschungspraxis wird häufig das Ergebnis einer Varianzanalyse als ANOVA-Tabelle, gelegentlich sogar nur der F-Wert für die Effekte berichtet. Für eine sinnvolle inhaltliche Interpretation, die auch eine Beurteilung der Effektstärke erlaubt, ist neben einer ANOVA-Tabelle immer eine Tabelle der Zellenmittelwerte erforderlich. Die ANOVA-Tabelle erlaubt die Berechnung der Effektstärken[1], die Zellenmittelwerte die inhaltliche Interpretation der Effekte. Darüberhinaus können Plots sowohl die Stärke der Effekte demonstrieren (oder besser: relativieren) als auch eine Interpretation wesentlich vereinfachen.

9.2.1 Multiple Mittelwertvergleiche

Sehr häufig vergleicht man eine große Zahl von Mittelwerten einer Variablen in verschiedenen (experimentellen) Gruppen. Die Ergebnisse solcher Vergleiche lassen sich in einem Plot darstellen. Da die Mittelwertdifferenzenvergleiche in einem solchen Plot teilweise voneinander abhängig sind[2], muß dies durch die Wahl von modifizierten Konfidenzintervallen berücksichtigt werden[3].

---

[1] Als grobes Maß läßt sich für jedes ANOVA-Design $eta^2 = SS_{effect}/SS_{total}$ berechnen. Als Schätzung für die erklärte Varianz in der Population eignet sich bei gleichem n pro Zelle

$$\omega^2 = \frac{SS_{effect} - (df_{effect})(MS_{err})}{MS_{err} + SS_{total}}$$

(vgl. TABACHNICK/FIDELL 1989:55, BORTZ 1977:343-344). Da sich die meisten ANOVA-Designs problemlos als multiple Regression berechnen lassen (vgl. ausführlich COHEN/COHEN 1975) kann man auch r^2 verwenden. Erstaunlicherweise überlassen viele Varianzanalyseprogramme die Berechnung der Effektstärken den Benutzern.

[2] Beispiel: Testet man in drei Gruppen die Mittelwerte x_1 gegen x_2 und x_1 gegen x_3, dann ist der Mittelwertdifferenzentest x_2 gegen x_3 nicht unabhängig von den vorhergehenden Tests.

[3] In der Regel verwendet man hierfür z.B. LSD-("Least significant difference") oder HSD-("Honestly significant difference")-Tests, vgl. z.B. KLOCKARS/SAX (1986:43-53). Zwar bieten fast alle Statistikprogramme multiple Differenzentests, aber nur wenige Programme erlauben den Plot der Mittelwerte samt modifiziertem Konfidenzintervall.

Abb. 9-8 LSD-Mittelwertplot

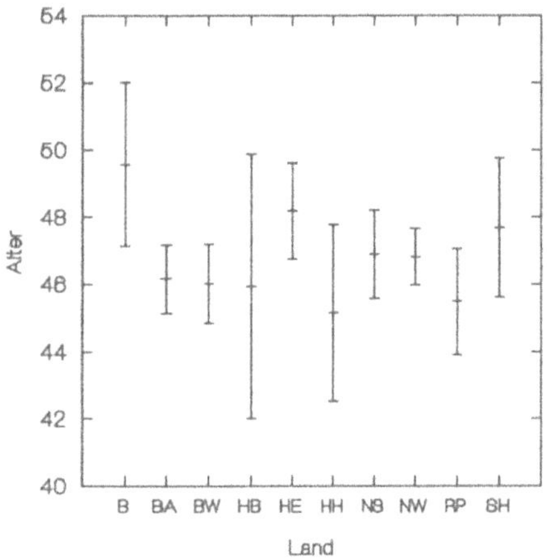

Abb. 9-9 Mittelwertplot

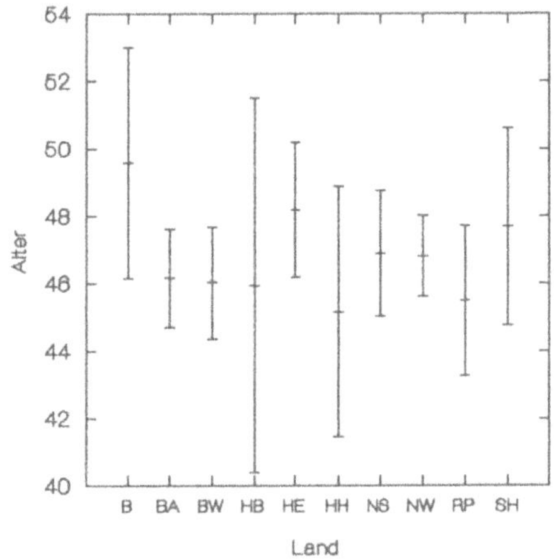

Der Plot sollte also nicht nur die Mittelwerte, sondern auch die entsprechenden modifizierten Konfidenzintervalle enthalten.

Einen solchen Plot zeigt die Abbildung 9.8. Da sich alle Konfidenzintervalle überschneiden, liegen im Beispiel keine auf dem 5%-Niveau signifikanten Mittelwertunterschiede in den Gruppen vor (Alter der Befragten nach Bundesländern im ALLBUS 1980)[1].

Einen naiven multiplen Mittelwertplot zeigt die Abbildung 9.9. Die Begrenzungen geben die nicht-korrigierten 95%-Konfidenzintervalle um die Mittelwerte der Gruppen wieder. Man erkennt die Abweichung gegenüber dem LSD-Mittelwertplot vor allem bei den Ländern SH und HH. So endet z.B. das LSD-Intervall für SH unter 50, das nicht-korrigierte Intervall bei ca. 51.

[1] ANDREWS/SNEE/SARNER (1980) erläutern eine Reihe von Einzelheiten solcher Plots. Da sie als graphische Darstellung der Konfidenzintervalle je ein senkrechtes Rechteck pro Gruppe bevorzugen, in das jeweils der Mittelwert der Gruppe als horizontale Linie eingetragen wird, nennen sie solche Plots "Window Plots". Die Abbildung 9.8 stellt in ihrer Terminologie einen "Interval Plot" dar.

Abb. 9-10 Mittelwertplot mit einfachen Standardfehlern

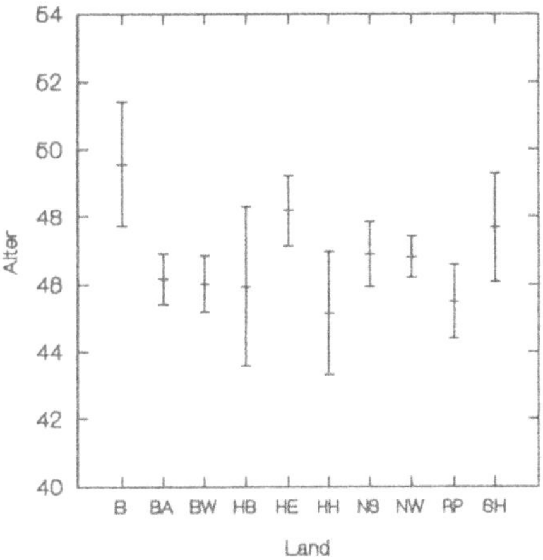

Abb. 9-11 Dot-Chart mit einfachen Standardfehlern

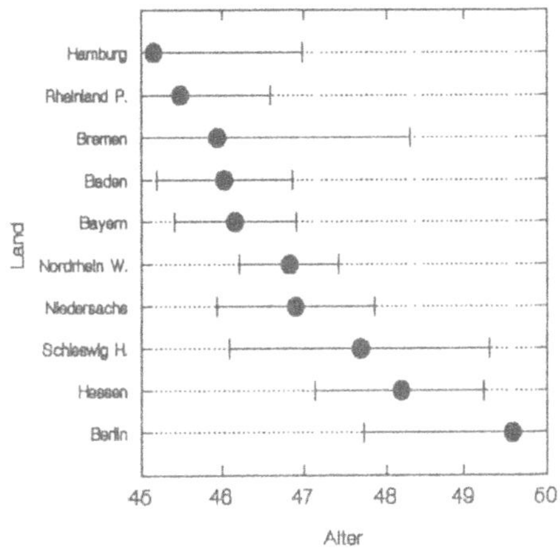

Die Abbildungen 9.10 und 9.11 sind Varianten eines anderen Plottyps. Sie zeigen dieselben Daten wie die anderen beiden Abbildungen, nur wurden hier die einfachen Standardfehler als Grenzen der Intervalle um den Mittelwert eingetragen. Diese Art des Plots ist zwar vollständig legitim (und in vielen Programmen realisiert), legt aber Mißverständnisse nahe: Es handelt sich um die (unkorrigierten) einfachen Standardfehler, nicht um die Grenzen der Konfidenzintervalle[1]. Der Plot gibt zwar so einen Eindruck der Unsicherheit der Schätzung, entspricht aber nicht den naheliegenden Erwartungen bei der Interpretation. Diesen werden multiple Mittelwert-Vergleiche mit Plots mit korrigierten konventionellen 95%- oder 99%-Konfidenzintervallen gerechter.

Im Regelfall (also: posteriori-Test, multipler Vergleich) ist die Abbildung 9.8 eher korrekt. Alle Formen des multiplen Mittelwertplots zeigen die Unsicherheit der Vorhersage der Mittelwerte durch eine "experimentelle" Variation deutlicher als es durch ANOVA-Tabellen oder t-Tests möglich ist. Zusammen mit einem Notched-Boxplot gibt ein multipler Mittelwertplot häufig Anlaß zu größerer Bescheidenheit anläßlich eines "signifikanten" Mittelwertunterschieds. Bei Untersuchungen, die wesentlich auf der Interpretation signifikanter Mittelwertunterschiede basieren, sollten multiple Mittelwertplots zum Standardvorgehen gehören.

[1] Also: Mittelwert ± 1*Standardfehler.

Abb. 9-12 Probability-Plot als Mittelwertvergleich: Alter/Bundesland

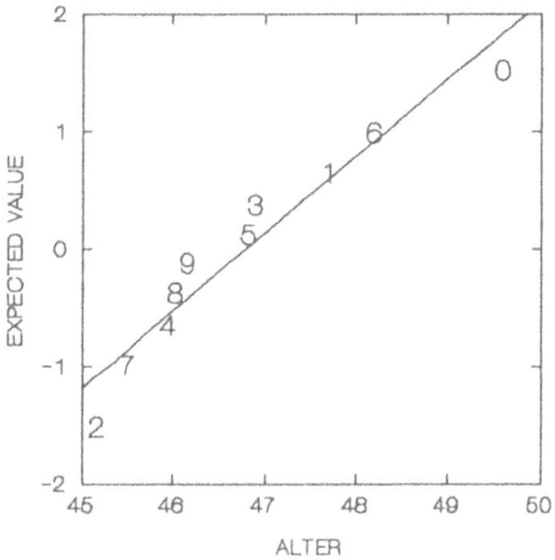

Abb. 9-13 Probability-Plot: mittlere Interviewdauer/Interviewernummer

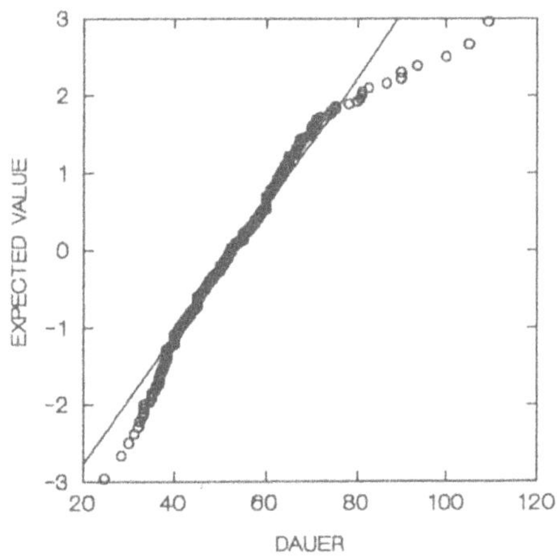

9.2.2 Zufälligkeit von Mittelwertdifferenzen

Man kann die Zufälligkeit der Mittelwertunterschiede zwischen mehreren Gruppen graphisch auch völlig anders darstellen (vgl. Abb. 9.12). Die zugrundeliegende Idee dieses Plots ist bestechend einfach. Falls zwischen den Gruppen kein Mittelwertunterschied in der Grundgesamtheit besteht, dann müssen die Mittelwerte approximativ normalverteilt sein (BROOK/ARNOLD 1985:147). Folglich kann man mit einem einfachen Probability-Plot (vgl. Kap. 4.1) die Normalverteilung der Mittelwerte überprüfen. Sind die Mittelwerte nicht normalverteilt (d.h.: liegen sie bei einem Normal-Probability-Plot nicht entlang der Diagonalen), so sind die Unterschiede zwischen den Mittelwerten größer als unter der genannten Nullhypothese zu erwarten ist[1].

Die Abbildung 9.12 zeigt einen solchen Plot für das Beispiel (mittleres Alter der Befragten des ALLBUS 1980 nach Bundesländern). Die Zahlen im Plot sind die Identifikationsnummern der Länder. Die beiden leichten Abweichungen von der Geraden sind Berlin (0) und Hamburg (2). Der Plot unterscheidet sich im Ergebnis nicht von dem Plot 9.10.

[1] Der Plot wird von BROOK/ARNOLD (1985:147-149) primär zur Darstellung multipler Mittelwertdifferenzen eingeführt. Hierzu wird noch eine Hilfsgerade geplottet, die den erwarteten Mittelwert pro Gruppe wiedergibt. Mittelwerte, die auf einer Parallelen zur Hilfslinie liegen, unterscheiden sich untereinander nicht signifikant.

Der Vorteil von Probability-Plots als Mittelwertvergleich gegenüber anderen Darstellungen wird vor allem bei einer hohen Zahl von Gruppen deutlich. Recht häufig steht man bei der Analyse großer Datensätze vor dem Problem, daß für eine Varianzanalyse nach einer Gruppierungsvariablen zuviele Gruppen vorliegen; viele Programme besitzen hier sehr niedrige Grenzen. Beispiele sind Befragtenmerkmale nach Postleitzahlen, Interviewmerkmale nach Interviewer usw. Will man trotzdem eine grobe Einschätzung, ob die Unterschiede zwischen den Mittelwerten in den Gruppen tendenziell zufällig sind oder nicht, bietet sich das beschriebene graphische Verfahren an.

Die Abbildung 9.13 zeigt einen Normal-Probability-Plot der mittleren Interviewdauer pro Interviewer des ALLBUS 1980. Bei dieser Erhebung (2955 Befragte) wurden 430 Interviewernummern vergeben, der Plot zeigt den Mittelwert jedes der 430 Interviewer gegen den erwarteten Wert unter der Annahme gleicher mittlerer Interviewdauer für alle Interviewer. Man erkennt deutlich die Abweichungen, insbesondere bei den größeren Interviewlängen: Bei 6 oder 7 Interviewern liegt die mittlere Interviewdauer wesentlich höher als es zu erwarten wäre. Diese Interviewer sollten nun gesondert überprüft werden[1].

Varianzanalyseprogramme bieten Varianten dieses Plottyps als "effect normal probability plot" an. Da man hierbei meist nicht am Vorzeichen des Effekts interessiert ist, wird der Plot häufig mit den absoluten Werten als Half-Normal-Probability-Plot durchgeführt. Da Normal-Probability-Plots mit Zufallsschwankungen behaftet sind, sollten die Fallzahlen pro Gruppe annähernd gleich sein[2]. Die Interpretation ist einfach: Liegen die Effekte alle auf einer Geraden, so sind die Ergebnisse von reinen Zufallsergebnissen nicht zu unterscheiden. "Signifikante" Effekte liegen weit von der Geraden entfernt.

---

[1] Bei nur wenigen Gruppen kann man in die Plots die Identifikationsmerkmale der Gruppen eintragen, bei höheren Fallzahlen muß man aufgrund der beschränkten Auflösung der Ausgabegeräte auf die direkte Identifikation aller Gruppen verzichten. In diesem Fall kann man die Identifikation z.B. auf die größten Effekte beschränken. Einige Programme erlauben eine interaktive Identifikation.

[2] Die gelegentlich behauptete Notwendigkeit gleichgroßer Stichproben für diesen Plot (z.B. NETER/ WASSERMAN/KUTNER 1990:570) gilt nur bei der Verwendung des Plots als Test.

Abb. 9-14 Interaktionseffekt Frageform-Geschlecht

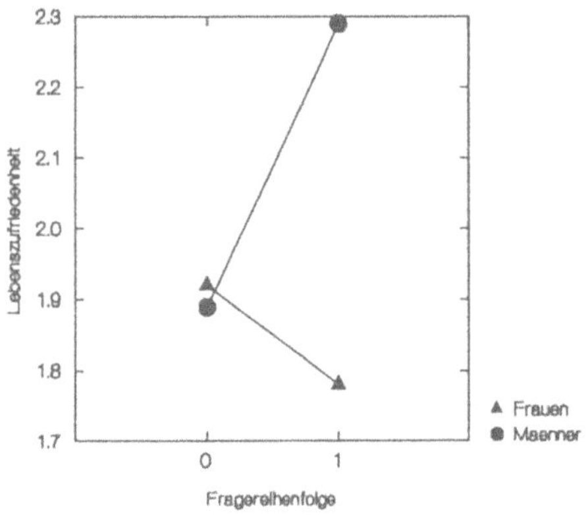

Abb. 9-15 Kein Interaktionseffekt Frageform-Geschlecht

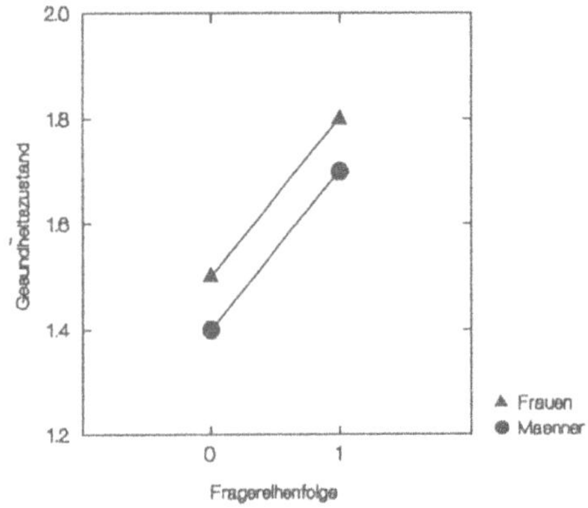

9.2.3 Interaktionsplots

Erfahrungsgemäß bedingen signifikante Interaktionseffekte in Varianzanalysen besondere Interpretationsprobleme. Schon im einfachsten Fall eines Interaktionseffekts zweier Faktoren mit nur zwei Stufen erweisen sich Interaktionsplots als hilfreich bei der Interpretation. Bei mehr als zwei Faktorstufen und mehr als zwei Faktoren dürfte ohne graphische Darstellung eine Interpretation der Effekte für die meisten Datenanalytiker kaum möglich sein.

Bei einem "Interaktionsplot" für ein 2*2-faktorielles Design wird die abhängige Variable auf der Y-Achse aufgetragen, die Ausprägungen eines experimentellen Faktors auf der X-Achse. Die Gruppenmittelwerte werden für jede Kombination der experimentellen Faktoren eingezeichnet. Die Mittelwerte jeder Ausprägung des anderen Faktors werden durch eine Linie verbunden. Verlaufen die Linien parallel, so liegen keine Interaktionseffekte vor.

Die Abbildungen 9.14 und 9.15 sind Interaktionsplots. Sie zeigen den Einfluß unterschiedlicher Fragereihenfolgen auf das Antwortverhalten bei einer schriftlichen Befragung von Männern und Frauen (fiktive Daten). Die Fragereihenfolge 1 verändert das Antwortverhalten bei Männern und Frauen in Hinsicht auf die Lebenszufriedenheit unterschiedlich: Männer geben hier höhere Zufriedenheitswerte an, Frauen niedrigere (Abb. 9.14). Bei der Frage nach dem Gesundheitszustand (Abb. 9.15) verändert die Fragereihenfolge zwar das Antwortverhalten, aber bei beiden Geschlechtern gleichmäßig: Es liegt kein Interaktionseffekt vor.

Abb. 9-16 Box-Dot-Plot, r^2=0.1

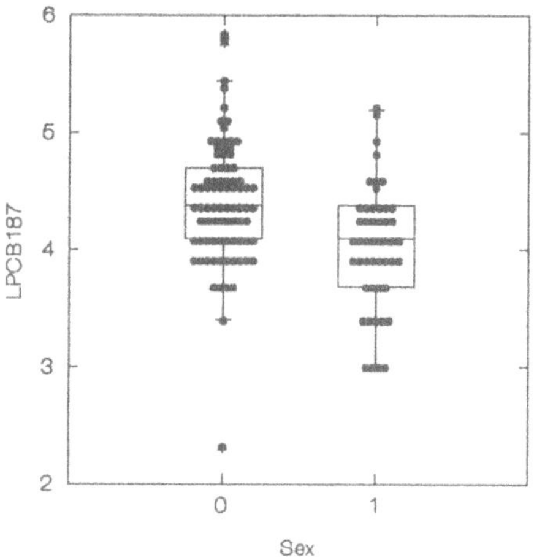

Abb. 9-17 Box-Dot-Plot, r^2=0.05

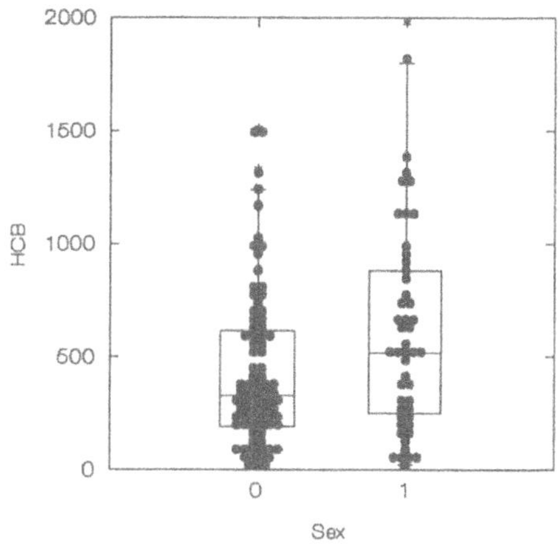

Das Beispiel zeigt die Nützlichkeit von Interaktionsplots: Der entsprechenden Mittelwerttabelle mit 8 Zellen kann man die Effekte nur mühsam entnehmen. Wichtig bei der Interpretation solcher Plots ist die vorherige statistische Absicherung des Interaktionseffekts. Einem Interaktionsplot sind nur die Mittelwertdifferenzen zu entnehmen, nicht deren Signifikanz: Folglich können auch dramatisch aussehende Interaktionsplots reine Zufallsergebnisse darstellen. Interaktionsplots sollten immer dann erstellt werden, wenn eine ANOVA zuvor einen signifikanten Interaktionseffekt zeigt. Interaktionsplots lassen sich problemlos manuell oder mit Standardpaketen erzeugen.

9.2.4 Box-Dot-Plots zur Ergebnisdarstellung

Wie bereits in Kap. 3.2.2 erwähnt wurde, eignen sich Box-Dot-Plots in besonderem Maße zur Darstellung experimenteller Ergebnisse bzw. von Gruppenunterschieden. Zumeist wird bei Mittelwertdifferenzentests lediglich die Prüfgröße und deren Signifikanz beurteilt; die tatsächlichen Verteilungsdifferenzen bleiben häufig unbeachtet. Box-Dot-Plots zeigen neben Median und Hinges zusätzlich die tatsächliche Lage der Datenpunkte: Der dadurch entstehende visuelle Eindruck der Größe der Residuen wird in vielen Fällen zu größerer Zurückhaltung bei der Interpretation "signifikanter" Ergebnisse führen.

Die Abbildungen 9.16 und 9.17 zeigen "hoch signifikante" Mittelwertdifferenzen zweier Variablen (Schadstoffbelastungen) zwischen Männern und Frauen ($p < 0.001$, bzw. $p < 0.02$, $n=132$). Wie schon das relativ geringe r^2 in beiden Fällen andeutet (0.1, bzw. 0.05), bedingt das Geschlecht zwar einen "hoch signifikanten" Mittelwertunterschied, wieviel jedoch tatsächlich unerklärt bleibt, zeigt der Box-Dot-Plot wohl eindrucksvoller als der r^2-Wert.

Abgesehen von der Verdeutlichung der Bedeutung von Mittelwertdifferenzen haben Box-Dot-Plots in der Varianzanalyse noch andere Einsatzmöglichkeiten. Sie eignen sich hervorragend als Ausreißerkontrollen, zur Prüfung der Varianzhomogenitätsannahme und zur Ergebnisdarstellung. Zudem sind sie auch Laien rasch zu erklären.

Abb. 9-18 ANOVA-Effect-Plot: Rattengewicht und Ernährung

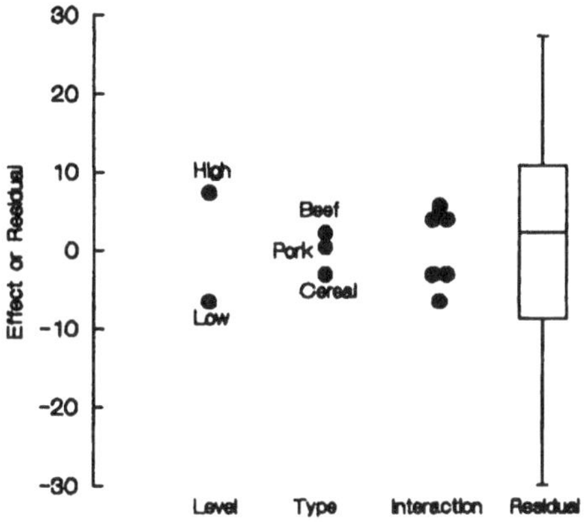

Abb. 9-19 Korrigierter ANOVA-Effect-Plot: Rattengewicht und Ernährung

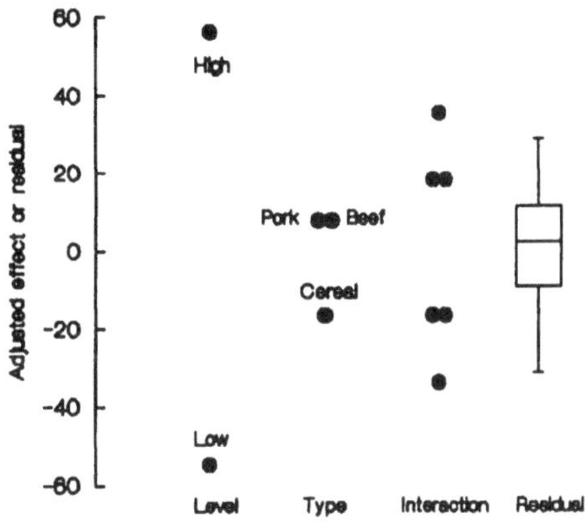

9.2.5 ANOVA-Effects-Plots

Die Darstellung der Ergebnisse einer Varianzanalyse kann schon bei Analysen mit mehr als einem Faktor unübersichtlich werden, wenn man nicht nur an einem globalen Mittelwertdifferenzentest interessiert ist. Eine sehr effiziente Form der Darstellung der Effekte einer Varianzanalyse sind "ANOVA-Effects-Plots" (SCHMID 1991). Die Abbildung 9.18 zeigt einen ANOVA-Effect-Plot eines zweifaktoriellen Experiments.

Die abhängige Variable ist das Gewicht von Ratten, die zufällig den Versuchsbedingungen unterschiedlicher Ernährungsformen (Faktor 1: Proteinlevel: Hoch/Niedrig, Faktor 2: Typ: Rindfleisch, Schweinefleisch, Getreide) zugewiesen wurden. Jede der 6 Zellen des Designs enthält 10 Ratten[1]. Eine ANOVA der Ergebnisse zeigt die Effekte der Tabelle 9.1. Die Tabelle enthält den Gesamtmittelwert (GM), die Abweichungen vom Gesamtmittelwert für den TYPE-Effekt (1.7, 1.2, -3.), die Abweichungen vom Gesamtmittelwert für den LEVEL-Effekt (7.3, -7.3) und die Abweichungen vom Gesamtmittelwert für jede Kombination der Faktoren (die Effekte der Interaktion).

[1] Die Daten stammen aus SNEDECOR/COCHRAN (1969:347). Die Abbildungen 9.18 und 9.19 entsprechen den Abbildungen bei SCHMID (1991:103) und EMERSON (1991b:174).

	TYPE	Beef	Pork	Cereal
LEVEL	(GM 87.9)	1.7	1.2	-3.0
High	7.3	3.1	3.1	-6.3
Low	-7.3	-3.1	-3.1	6.3

Tab. 9-1 Effekte des Ratten-Experiments

Der ANOVA-Effect-Plot enthält für jeden Faktor der Varianzanalyse eine Spalte, in die für jede Faktorstufe die Größe des entsprechenden Effekts eingezeichnet wird. Die Stärke der Effekte sind die geschätzten Koeffizienten für das jeweilige ANOVA-Modell[1], stellen also die Abweichungen der jeweiligen Zellen vom Gesamtmittelwert dar. Die Effekte jedes Faktors müssen sich zu 0 addieren[2].

Im Beispiel erkennt man die Abweichung der beiden LEVEL-Gruppen um 7.3 vom Gesamtmittelwert im Plot neben der Abweichung der drei TYPE-Gruppen. Jede der sechs Zellen des Interaktionseffekts besitzt in der "Interaction"-Spalte ein Plotsymbol[3]. Schließlich enthält der ANOVA-Effect-Plot noch einen Boxplot der Residuen: Die relativ geringe Erklärungskraft des ANOVA-Modells (r^2=.285) wird in der Größe der Residuen deutlich. Ein ANOVA-Effect-Plot gibt über die Richtung und Stärke der Effekte einer Varianzanalyse mehr Informationen als die Standard-ANOVA-Tabelle (Tab. 9.2).

Ein ANOVA-Effect-Plot zeigt die Mittelwertunterschiede, die durch die einzelnen Faktoren und deren Interaktion bedingt werden, sowie die Größe der Residuen in den gleichen Maßeinheiten wie die ursprüngliche Messung. Der Plot erlaubt keine Aussagen über die Signifi-

[1] Die geschätzten Effekte (also die Parameter des Modells) können dem Output einiger Standardanalysepakete entnommen werden. Viele Programme geben die geschätzten Koeffizienten nicht aus. In diesen Fällen kann man die Effekte berechnen, indem man die Varianzanalyse als Regressionsmodell berechnet (vgl. z.B. DRAPER/SMITH 1981:423-454).

[2] Falls die Standardanalyseprogramme die Parameter ausgeben, müssen die meist unübersichtlichen Ausgaben für den Plot noch um diejenigen Koeffizienten ergänzt werden, die sich (aufgrund der Design-Matrizen) mit den geschätzten Koeffizienten jeweils zu 0 addieren.

[3] Bei mehr als 2 Faktoren gibt es mehr als einen Interaktionseffekt; der Effect-Plot enthält dann für jeden Interaktionseffekt eine gesonderte Spalte.

SOURCE	SUM OF SQUARES	DF	MEAN-SQUARE	F-RATIO	p
LEVEL	3168.267	1	3168.267	14.767	0.000
TYPE	266.533	2	133.267	0.621	0.541
LEVEL*TYPE	1178.133	2	589.067	2.746	0.073
ERROR	11586.000	54	214.556		

Tab. 9-2 ANOVA-Tabelle des Rattenexperiments

kanz der beobachteten Effekte. Hierzu muß der Plot verändert werden. EMERSON (1991a: 170-174) leitet eine Standardisierung der Effektgrößen her, die einen unmittelbaren Vergleich der Mean-Squares erlaubt und damit eher Aussagen über die Signifikanz der Effekte. Der standardisierte Effekt ergibt sich als

$$\textit{standardisierterEffekt} = \textit{Effekt} * \sqrt{\frac{\textit{Anzahl der Beobachtungen}}{\textit{Freiheitsgrade}}}$$

(EMERSON 1991a:174).

Im Beispiel muß der TYPE-Effekt für "Cereal" (-3.0) entsprechend mit √(60/2)≈5.48 multipliziert werden. Der korrigierte Effekt liegt also bei -16.44. Die Abbildung 9.19 zeigt einen entsprechend "korrigierten ANOVA-Effect-Plot"[1]. Im Vergleich zum Effect-Plot nimmt die Größe der Residuen in diesem Plot deutlich ab. Die Größe der Effekte in diesem Plot entspricht eher der Größe der Mean-Squares. Beide Plottypen ergänzen sich in ihrer Fragestellung: Ist man an der Größe der Mittelwertunterschiede interessiert, so ist ein Effect-Plot angebracht. Ist man hingegen an der "Bedeutsamkeit" dieser Unterschiede interessiert, so ist der korrigierte Effect-Plot besser geeignet.

[1] Im Original als "side-by-side plot attuned to mean squares" bezeichnet (EMERSON 1991a:182).

Abb. 9-20 ANOVA-Effect-Plot: Wichtigkeit der Familie

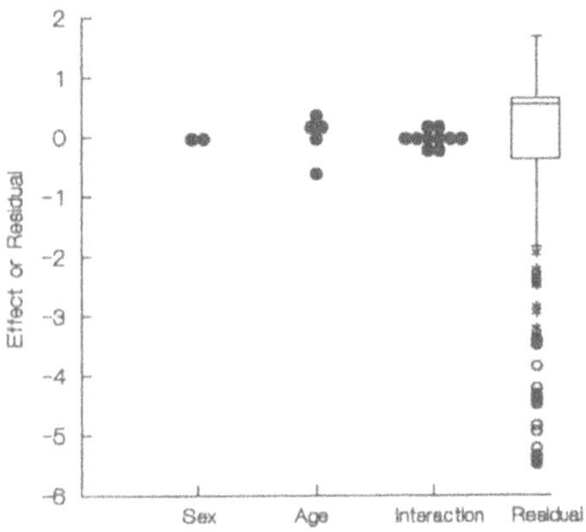

Abb. 9-21 Korrigierter ANOVA-Effect-Plot: Wichtigkeit der Familie

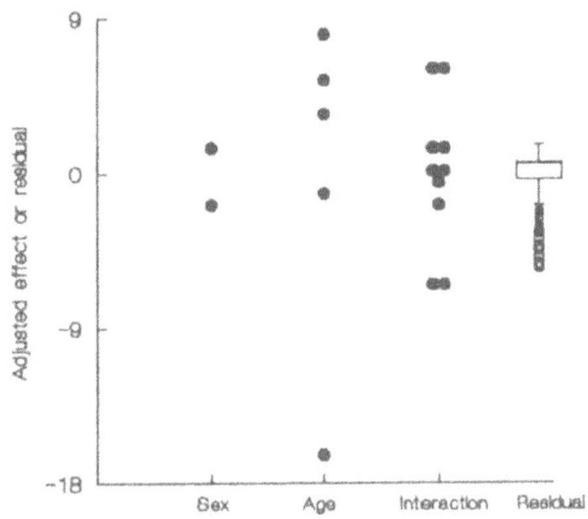

Die Nützlichkeit der beiden Plottypen läßt sich an einem Beispiel aus der sozialwissenschaftlichen Forschungspraxis verdeutlichen. Die Abbildung 9.20 zeigt einen ANOVA-Effect-Plot der Varianzanalyse der eingeschätzten Wichtigkeit der Familie nach Geschlecht und Altersgruppe des Befragten (ALLBUS 1980, V9). Der Plot zeigt einen geringen Einfluß des Geschlechts und kleine Interaktionseffekte, sowie größere Alterseffekte. Insbesondere eine Altersgruppe (die jüngste) weicht deutlich vom Gesamtmittelwert ab. Die vergleichsweise großen Residuen zeigen eine hohe Anzahl von Ausreißern und extremen Ausreißern. Der Plot verdeutlicht so neben der Größe der einzelnen Effekte den sehr geringen Erklärungswert des Modells (r^2=0.056). Weiterhin zeigen die Ausreißer und die Lage des Medians eine deutliche Verletzung der Annahmen der Varianzanalyse.

Der Plot 9.21 ist ein korrigierter ANOVA-Effect-Plot der gleichen Daten[1]. Im Verhältnis zu den Residuen werden die Effekte deutlich größer, wobei das Geschlecht nur geringen Einfluß zu besitzen scheint. Das Ergebnis der Varianzanalyse wird vor allem durch die große Abweichung der jüngsten Altersgruppe bedingt: Das zugehörige Plotsymbol ist entsprechend von den anderen separiert.

---

[1] Da n=2946 ist, beträgt der Multiplikator für Geschlecht $\sqrt{(2946/1)} \approx 54.3$, für Alter und die Interaktionseffekte $\sqrt{(2946/4)} \approx 27.1$, für die Residuen $\sqrt{(2956/2936)} \approx 1$.

Abb. 9-22 Plot der Mittelwerte getrennt nach Faktorlevel

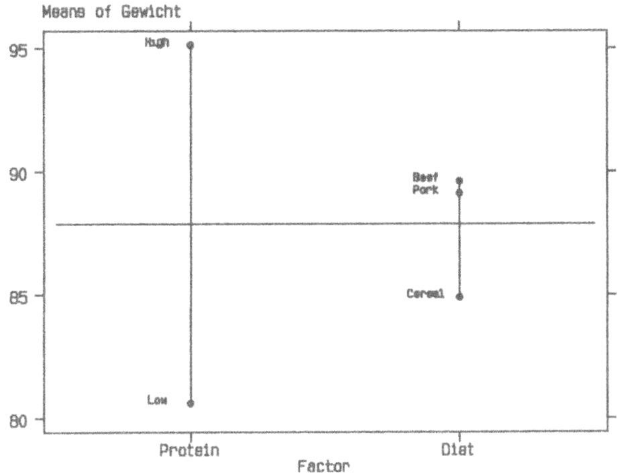

Die ANOVA-Tabelle dieser Daten zeigt dann auch nur einen signifikanten Alterseffekt und eine signifikante Interaktion mit Alter. Wie die Plots zeigen, ist der Interaktionseffekt aber im Vergleich zum Alterseffekt deutlich kleiner.

Die beiden Effect-Plots sind in Hinsicht auf die gewonnenen Hinweise einer normalen "explorativen" ANOVA-Tabelle überlegen: Größe und "Signifikanz" der Effekte wird demonstriert, die Verletzung der Annahmen aufgezeigt und der Modellfit in Erinnerung gerufen. Insbesondere bei einer großen Zahl von Effekten und Zellen ist die Darstellung der Ergebnisse mit Effect-Plots übersichtlicher als jede andere Darstellung. Diese Plots eignen sich damit sowohl für die Darstellung als auch für die Interpretation der Ergebnisse.

9.2.6 Plot der Mittelwerte nach Faktorlevel

Eine einfache, aber etwas uninformativere Art der Darstellung der Effekte zeigt die Abbildung 9.22 anhand der Rattendaten. Die Faktoren werden horizontal nebeneinander auf der X-Achse eingezeichnet. Die Mittelwerte (oder Mediane) der abhängigen Variablen werden für jede Ausprägung eines Faktors auf der Y-Achse geplottet. Um die Zugehörigkeit einer Ausprägung zu einem Faktor zu kennzeichnen, werden die Level eines Faktors durch eine

Abb. 9-23 R-F-Spread-Plot

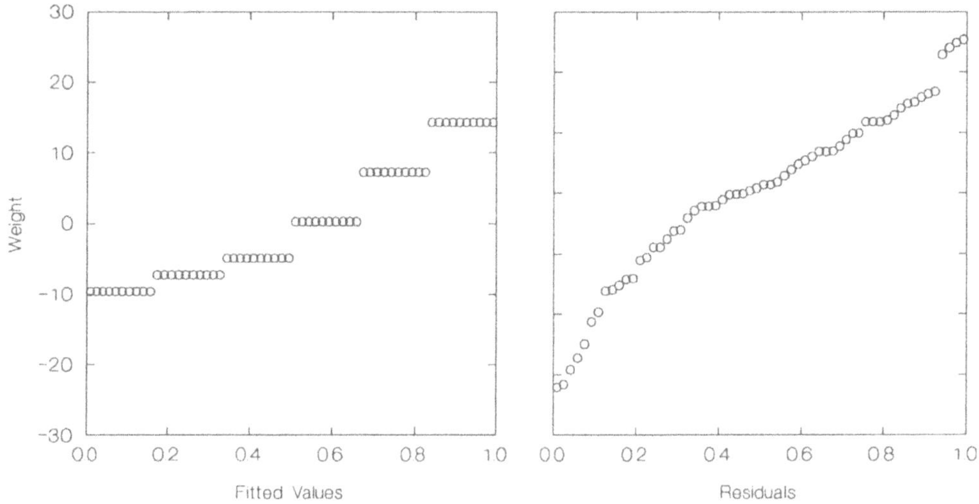

senkrechte Linie verbunden[1]. Gegenüber einem ANOVA-Effect-Plot fehlt hier die Darstellung der Interaktionseffekte und der Größe der Residuen.

9.2.7 R-F-Spreadplots

Die Abbildung 9.23 zeigt anhand der Rattendaten eine andere Möglichkeit der gemeinsamen Darstellung der Residuen und des Fits einer ANOVA. Ein solcher "R-F-Spreadplot" besteht aus zwei Q-Plots (CLEVELAND 1993:40-41). Einer der Q-Plots stellt die Residuen, der andere Q-Plot die vorhergesagten Werte ("fitted values") dar. Da für die Y-Achsen der beiden Q-Plots eine gemeinsame Skalierung verwendet werden soll, muß von den vorhergesagten Werten ihr Mittelwert subtrahiert werden.

R-F-Spreadplots erlauben eine Beurteilung der Effektgröße im Vergleich zu den Residuen, die Beurteilung der Verteilungsform sowie die Entdeckung von Ausreißern. In diesem Beispiel ist die Streuung der Residuen im Vergleich zu der Streuung der vorhergesagten Werten deutlich größer.

[1] Diese Darstellungsform findet sich bei CHAMBERS/FREENY/HEIBERGER (1993:164).

Abb. 9-24 Profil-Plot (nur Mittelwerte)

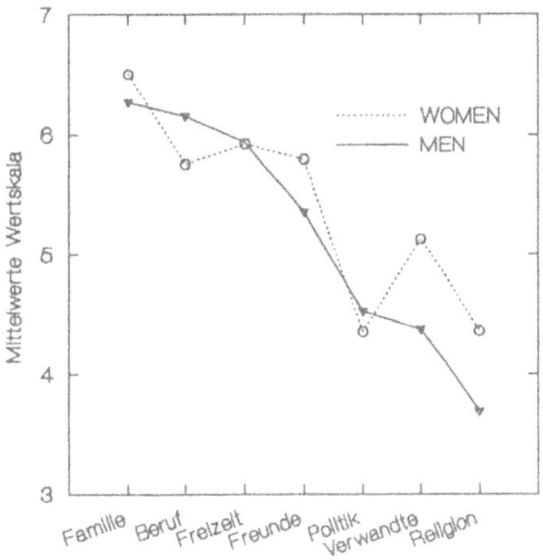

Abb. 9-25 Profil-Plot mit Standardfehlern

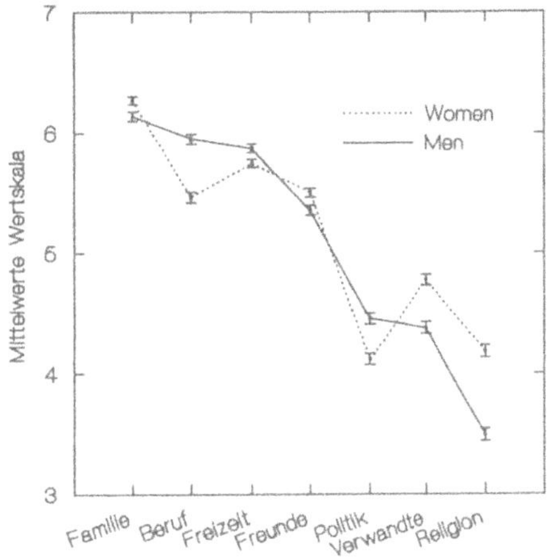

9.2.8 Profil-Plots

Häufig möchte man die Mittelwerte mehrerer Gruppen auf einer Reihe von Variablen mit gleichem Wertebereich vergleichen. Eine Möglichkeit dazu sind "Profil-Plots". Profil-Plots geben Subgruppenmittelwerte mehrerer Variablen wieder; die Mittelwerte jeder Subgruppe werden untereinander durch eine Linie verbunden. Die Abbildung 9.24 zeigt einen solchen Profil-Plot für die Wichtigkeit verschiedener Lebensbereiche für die befragten Männer und Frauen des ALLBUS 1980[1]. Um den Plot etwas übersichtlicher zu gestalten, empfiehlt sich das Sortieren der X-Achse nach einem sinnvollen Kriterium. Hier wurde die X-Achse nach der Höhe der Angaben der Männer sortiert.

Neben der graphischen Darstellung der Unterschiede einzelner Variablen (hier z.B. die Dominanz der Wichtigkeit der Familie im Vergleich zur Politik) liegt der Vorzug dieses Plots in der Möglichkeit einer einfachen und schnellen Analyse der Unterschiede in den Gruppenprofilen[2]. Die Fragestellung des Plots entspricht der einer Profilanalyse. Bei einer solchen

---

[1] Es handelt sich um die Mittelwerte der Variablen V9-V15.

[2] Eine Variante der Profil-Plots besteht darin, nicht Gruppenmittelwerte zu plotten, sondern individuelle Daten: Jedes Profil entspricht dann einer Beobachtung. Solche Plots werden als Parallel-Koordinaten-Plots bezeichnet (vgl. Kap. 6.8). Bei einer Varianzanalyse eignen sich solche Plots z.B. für die nähere Untersuchung von Interaktionseffekten bei wiederholten Messungen. In der Regel werden solche Plots bei mehr als 10 Fällen pro Plot unübersichtlich; sie eignen sich nur für Aggregatdaten oder die Betrachtung von speziellen Fällen.

Varianzanalyse mit Meßwertwiederholung wird z.B. eine Versuchsperson nicht nur einmal gemessen, sondern mehrfach. Ein einfaches Beispiel ist die Leistungsmessung mittels mehrerer Hausarbeiten pro Semester. Hierbei kann man dann nicht nur die Unterschiede der Personen zu einem gegebenen Zeitpunkt, sondern auch zeitliche Unterschiede analysieren. Zum Beispiel könnte sich der Lehrstil gleichmäßig demotivierend auf alle Teilnehmer auswirken. Die Folge wäre eine gleichförmige Verschlechterung aller Teilnehmer. In diesem Fall wären die Profile nicht flach, sondern abfallend und trotzdem parallel. Da es Unterschiede zwischen den Personen gibt, stellt sich die Frage, ob die Unterschiede in den Profilen durch die Zugehörigkeit zu bestimmten Gruppen erklärt werden können. Die Untersuchung der folgenden drei Hypothesen bildet daher den Kern einer Profilanalyse:

1. Parallelitätshypothese: Laufen die Profile der Gruppen parallel? Im ALLBUS-Beispiel: Gibt es Lebensbereiche, die Männer und Frauen unterschiedlich bewerten?
2. Level-Hypothese: Gibt es gleichmäßige Unterschiede zwischen den Gruppen? Liegt eine Gruppe stets höher als die andere?
3. Flatness-Hypothese: Sind die Profile flach oder gibt es Unterschiede zwischen den Variablen? Im Beispiel: Sind alle Lebensbereiche gleich wichtig (oder zumindest: werden die Fragen gleich beantwortet)?

Man kann diese Hypothesen mit formalen statistischen Tests untersuchen[1]. Die Tests sind für eine exakte Antwort auf die drei Fragen notwendig, jedoch sind in vielen Fällen einige Annahmen der Tests problematisch[2]. In diesen Fällen können immer noch Profil-Plots erstellt werden. Die Interpretation der Profil-Plots ist sehr einfach; sie können auch Laien rasch erklärt werden. Schließlich sind sie bei der inhaltlichen Interpretation signifikanter Effekte der formalen Tests überaus hilfreich.

---

[1] Zu den verschiedenen Möglichkeiten der statistischen Analyse solcher Designs mit Varianzanalysen vgl. TABACHNICK/FIDELL (1989:437-504). Die meisten Programme zur multivariaten Varianzanalyse verfügen über spezielle "Repeated Measures"-Kommandos, die diese Art der Analyse vereinfachen.

[2] Neben den eher unkritischen Annahmen multivariater Normalverteilung, Linearität und Homogenität der Varianz-Kovarianz-Matrizen sind dies vor allem die praktischen Probleme sehr ungleicher Gruppengrößen und hoch korrelierender Variablen (Multikollinearität mit der Folge singulärer Kovarianzmatrizen). Die Konsequenz solcher Probleme ist die technische Undurchführbarkeit der Analysen.

Will (oder muß) man Profil-Plots ohne formale Tests der Profilanalyse auswerten, so benötigt man als zusätzliche Information die Streuung der Mittelwerte. Sinnvoll ist z.B. das zusätzliche Plotten von Standardfehlerbalken an Stelle der Mittelwertmarkierungen (vgl. Abb. 9.25, hier: Größe des Fehlerbalkens=Standardfehler). Erst diese Information erlaubt die unmittelbare Interpretation der Mittelwertunterschiede als nicht rein zufällig.

9.2.9 t-Plots

Als eine spezielle Form des Profil-Plots kann man "t-Plots" (Abb. 9.26 und 9.27) auffassen. Solche t-Plots zeigen die Mittelwertunterschiede zwischen zwei Gruppen bei einer Reihe von Variablen. Die Y-Achse des Plots stellt die Prüfgröße eines t-Tests der Gruppen für eine Variablenmenge dar, die Namen der Variablen bilden die X-Achse des Plots. Um die Darstellung übersichtlich zu halten, wird die X-Achse nach der Prüfgröße sortiert. Links finden sich die größten negativen Differenzen (Gruppe 1 sehr viel kleiner als Gruppe 2), rechts die größten positiven Differenzen (Gruppe 1 sehr viel größer als Gruppe 2)[1]. Weiterhin wird als Vergleichslinie eine Hilfslinie bei 0 (keinerlei Differenzen) gedruckt. Der Plot enthält zwei weitere Hilfslinien, die die kritische Größe der Prüfstatistik für die jeweils gegebene Kombination von Freiheitsgraden und "Signifikanzniveau" (meist 5%) angeben[2].

Da eine Prüfgröße dargestellt wird, spielt die ursprüngliche Skalierung der Variablen keine Rolle. Um diesen Plot vergleichbar zu halten, empfiehlt sich eine Fixierung des Wertebereichs der Y-Achse auf $+3 > t > -3$; Differenzen außerhalb dieser Grenzen werden auf der Grenze mit einem anderen Symbol gedruckt (vgl. Abb. 9.27, LPCB128 und LHCB, rechts oben).

---

[1] Damit ist ein t-Plot eine Anwendung des Dot-Charts (Kap. 3.3.1) für t-Tests.

[2] Die Prüfgröße wird aus den getrennten Varianzen der beiden Gruppen berechnet, folglich kann die Zahl der Freiheitsgrade je nach den Varianzen variieren. Weiterhin können sich durch fehlende Werte unterschiedliche Freiheitsgrade pro Test ergeben.

Abb. 9-26 t-Plot: Unterschiede in der Schadstoffbelastung zwischen Kontrollgruppe und Erkrankten

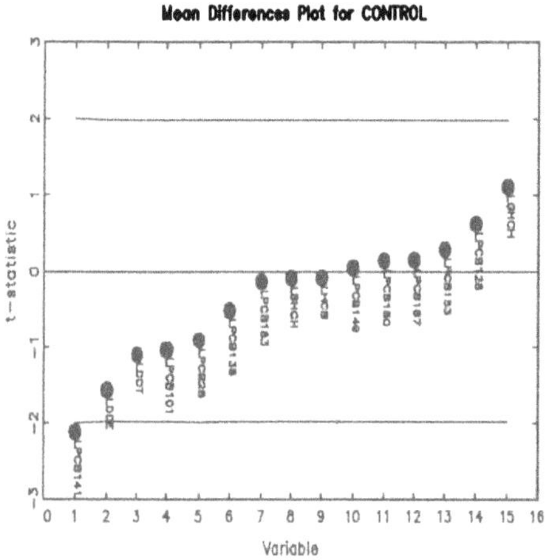

Abb. 9-27 t-Plot: Unterschiede in der Schadstoffbelastung zwischen jüngeren und älteren Patienten

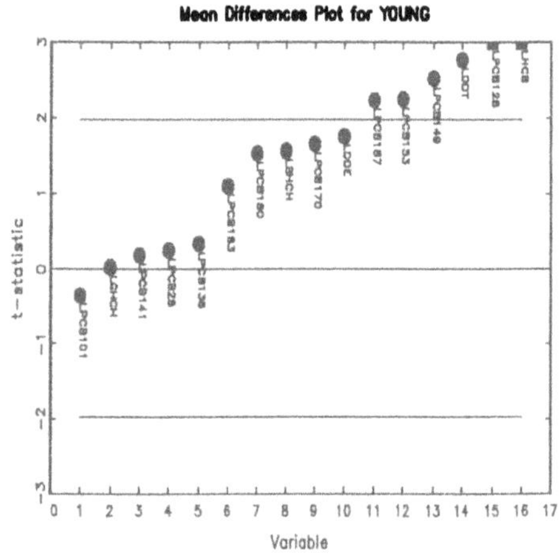

Die Abbildung 9.26 zeigt einen Vergleich der Schadstoffbelastungen im Nierengewebe zwischen Kontrollgruppe und Erkrankten; lediglich eine Variable scheint systematische Unterschiede zwischen den beiden Gruppen zu zeigen. Die Abbildung 9.27 zeigt einen Vergleich derselben Variablen zwischen jüngeren und älteren Patienten. Hier zeigen sich zwei interessante Sachverhalte. Erstens liegen auf sechs der 16 Variablen deutliche Abweichungen der Älteren vor. Zweitens liegen (mit einer Ausnahme) auf allen Schadstoffvariablen die älteren Patienten höher als die jüngeren (dies könnte bei konstanter Imission entweder eine Ablagerung im Gewebe im Laufe der Zeit oder eine Verringerung des Abbaus der Schadstoffe mit zunehmendem Alter bedeuten).

Solche Plots sind bei explorativen Untersuchungen einer großen Zahl von Variablen nützlich. Bis zu ca. 70 Mittelwertdifferenzen lassen sich in einem t-Plot übersichtlich darstellen. Die Hilfslinien werden <u>nicht</u> für die hohe Zahl gleichzeitiger Tests korrigiert; damit darf der Plot nicht als Signifikanztest verwendet werden[1].

---

[1] Bei einem Test würde man ohnehin eher Hotellings T^2 berechnen (vgl. z.B. BORTZ 1977:699-703). Im Beispiel zeigt T^2 für die Abbildung 9.26 keine, für die Abbildung 9.27 schwache ($p < 0.05$) Unterschiede an.

Abb. 9-28 Aggregierter Sequenzplot

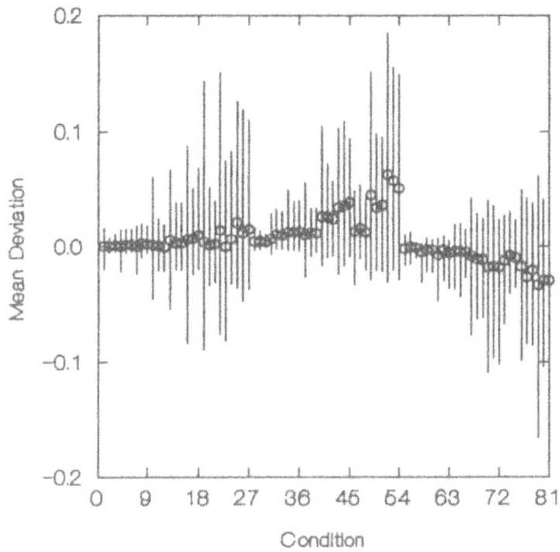

9.2.10 Aggregierte Sequenzplots

Eine interessante Abwandlung eines Index-Plots ist ein "aggregierter Sequenzplot". Hierbei stellt die Y-Achse eine Aggregatstatistik, wie z.B. den Mittelwert oder die Streuung einer Variablen dar; die X-Achse entspricht einer Variablen, deren Abfolge eine inhaltliche Bedeutung besitzt.

Ein Beispiel stellt die Abbildung 9.28 dar. Hier wird ein aggregierter Sequenzplot zur Analyse eines Simulationsexperimentes verwendet. Die Y-Achse wird durch den Mittelwert einer abhängigen Variablen gebildet, die X-Achse durch die experimentellen Bedingungen. Im Plot wurden die Mittelwerte der 81 experimentellen Bedingungen als Punkte eingetragen, die Linien stellen Minimum und Maximum unter der jeweiligen Bedingung dar (damit wird der Plot zu einem "Hi-Lo-Plot"). Der Plot enthält die Daten von 81 experimentellen Bedingungen mit jeweils zehn Meßwiederholungen pro Zelle. Deutlich kann man drei Gruppen erkennen (1-27, 28-54, 55-81): Diese Gruppen entsprechen dem wichtigsten experimentellen Faktor. Nur innerhalb der Gruppen 2 und 3 lassen sich systematische Tendenzen erkennen. Damit sind die experimentellen Faktoren innerhalb der Gruppen 2 und 3 wirksam, also liegt auch ein Interaktionseffekt vor. Die anderen Faktoren wirken nicht innerhalb der Gruppe 1[1].

[1] Die Daten stellen den Effekt fehlender Werte auf die mittlere Abweichung "listwise-deletion" berechneter Korrelationsmatrizen von den wahren Werten bei unterschiedlichen Ausfallmechanismen dar, vgl. SCHNELL (1986).

Solche Plots eignen sich hervorragend zur Analyse vollfaktorieller Experimente bei gleicher Anzahl von Beobachtungen pro Zelle. Weisen die experimentellen Faktoren unterschiedliche Effektstärken auf, so läßt sich dies durch Umsortieren der X-Achse sehr leicht erkennen. Dabei empfiehlt es sich, die X-Achse sukzessive nach der Effektstärke der Faktoren zu sortieren. Zunächst werden die Fälle mit der stärksten Ausprägung des stärksten experimentellen Faktors geplottet, dann innerhalb der Ausprägungen des stärksten Faktors die Ausprägungen der schwächeren Faktoren[1]. Dadurch werden Interaktionseffekte durch die unterschiedlichen Kurvenverläufe in verschiedenen Abschnitten der X-Achse, die zu anderen Faktorkombinationen gehören, erkennbar. Durch Aggregieren über Meßwiederholungen (pro Zelle) oder über Faktoren, die nur schwachen Einfluß besitzen, lassen sich auch Designs mit extrem großen Fallzahlen analysieren. Damit eignen sich solche Plots insbesondere auch für die Analyse von Simulationsstudien.

9.3 Schlußbemerkung

Plots lassen sich in allen Stufen einer Varianzanalyse, von der Prüfung der Annahmen über das Testen einzelner Hypothesen und Einzelvergleiche bis hin zur Ergebnisdarstellung, einsetzen[2]. Dies wird von den Datenanalysesystemen nur teilweise unterstützt.

Plots in der Varianzanalyse sind ohne formale Tests kaum sinnvoll; umgekehrt gilt dies allerdings auch. Schon die einfachsten Plots können häufig Fehlinterpretationen "signifikanter Effekte" verhindern. Da der Aufwand für die Erstellung der Plots fast immer minimal ist, können viele der erörterten Plots im Rahmen jeder Standardanalyse durchgeführt werden.

---

[1] Am einfachsten geschieht dies durch die sogenannte "geometrische Codierung" der X-Achse. Liegen z.B. 3 Faktoren A,B und C vor, die jeweils die Ausprägungen {1,2...,a}, {1,2...,b} und {1,2...,c} annehmen können und sei A,B,C auch die Abfolge der Effektstärke der Faktoren, so läßt sich eine geeignete Abbildung des faktoriellen Designs auf die X-Achse durch $X=(A-1)*(b*c)+(B-1)*c+C$ berechnen.

[2] Neben den dargestellten Plots gibt es weitere, zum Teil sehr spezielle Plots in der Varianzanalyse. GNANADESIKAN (1977:227-258) beschreibt z.B. u.a. ausführlich die Verwendung von Gamma-Probability-Plots bei der Analyse von Kontrasteffekten.

10 Plots in der Clusteranalyse

Das Ziel einer Clusteranalyse ist die Zusammenfassung von Einzelobjekten zu Gruppen ("Clustern"). Die Objekte innerhalb eines Clusters sollen einander ähnlich sein, zugleich sollen sich die Cluster möglichst voneinander unterscheiden. Clusteranalysen sind demnach Verfahren zur Klassifikation von Objekten. Es gibt eine ständig wachsende Zahl von Verfahren der Clusteranalyse, die zudem unterschiedlichste Definitionen der "Ähnlichkeit" von Objekten verwenden[1]. Clusteranalysen werden meist zur Datenexploration verwendet. Zwar sind in vielen Standardprogrammen mittlerweile Clusteranalyseverfahren für kleine Fallzahlen implementiert, die Ergebnisse der Clusteranalysen sind aber häufig nur schwer interpretierbar. Graphische Verfahren sind ein wesentlicher Bestandteil der inhaltlichen Interpretation der Ergebnisse von Clusteranalysen: "In fact, most interpretative methods are graphical in nature" (MILLIGAN/COOPER 1987:348). Plots eignen sich aber nicht nur für die Interpretation der Ergebnisse einer Clusteranalyse, sondern auch als Hilfsmittel bei der Durchführung und der Vorbereitung der Analyse.

10.1 Symbolische Darstellung der Datenmatrix

Ausgangspunkt jeder Datenanalyse ist trivialerweise die Datenmatrix. Die Informationsfülle, die in den Ziffern einer größeren Datenmatrix enthalten ist, überfordert jeden Betrachter. Strukturen oder Zusammenhänge lassen sich den Daten durch Betrachten der Matrix nicht entnehmen. Dies zeigt sich schon bei kleinen Datenmatrizen (vgl. Tab.10.1)[2].

---

[1] Da hier nur graphische Techniken dargestellt werden, muß für Einzelheiten auf die Literatur verwiesen werden. Eine lesbare Einführung geben ALDENDERFER/BLASHFIELD (1984). Einer der klassischen Texte der Clusteranalyse ist das Buch von HARTIGAN (1975a), das auch FORTRAN-Programme aller dort beschriebenen Verfahren enthält. Einen Überblick über den Forschungsstand geben MILLIGAN/COOPER (1987).

[2] Die Datengrundlage des Beispiels bilden Daten des Gesundheitswesens der BRD im Jahre 1989. Die Daten wurden dem statistischen Jahrbuch der Bundesrepublik 1991 sowie der Fachserie 12, Reihe 3, 1991 des Statistischen Bundesamtes entnommen. Die Variable ABORT gibt Schwangerschaftsabbrüche auf 10.000 Frauen im Alter 15-45 wieder; alle anderen Variablen beziehen sich jeweils auf 100.000 Personen. Es handelt sich im einzelnen um meldepflichtige Geschlechtskrankheiten (GES), Tuberkulose-Erkrankungen (TBC), Hepatitis-Erkrankungen (HEPA), Tod durch Selbstmord (SUICID), Tod durch bösartige Neubildungen (KREBS), Säuglingssterblichkeit (INFANT), Zahl der Betten in Akutkrankenhäusern (BETTEN) und Zahl der Ärzte (ARZT).

LAND	ABORT	GES	TBC	HEPA	SUIC	KREBS	INFAN	BETTE	ARZT
SH	49.0	7.6	18.0	8.0	17.5	226.7	666.8	58.0	293.1
HH	138.0	35.5	34.7	23.4	21.5	300.4	795.3	91.8	433.1
NS	21.0	5.7	14.6	13.6	18.4	265.8	747.0	67.1	256.0
BREMEN	327.0	36.6	22.4	14.3	22.4	294.2	584.8	106.9	364.4
NRW	62.0	6.3	18.0	16.5	12.6	262.3	815.3	77.0	281.7
HESSEN	147.0	17.0	21.1	19.6	15.3	265.4	736.0	65.1	318.9
RP	16.0	5.0	17.6	10.6	17.1	272.9	768.6	75.7	269.3
BW	26.0	5.4	18.3	16.3	17.9	221.4	674.9	64.0	299.9
BAYERN	23.0	6.4	24.6	11.5	18.8	240.6	681.6	70.7	306.4
SAAR	51.0	6.4	17.7	9.6	13.1	255.4	973.8	81.3	313.5
BERLIN	110.0	182.8	37.5	40.6	20.1	292.9	857.0	94.8	449.6

Tab. 10-1 Ausgewählte Daten des Gesundheitswesens nach Bundesländern 1989

Da Menschen eine höhere Verarbeitungskapazität für visuelle Stimuli als für Zahlen besitzen, liegt es nahe, die Zahlen durch Symbole zu ersetzen: Die Matrix wird dadurch wesentlich übersichtlicher (vgl. Abb. 10.1, z-transformierte Daten). Ungeordnete Symbol-Datenmatrizen sind in der Regel für eine Interpretation noch zu wenig redundant, da weder der Abfolge der Spalten noch der Abfolge der Zeilen inhaltliche Überlegungen zugrunde liegen. Die Anwendung einer ungeordneten Symbol-Datenmatrix ist nur dann zweckmäßig, wenn eine sinnvolle Ordnung der Spalten und Zeilen bereits unterstellt werden kann.

Dies ist z.B. bei der Erkennung typischer Muster fehlender Werte in Surveys dann der Fall, wenn die Abfolge der Variablen der Abfolge im Fragebogen und die Abfolge der Fälle den Nummern der Interviewer entspricht. Eine Analyse der "Missing Data Pattern" erlaubt häufig die Entdeckung systematischer Ursache für fehlende Werte, z.B. die Identifikation von Interviewern, die bestimmte Teile eines Fragebogens in jedem Interview überspringen[1].

Wenn eine sinnvolle Anordnung der Zeilen und Spalten der Ausgangsmatrix nicht vorliegt, kann man versuchen, die Matrix nachträglich inhaltlich sinnvoll zu ordnen. Das Ordnen der Matrix erfolgt durch paarweises Vertauschen von Zeilen mit anderen Zeilen und paarweises Vertauschen von Spalten gegen andere Spalten ("Matrix-Permutationen"). Die Matrix-Permutation kann entweder manuell oder mit verschiedenen Algorithmen erfolgen.

---

[1] BMDP enthält im Programm AM eine entsprechende spezielle Subroutine. Zur Durchführung mit anderen Programmen vgl. SCHNELL (1986, 1991a).

Abb. 10-1 Ungeordnete symbolische Darstellung der Datenmatrix

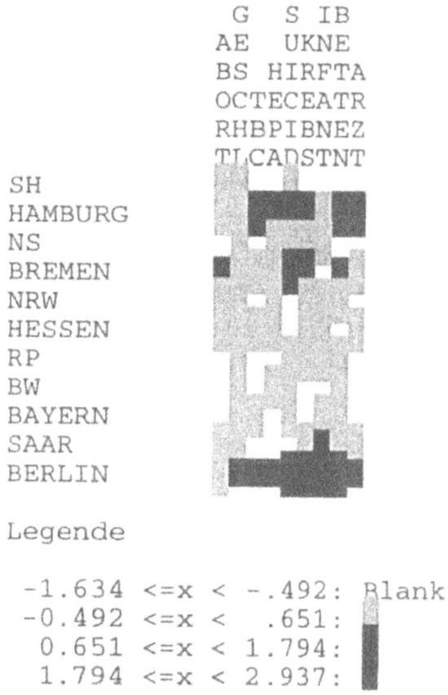

Abb. 10-2 Geordnete symbolische Darstellung der Datenmatrix

10.1.1 Manuelle Matrix-Permutation

Die manuelle Form der Matrix-Permutation wurde vor allem von BERTIN (1981) extensiv beschrieben. Das Verfahren von BERTIN ist jedoch mittlerweile nur noch von historischem Interesse. Da es aber in fast jeder Übersicht zu graphischen Verfahren erwähnt wird, soll es hier kurz in sechs Arbeitsschritten dargestellt werden[1]:

1. Die Rohdatenmatrix wird gegenüber der üblichen Darstellung (Zeilen = Merkmalsträger, Spalten=Variablen) um 90° gedreht, so daß die Variablen die Zeilen und die Spalten die Merkmalsträger darstellen[2].
2. Die hohen Ausprägungen einer Variablen werden mit dunkleren Symbolen und die niedrigen Ausprägungen einer Variablen mit helleren Symbolen dargestellt[3]. Diese Matrix ist die Ausgangsmatrix ("Zero-Matrix").

---

[1] Diese Darstellung basiert auf der englischen Übersetzung der Arbeit von BERTIN (1981); die deutsche Übersetzung des sehr eigenwilligen Buches ist stellenweise irreführend.

[2] Als Grund gibt BERTIN (1981:251;Fußnote) an, daß die Definition der Variablen in der Matrix so leichter lesbar sei; die Objekte könnten dagegen einfach numeriert werden.

[3] Es wird also für jede Zeile (=Variable) getrennt standardisiert. Neben der Dichotomisierung erwähnt BERTIN (1981:35) unterschiedliche Schattierungen in bis zu 11 Abstufungen nach den ordinalen Ausprägungen der Variablen. BERTIN (1981:55) schlägt für fehlende und für zweifelhafte Daten spezielle Symbole ("=" bzw. "M") vor.

3. Aus der Ausgangsmatrix wird eine Zeile (=Variable) ausgewählt. Die Auswahl kann zufällig erfolgen; die ausgewählte Zeile sollte aber keine oder nur wenige fehlende Werte enthalten und keine Konstante darstellen. Diese Zeile wird als oberste Zeile in der Matrix eingetragen.
4. Die Spalten der Matrix (= Merkmalsträger) werden dann so gegeneinander ausgetauscht, daß die Abfolge der Spalten der Helligkeit der obersten Zeile folgt. Die oberste Zeile ist nach dieser Permutation von links nach rechts so angeordnet, so daß sich links die dunklen Felder und rechts die hellen Felder befinden.
5. Die Zeilen der Matrix (= Variablen) werden nach der Ähnlichkeit ihrer Profile mit dem Profil der obersten Zeile angeordnet. Dabei stehen oben in der Matrix die Zeilen, die in ihrem Profil der obersten Zeile am ähnlichsten scheinen. Unten in der Matrix werden diejenigen Zeilen angeordnet, die der obersten Zeile entgegengesetzte Ausprägungen besitzen. In der Mitte der Matrix verbleiben die nicht auf diese Weise einordbaren Zeilen, wobei auch diese nach ihrer Ähnlichkeit untereinander angeordnet werden.
6. Es wird nach unterscheidbaren Mustern gesucht und diese werden interpretiert.

BERTIN (1981:251) betrachtet Datenmatrizen bis ca. 100*100 als direkt graphisch auswertbar[1]. Die rein visuelle Klassifizierung anhand graphischer Profile enthält immer ein stark willkürliches Element. Die gelegentlich zu findende Bezeichnung "Matrix-Analyse" für diese Art der Darstellung ist daher irreführend. Bei dem Verfahren handelt es sich um eine graphische Darstellung subjektiv wahrgenommener Ähnlichkeiten gruppierter Merkmale an Objekten. Fast immer läßt sich das Ergebnis einer solchen Darstellung mit anderen Mittel effektiver erreichen. Hierzu gehört vor allem die Verwendung von Algorithmen zur Matrix-Permutation.

[1] BERTIN (1981) diskutiert die praktische Durchführung dieser Matrixdarstellung mit mechanischen Hilfsmitteln (Karteikarten, "Domino"-Steinen) ausführlich. Zwar wird die Möglichkeit einer zumindest teilweisen Automatisierung mit Rechnern erwähnt, aber nicht expliziert.

10.1.2 Algorithmen zur Matrix-Permutation

Die Idee, eine nach einem Kriterium geordnete symbolische Darstellung einer Datenmatrix als Hilfsmittel bei der Datenanalyse zu verwenden, ist so einfach, daß sie fast nie in der Datenanalyseliteratur explizit erwähnt wurde. Dies dürfte eine Ursache dafür sein, daß diese Technik unter immer neuen Namen mehrfach unabhängig "wiederentdeckt" wurde. Aufgrund der Mehrfachentdeckung wurde die Literatur etwas unübersichtlich. So gibt es für die verschiedenen Varianten der Matrix-Permutation keinen einheitlichen Begriff[1]. ARABIE/ HUBERT (1992:185) schlagen daher den von MURTAGH geprägten Begriff "Nondestructive Data Analysis" vor.

Die Algorithmen zur Matrix-Permutation unterscheiden sich voneinander in zwei Punkten:

1. durch die Art der Klassifikation der Ausgangsdaten
2. dem Sortierkriterium der klassifizierten Matrix.

Die Klassifikation der Ausgangsdaten ist notwendig, um die prinzipiell kontinuierlichen Ausgangsdaten den wenigen Plotsymbolen zuzuordnen. Am einfachsten erfolgt die Einteilung des Wertebereichs, indem man den Wertebereich der darzustellenden Zahlen durch die Zahl der gewünschten Intervalle dividiert[2]. Die Einteilung des Wertebereichs der darzustellenden Daten kann so erfolgen, daß eine größere "Schwärzung" des Plotsymbols einer größeren Zahl entspricht. Moderne Graphiksysteme können in der Regel 256 Graustufen unterscheiden, dies erlaubt prinzipiell eine entsprechend feine Abstufung des Outputs[3]. Die meisten Gruppie-

---

[1] Selbst ARABIE/HUBERT (1992:185) übersehen in ihrer Literaturübersicht neben älteren Arbeiten einige der neueren Wiederentdeckungen, z.B. MEAD (1989) mit seinem "Sorted Binary Plot". Hinweise auf viele ältere Arbeiten findet man bei WILKINSON (1979).

[2] Andere Verfahren können zu informationsreicheren Darstellungen führen. SYSTAT CLUSTER verwendet Tukeys "gapping"-Methode (WAINER/SCHACHT 1978), bei der größere Abstände zwischen aufeinanderfolgenden Werten als Indikator für eine Klasseneinteilung verwendet werden. Hinweise auf andere Verfahren, die von Kartographen für die Zuordnung von Schattierungen bei thematischen Karten ("choropleth maps") entwickelt wurden, finden sich bei GALE/HALPERIN/ COSTANZO (1984:77).

[3] Das SHADE-Programm von LING (1973:356) verwendete 15, zum Teil durch Überdrucken mehrerer Druckerzeichen gebildete, Symbole. GALE/HALPERIN/COSTANZO (1984:78) schlugen die Verwendung kontinuierlicher Graustufen bei Plottern vor. Als Plotsymbol für symbolische Datenmatrizen eignen sich auch die von BACHI (1968:35) stammenden sogenannten "Graphical Rational Pattern" (GRP). Bei einem GRP werden die Zahlen durch ihre räumliche Anordnung zu graphischen Mustern codiert. Dem GRP kann jede einzelne Zahl entnommen werden. Bei größerem Abstand des

rungsmethoden für symbolische Datenmatrizen dichotomisieren die Datenmatrix variablenweise. Fälle oberhalb des Mittelwertes bzw. des Medians werden durch ein anderes Plotsymbol dargestellt als Fälle unterhalb.

Als Sortierkriterien werden u.a. verschiedene gewichtete Summen verwendet. In der Regel erfolgen die Permutationen iterativ bis ein Zielkriterium erreicht wird[1]. Eine Alternative besteht darin, eine hierarchische Clusteranalyse der Spalten und Zeilen durchzuführen und eine entsprechend dem Ergebnis der Clusteranalyse geordnete Datenmatrix symbolisch darzustellen[2].

Ein Beispiel zeigt die Abbildung 10.2. Im Plot sind zwei deutlich verschiedene Blöcke leicht erkennbar: Stadtstaaten einerseits, Flächenländer andererseits. Weder in der Datenmatrix noch in der ungeordneten symbolischen Datenmatrix (Abb. 10.1) sind die beiden Cluster so stark auffällig.

Bis hin zu mittleren Fallzahlen eignen sich geordnete symbolische Datenmatrizen zur Abschätzung der Zahl der Cluster und der Trennung der Cluster voneinander. Ebenso lassen sich auch mehrfache Ausreißer leicht erkennen.

Betrachters ist die Schwärze des Symbols direkt proportional zur Anzahl.

[1] vgl. hierzu MURTAGH (1985:11-16). HUBERT/BAKER (1978) zeigen, daß diese Algorithmen ebenso wie die Guttman-Skalierung spezielle Fälle eines allgemeinen Problems der Kombinatorik ("Traveling Salesman") sind. Eine Variante der Permutationsalgorithmen ist der ursprünglich von McCORMICK u.a. (1972) vorgeschlagene "bond energy algorithm", der als direkte Alternative zu den insbesondere in der Netzwerkanalyse üblichen Techniken der "Blockmodellierung" angesehen werden kann (ARABIE u.a. 1990).

[2] Dieses Verfahren verwendet z.B. SYSTAT (WILKINSON 1990b:29). SYSTAT produziert in CLUSTER nach JOIN (...) /MATRIX eine geordnete symbolische Darstellung der Datenmatrix. Das Programm verwendet einen von GRUVAEUS/WAINER (1972:202) in der graphischen Darstellung spezifizierten Single-Linkage-Algorithmus.

	SH	HH	NS	BRE	NRW	HES	RP	BW	BAY	SAA	BER
SH	0.0										
HH	3.3	0.0									
NS	0.5	2.6	0.0								
BRE	3.5	1.6	3.1	0.0							
NRW	1.0	2.6	0.6	3.4	0.0						
HES	0.7	1.8	0.6	2.3	0.4	0.0					
RP	0.6	2.3	0.1	2.8	0.4	0.5	0.0				
BW	0.1	3.0	0.5	3.4	0.9	0.7	0.7	0.0			
BAY	0.3	2.0	0.4	2.7	0.9	0.6	0.4	0.2	0.0		
SAA	1.6	2.9	1.1	4.2	0.4	1.0	0.7	1.5	1.4	0.0	
BER	5.9	1.4	5.1	3.9	4.6	3.7	4.7	5.2	4.4	4.9	0.0

Tab. 10-2 Distanzmatrix der Bundesländer

10.2 Symbolische Darstellung der Distanzmatrix

Das Ziel von Clusteranalysen besteht - wie oben festgestellt wurde - darin, "ähnliche" Einzelobjekte zu Clustern zusammenzufassen. Um die Ähnlichkeit von Objekten beurteilen zu können, benötigt man ein Maß der Ähnlichkeit der Objekte bzw. ein Maß der Unähnlichkeit: ein Distanzmaß[1]. Das am häufigsten verwendete Distanzmaß in der Clusteranalyse ist die euklidische Distanz.

Die euklidische Distanz zwischen zwei Objekten i und j ist definiert als

$$d_{ij}=\sqrt{\sum_{k=1}^{p}(x_{ik}-x_{jk})^2}$$

wobei p die Anzahl der Variablen ist. Da bei größeren Variablenzahlen diese Werte sehr groß werden, ist eine Normierung durch Division mit der Anzahl der Variablen üblich:

$$d_{ij}=\sqrt{\left(\sum_{k=1}^{p}(x_{ik}-x_{jk})^2\right)/p}$$

Normierte euklidische Distanzen können also durch Multiplikation mit $\sqrt{p}$ in euklidische

[1] In der Literatur zur Clusteranalyse existieren Dutzende von Ähnlichkeits- bzw. Distanzmaßen. Viele Standardprogramme bieten bis zu 40 verschiedene Maße an. Ausführliche Diskussionen vieler Koeffizienten finden sich z.B. bei ANDERBERG (1973) und LORR (1983).

Distanzen zurückgerechnet werden. In den Clusteranalyseprogrammen ist häufig auch das Quadrat der euklidischen Distanz als Distanzmaß vorhanden. Hierbei handelt es sich dann jeweils um die Quadrate der Formeln 1 bzw. 2[1].

Da die Variablen in einer Clusteranalyse häufig in unterschiedlichen Maßeinheiten erhoben werden (in diesem Beispiel Anzahl pro 10.000 bzw. 100.000 Einwohner; Energieverbrauch in Megawatt und Kalorienangebot pro Kopf bei anderen Vergleichen) müssen die Variablen in vergleichbare Größenordnungen transformiert werden. In der Regel geschieht dies durch z-Transformation[2]. Berechnet man die quadrierte euklidische Distanz der Objekte der z-standardisierten Datenmatrix der Tab. 10.1, so erhält man die Distanzmatrix der Tab. 10.2.

10.2.1 Shading

Die oben beschriebene symbolische Darstellung von Datenmatrizen eignet sich auch für die im Rahmen einer multivariaten Datenanalyse am häufigsten vorkommenden Matrizen: Korrelations- und Distanzmatrizen. Solche Matrizen werden schon bei kleinen Spaltenzahlen unübersichtlich[3]. Ersetzt man - wie oben für Datenmatrizen beschrieben - in Korrelations- und Distanzmatrizen die Koeffizienten durch Symbole, die die Größe des Koeffizienten durch seine Druckschwärze wiedergeben, erhält man übersichtlichere Darstellungen. Wie bei der symbolischen Darstellung einer Datenmatrix, so ist auch hier eine unsortierte symbolische Matrix nur schwer interpretierbar. Wird die symbolische Matrix nach einem geeigneten Kriterium (z.B. dem Ergebnis einer vorläufigen Clusteranalyse) sortiert, so ist der resultierende Plot ein brauchbares graphisches Hilfsmittel für die Suche nach homogenen Submatrizen. Diese Art der Darstellung von Korrelations- und Distanzmatrizen wird meist als "SHADE"-Prozedur bezeichnet[4].

---

[1] SPSS-Proximities verwendet als EUCLID die Formel 1, SYSTAT Corr als EUCLID die Formel 2. CLUSTAN 3.2 verwendet als Koeffizient 1 SEUCLID das Quadrat der Formel 2.

[2] Eine neuere Simulationsstudie von MILLIGAN/COOPER (1988) legt es nahe, nicht durch die Standardabweichung, sondern den Range der Variablen zu dividieren.

[3] Dies gilt vor allem dann, wenn die Koeffizienten mit einer Genauigkeit berichtet werden, die in keinem Verhältnis zu Genauigkeit der Messung steht, vgl. EHRENBERG (1981).

[4] Das Wort "Shading" geht auf das FORTRAN-Programm SHADE von LING (1973) zurück. Die Technik scheint spätestens von SNEATH schon 1957 verwendet worden zu sein, vgl. GALE/HALPERIN/COSTANZO (1984:76).

Abb. 10-3 Symbolische Darstellung der Distanz-Matrix: "Shading"

Da Ähnlichkeits-, Distanz- und Korrelationsmatrizen symmetrisch sind, kann man die obere Dreiecksmatrix (einschließlich der Diagonalen) ohne Informationsverlust weglassen. Dies ist die übliche Darstellung einer SHADE-Matrix. Ein Beispiel zeigt die Abbildung 10.3. Innerhalb der sortierten Matrix zeigt sich ein recht homogenes Flächenstaatencluster (oben) sowie ein Stadtstaatencluster (unten rechts). Weiterhin sind die Abstände zwischen den Clustern vergleichsweise groß (starke Schwärzung der SHADE-Matrix unten links).
Die symbolische Darstellung einer sortierten Distanzmatrix erlaubt die rasche Identifikation einzelner Ausreißer, sowie die Beurteilung der Abgrenzung der Cluster voneinander. Begrenzt läßt sich eine SHADE-Matrix auch für eine grobe Abschätzung der Zahl der Cluster verwenden. Der Vorteil von Shade-Darstellungen der Distanzmatrix zeigt sich vor allem bei mittleren Fallzahlen (< 100).

10.2.2 Threshold-Plots

Eine andere Art der Darstellung einer Distanzmatrix ist ein "Threshold Graph". Ein Threshold-Graph ist ein Plot, bei dem zwischen zwei Objekten nur dann eine Verbindung eingezeichnet wird, wenn deren Distanz kleiner als ein gewählter Schwellenwert ist[1]. Ein Beispiel zeigt die Abbildung 10.4. In diesen Plot wurden nur dann Verbindungen zwischen

---

[1] vgl. JAIN/DUBES (1988:60-61). In der Literatur finden sich auch andere Bezeichnungen, so z.B. bei DUNN-RANKIN (1983:123) als "Waern's graphic similarity analysis".

Abb. 10-4 Threshold-Graph der Distanzmatrix

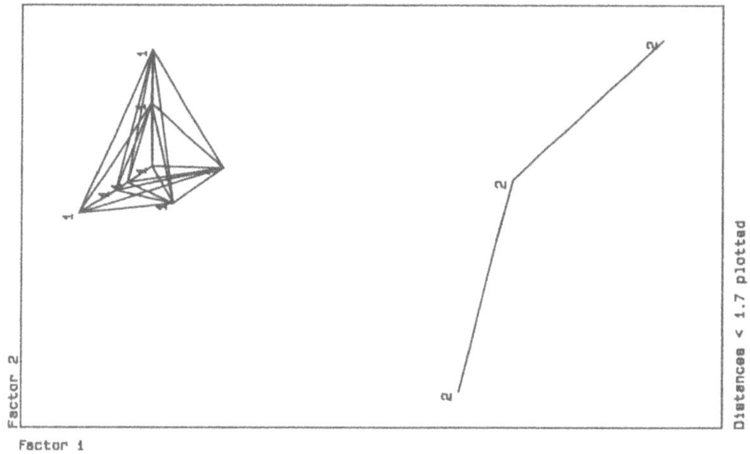

den Objekten eingezeichnet, wenn deren Distanz kleiner als 1.7 war. Bei diesem Threshold wird die deutliche Trennung der beiden Cluster ebenso sichtbar, wie die Heterogenität der Stadtstaaten. Obwohl diese deutlich von den Flächenstaaten getrennt sind, sind die Städte doch recht unähnlich: So fehlt im Threshold-Graph eine Verbindung zwischen zwei der drei Städte (die Distanzmatrix gibt für Berlin-Bremen eine Distanz von 3.9 an).

Für einen Threshold-Plot müssen zwei Entscheidungen getroffen werden: erstens die Wahl des Thresholds, zweitens die Wahl der Anordnung der Objekte im Raum.
Ein geeigneter Wert des Thresholds muß durch mehrere Versuche ermittelt werden. Gelegentlich können dabei Faustregeln behilflich sein: Bei einer euklidischen Distanz und normalverteilten Variablen liegt der Erwartungswert für die Distanz bei 2 (WISHART 1987:195). Ein entsprechender Threshold zeigt dann diejenigen Fälle als verbunden an, die näher beieinander liegen als zu erwarten wäre. Andere Hinweise auf die Wahl des Thresholds kann man der Distanzmatrix oder der Shade-Matrix entnehmen[1].
Die Anordnung im Raum ist prinzipiell beliebig wählbar. Eine besonders anschauliche Form der Threshold-Plots ergibt sich dann, wenn die Anordnung der Objekte selbst durch die Distanzmatrix gesteuert wird. Dies läßt sich z.B. wie in der Abbildung 10.4 durch einen Plot der Objekte in den Raum der ersten beiden Hauptkomponenten der Ausgangsvariablen erreichen (vgl. Kap. 10.6.1).

---

[1] Besonders hilfreich ist dabei ein Plot der Fusionsdistanzen der Cluster (vgl. Kap. 10.3.1).

Abb. 10-5 Median-Distanzen-Plot

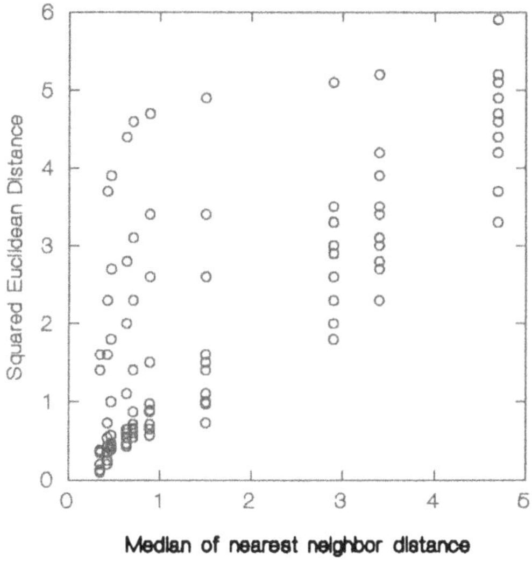

10.2.3 Median-Distanzen-Plot

Eine weitere Form der graphischen Darstellung der Distanzmatrix ist der von COHEN u.a. (1977:147-149) vorgeschlagene "Median-Distanzen-Plot". Ein Median-Distanzen-Plot enthält für jedes Objekt der Distanzmatrix die Distanzen zu allen anderen Objekten. Ein Beispiel zeigt die Abbildung 10.5.

Ausgangspunkt des Plots ist die gesamte rechteckige Distanzmatrix. Für den Plot werden die Distanzen in der Distanzmatrix für jedes Objekt zeilenweise so sortiert, daß für jedes Objekt der nächste Nachbar in der ersten Spalte, der zweitnächste Nachbar in der zweiten Spalte usw. steht. Die entsprechend sortierte Distanzmatrix des Beispiels zeigt die Tab. 10.3. Die letzte Zeile der sortierten Distanzmatrix (MED) enthält die Mediane der jeweiligen Spalte. In dieser Zeile findet man in der ersten Spalte den Median der Distanzen der Objekte zu ihrem nächsten Nachbarn, in der zweiten Spalte den Median der Distanzen der Objekte zu ihrem zweitnächsten Nachbarn usw.
Diese Spaltenmediane bilden die X-Achse des Plots. Der Plot erhält somit soviele unterschiedliche X-Koordinaten, wie unterschiedliche Mediane vorhanden sind. Da sich die Mediane meist unterscheiden, erhält man in der Regel für jede Spalte eine eigene X-Koordinate.

SH	0.1	0.3	0.5	0.6	0.7	1.0	1.6	3.3	3.5	5.9
HH	1.4	1.6	1.8	2.0	2.3	2.6	2.6	2.9	3.0	3.3
NS	0.1	0.4	0.5	0.5	0.6	0.6	1.1	2.6	3.1	5.1
BRE	1.6	2.3	2.7	2.8	3.1	3.4	3.4	3.5	3.9	4.2
NRW	0.4	0.4	0.4	0.6	0.9	0.9	1.0	2.6	3.4	4.6
HES	0.4	0.5	0.6	0.6	0.7	0.7	1.0	1.8	2.3	3.7
RP	0.1	0.4	0.4	0.5	0.6	0.7	0.7	2.3	2.8	4.7
BW	0.1	0.2	0.5	0.7	0.7	0.9	1.5	3.0	3.4	5.2
BAY	0.2	0.3	0.4	0.4	0.6	0.9	1.4	2.0	2.7	4.4
SAA	0.4	0.7	1.0	1.1	1.4	1.5	1.6	2.9	4.2	4.9
BER	1.4	3.7	3.9	4.4	4.6	4.7	4.9	5.1	5.2	5.9
MED	0.4	0.4	0.5	0.6	0.7	0.9	1.5	2.9	3.4	4.7

Tab. 10-3 Sortierte Distanzmatrix für den Median-Distanzen-Plot

Die Y-Achse des Plots wird durch die Werte in der jeweiligen Spalte der sortierten Distanzmatrix gebildet. Da die Spalten aufsteigend die Distanzen zum nächsten Nachbarn, zum übernächsten Nachbarn usw. enthalten, steigen die Spaltenmediane in der Matrix nach rechts an. Median-Distanzen-Plots enthalten daher die meisten Plotsymbole entlang der Hauptdiagonalen.

In diesem Beispiel zeigt der Plot eine relativ homogene und zahlreiche Gruppe von Objekten im linken unteren Bereich: Zumindest ein größeres Cluster läßt sich abgrenzen. Auffällig sind weiter die deutlich von den anderen Spaltenmedianen abgegrenzten Mediane der drei entferntesten Nachbarn. Hier deutet sich ein heterogenes, aber deutlich vom ersten Cluster unterscheidbares zweites Cluster an. Schließlich fällt bei den größten Distanzen auf der Y-Achse auf, daß in den letzten Spalten jeweils ein Objekt besonders weit von den anderen Objekten entfernt liegt. Betrachtet man die sortierte Distanzmatrix, so wird deutlich, daß dieses Objekt BERLIN ist. Man kann BERLIN als potentiellen Ausnahmefall betrachten, der möglicherweise einen sehr großen Einfluß auf die Ergebnisse der Clusteranalyse besitzen könnte.

Wie das Beispiel zeigt, eignen sich Median-Distanzen-Plots zur Vorbereitung einer Clusteranalyse. Der Plot erlaubt das Erkennen eventueller Ausreißer und eine erste subjektive Clusterbildung. Bemerkenswert an diesem Plot ist, daß er keinerlei Clusteralgorithmen oder Projektionstechnik erfordert. Damit ist der Plot arm an Voraussetzungen und kaum rechenaufwendig. Schließlich eignet er sich auch für größere Fallzahlen.

10.3 Fusionsdiagramme

Fusionsdiagramme geben die schrittweise Zusammenfassung der Objekte im Verlauf einer Clusteranalyse wieder. Das Vorgehen wird beim einfachsten Clusteranalyse-Algorithmus am deutlichsten, dem sogenannten "Single-Linkage"-Verfahren. Dieses beginnt mit jedem einzelnen Objekt als einem eigenen Cluster und verschmilzt in jedem Schritt immer die beiden Cluster, deren Distanz am geringsten ist, zu einem gemeinsamen Cluster. Ein Objekt wird einem Cluster dann zugeordnet, wenn seine Distanz zu irgendeinem Mitglied des bestehenden Clusters geringer ist, als seine Distanz zu einem anderen Objekt ("nearest neigbor method"). Am Ende des Verfahrens steht ein Cluster, das alle Objekte enthält. Fusionsdiagramme geben die schrittweise Zusammenfassung der Objekte und in einigen Fällen die jeweilige Distanz der verschmolzenen Objekte wieder. Hier werden drei Formen der Fusionsdiagramme unterschieden: Dendrogramme, Icicle-Plots und Loop-Plots.

10.3.1 Dendrogramme

Die am häufigsten in der Clusteranalyse verwendete Graphik ist das Dendrogramm. Ein Dendrogramm ist die Standard-Darstellung der Ergebnisse einer Clusteranalyse, fast jedes Clusteranalyseprogramm stellt Dendrogramme zur Verfügung[1].

Dendrogramme geben die Fusionen der Objekte in einem (meist horizontalen) Baum-Diagramm wieder. Die X-Achse des Plots gibt die Distanzen an, bei denen die Objekte fusioniert werden. Die Y-Achse eines Dendrogrammes enthält nur die Objektlabel. Von den Objektlabeln führen Linien zu den Punkten, an denen die Objekte verschmolzen werden[2].

[1] Ein FORTRAN-Programm findet sich z.B. bei HARTIGAN (1975a:155-168) sowie STEINHAUSEN/LANGER (1977:84-86). Direkte Algorithmen produzieren kein eindeutiges Dendrogramm, dies kann aber durch eine einfache Modifikation erreicht werden (GRUVAEUS/WAINER 1972:20). Weitere Hinweise auf Algorithmen zur Konstruktion von Dendrogrammen geben KAUFMAN/ROUSSEEUW (1990:206).

[2] Varianten finden sich bei CHAMBERS/KLEINER (1982:227-232).

Abb. 10-6 Dendrogramm der Single-Linkage-Clusteranalyse der Distanzmatrix

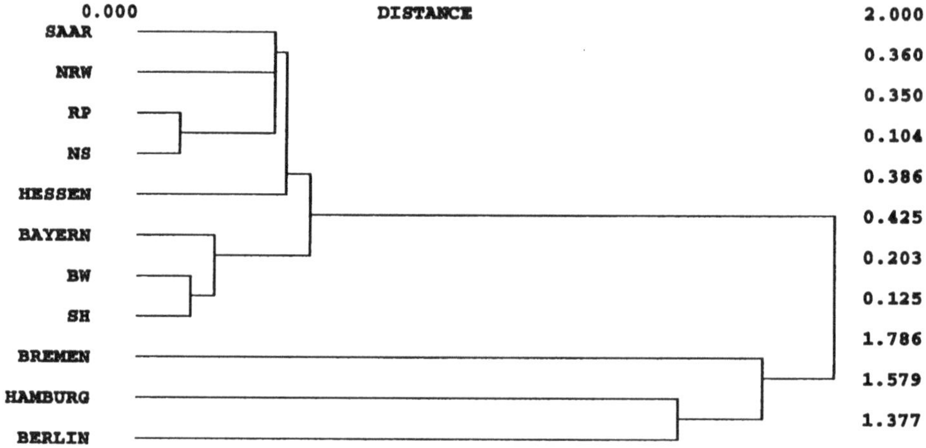

Ein Beispiel zeigt die Abbildung 10.6. Auf der Y-Achse finden sich rechts die numerischen Werte der Fusionsdistanzen. Im Plot sind zwei Cluster deutlich unterscheidbar, die sich als "Stadtstaaten" und "Flächenländer" beschreiben lassen. Während die einzelnen Objekte im Flächenlandcluster relativ geringe Distanzen zueinander besitzen, ist das Stadtstaatencluster eine heterogene Subgruppe. Die Stadtstaaten verschmelzen innerhalb des Dendrogrammes erst spät zu einem Cluster. In einem Dendrogramm zeigt sich ein "gutes" Cluster dadurch, daß es sich früh bildet und erst spät mit anderen verschmilzt (JAIN/DUBES 1988:196). Es ist zugleich kompakt und isoliert von anderen.

Bei größeren Fallzahlen werden Dendrogramme rasch unübersichtlich, da die Zuordnungen der Objekte zu den Verbindungslinien der Cluster nur schwer zu erkennen sind. Modifizierte Dendrogramme lassen sich aber auch bei großen Fallzahlen noch sinnvoll einsetzen. Richtet sich das Interesse nur auf die letzten Fusionsschritte, so kann man den linken Teil des Dendrogramms weglassen und mit bereits fusionierten Objekten beginnen ("Minidendrogramme", MUCHA 1992:109). In vielen Fällen gilt das Interesse eher den ersten Fusionierungen. Bei hohen Fallzahlen wird das Dendrogramm aber durch die hohen Distanzen der letzten Fusionierungen dominiert. Um eine übersichtlichere Darstellung zu erreichen läßt sich in diesem Fall der linke Teil des Dendrogramms durch eine logarithmische Transformation der Distanzen im Plot strecken (MUCHA 1992:107).

	SH	HH	NS	BRE	NRW	HES	RP	BW	BAY	SAA	BER
SH	0.0										
HH	1.8	0.0									
NS	0.4	1.8	0.0								
BRE	1.8	1.6	1.8	0.0							
NRW	0.4	1.8	0.4	1.8	0.0						
HES	0.4	1.8	0.4	1.8	0.4	0.0					
RP	0.4	1.8	0.1	1.8	0.4	0.4	0.0				
BW	0.1	1.8	0.4	1.8	0.4	0.4	0.4	0.0			
BAY	0.2	1.8	0.4	1.8	0.4	0.4	0.4	0.2	0.0		
SAA	0.4	1.8	0.4	1.8	0.4	0.4	0.4	0.4	0.4	0.0	
BER	1.8	1.4	1.8	1.6	1.8	1.8	1.8	1.8	1.8	1.8	0.0

Tab. 10-4 Implizierte Distanzmatrix des Dendrogramms

10.3.1.1 Übereinstimmung des Dendrogramms mit der Distanzmatrix

Dendrogramme legen die Idee nahe, die Distanz, bei der die Verschmelzung zweier Objekte erfolgt, selbst als Ähnlichkeit der Objekte zu interpretieren. Dieses Ähnlichkeitsmaß wird aber durch den jeweils verwendeten Algorithmus beeinflußt. Dies führt zur Überlegung, die "Güte" einer Clusteranalyse danach zu beurteilen, wie gut die ursprüngliche Distanzmatrix durch die Matrix der Distanzen der Objekte bei ihrer Verschmelzung "approximiert" wird. Diese Übereinstimmung der Werte der ursprünglichen Distanzmatrix mit den Werten der im Dendrogramm implizierten Distanzmatrix kann man z.B. mit einem einfachen (Pearson)-Korrelationskoeffizienten quantifizieren. Der Korrelationskoeffizient zwischen den Werten der ursprünglichen und der implizierten Distanzmatrix heißt "cophenetic correlation". Je höher der "cophenetic correlation coefficient" (CPCC), desto besser wird die ursprüngliche Distanzmatrix durch die implizierte Distanzmatrix angenähert.

Einige Clusteranalyseprogramme geben den CPCC direkt aus, z.B. CLUSTAN (WISHART 1987:55-56). Man kann den CPCC auch leicht manuell berechnen. Konstruiert man die im Dendrogramm implizierte Distanzmatrix aus den Distanzen, bei denen die Fusionierung der Cluster erfolgt (angegeben am rechten Rand des Dendrogrammes), dann erhält man die Distanzmatrix der Tabelle 10.4 (gerundet auf eine Dezimalstelle). Läßt man die Hauptdiagonale (Distanz eines Objektes zu sich selbst=0) weg und bildet aus dieser Matrix einen Vektor, dann kann man die Pearson-Korrelation dieses Vektors mit dem entsprechenden

Vektor der ursprünglichen Distanzmatrix (Tab. 10.2) berechnen. Diese Korrelation ist die "cophenetic correlation". In diesem Beispiel beträgt sie 0.86.

CPCCs sind in der Regel auch bei schlechten Lösungen sehr hoch. Die absolute Höhe reicht zur Beurteilung einer Lösung allein kaum aus, es empfiehlt sich immer ein Vergleich mit anderen Lösungen (z.B. mit anderen Clusteralgorithmen) sowie eine Validierung mit mehreren Techniken[1].

10.3.1.2 Vergleich mehrerer Dendrogramme bei Sensitivitätsanalysen

Gelegentlich zeigen einzelne Variablen und Objekte einen starken Einfluß auf die Ergebnisse einer Clusteranalyse. Dies kann zu Artefakten führen oder von inhaltlichem Interesse sein. Daher sind Untersuchungen der Robustheit der Ergebnisse einer Clusteranalyse gegenüber dem Ausschluß von Variablen und Objekten aus der Analyse naheliegend[2]. Hierzu kann die Clusteranalyse unter Ausschluß jeweils einer anderen Variablen mehrfach wiederholt werden. Durch die Addition kleiner Zufallszahlen zu den Variablen, die in die Clusteranalyse eingehen, kann der Einfluß kleiner Meßfehler oder Erhebungsfehler auf das Ergebnis der Clusteranalyse simuliert werden[3]. Schließlich kann der Einfluß der verwendeten Distanzfunktion, der Art der Standardisierung der Variablen und des Clusteranalysealgorithmus untersucht werden.

Die Ergebnisse der wiederholten Clusteranalysen im Rahmen von Sensitivitätsuntersuchungen können z.B. anhand der Dendrogramme oder anderer graphischer Darstellungen der Clusteranalyse visuell miteinander verglichen werden[4].

---

[1] Eine ausführliche Darstellung von Validierungstechniken findet sich bei JAIN/DUBES (1988:143-222).

[2] vgl. GNANADESIKAN/KETTENRING/LANDWEHR (1977:459-461) sowie CHAMBERS/KLEINER (1982:241-243). GORDON (1987:129) erwähnt die Aufnahme weiterer Variablen sowie die Aufnahme neuer Objekte für Stabilitätsuntersuchungen.

[3] "Shaking", vgl. GNANADESIKAN/KETTENRING/LANDWEHR (1977:459-461).

[4] Eine formalere Möglichkeit des Vergleichs besteht darin, für alle möglichen Paare von Objekten zu bestimmen, ob sie dem gleichen Cluster zugeordnet wurden oder nicht. Aus der Zahl der Übereinstimmungen lassen sich verschiedene Indizes (sogenannte "externe Indizes") berechnen (vgl. JAIN/DUBES 1988:172-175, MILLIGAN/COOPER 1986).

Abb. 10-7 Original Icicle-Plot

```
1  H=B=H=H=S=N=R=N=B=B=S
2  B=L=H S=L=W=P=S=Y=W=H
3    &=& &=&=&=&=&=&=&=&
4        H=S=N=R=N=B=B=S
5        S=L=W=P=S Y=W=H
6          &=&=&=& &=&=&
7            N=R=N B=B=S
8              P=S Y=W=H
9              &=&   &=&
10             P=S
```

Abb. 10-8 Standard-Icicle-Plot

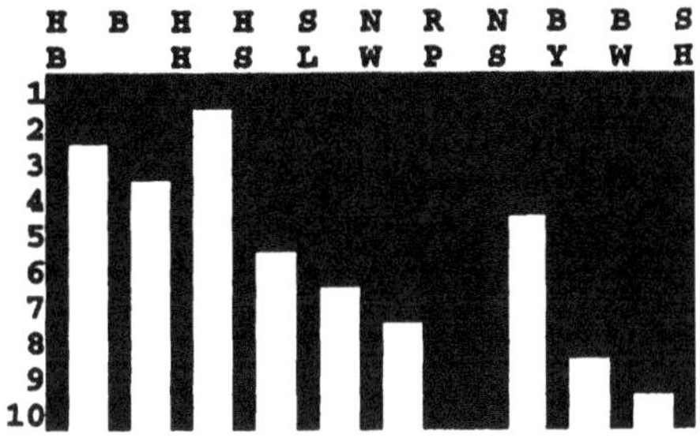

10.3.2 Icicle-Plots

Eine Alternative zu Dendrogrammen sind "Icicle-Plots" (Icicle=Eiszapfen). Die Idee des Icicle-Plots besteht darin, die Objektlabel zur Darstellung zu verwenden und die zu einem Cluster gehörenden Objekte durch Umrandungen oder gleiche Plotsymbole zu kennzeichnen. Dadurch läßt sich die Zugehörigkeit einzelner Objekte zu einem Cluster auch bei hohen Fallzahlen leicht erkennen. KRUSKAL/LANDWEHR (1983:162-163) verwenden in der Originalveröffentlichung die Symbole "=" für die Zugehörigkeit zum gleichen Cluster und ein Leerzeichen (Blank) zur Separierung der Cluster; die Objektlabel werden abwechselnd mit dem Symbol "&" geplottet. Auf der Y-Achse wird die Zahl der Cluster eingetragen. Die Objektlabel werden entlang der Y-Achse solange fortgesetzt, bis das Objekt ein eigenes Cluster bildet. Die Abbildung 10.7 ist ein Icicle-Plot dieses Typs für das Dendrogramm der Abbildung 10.6.

Die graphische Ausgabe der sogenannten Icicle-Plots vieler Statistikpakete ist kaum lesbar, weil die wesentliche Idee (Objektlabel im Plot) nicht implementiert wurde. Die Abbildung 10.8 zeigt einen Standard-Icicle-Plot, wie er von den meisten Clusterprogrammen produziert wird.

Bei größeren Fallzahlen geben Icicle-Plots (mit Objektlabeln) eine übersichtlichere Darstellung des Fusionsverlaufs als Dendrogramme. Standard-Icicle-Plots eignen sich hingegen für hohe Fallzahlen nicht[1].

---

[1] Eine einfache abgewandelte Form der Icicle-Plots ("banner") ist in den Programmen von KAUFMAN/ROUSSEEUW (1990:206-207) enthalten.

Abb. 10-9 Fusionsdiagramm als Loop-Plot

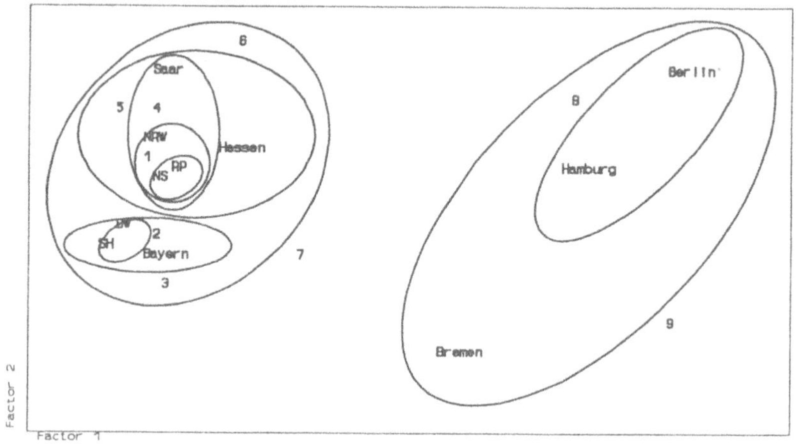

10.3.3 Loop-Plots

Eine Alternative zu Dendrogramme und Icicle-Plots sind bei kleinen Fallzahlen Fusionsdiagramme mit Schleifen oder Ellipsen ("Loop-Plots", SHEPARD 1974:384). Die auf einer Fusionsstufe zu einem Cluster gehörenden Objekte werden durch Schleifen umschlossen. An den umhüllenden Kurven wird die Nummer des Fusionsschrittes vermerkt. Ein Beispiel zeigt die Abb. 10.9. Die sehr übersichtliche Darstellung eignet sich nur für sehr kleine Fallzahlen (n < 20). Bei diesen Fallzahlen sind Loop-Plots meist schneller und einfacher zu interpretieren als Dendrogramme oder Icicle-Plots. Dies gilt vor allem dann, wenn die Objekte der Distanzmatrix wie in der Abbildung 10.9 in den Raum der ersten beiden Hauptkomponenten abgebildet werden (vgl. Kap. 10.6.1)[1].

[1] Für Loop-Plots existiert derzeit keine Standardsoftware, der Plot wurde manuell erstellt.

Abb. 10-10 Fusionsdistanz-Plot: Fusionsdistanzen der Objekte

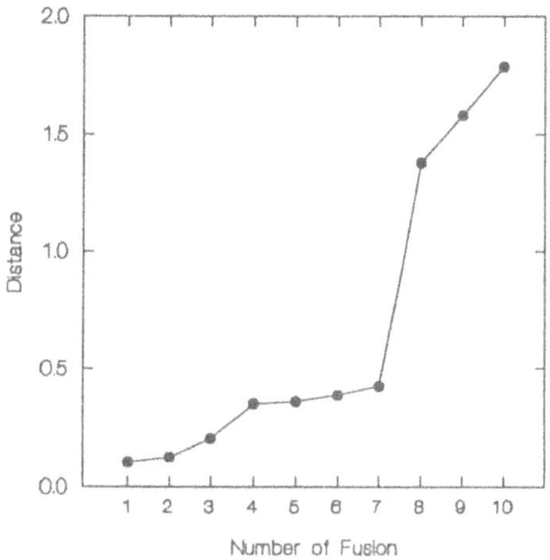

Abb. 10-11 Cluster-Distanz-Plot: Abstand der Clusterzentroide

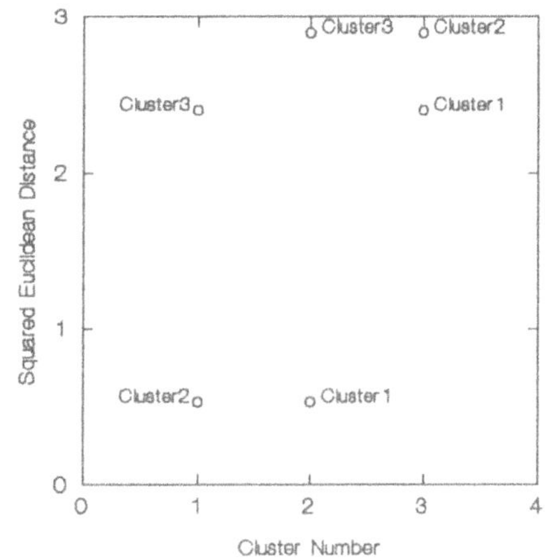

10.4 Plots zur Darstellung der Clusterdistanzen

Graphische Methoden bieten sich zur Beschreibung und Interpretation der gewonnenen Cluster an. Eine notwendige Voraussetzung für die inhaltliche Interpretation einer Clusteranalyse ist das Vorliegen von Clustern, die sich überhaupt deutlich voneinander abgrenzen lassen. Da Clusteranalyseprogramme auch dann getrennte Cluster isolieren, wenn sich die Mitglieder verschiedener Cluster nur zufällig voneinander unterscheiden, muß dieses Problem vor jeder inhaltlichen Interpretation geklärt werden. Hierzu gibt es eine Reihe graphischer Techniken, die alle auf der Darstellung der Clusterdistanzen beruhen.

10.4.1 Fusionsdistanz-Plots

Häufig werden die Distanzen anhand eines Dendrogrammes als Hilfsmittel für die Wahl der optimalen Zahl der Cluster verwendet. Eine übersichtlichere Alternative besteht in einem "Fusionsdistanz-Plot". Hierbei wird die Distanz der Objekte bei der Fusionierung gegen den Fusionsschritt geplottet (vgl. Abb. 10.10)[1].

[1] MUCHA (1992:110-111) beschreibt eine Variante dieses Plots, bei dem das Minimum der quadrierten euklidischen Distanz zwischen den Clusterzentroiden gegen die Zahl der Cluster geplottet wird.

Die Abbildung zeigt deutlich, daß zunächst drei Objekte mit sehr niedriger Distanz zusammengefaßt werden, auf etwas höherem Distanzniveau dann vier Objekte, schließlich bei einer sehr hohen Distanz drei Objekte. Dieser Plot legt hier zwei bzw. drei Cluster nahe[1].

10.4.2 Cluster-Distanz-Plots

Eine einfache Möglichkeit der Darstellung der Distanzen zwischen den Clustern ist ein "Cluster-Distanz-Plot" (vgl. Abb. 10.11). In einem solchen Plot werden die Distanzen zwischen den Mittelpunkten der Cluster dargestellt. Als Mittelpunkt eines Cluster betrachtet man im allgemeinen den sogenannten "Clusterzentroiden", der durch die Mittelwerte aller untersuchten Variablen der zu einem Cluster gehörigen Objekte definiert wird. Daher wäre der Name "Inter-Clusterzentroid-Distanz-Plot" eine korrektere Bezeichnung diese Plots.
Die X-Achse eines Cluster-Distanz-Plots besteht aus den Identifikationsnummern der Cluster. Auf der Y-Achse werden die jeweiligen Distanzen des Clusterzentroids zu den anderen Clusterzentroiden abgetragen[2]. Da die Distanzen zwischen den Zentroiden symmetrisch sind, muß der Plot immer zwei gleichgroße Clusterdistanzen auf einer Parallelen zur X-Achse zeigen. In der Abbildung 10.11 zeigt der Plot z.B. bei Cluster 3 die gleichen Distanz zum Cluster 2 wie die Distanz zum Cluster 3 beim Cluster 2.

Cluster-Distanz-Plots eignen sich zur Beurteilung der Abgrenzung der Cluster voneinander. Im Beispiel zeigt der Plot, daß Cluster 1 und Cluster 2 sich nur wenig unterscheiden. Das Beispiel basiert auf den Bundesländerdaten: Cluster 1 besteht hierbei aus den Ländern SAAR, NRW, RP, NS, HESSEN, Cluster 2 aus BW, BAYERN und SH; Cluster 3 aus den Stadtstaaten. Die Trennung der Cluster 1 und 2 erscheint aufgrund des Plots unbefriedigend.

---

[1] Formalere Methoden zur optimalen Wahl der Clusterzahl bestehen zumeist in der Berechnung statistischer Indizes der relativen Homogenität der Cluster in Abhängigkeit von der Clusterzahl. Ein Überblick über diese Indizes sowie eine Simulationsstudie ihrer Leistungsfähigkeit findet sich bei MILLIGAN/COOPER (1985).

[2] vgl. CHAMBERS/KLEINER (1982:237). Dort finden sich auch Einzelheiten zu ähnlichen Plots, z.B. dem Plot von FOWLKES/GABBE/McRAE (1976). Hierbei werden um die Zentroide Kreise gezeichnet, deren Durchmesser der maximalen Distanz im Cluster entspricht. Die Zentroide werden durch Gerade verbunden, deren Länge der Clusterdistanz entspricht.

Abb. 10-12: Objekt-Distanz-Plot: Abstand der Beobachtungen von den Clusterzentroiden

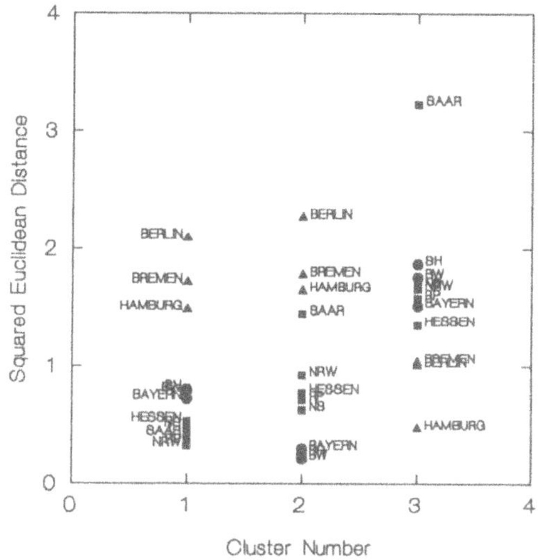

Da in den Plot nur die Zentroide eingehen, ist der Plot gegenüber einzelnen Ausreißern empfindlich. Daher sollte ein Cluster-Distanz-Plot immer in Verbindung mit anderen Plots, wie z.B. einem Objekt-Distanz-Plot, interpretiert werden.

10.4.3 Objekt-Distanz-Plots

Die Ähnlichkeit der Objekte innerhalb der Cluster läßt sich durch "Objekt-Distanz-Plots" darstellen (vgl. Abb. 10.12)[1]. Die X-Achse wird durch die Clusteridentifikationsnummer gebildet. Auf der Y-Achse wird die Distanz jedes Objekts der Clusteranalyse vom jeweiligen Clusterzentroiden aufgetragen. Jedes Objekt erscheint also in jeder Spalte des Plots genau einmal. In Abbildung 10.12 besitzt z.B. das Saarland eine Distanz von ca. 3.2 zum Zentroiden des Clusters 3 (Stadtstaaten), eine Distanz von 1.4 zum Zentroiden des zweiten Clusters und eine Distanz von 0.3 zum Clusterzentroiden des Clusters 1. Das Saarland liegt weiter als irgendein anderer Punkt vom Zentroiden der Stadtstaaten entfernt. Der Plot zeigt die relative Homogenität des Cluster 3 deutlich. Die schlechte Abgrenzung der Cluster 2 und 3 voneinander ist offensichtlich.

[1] Vgl. COHEN et al. (1977:154-155), sowie CHAMBERS/KLEINER (1982:238-239).

Objekt-Distanz-Plots eignen sich zur Beurteilung der Homogenität einzelner Cluster und der Identifikation von Ausreißern. Liegen sinnvolle Objektlabel vor (Befragtennummern eignen sich z.B. nicht), dann kann die Nähe einzelner Objekte zu den Zentroiden bei der inhaltlichen Interpretation der Cluster von großem Nutzen sein.

10.4.4 Silhouetten-Plots

Eine andere graphische Darstellung der Distanzen der Objekte sind "Silhouetten-Plots" (ROUSSEEUW 1987). Ein Beispiel zeigt die Abbildung 10.13. Die Konstruktion eines Silhouetten-Plots basiert auf dem Verhältnis der Distanz eines Objekts zu den anderen Objekten seines Clusters zu der Distanz zu den Objekten des nächsten Nachbarclusters.

ROUSSEEUW (1987) definiert den Silhouetten-Plot über die Definition einer Größe s_i für jedes Objekt. S_i wird folgendermaßen berechnet: Für jedes Cluster A mit mehr als einem Objekt wird die durchschnittliche Distanz jedes Objekts i zu den anderen Objekten des Clusters A (zu dem i gehört) als a_i berechnet. Weiterhin wird die durchschnittliche Distanz jedes Objektes i zu den Objekten der jeweils anderen Clustern (zu denen das Objekt i nicht gehört) berechnet. Für jedes Objekt i wird das Cluster mit der geringsten mittleren Distanz zu i als "Nachbar" und die entsprechende Distanz als b_i bezeichnet. Aus diesen Distanzen wird für jedes Objekt die Größe

$$s_i = \frac{b_i - a_i}{\max(a_i, b_i)}$$

berechnet. Enthält das Cluster A nur ein Objekt, so wird $s_i=0$ gesetzt[1]. Der Koeffizient S_i variiert zwischen -1 und 1. Hohe positive Werte deuten auf eine korrekte Klassifikation, hohe negative Werte auf eine falsche Klassifikation eines Objekts hin. Werte um Null indizieren Grenzfälle, die nicht eindeutig klassifiziert werden können.

---

[1] Als Beispiel ergibt sich aus der Distanzmatrix für BERLIN bei einer Zwei-Clusterlösung die mittlere Distanz a zu den Objekten des eigenen Clusters als der Mittelwert der Distanz zu HAMBURG und BREMEN: (1.4+3.9)/2=2.65. Die Summe der Distanzen zu den Objekten des anderen Clusters ist gleich 38.5 (5.9+ 5.1+ 4.6+ 3.7+ 4.7+ 5.2+ 4.4+ 4.9). Damit ist b=38.5/8; also 4.8125. Folglich ist s_i=(4.8125-2.65)/4.8125≈0.449.

Abb. 10-13 Silhouetten-Plot, Zwei-Cluster-Lösung

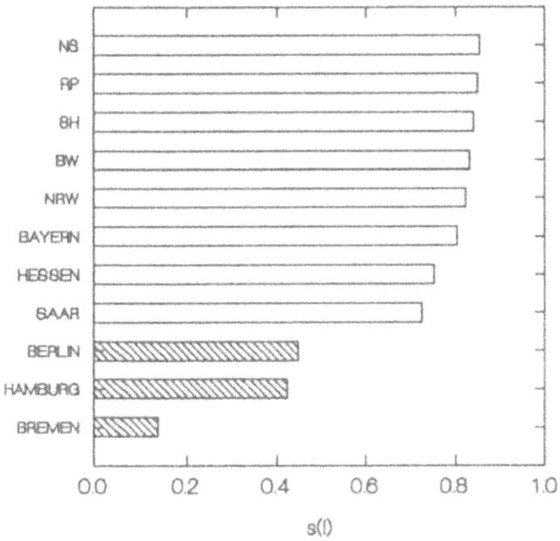

Abb. 10-14 Silhouetten-Plot, Drei-Cluster-Lösung

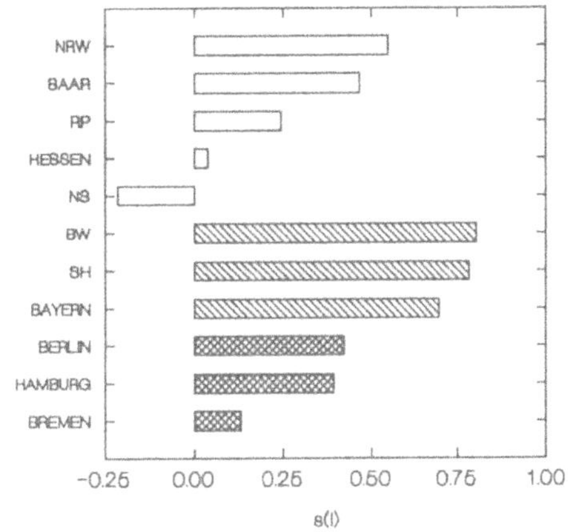

Die X-Achse eines Silhouetten-Plots besteht aus den s_i-Werten, seine Y-Achse aus den Objekten der Clusteranalyse. Jedem Objekt entspricht eine Zeile im Plot. Jede Zeile enthält das Objektlabel und eine Line, deren Länge dem s_i-Wert entspricht[1]. Die Zeilen werden nach Clustern sortiert, innerhalb der Cluster nach der Größe der s_i-Werte.

Ein "gutes" oder "natürliches" Ergebnis einer Clusteranalyse zeigt sich in "breiten" Silhouetten (also großen s_i-Werten) aller Cluster. Jedes Cluster ist dann relativ homogen und deutlich von den anderen Clustern abgegrenzt. Zum Beispiel führt eine zu groß gewählte Zahl von Clustern zu "schmalen" Silhouetten, also kleinen s_i-Werten.

Wie die Abbildung 10.13 zeigt, ist in diesem Beispiel eine Lösung mit zwei Clustern annehmbar. In der Drei-Cluster-Lösung (Abb 10.14) sind die s_i-Werte für das Cluster 1 relativ niedrig, die Silhouetten daher schmal. Auffällig bei der Drei-Cluster-Lösung ist der negative Wert für das Objekt NS. Demnach wurde Niedersachsen falsch klassifiziert. HESSEN erhält einen s_i-Wert um null und ist damit nicht eindeutig zu klassifizieren.

[1] ROUSSEEUWs Silhouetten-Plots enthalten auf der Y-Achse pro Zeile zusätzlich die Nummer des zugehörigen Clusters, die Nummer des jeweiligen Nachbarclusters und den s_i-Wert. In den Abbildungen 10.13 und 10.14 wird dagegen die Zugehörigkeit der Objekte zu den Clustern durch unterschiedliche Füllmuster der Silhouetten wiedergegeben.

Silhouetten-Plots sind nützlich bei der Erkennung von Ausreißern und Grenzfällen. Weiterhin eignen sie sich zur Beurteilung der Güte einer Clusteranalyse. KAUFMAN/ROUSSEEUW (1990) entwickeln aus den s_i-Werten Indizes, die die Beurteilung einer Clusterlösung erleichtern sollen: Der mittlere s_i-Wert einer Clusteranalyse ist der Mittelwert aller s_i-Werte. Da das Ergebnis der Clusteranalyse von der gewählten Zahl der Cluster abhängt, kann man für jede möglich erscheinende Zahl von Clustern den jeweiligen mittleren s_i-Wert berechnen. KAUFMAN/ROUSSEEUW (1990:87) schlagen vor, die Zahl von Clustern zu verwenden, bei der der durchschnittliche s_i-Wert maximal ist. Der maximale mittlere s_i-Wert wird als "Silhouetten-Koeffizient" (SC) bezeichnet. SC-Werte zwischen 0.51 und 0.7 werden von KAUFMAN/ROUSSEEUW (1990:88) als Indikator für eine annehmbare Struktur, SC-Werte zwischen 0.71 und 1.0 als Indikator für eine deutliche Struktur angesehen. Im Beispiel liegt der mittlere s_i-Wert für die Zwei-Clusterlösung bei 0.68, für die Drei-Clusterlösung bei 0.39; die Zwei-Clusterlösung erscheint damit annehmbar. Silhouetten-Plots sind leicht programmierbar und kaum rechenaufwendig[1].

10.5 Cluster-Profilplots

Das Hauptproblem bei der Interpretation der Ergebnisse einer Clusteranalyse liegt bei dem Versuch einer inhaltlichen Deutung der gewonnenen Cluster. Hierbei muß natürlich bekannt sein, welche Variablen sich bei den Clustern unterscheiden. Ein in dieser Situation sehr hilfreicher Plot ist ein "Cluster-Profilplot" (vgl. Abb. 10.15).

Die X-Achse eines Cluster-Profilplots besteht aus den Namen der Variablen die in der Clusteranalyse verwendet wurden. Auf der Y-Achse werden die Mittelwerte der z-standardisierten Variablen innerhalb jedes Clusters aufgetragen. Die horizontalen Linie im Plot entsprechen jeweils einem Cluster: Es handelt sich um die Cluster-Profile[2].

---

[1] Silhouetten-Plots sind derzeit nur in den Programmen von KAUFMAN/ROUSSEEUW (1990) verfügbar. Durch die Nutzung von Ausgabegeräten mit hoher Auflösung oder durch Scrolling wären diese Plots auch für höhere Fallzahlen verwendbar.

[2] Ein Cluster-Profilplot ist eine spezielle Anwendung von Profilplots (vgl. Kap. 9.2.8) bzw. paralleler Koordinaten (vgl. Kap.6.8). Die Abbildung 10.16 zeigt den Cluster-Profilplot des Beispiels als Parallel-Koordinatenplot.

Abb. 10-15 Cluster-Profilplot

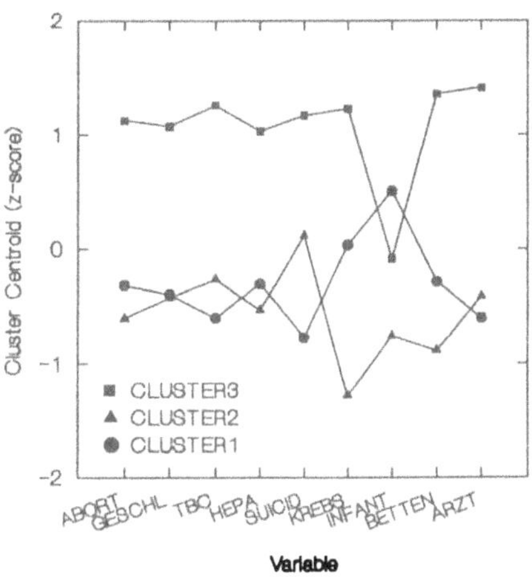

Abb. 10-16 Cluster-Profilplot des Clusters 3 als Parallel-Koordinatenplot

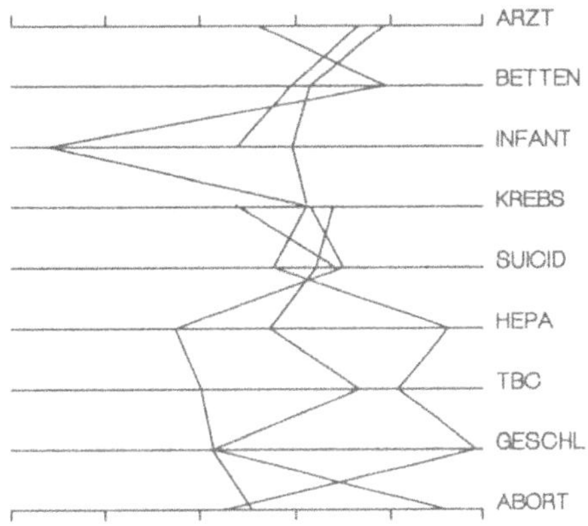

Die Abbildung 10.15 zeigt den Cluster-Profilplot des Beispiels. Das Cluster 3 weist gegenüber den beiden anderen Clustern ein deutlich anderes Profil auf. Die Interpretation der Profile als Anzeichen für hohe bzw. niedrige Urbanisierung ist in diesem Fall trivial. Interessanterweise unterscheiden sich die Cluster 1 und 2 nur bei Kindersterblichkeit, Krebs und Selbstmord deutlich voneinander. Auch hier fällt die Variable "Kindersterblichkeit" auf.

Cluster-Profilplots werden häufig wesentlich übersichtlicher, wenn die "Richtung" der Variablen so gewählt wurde, daß zwischen den Variablen überwiegend nur positive Korrelationen bestehen. Da dann nur wenige Überkreuzungen von Profilen entstehen, bleibt der Plot überschaubar.

Die Variante der Cluster-Profilplots als Parallel-Koordinatenplots erlaubt die Betrachtung der Profile einzelner Fälle innerhalb eines Clusters. Die Abbildung 10.16 zeigt einen Clusterprofilplot aller drei Fälle des Clusters 3 ("Stadtstaaten"). Auffällig ist hier der abweichende Wert eines Profils bei "INFANT"; hier wird ein Ausreißer sichtbar (es handelt sich um Bremen mit sehr niedriger Säuglingssterblichkeit). Weiterhin zeigt sich die hohe Variabilität dieses Clusters, insbesondere bei den meldepflichtigen Infektionskrankheiten (HEPA, GESCHL, TBC).

Cluster-Profilplots eignen sich für die inhaltliche Interpretation der Ergebnisse einer Clusteranalyse in besonderem Maß. Die Interpretation wird bei einer hohen Zahl von Objekten und einer großen Zahl von Variablen stark vereinfacht. Cluster-Profilplots lassen sich bei der Festlegung der Zahl der Cluster einsetzen, da eine "Clusteranalyselösung" nur dann einen Sinn hat, wenn sich die Profile theoretisch sinnvoll unterscheiden lassen. Schließlich eignen sich Cluster-Profilplots auch für die Ergebnisdarstellung.

10.6 Projektionsplots der Cluster

Da die Clusteranalyse von Objekten ausgeht, an denen eine Reihe von Variablen erhoben wurden, lassen sich die Objekte und die resultierenden Cluster nur dann direkt räumlich darstellen, wenn weniger als vier Variablen zur Berechnung der Distanz der Objekte verwendet wurden. Da im Regelfall mehr Variablen in die Distanzfunktion eingehen, muß ein Raum mit weniger Dimensionen gefunden werden, in den die Objekte und die Cluster projiziert werden können. Solche Projektionsplots geben sehr anschauliche Interpretationshilfen für die Ergebnisse einer Clusteranalyse.

10.6.1 Hauptkomponentenplots

Die einfachste Möglichkeit eines Projektionsplots für Clusteranalysen basiert auf der Hauptkomponentenanalyse der Datenmatrix (vgl. Kap. 7.1). Die beiden ersten Hauptkomponenten werden zur Darstellung der Objekte im Raum verwendet.

Einen Plot der Clusterobjekte des Beispiels in den Raum der ersten beiden Hauptkomponenten zeigt die Abbildung 10.17. Die X-Achse des Plots erklärt 58% der Varianz, die Y-Achse 20%. Eine Varianzaufklärung von fast 80% für nur zwei Komponenten lassen die zweidimensionale Darstellung angemessen erscheinen. Der Plot zeigt die beiden bekannten Cluster des Beispiels deutlich voneinander abgegrenzt, die Heterogenität des zweiten Clusters ist offensichtlich.

Abb. 10-17 Hauptkomponenten-Plot der Cluster-Objekte

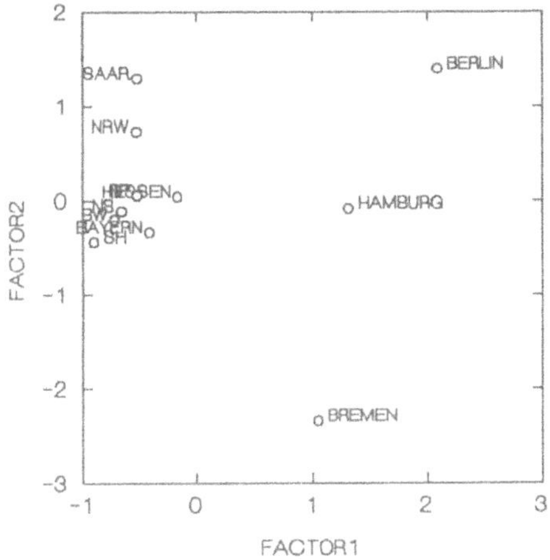

Dies ist nicht unbedingt ein typisches Ergebnis der Darstellung einer Clusteranalyse mithilfe eine Hauptkomponentenanalyse. Da die Hauptkomponentenanalyse von einer homogenen Population ausgeht, verwischt diese Art der Projektion im Vergleich mit den anderen Möglichkeiten tendenziell eher die Separierung der Cluster (BLASHFIELD/ALDENDERFER/ MOREY 1982:175). Da eine Hauptkomponentenanalyse mit jedem Standardpaket erstellt werden kann und kaum Rechenzeit beansprucht, ist diese Art des Plots die Standarddarstellung der Clusterobjekte mit einem Projektionsplot.

10.6.2 Plots der Diskriminanzfunktion

Eine andere Möglichkeit für Clusterprojektions-Plots bietet eine Diskriminanzanalyse. Hierbei wird die Clusterzugehörigkeit durch diejenigen Variablen vorhergesagt, die in die Distanzmatrix eingehen. Es werden zwei Diskriminanzfunktionen extrahiert und die Objekte in diese Diskriminanzebene projiziert. Am einfachsten geschieht dies durch die Berechnung der Diskriminanzscores mit einem Standardpaket. Anschließend werden diese beiden Faktoren in einem Scatterplot geplottet und die Objekte mit Labeln versehen. Einen entsprechenden Plot für das Beispiel zeigt die Abbildung 10.18. In diesem Plot liegen die Cluster weit voneinander entfernt. Da das Ziel der Diskriminanzanalyse darin besteht, eine Linearkombination zu finden, die eine maximale Trennung der Objekte im Raum erlaubt, ist dies verständlich.

Abb. 10-18 Plot der Diskriminanzebene der Cluster-Objekte des Beispiels

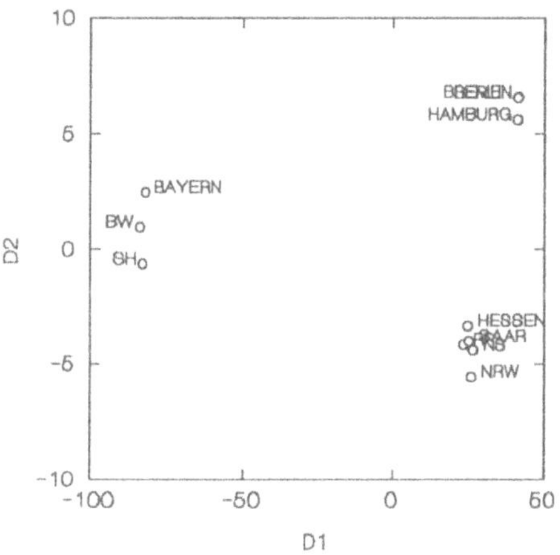

Abb. 10-19 Plot einer multidimensionalen Skalierung des Beispiels

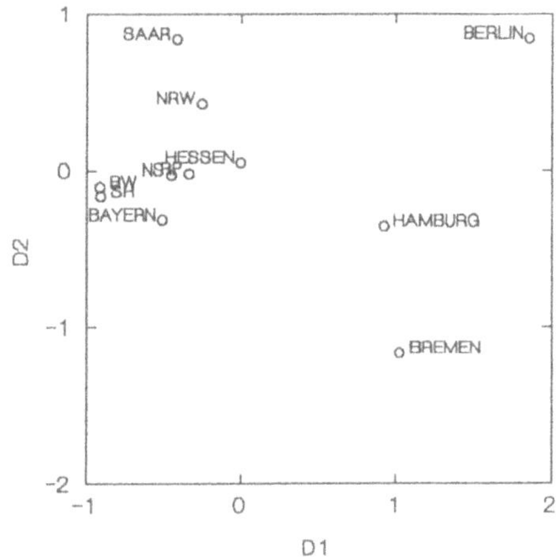

Da die zweite Diskriminanzfunktion in diesem Beispiel weniger als 1% der Gesamtvarianz erklärt, erfolgt offensichtlich eine Verzerrung der tatsächlichen Distanzen durch diese Art der Projektion. Ein Diskriminanzanalyseplot der Cluster sollte daher vor allem bei schlechter Trennung der Cluster in den anderen Plots als Interpretationshilfe herangezogen werden.

10.6.3 Multidimensionale Skalierung und Clusteranalyse

Ziel einer multidimensionalen Skalierung (MDS) ist die Darstellung einer Punktekonfiguration einer Distanzmatrix in einem Raum niedriger Dimensionszahl derart, daß die Abstände zwischen den Punkten in diesem Raum den ursprünglichen Distanzen so ähnlich wie möglich werden. Damit bietet sich eine MDS zur Darstellung der Objekte einer Clusteranalyse an.

Das prinzipielle Vorgehen bei einer MDS ist vergleichsweise einfach (KRZANOWSKI 1990:115)[1]. Zunächst muß man sich vorläufig für die Zahl der zu verwendenden Dimensionen entscheiden. Dann muß eine Anfangskonfiguration der Objekte in diesem Raum bestimmt

[1] Außerhalb der Psychologie werden Verfahren der multidimensionalen Skalierung eher selten eingesetzt. Einer der Hauptgründe dürfte darin liegen, daß ein Großteil der bestehenden Lehrbuchliteratur zur MDS Anfänger vollständig verwirrt. Bemerkenswerte Ausnahmen sind KRUSKAL/WISH (1978) und DAVISON (1983).

werden. Dies kann zufällig geschehen, obwohl dies nicht die effizienteste Lösung ist. Dann muß ein Abweichungsmaß definiert werden, das die Abweichung der Distanzen der Objekte im Plot von einer monotonen Funktion der ursprünglichen Distanzen wiedergibt. Nun kann dieses Abweichungsmaß mit numerischen Standardtechniken minimiert werden. Die Konfiguration der Objekte bei Beendigung des Minimierungsvorgangs ist die gesuchte Lösung[1]. Das Resultat einer entsprechenden MDS für das Beispiel zeigt die Abbildung 10.19. Obwohl die Lösung einer MDS in der Regel in Hinsicht auf die Dimensionen der Plots interpretiert wird, ist eine Interpretation der räumlichen Anordnung der Objekte sinnvoll. Im Beispiel ist der MDS-Plot kaum vom Hauptkomponentenplot zu unterscheiden. Da in die Konstruktion des Plots bei der MDS aber gänzlich andere Annahmen eingehen, kann es aber zu größeren Unterschieden der Plots kommen.

Das Abweichungsmaß, das in der Regel von den MDS-Programmen minimiert wird, heißt "STRESS" (STandardized REsidual Sum of Squares)[2]. Zur Wahl der Zahl der Dimensionen, die bei der MDS verwandt werden soll, werden in der Regel die STRESS-Werte für MDS-Lösungen mit variierter Anzahl der Dimensionen verglichen. Dabei sind Plots des STRESS gegen die Zahl der Dimensionen hilfreich. Die Abbildung 10.20 zeigt das Stress-Diagramm des Beispiels.

Der Plot zeigt deutlich, daß bei Lösungen mit mehr als zwei Dimensionen STRESS nur noch geringfügig abnimmt. Das Diagramm würde daher zwei Dimensionen nahelegen. Der STRESS-Wert des Beispiels liegt für zwei Dimensionen bei 0.017; Lösungen mit einem STRESS-Wert kleiner als 0.05 werden in der Regel akzeptiert. Der STRESS-Wert des Beispiels kann als ausgezeichnet betrachtet werden.

---

[1] Viele Standardpakete enthalten MDS-Subroutinen. Zu den verwendeten Algorithmen vgl. DAVISON (1983).

[2] $STRESS_1$ ist definiert als

$$STRESS_1 = \sqrt{\left[\sum (\delta - d)^2\right] / \left[\sum d^2\right]}$$

wobei über alle Distanzen summiert wird. D sind die Distanzen der Objekte im Plot, δ modifizierte Distanzen. Die Distanzen werden modifiziert um zu einer monotonen Funktion zwischen den Distanzen im Plot und den Distanzen der Ausgangsmatrix zu gelangen, vgl. z.B. KRZANOWSKI (1990:116-117). Ein ausführliches Berechnungsbeispiel geben DILLON/GOLDSTEIN (1984:128).

Abb. 10-20 Stress-Diagramm

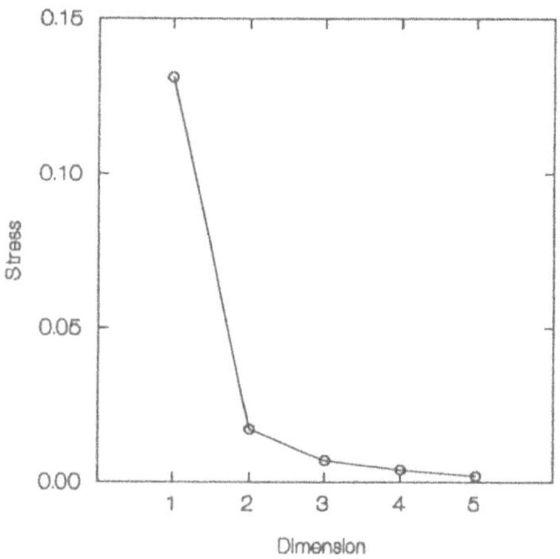

Abb. 10-21 Shepard-Diagramm

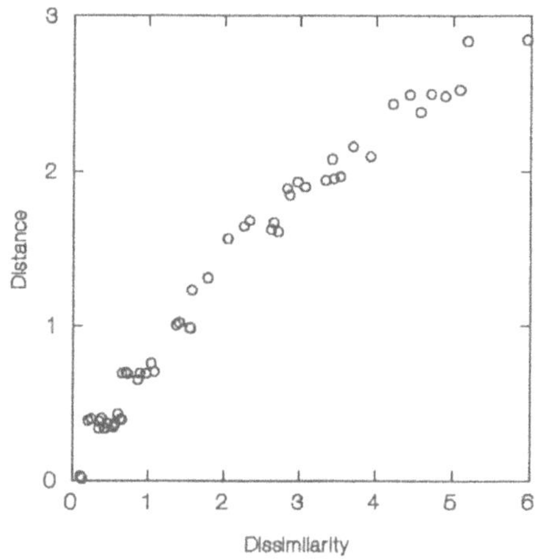

Im Rahmen der multidimensionalen Skalierung ist ein weiterer Scatterplot als diagnostisches Werkzeug zur Beurteilung einer MDS-Lösung üblich. Hierbei wird die Distanz der Objekte im MDS-Plot gegen die Distanzen der Ausgangsmatrix geplottet (Abb. 10.21). Ein solcher Plot wird als "Shepard-Diagramm" bezeichnet[1] Die Punkte eines Shepard-Diagramms sollten auf einer gleichmäßigen Kurve liegen. Zeigen sich im Plot einige wenige treppenförmige Stufen, dann spricht man von einer "degenerierten Lösung". Dies geschieht in der Regel dann, wenn sich die Objekte stark voneinander unterscheiden, aber in intern jeweils homogenen Clustern vorkommen. In diesem Fall sind eine oder mehrere Distanzen gleich null. Eine Interpretation der Lösung sollte dann unterbleiben (KRUSKAL/WISH 1978:30). Bei einer MDS im Rahmen einer Clusteranalyse kann eine degenerierte Lösung ein Hinweis auf starke "natürliche" Cluster sein.

Damit stellt sich die Frage nach dem Unterschied zwischen Clusteranalyse und MDS. KRUSKAL (1977:29) betrachtet die Art der Darstellung der Distanzmatrix als Hauptunterschied zwischen Clusteranalyse und multidimensionaler Skalierung: Clusteranalysen ergeben eine Baumdarstellung, MDS eine räumliche Darstellung. Mathematisch gibt es Fälle, bei denen eine Clusteranalyse ein passendes Modell liefert und eine MDS Probleme bereitet. In der Praxis ergänzen sich beide Darstellungsweisen für gewöhnlich. Bei Clusteranalysen zeigt

---

[1] Es gibt zwei Formen des Shepard-Diagramms; in beiden bilden die beobachteten Distanzen die X-Achse. Auf der Y-Achse werden die geschätzten Distanzen bzw. die in Hinsicht auf Monotonie transformierten geschätzten Distanzen abgetragen (DAVISON 1983:97-98).

sich oft, daß die kleinen Cluster sinnvoll interpretiert werden können, die größeren hingegen nicht. Da die MDS-Programme in der Regel eine Zielgröße minimieren, in die Abstände zwischen geschätzten und beobachteten Distanzen quadratisch eingehen, fitten MDS-Programme meist große Distanzen sehr gut, kleinere Distanzen hingegen schlechter. Während also eine Clusteranalyse tendenziell kleinere Abstände und damit lokale Informationen korrekt wiedergibt, gibt die MDS eher Informationen über die großen Distanzen korrekt wieder. MDS-Lösungen werden daher auch meist in Hinsicht auf die gefundenen Dimensionen beurteilt. Aus dem gleichen Grund sollte eine MDS nicht nachträglich zum visuellen Clustern verwendet werden (KRUSKAL 1977:39).

10.6.4 Projektionsüberprüfungen

Bei der Abbildung der Objekte einer Clusteranalyse mithilfe einer Hauptkomponentenanalyse, einer multidimensionalen Skalierung oder einer Diskriminanzanalyse werden die Objekte bzw. Cluster in einen (meist) zweidimensionalen Raum projiziert. Wenn an den Objekten p Variablen erhoben wurden, dann lassen sich die Objekte nicht ohne mehr oder weniger großen Informationsverlust in einem zweidimensionalen Raum abbilden. Durch die Projektion des p-dimensionalen Merkmalraums auf zwei Dimensionen entstehen mehr oder weniger große Verzerrungen. Objekte, die im ursprünglichen p-dimensionalen Raum weit voneinander entfernt liegen, können im zweidimensionalen Plot "nahe" beieinander liegend erscheinen. Die Interpretation der Distanzen im Plot als "Unähnlichkeit" ist dann partiell irreführend. Wünschenswert sind daher Techniken, mit denen diese Projektionen überprüft werden können. Hierzu eignet sich u.a. ein Plot der Distanzen in der Projektion gegen die Distanzmatrix sowie andere Darstellungsformen einer Distanzmatrix.

Abb. 10-22 Plot der beobachteten Distanzen gegen die geplotteten Distanzen nach Projektionstechnik

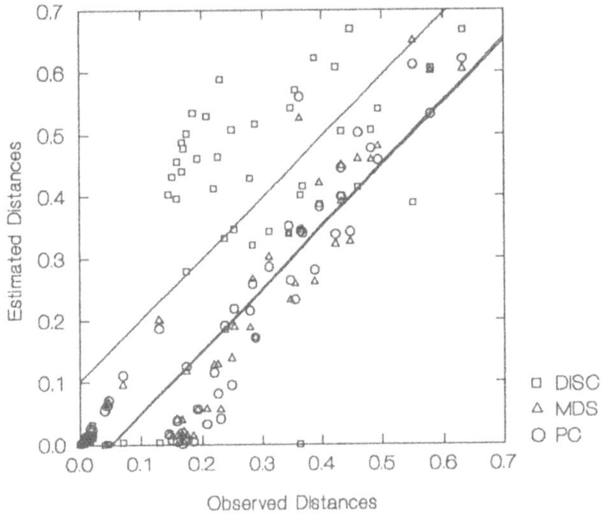

10.6.4.1 Plot der Distanzen gegen die Plotdistanzen

Man kann (ähnlich wie beim Shepard-Diagramm der MDS) auch für die anderen Projektionstechniken einen Plot der Distanzen zwischen den Objekten im Projektionsplot gegen die Distanzen in der Distanzmatrix erstellen. Die Abbildung 10.22 zeigt anhand der Beispieldaten den Plot der Distanzen der Distanzmatrix gegen die Distanzen im Hauptkomponentenplot (PC), im MDS-Plot und im Plot der Diskriminanzfunktion (DISC)[1]. In diesem Beispiel lassen sich die MDS- und PC-Projektionen kaum trennen, die beiden Regressionsgeraden sind nahezu identisch. Die Regressionsgerade für die Diskriminanzanalyse liegt fast parallel zu den beiden anderen Regressionen, besitzt aber einen größeren Achsenabstand. Diese Projektion (DISC) vergrößert die Abstände zwischen den Objekten im Plot. Dies gilt insbesondere für die mittleren Distanzen. Bei den MDS- und PC-Distanzen fällt auf, daß sehr kleine beobachtete Distanzen etwas größer dargestellt werden, während kleine Distanzen (im Plot zwischen 0.15 und 0.2) zu klein erscheinen. Im Gegensatz zu den Distanzen des Diskriminanzplots sind in diesem Beispiel die MDS- und PC-Distanzen fast monotone (und annähernd lineare) Funktionen der ursprünglichen Distanzen. Damit kann die Nähe zweier Objekte im Plot tatsächlich als große Ähnlichkeit der Objekte interpretiert werden.

---

[1] Die Plotpositionen der Plots sowie die z-standardisierte Ausgangsmatrix wurden vor der Berechnung der Distanzen auf den Wertebereich 0-1 normiert.

Abb. 10-23 Minimum Spanning Tree

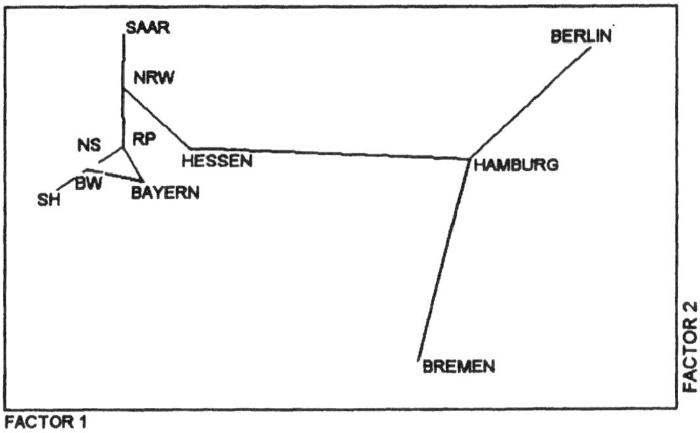

10.6.4.2 Minimum-Spanning-Trees

Eine andere Art der Darstellung einer Distanzmatrix ist mit einem "Minimum-Spanning-Tree" möglich (GOWER/ROSS 1969). Ein Minimum-Spanning-Tree (MST) ist der kürzeste Pfad zwischen den Objekten der Distanzmatrix. Würde die Distanzmatrix z.B. die Entfernungen zwischen den Gebäuden einer Universität enthalten, dann wäre der MST dieser Distanzmatrix die kürzeste der möglichen Verkabelungen aller Gebäude.

Der MST der Objekte der Distanzmatrix läßt sich etwas präziser definieren als der kürzeste mögliche Weg zwischen den Objekten, der

- jedes Objekt mit jedem anderen Objekt verbindet,
- von jedem Objekt mindestens eine Verbindung zu anderen Objekten schafft und
- keine Kreisverbindungen enthält[1].

MSTs eignen sich zur Beurteilung der Ergebnisse von Clusteranalyse. So zeigen sich im Plot eines MSTs durch die Verbindungslinie zwischen zwei Clustern sehr ähnliche Fälle, die unterschiedlichen Clustern zugewiesen wurden (GOWER/ROSS 1969:59).

[1] Die Algorithmen zur Berechnung des MST sind nicht ganz trivial; der Rechenaufwand aber vergleichsweise gering. Effiziente Algorithmen für Minimum-Spanning-Trees finden sich in vielen modernen Algorithmen-Lehrbüchern, z.B. bei CORMEN/LEIFERSON/RIVEST (1990:498-513).

Überlagert man einen Projektionsplot einer Clusteranalyse mit einem MST, so werden Projektionsverzerrungen sichtbar. Im Plot benachbarte Punkte, die nicht durch den MST verbunden sind, weisen auf solche Projektionsverzerrungen hin (GOWER/ROSS 1969:59). Der MST in solchen Plots wirkt als Korrekturhilfsmittel für die Fehler der Projektion. Insbesondere bei Projektionen, deren Achsen vergleichsweise wenig Varianz aufklären, ist ein MST daher hilfreich[1].

Ein Beispiel für einen MST zeigt die Abbildung 10.23. Betrachtet man z.B. die Entfernung zwischen BW und NS, so sind die Plotpunkte kaum zu trennen. Die Distanz beträgt aber 0.5, genauso die Distanz zwischen RP und HESSEN. Die beiden letzten Punkte scheinen im Plot weiter auseinander zu liegen. Der Minimum Spanning Tree verläuft aber eben nicht direkt von BW nach NS, sondern von BW über BAYERN und RP nach NS: Der nächste Nachbar von BW ist also keineswegs NS. Der MST-Plot zeigt damit die Verzerrungen der "Nähe" der Beobachtungen durch die Projektion deutlich.

Neben der einfachen Anwendung eines MST für Überprüfung von Projektionsverzerrungen, besitzt der MST im Rahmen von Plots zur Clusteranalyse vielfältige andere Anwendungsmöglichkeiten[2]. So eignet sich der MST als Achse für Plots multivariater Daten[3].

---

[1] Für einen MST benötigt man immer eine vollständige Distanzmatrix. Einige verfügbare Programme plotten einen fälschlich als MST benannten Pfad nur aus den Plotkoordinaten. Ein korrekter MST ist in CLUSTAN implementiert.

[2] Der MST hängt eng mit dem Single-Linkage-Algorithmus zusammen (GOWER/ROSS 1969: 58-59). Es lassen sich aus dem MST aber auch andere Clusteralgorithmen ableiten (vgl. z.B. JAIN/DUBES 1988:121-123).

[3] KENT (1985) verwendet für die Darstellung multivariater Daten im Rahmen einer Clusteranalyse einen MST zur Gewinnung der Y-Achse eines Plots. Für jedes Objekt wird die X-Achse durch die Ausprägungen der ursprünglichen Variablen bestimmt (die Variablen werden nebeneinander geplottet, bei drei Variablen ergeben sich drei Streifenplots usw.). Der Plot enthält also für jedes Objekt eine Zeile, die jede einzelne Variablenausprägung darstellt. FRIEDMAN/RAFSKY (1981:278-279) entwickelten eine multivariate Version der P-P-Plots, die auf einem MST basiert ("Multivariate Standard P-P-Plot"). Die Idee des Plots besteht darin, für zwei Gruppen von Beobachtungen einen gemeinsamen MST zu erstellen und die Position beim Durchlaufen des MSTs für jede Beobachtung als Plotposition zu verwenden. Plottet man diese Ränge innerhalb des MSTs für beide Gruppen gegeneinander, ergibt sich ein P-P-Plot. Liegen in beiden Gruppen nur zufällige Differenzen der Ränge im MST vor, so ergibt sich eine Gerade; Abweichungen indizieren lokale Konzentrationen. Da es sich um einen auf Rängen basierenden P-P-Plot handelt, schlug GENTLEMAN (1981:290) daher die korrektere Bezeichnung "Rank P-P-Plots" für diese Plots vor.

Abb. 10-24 Cluster-Outline-Plot: Cluster mit konvexen Hüllen

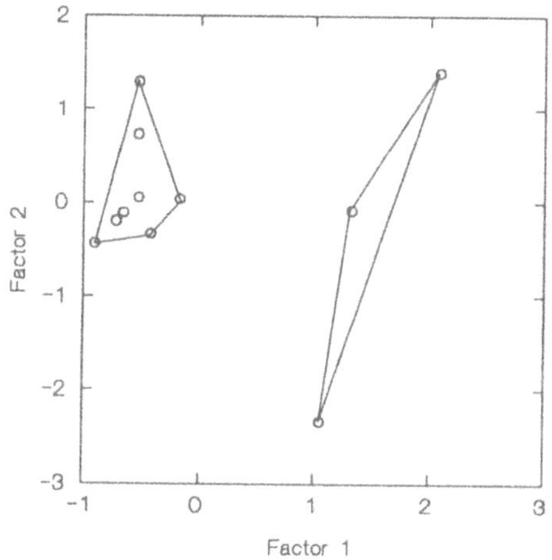

Abb. 10-25 Cluster-Circle-Plot: Clusterradien proportional zur Varianz

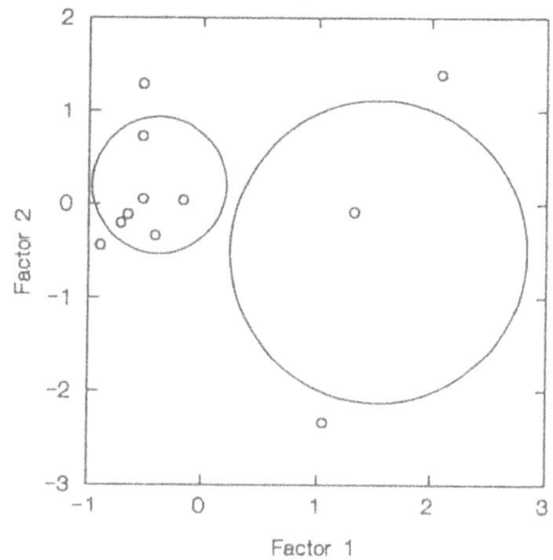

10.6.5 Varianten der Projektionsplots

Insbesondere bei größeren Fallzahlen werden Clusterprojektionsplots durch graphisch hervorgehobene Clustergrenzen übersichtlicher. Eine einfache Möglichkeit besteht darin, alle Objekte eines Clusters mit einer Umrandung einzufassen. Solche konvexen Hüllen kann man leicht manuell in den Plot einzeichnen, einige Programme bieten eine entsprechende Option[1]. Ein Beispiel zeigt die Abbildung 10.24.

Eine interessante Variante besteht darin, um die Clusterzentroide Kreise zu zeichnen, deren Radien proportional zur Summe der Varianzen der Clusterobjekte in bezug auf die Achsen des Plots sind[2]. Ein Beispiel für einen "Circle-Clusterplot" zeigt die Abbildungen 10.25. Die Heterogenität des Stadtstaatenclusters zeigt sich in diesem Plot deutlich durch den vergleichsweise sehr großen Radius.

Cluster-Outline-Plots und Cluster-Circle-Plots legen Mißverständnisse in Hinsicht auf den Clusteralgorithmus nahe, daher sollten diese Plots nur als Interpretationshilfsmittel und nicht zur Ergebnispräsentation verwendet werden.

---

[1] CLUSTAN liefert einen ähnlichen Plot nach dem Kommando SCATTER CPLOTS CODES LABELS OUTLINES. Die Berechnung konvexer Hüllen ist nicht ganz trivial. Entsprechende Algorithmen finden sich z.B. bei SEDGEWICK (1983:321-333) sowie bei CORMEN/LEISERSON/RIVEST (1990:898-908). Einige Programmierumgebungen enthalten die Berechnung konvexer Hüllen als Sprachelemente, so z.B. SAS/IML mit der Funktion CVEXHULL.

[2] Auch einen solchen Plot liefert CLUSTAN (WISHART 1987:162).

10.7 Schlußbemerkung

In diesem Kapitel wurden Plots erläutert, die im Rahmen einer Clusteranalyse Verwendung finden können[1]. Wie bei den anderen Anwendungsbeispielen so sind auch hier Plots in fast jedem Arbeitsschritt der betreffenden Analyse sinnvoll einsetzbar. Bei vielen Problemen der inhaltlichen Interpretation der Clusteranalyse gibt es zudem kaum Alternativen zu den graphischen Techniken. Um so bemerkenswerter ist der Umstand, daß weder in den gängigen Lehrbüchern auf graphische Methoden in der Clusteranalyse Bezug genommen wird noch die Standardprogramme (mit Ausnahme von CLUSTAN) entsprechende Möglichkeiten bieten. Anwender sind in der Regel an den inhaltlichen Ergebnissen interessiert, nicht an den Algorithmen oder deren technischen Details. An keiner anderen Stelle ist die Kluft zwischen den Anwendern einerseits und den Programmen und Lehrbüchern andererseits größer. Angesichts dessen, daß in vielen Teilbereichen der Sozialwissenschaften oder auch der Medizin die "Theoriebildung" kaum über Klassifikationen hinauskommt, ist die überaus seltene Anwendung von Clusteralgorithmen erstaunlich. Die Verkennung der Interpretationsmöglichkeiten der Clusteranalyse mithilfe graphischer Verfahren ist eine der möglichen Erklärungen.

[1] Weitere Hinweise auf Literatur zu Plots in der Clusteranalyse finden sich bei KAUFMAN/ROUSSEEUW (1990).

11 Datenanalyse-Konzeptionen

Bei der Beschäftigung mit Wissenschaftstheorie kann man sich gelegentlich nur schwer des Eindrucks erwehren, daß man sich einem überflüssigen, wenn nicht sogar hinderlichen Gebiet akademischen Lebens widmet. Obwohl dieser Eindruck vermutlich kaum vollkommen falsch ist, gibt es einige Situationen, in denen die Nützlichkeit elementarer wissenschaftstheoretischer Ergebnisse deutlich wird. Ein Beispiel ist die Lektüre populärer Datenanalyse-Konzeptionen.

11.1 Explorative Datenanalyse

Fast jeder neuere Text zur Datenanalysemethodologie verwendet den Begriff "explorative Datenanalyse" (EDA). Er wird in der Regel für die von John W. Tukey entwickelten Techniken und die von ihm vertretene Herangehensweise bei einer Datenanalyse gebraucht. Der Begriff "explorative Datenanalyse" wurde vor allem durch das 1977 erschienene Buch Tukeys "Exploratory Data Analysis" bekannt. Da Tukey in diesem Buch den Schwerpunkt auf einfache Techniken für Probleme mit wenigen Variablen legt, scheint sich bei vielen Statistikern die Meinung gebildet zu haben, EDA sei eine andere Bezeichnung für "deskriptive Statistik". Dies verkennt Tukeys Anliegen vollständig[1].

HOAGLIN (1985:579) nennt vier Schwerpunktthemen "explorativer" Datenanalyse: Resistenz (bzw. Robustheit), Residuen, Datentransformation und graphische Darstellung. TUKEY (1980:23) betont, daß explorative Datenanalyse keine Sammlung von Techniken, sondern eine Geisteshaltung sei. Das Grundprinzip hierbei besteht in der Flexibilität gegenüber den Daten: Ausgehend von vorläufigen Modellen werden mit verschiedenen Techniken Abweichungen von diesen Modellen geprüft und die Modelle entsprechend modifiziert: Datenanalyse besteht aus einem "model-data cycle" (MALLOWS/TUKEY 1982:113). Weder wird ein Modell von vornherein als "wahr" betrachtet, noch werden die Daten kritiklos als "gegeben" akzeptiert. Gerade diese Konzeption eines modellvermittelten Dialogs mit den Daten erklärt die Aufgeschlossenheit von Fachwissenschaftlern gegenüber diesem Vorgehen. Nicht Parameterschät-

[1] "Analyse" impliziert mehr als die bloße Beschreibung eines Gegenstandes: "Deskriptive Datenanalyse" ist daher ein Widerspruch in sich selbst.

zungen oder gar Signifikanztests stehen im Mittelpunkt, sondern letztlich inhaltliche Modelle und die Abweichungen der eigenen Daten von diesen Modellen.

Die Rezeption explorativer Datenanalyse hat die von Tukey betonte Notwendigkeit der Verwendung vorläufiger Modelle häufig übersehen. Die meisten Lehrbuchdarstellungen reduzieren EDA auf Datentransformationen und einige graphische Darstellungen, vor allem auf Boxplots und Stem-and-Leaf-Displays. Residuenanalyse spielt in den meisten EDA-Darstellungen keine Rolle. Geradezu absurd muten Statistikprogramme an, die EDA als Programm-Menu-Option anbieten.

Die fehlerhafte Rezeption der Grundideen explorativer Datenanalyse auch in der Forschungspraxis ist sicherlich zum Teil auf die ungünstige Lehrbuchsituation zurückzuführen. TUKEYs eigenes Buch (1977) war schon allein aufgrund einer abenteuerlichen Terminologie an der Grenze der Lesbarkeit. Die spätere Lehrbuchliteratur hat durch Mathematisierung und/oder Trivialisierung aus den aufregenden "adventures of those neo-inductivists in the EDA Revolutionary Front" (LOVIE 1987:376) wieder Formelsammlungen gemacht. Viele EDA-Darstellungen sind langweiliger als eine F-Wert-Tabelle. Nur sehr wenige Lehrbücher integrieren EDA als selbstverständliche Standardtechnik und Grundhaltung (z.B. ERICKSON/ NOSANCHUCK 1977).

11.2 "Explorative" versus "konfirmatorische" Datenanalyse

Die Fehlrezeption der Grundideen der EDA hat Anlaß zu einer fortwährenden Debatte über den Unterschied zwischen "explorativer Datenanalyse" und "konfirmatorischer Datenanalyse" (CDA) geführt.

Ein Beispiel geben HEILER/MICHELS (1994:VII): Typisch für CDA sei das Schema der testenden Statistik. Danach stehe am Anfang eine Hypothese, zu deren Überprüfung über einen geeigneten Versuchsplan eine Zufallsstichprobe durchgeführt und darauf dann ein Test angewandt werde. Explorative Verfahren gäben hingegen durch die Suche nach Auffälligkeiten bzw. nichttrivialen Strukturen Anstöße zur Bildung von Hypothesen und Modellen.

Solche idealtypischen Konzeptionen sind nur möglich, wenn man den tatsächlichen Forschungsprozeß aus dem Blick verloren hat.

Datenanalysen sind - wie der gesamte Forschungsprozeß - immer iterativ. Daten werden unter theoretischen Perspektiven und Annahmen erhoben. Für die so gewonnenen Daten werden ausgehend von einem vorläufigen Modell Konsequenzen abgeleitet, die in einer vorläufigen Analyse überprüft werden[1]. Daran schließt sich eine empirische Kritik des vorläufigen Modells an. Diese empirische Kritik besteht häufig aus einer Form der Residuenanalyse (genau hier besitzen Datenanalysegraphiken auch ihr hauptsächliches Einsatzgebiet). Die Kritik des vorläufigen Modells führt zu einer Modifikation des Erklärungsmodells. Der Datenanalysezyklus beginnt dann erneut. Datenanalyse ist somit eine Subiteration innerhalb des gesamten Forschungsprozesses.

"Explorative" und "konfirmatorische" Phasen der Datenanalyse können daher **nicht** sauber getrennt werden. Die Fiktion einer solchen Trennung wird von vielen Datenanalytikern und Wissenschaftstheoretikern angegriffen[2]. Eine der heftigsten Kritiken stammt von DeLEEUW (1993:X-XI):

> "*Of course, Popper or no Popper, this is a complete travesty of what actually goes on in all sciences some of the time and in some sciences all of the time. There are no two phases that can be easily distinguished. There is no dirty and clean work, and for that matter the distinction between exploratory and confirmatory seems to allocate all the interesting and creative work to the exploratory phase anyway.*"

Die weitverbreitete Debatte um "explorative Datenanalyse" (EDA) versus "konfirmatorische Datenanalyse" (CDA) ist ein unnötiges Scheingefecht, das meist in Unkenntnis sowohl der Fachliteratur als auch tatsächlicher Forschungsarbeit geführt wird.

---

[1] Dieser Abschnitt folgt der Darstellung bei BOX (1976:793,796). Tukeys Äußerungen sind stets mit dieser Konzeption verträglich, vgl. vor allem TUKEY/WILK (1970:372,385), MALLOWS/TUKEY (1982), TUKEY (1977:vii, 1980, 1990) sowie BIEHLER (1982:105ff) und Kap. 1.

[2] z.B. GOOD (1983:284), GLYMOUR u.a. (1987:47).

11.3 Multivariate graphische Verfahren und "induktives Vorgehen"

Übersichtsarbeiten präsentieren multivariate Graphik meist als eine Sammlung von Methoden zur Darstellung multivariater Daten in zwei oder drei Dimensionen[1]. Häufig werden multivariate Graphiken als Werkzeug einer angeblich modellfreien Datenanalyse präsentiert. Insbesondere seit die Korrespondenzanalyse in den Sozialwissenschaften populär wurde, zeigen sich in vielen empirischen Arbeiten Formen "induktiven" Vorgehens, die zumindest unter Wissenschaftstheoretikern als längst überwunden geglaubt wurden. Manche Verfechter multivariater Graphik scheinen davon überzeugt zu sein, mithilfe graphischer Techniken induktiv zu neuen Einsichten, wenn nicht gar zu "Gesetzen" kommen zu können.

Die zugrunde liegende Haltung findet sich in vielen neueren Arbeiten[2]. Ein klares Beispiel bilden die Aussagen bei WEGMAN/CARR (1993:919). Diese Autoren vertreten die Ansicht, daß die Sozialwissenschaften im Gegensatz zur Physik durch eine hohe Zahl relevanter Variablen mit großen Meßfehlern gekennzeichnet seien. Der bedeutendste Beitrag der modernen graphischen Darstellungsmethoden zum "scientific discovery process" liege in der Einsicht in "structural relationships" zwischen drei und mehr Variablen. Diese Auffassung des Datenanalyseprozesses in den Sozialwissenschaften ist nur dann logisch möglich, wenn "Daten" und "Variablen" als gegeben hingenommen werden.

Als Illustration wird von solchen Autoren häufig TUKEYs Definition "explorativer Datenanalyse" (1977:V) zitiert: "looking at data to see what is seems to say". Der Begriff "explorative Datenanalyse" dient so zur Rechtfertigung eines angeblich theoriefreien Herangehens an die "vorhandenen" Daten. TUKEY (1990:332) selbst hat dies als die "tabula-rasa fallacy for display" bezeichnet: Es ist eine Illusion zu glauben, daß graphische Methoden eine automatische und verzerrungsfreie Art der Datenanalyse erlauben würden.

---

[1] z.B. WAINER/THISSEN (1981, 1993), GABRIEL (1985a), VERBOON (1988), GESSLER (1993).

[2] z.B. WEIHS/SCHMIDLI (1990). So schreiben YOUNG/KENT/KUHFELD (1988:422): "We are very optimistic that highly integrated, highly interactive, appropriately interfaced MEDA/VEDA systems will become very useful tools for exploring, understanding, and forming hypotheses about the structure of multivariate data". Entsprechend behaupten YOUNG/FALDOWSKI/McFARLANE (1993:959) "(...) scientific exploration leads to scientific hypotheses". LEVKOWITZ (1991:60) treibt es auf die Spitze: "Exploratory visualization is required when data is so complex that the scientist does not necessarily understand *what* (kursiv im Original, R.S.) needs to be displayed."

Die Kritik an "induktiven" Datenanalysekonzeptionen besitzt drei Ansatzpunkte:

1. das Problem "theoriefreier" Messungen ("gegebene" Daten);
2. das Problem der Rechtfertigung induktiver Schlüsse;
3. die Möglichkeit der induktiven Entdeckung von Regelmäßigkeiten.

"Messungen" setzen stets inhaltliche Theorien voraus. Die Konstruktion neuer Theorien ist fast immer mit einer Rekonzeptualisierung eines Gebietes verbunden: "Messungen", "Daten" und "Variablen" existieren nicht unabhängig von Theorien[1]. Theoriefreie Beobachtungen sind unmöglich. Dies dürfte einer der wenigen Punkte sein, bei denen unter Wissenschaftstheoretikern und Wahrnehmungspsychologen Einstimmigkeit besteht.

Unstreitig ist es logisch unmöglich, induktive Schlüsse zu rechtfertigen. Dies wird aber auch von den Verfechtern "induktiven" Vorgehens nicht behauptet. Diese nehmen immer nur Bezug auf die heuristischen Möglichkeiten der jeweiligen Technik; und dies betrifft das dritte Problem.

Die Frage, ob sich graphische Techniken zur Hypothesengenerierung eignen, läßt sich aufgrund der unklaren Fragestellung nur bejahend beantworten. Im Entdeckungszusammenhang ist bekanntlich alles möglich und auch alles erlaubt. Es kann für keine Technik mit Sicherheit ausgeschlossen werden, daß man durch ihren Gebrauch zu interessanten Hypothesen kommt, sei es nun durch einen Marathonlauf, den Konsum von Drogen oder den Gebrauch eher traditioneller Techniken wie Lektüre der Fachliteratur, Computersimulationen oder multivariater Graphiken. Man kann allerdings (empirisch begründet) unterschiedliche subjektive Erfolgswahrscheinlichkeiten für die verschiedenen Techniken erwarten.

---

[1] KUHN (1978:293) hat dies anhand vieler historischer Beispiele belegt: "*Der Weg vom wissenschaftlichen Gesetz zur wissenschaftlichen Messung läßt sich nur selten in umgekehrter Richtung gehen* (kursiv im Original, R.S.). Um quantitative Gesetzmäßigkeiten zu entdecken, muß man gewöhnlich wissen, was für eine Gesetzmäßigkeit man sucht, und die Instrumente müssen dementsprechend konstruiert sein; und selbst dann liefert die Natur nicht immer kampflos konsistente oder verallgemeinerungsfähige Ergebnisse."

Obwohl es nicht mit Sicherheit ausgeschlossen werden kann, ist die Entdeckung bedeutsamer Regelmäßigkeiten oder gar neuer Konzepte in "vorgefundenen" Daten ohne langdauernde vorherige theoretische Beschäftigung mit dem jeweiligen Forschungsgebiet extrem unwahrscheinlich - und bisher scheint sich kein einziger solcher Fall in der Wissenschaftsgeschichte nachweisen zu lassen. Und selbst wenn es solche Fälle geben sollte, was würde das beweisen?

Die Entwicklung neuer theoretischer Konzepte scheint meistens auf die Kombination und Rekonzeptualisierung bestehender Konzepte zurückzuführen zu sein[1]. In der Wissenschaftsgeschichte läßt sich auch in den Beispielen "überraschender Entdeckungen" in jedem Fall zeigen, daß ein großes Ausmaß theoretischen Wissens über den Gegenstandsbereich beim Entdecker vorlag[2].

Die Wahrnehmungspsychologie zeigt, daß schon zur Interpretation visueller Stimuli graphische Schemata unentbehrlich sind (PINKER 1990, BANKS/KRAJICEK 1991). Graphische Schemata müssen erlernt werden, d.h. die Interpretation der Plots muß gelernt werden. Da aus der Vielzahl der visuellen Stimuli stets anhand der vorhandenen Schemata ausgewählt wird (CUTTING 1991:45), muß Tukeys berühmter Satz "Graphs force us to note the unexpected" (TUKEY 1977:157) zurückhaltend interpretiert werden. Man muß vor der Betrachtung eines Plots Hypothesen über sein Aussehen besitzen, um überrascht werden zu können. Das Interesse des Analytikers kann sich immer nur auf spezielle Aspekte beziehen[3].

---

[1] HOLLAND u.a. (1987:326). Hierzu werden mentale Repräsentationen der Objekte benötigt. Die graphische Darstellung von Daten kann als Verfahren zur Erhöhung der Menge gleichzeitig verarbeitbarer Informationen aufgefaßt werden (FAUST 1984:112). LANGLEY u.a. (1987:329) schreiben hierzu: "The evidence suggests that processing information in a drawing or a chart and processing it in the "mind's eye" have much in common. That is to say, the kinds of inferences that can be retained readily in the two cases are highly similar. More information can be retained reliably in the display on paper than in the limited memory capacity of the "mind's eye," but this seems to be the principal difference between the two representations."

[2] Dies zeigen die neueren Arbeiten zum Problem induktiver Generalisierungen der "cognitive science" an Beispielen der Wissenschaftsgeschichte sowie auch anhand von Computersimulationen des Entdeckungsprozesses, vgl. LANGLEY u.a. (1987) sowie HOLLAND u.a. (1987).

[3] TUKEY (1977:21) verwendet eine seitdem häufig zitierte Metapher: Er vergleicht explorative Datenanalyse mit Detektivarbeit: "finding and revealing the clues". Zu den Unterschieden zwischen den dabei verwendeten Modellen und tatsächlichen kriminalistischen Modellen vgl. NORDBY (1989).

Tukey scheint nun selbst die vielen Mißverständnisse der Prinzipien "explorativer Datenanalyse" durch die Einführung neuer Begriffe ausräumen zu wollen. In einer neueren Arbeit unterscheidet TUKEY (1990) zwischen "explorativer" und "prospektiver" Datenanalyse. Ein Prospektor weiß, wonach er sucht. Ein erfahrener Datenanalytiker verfügt über eine lange Liste möglicher Modelle zur Erklärung der Daten und versucht, die Strukturen eines dieser Modelle in diesen Daten zu finden. Ein Datensatz ist also prinzipiell nur in Hinsicht auf das jeweils betrachtete Modell von Interesse. Die Daten werden in Hinsicht auf ihre Abweichung von einem Modell gesehen. Dies rückt wieder die Analyse von Residuen in den Mittelpunkt der Datenanalyse.

Die Analyse der Residuen einfacher statistischer Modelle scheint die interessanteste und erfolgversprechendste Anwendung graphischer Techniken in der Datenanalyse zu sein. In den meisten Fällen bestehen "multivariate Graphiken" dann aus einfachen zweidimensionalen Scatterplots. Lediglich die Variablen, die die Achsen definieren, sind das Resultat "multivariater Statistik". In diesem Sinne bestehen multivariate Plots häufig aus der Anwendung spezieller Formen der Residuenanalyse in Standardverfahren wie z.B. Faktorenanalyse und Varianzanalyse.

11.4 Einfache und komplexe statistische Analyse[1]

"Most users of complex statistical procedures have problems which can and should be handled with simple techniques." (D.F.Andrews)

Da in der üblichen Statistikausbildung kaum Datenanalyse gelehrt wird, werden in vielen Fällen "komplexe" Datenanalyseverfahren mechanisch angewendet. Dies führt auch zur Verwendung komplexerer Techniken, als es den meisten inhaltlichen Problemen angemessen wäre. Die Kritik an dieser Praxis ist zwar schon alt, hat aber insbesondere durch die Entwicklung linearer Strukturgleichungsmodelle und der verhängnisvollen Bezeichnung "Kausalanalyse" eher an Bedeutung gewonnen.

[1] Abgesehen vom Titel hat dieser Abschnitt keinen Bezug zu GAENSSLEN/SCHUBÖs (1976) gleichnamigen Buch.

Die Kritik an der Anwendung "komplexer" Verfahren wurde in den Sozialwissenschaften vor allem durch David A. Freedman erneut belebt. In einer Reihe von Arbeiten hat Freedman in erster Linie die Anwendung multipler Regressionsmodelle in den Sozialwissenschaften kritisiert (FREEDMAN 1985, 1987, 1991). Das Standardvorgehen sei die Berechnung eines Regressionsmodells und der Test der Koeffizienten gegen Null. Der Auswahl der "rechten" Variablen für die Gleichung werde zwar einige Aufmerksamkeit geschenkt, die Wahl sei aber im allgemeinen nicht zwingend. Weder der Form des funktionalen Zusammenhangs noch den stochastischen Annahmen werde besondere Beachtung gewidmet (FREEDMAN 1991:303). Der Kernpunkt der Kritik besteht in der Feststellung, daß der derzeitige Stand der Theoriebildung in den Sozialwissenschaften nicht die notwendigen technischen Details der Spezifizierung eines Regressionsmodells herzuleiten erlaubt: "If the assumptions of a model are not derived from theory, and if predictions are not tested against reality, the deductions from the model must be quite shaky" (FREEDMAN 1991:303)[1].

Das betrifft nicht nur den stochastischen Teil eines Regressionsmodells sondern auch den strukturellen (MASON 1991:339). Weder Regressionsmodelle noch lineare Strukturgleichungsmodelle werden im allgemeinen berechnet, um einen tatsächlichen kausalen Ablauf, den "generating mechanism", zu erfassen. Die meisten Anwender solcher Modelle in den Sozialwissenschaften sind lediglich an der Frage interessiert, ob eine Variable einen Einfluß ausübt oder nicht (Test des Koeffizienten gegen null) und wenn ja, in welche Richtung. Daß die behaupteten Modelle nicht tatsächlich ablaufende Prozesse abbilden, ist in der Regel selbstverständlich. Daher ist die Instabilität der allermeisten Modelle bei Hinzufügen neuer Variablen, Beobachtungen oder dem Wechsel des Datensatzes kaum verwunderlich: "Estimating nonexistent parameters cannot be very fruitful" (FREEDMAN 1987:125).

---

[1] FREEDMAN (1985:353) drückt das noch etwas drastischer aus: "In general, social scientists who run regressions are not doing data analysis. Instead, they are mechanically applying regression models in situations where the assumptions do not hold. The computer outputs - the parameter estimates, the standard errors, the t-tests - are usually devoid of scientific meaning. Rather than facing up to this issue, however, the investigators just label the outputs as "descriptive statistics". This is a swindle. If the assumptions of the regression model do not hold, the computer outputs do not describe anything: they are mere numerical artifacts."

Die meisten Sozialwissenschaftler, die Regressionsmodelle berechnen, haben nicht den Anspruch, einen großen Teil der Varianz der abhängigen Variablen zu klären. Problemlos lassen sich in Fachzeitschriften multiple Regressionen finden, bei denen mit 25 Prädiktoren 20% der Varianz der abhängigen Variablen "erklärt" wird. Ebenso finden sich Veröffentlichungen mit 1% erklärter Varianz, die das als "Erfolg" darstellen: Einige Koeffizienten besitzen das richtige Vorzeichen. Meist geben die Autoren nicht den geringsten Hinweis auf eine Residuendiagnostik, aber dafür werden die Regressionskoeffizienten gelegentlich mit acht Nachkommastellen berichtet. Die Modelle werden für robust gehalten, insbesondere bei den üblichen großen Fallzahlen in Surveys. Die zentrale Frage ist aber, ob das behauptete Modell gilt, d.h. ob der unterstellte Mechanismus existiert oder nicht. Ob dies überhaupt mit einem Regressionsmodell mit Querschnittsdaten geprüft werden kann, ist eine eigene Frage. Aber falls man dies glaubt, sollte das Modell an mehr als einem Datensatz geprüft worden und zumindest nachweislich robust sein. Schließlich sollten die Residuen keinerlei Struktur erkennen lassen: Wie kann ein Modell "Geltung" beanspruchen, wenn die Residuen Hinweise auf systematische Mechanismen geben, die im Modell nicht spezifiziert wurden?

Bedenkt man, daß für eine publikationsfähige Anwendung linearer Strukturgleichungsmodelle lediglich ein geeignetes Programm und eine Korrelationsmatrix benötigt wird und sonst nichts[1], dann ist die Popularität dieser Modelle verständlich. Die Berechnung der Parameter eines prinzipiell a priori als korrekt betrachteten Modells ist keine "Analyse", sondern eine Übung in der Kunst der Modellanpassung: "(...) I see investigators fitting big models as a substitute for doing data analysis" (FREEDMAN 1985:388).

Dieser Punkt läßt sich durch ein weiteres Argument stützen. Die meisten heute verwendeten multivariaten Datenanalyseverfahren setzen voraus, daß für alle Objekte eines Datensatzes die gleichen Wirkungszusammenhänge zwischen den Variablen bestehen. Dies läßt sich für einige Verfahren zwar dadurch mildern, daß heterogene Subgruppen angenommen werden. Dann muß aber (mit Ausnahme sehr weniger und eher selten angewandter Techniken) vorausgesetzt werden, daß die Zugehörigkeit der Objekte zu den Subgruppen bekannt ist.

[1] Wenn Alltagshypothesen nicht reichen sollten, um ein "Kausalmodell" für die Korrelationsmatrix zu erstellen, dann hat man noch automatische Fit-Indizes zur Verfügung; im Notfall kann TETRAD (GLYMOUR u.a. 1987) einige Modelle vorschlagen.

MANDEL (1991:V-VI) glaubt daraus die allgemeine Nutzlosigkeit z.B. von Varianz- und Kovarianzanalysen für die Datenanalyse herleiten zu können. Die zwischen den Objekten bestehenden strukturellen Unterschiede würden durch diese Verfahren verdeckt und müßten durch den Datenanalytiker oft durch "trial and error" entdeckt werden. Auch wenn man die Konsequenz Mandels nicht nachvollziehen will, bleibt der Kern des Arguments: Sollten strukturell heterogene Subgruppen in den Daten existieren, sind diese durch Standard-Datenanalysetechniken nicht zu entdecken. In den Sozialwissenschaften erscheint die Möglichkeit der Existenz strukturell heterogener Subgruppen stets gegeben. In denjenigen inhaltlichen Teilgebieten, die schon theoretisch heterogene Milieus postulieren (z.B. in der Familien-, Migrations- und Kultursoziologie), ist diese "unbeobachtete Populationsheterogenität" höchst wahrscheinlich. Damit stellt sich zunächst das Problem der Identifikation solcher Subgruppen. Der Weg mit den wenigsten inhaltlichen Annahmen führt wieder über die graphisch gestützte Residuenanalyse einfacher Modelle.

MASON (1991:338) faßt einige Schlußfolgerungen aus einem Teil der Kritik Freedmans zusammen: Einfache Analysetechniken sollten extensiv verwendet werden, komplexere Analyseverfahren seltener, wenn überhaupt. Anstelle von Regressionen, Ereignisdatenanalysen und Strukturgleichungsmodellen sollten verstärkt graphische Analysen durchgeführt werden. FREEDMAN (1991:358) selbst rät in Hinsicht auf die möglichen empirischen Schlußfolgerungen aus einer Datenanalyse zu größerer Bescheidenheit und zur Anwendung einfacher Techniken: "It is not complexity that will help us, but simplicity."

11.5 Datenanalyse statt der Analyse gegebener Zahlen

Ein eindeutiges Kennzeichen der mechanischen Anwendung von Analysetechniken besteht in der Vernachlässigung der Entstehungsbedingungen der "gegebenen" Daten. Gerade die übliche Art der Problemstellung in der statistischen Lehrbuchliteratur führt zu einer Haltung, bei der die Kenntnis der Details der Datenerhebung faktisch als irrelevant angesehen wird. Wenn aber das Ziel einer Datenanalyse das Verständnis der Mechanismen sein soll, die die "Daten" hervorbrachten, dann kann Datenanalyse nicht in der Berechnung der Parameter von Analysemodellen für prinzipiell beliebige Zahlenmengen bestehen.

Ein wesentlicher Unterschied zwischen einer Datenanalyse und der Analyse einer Menge von Zahlen besteht darin, daß Daten für einen bestimmten Zweck und unter bestimmten Bedingungen erhoben wurden. Für eine erfolgreiche Datenanalyse kann die Wichtigkeit der Kenntnis der Bedingungen und Details der Datenerhebung bzw. der Messung kaum überschätzt werden. Die Daten tatsächlicher Forschung sind eben nicht "gegeben" (MALLOWS/ TUKEY 1982:117). Zunächst werden Daten immer unter bestimmten theoretischen Perspektiven erhoben und das beeinflußt die Details der Datenerhebung.

Ob die "Daten" tatsächlich "Messungen" in einem theoretischen Sinn sind, ist eine empirische Frage, deren Prüfung häufig genug unterlassen wird. Es wird meist nur **angenommen**, daß die Zahlen "Messungen" darstellen. Nicht nur in den Sozialwissenschaften wird allzu oft auf eine Validierung der "Messung" verzichtet: Es wird einfach behauptet, ein Indikator messe ein Konstrukt. Ernsthafte Validierungsversuche enden häufig mit dem Ergebnis, daß keine "Messungen", sondern nur "Zahlen" vorliegen[1]. Problematisch wird dies vor allem dann, wenn Formen der "Datenanalyse" durchgeführt werden, die empirisch kaum scheitern können. Dies gilt z.B. für Ereignisdatenanalysen oder logistische Regressionen ohne Residuenanalyse und ohne Beurteilung der tatsächlichen Erklärungskraft des Modells. Dies gilt auch für die naive Verwendung der Korrespondenzanalyse. Diese Art des Vorgehens kommt immer zu "Ergebnissen", auch wenn keine "Messungen" in einem theoretischen Sinn vorliegen.

In den Sozialwissenschaften werden die meisten Daten durch Interviews erhoben - mit allen entsprechenden Fehlerquellen[2]. In jedem Fall ist Datenerhebung (auch wenn sie, wie z.B. in der Metereologie heutzutage, weitgehend ohne den direkten Einfluß von Menschen erfolgt) immer mit Fehlermöglichkeiten behaftet, die zu systematischen Effekten führen können. Beispiele sind Rundungsfehler, Ermüdungserscheinungen von Menschen oder Maschinen durch den Meßprozeß, Ablese- und Übertragungsfehler usw.

---

[1] Dies erklärt zum Teil auch die Unpopularität formaler Modelle, die solche Überprüfung erlauben, wie z.B. des Rasch-Modells (vgl. ROST 1988:104ff, STEYER/EID 1993:215ff).

[2] Eine Übersicht bietet GROVES (1989). Das Hauptproblem scheint weniger in den inhärenten Problemen der Datenerhebung zu liegen, als in der Bereitschaft, die notwendigen Veränderungen in der Datenerhebungspraxis durchzusetzen (FOWLER/MANGIONE 1990:144).

Bei der mechanischen Anwendungen der Analyseverfahren in Unkenntnis der Details der Datenerhebung ist die Gefahr der Produktion von Artefakten daher immer gegeben; vor allem, wenn auf gründliche Analyse der Rohdaten und der Residuen vorläufiger Modelle verzichtet wird[1].

11.6 Datenanalyse statt Statistik: Zur Kritik der Signifikanztests

Auf TUKEY (1962:2) scheint die Unterscheidung zwischen "Statistik" und "Datenanalyse" zurückzugehen. Statistik befaßt sich mit der wahrscheinlichkeitstheoretischen Absicherung von Hypothesen und der Schätzung unbekannter Größen (KLEITER 1980:604). Datenanalyse hingegen befaßt sich vor allem mit Verfahren zur Analyse von Daten, Techniken zur Interpretation der Ergebnisse solcher Verfahren sowie den Details der Datenerhebung. Verfahren und Ergebnisse der mathematischen Statistik werden nur als Hilfsmittel für die Analyse tatsächlicher Daten angesehen. Der Unterschied zwischen "Statistik" als Anwendung stochastischer Modelle und "Datenanalyse" wird häufig nicht gesehen. Dies zeigt sich am deutlichsten in der Verwechslung mechanischer Anwendungen statistischer Testverfahren mit der Analyse eines Datensatzes: in der Ubiquität der Signifikanztests. In den Sozialwissenschaften im weitesten Sinne (und das schließt z.B. große Bereiche der Medizin mit ein) wird die Praxis der Datenanalyse durch die mechanische Anwendung von Signifikanztests dominiert. Kaum eine empirische Publikation in den Sozialwissenschaften verzichtet auf einen Signifikanztest um die Ergebnisse "inferenzstatistisch abzusichern".

Die Häufigkeit von Signifikanztests in Publikationen zeigt deutlich, daß die Debatte um die weitgehende Nutzlosigkeit der Signifikanztests im Rahmen der tatsächlichen Forschung nahezu vollständig vergessen bzw. erst gar nicht rezipiert worden ist[2]. Die aus der routini-

---

[1] Empirische Beispiele finden sich bei JOINER (1981) und DENBY/PREGIBON (1987). CLEVELAND (1993) enthält mehrere Fallstudien, die dies deutlich demonstrieren. Auch die im Kapitel 3.2.2 dargestellte Entdeckung der vermutlich gefälschten Interviews im ALLBUS 1980 ist eine Demonstration der Wichtigkeit der Kenntnis der Erhebungsbedingungen.

[2] Die älteren Arbeiten finden sich in dem Sammelband von MORRISON/HENKEL (1970). Neuere (wenn auch unvollständige) zusammenfassende Kritiken stellen die Arbeiten von WITTE (1980) und OAKES (1986) dar. Recht verständliche und knappe Zusammenfassungen geben MEEHL (1978) und vor allem CARVER (1978). Die "neueren" Arbeiten (nach 1970) werden kaum zitiert.

sierten Anwendung von Signifikanztests resultierenden Absurditäten finden sich in unverändertem Ausmaß in den Fachzeitschriften[1].

Signifikanztests beantworten nur die Frage, wie häufig der beobachtete Effekt aufträte, wenn die Nullhypothese korrekt wäre. Allerdings glaubt kaum jemand tatsächlich daran, daß seine übliche Nullhypothese ("der Unterschied ist exakt Null", bzw. "der Koeffizient ist exakt null") tatsächlich wahr ist. Die Verwerfung der Nullhypothese "gelingt" daher bei ausreichender Stichprobengröße fast immer und ist daher ohnehin kein informationsreiches Datum[2]. Signifikanztests beantworten daher eine Frage, die kaum interessiert.

Viel interessanter ist die Frage nach der Effektstärke (und selbstverständlich: nach der tatsächlichen Replizierbarkeit des Effekts). Die Effektstärke läßt sich zwar fast immer problemlos berechnen, doch Effektstärken werden weitaus seltener als Signifikanzniveaus berichtet[3]. Sowohl Signifikanztests als auch Beurteilungen von Effektstärkemaßen sind in der Regel von Verteilungsannahmen abhängig. Will man die tatsächliche Stärke eines Effekts beurteilen, sind zumindest zusätzliche Plots fast immer erforderlich. Plots der Rohdaten, getrennt nach experimentellen Bedingungen bzw. Residuen- und Fitplots, geben meist weit interessantere Aufschlüsse, als dies die Ja-Nein-Antworten der Signifikanztests erlauben[4].

---

[1] Zum Beispiel werden Signifikanztests bei dem Vergleich von Grundgesamtheiten publiziert. Alltäglich sind Veröffentlichungen der Ergebnisse von Experimenten, die lediglich eine Reihe von F-Werten oder gar nur die "Signifikanzniveaus" berichten; in krassen Fällen werden nur die Signikanzniveaus auch noch graphisch dargestellt.

[2] SAVAGE (1957): "Null hypotheses of no difference are usually known to be false before the data are collected; when they are, their rejection or acceptance simply reflects the size of the sample and the power of the test, and is not a contribution to science."

[3] Kaum ein Fehler ist häufiger als die Verwechslung eines "hochsignifikanten" Effekts mit einem starken Effekt. Ein extrem schwacher Effekt kann bei ausreichender Stichprobengröße "hochsignikant" sein. Dagegen ist selbst ein "hochsignifikanter" Effekt in einer kleinen Stichprobe kein Beweis für einen starken Effekt.

[4] Völlig unsinnig hingegen ist (als Datenpräsentation) ein Plot der zentralen Tendenz (z.B. des Mittelwerts) unter den experimentellen Bedingungen ohne Angabe der Streuungen oder der Rohdaten. Genau diese Art des Plots verbreitet sich infolge der "Präsentationsgraphik-Programme" zunehmend auch in der akademischen Literatur.

Viele lange Debatten (z.B. in der experimentellen Sozialpsychologie) um die "Existenz" experimenteller Effekte hätten sich vermeiden lassen, hätte man zusätzlich zu den Varianzanalysetabellen einige Plots der Daten, getrennt nach experimentellen Bedingungen, veröffentlicht, denen die Effektstärke, die mögliche Existenz von Ausreißern und "ungewöhnlichen" Verteilungen (extreme Schiefe, Multimodalität) zu entnehmen gewesen wäre.

Eine inbesondere in Lehrbüchern zu findende Variante von Signifikanztests bezieht sich auf Signifikanztests, die durchgeführt werden, um zu prüfen, ob die Voraussetzungen eines anderen Signifikanztests gegeben sind. Beispiele sind Tests auf Normalverteilung oder Varianzhomogenität. Abgesehen von technischen Argumenten[1] spricht vor allem eines gegen dieses Vorgehen: In der Regel interessiert das Ausmaß und die Art der Verletzung der Annahmen weit mehr als die bloße Feststellung der Verletzung einer Annahme. Graphische Techniken eignen sich in solchen Fällen häufig weit besser als einfache Signifikanztests zur Beurteilung der Abweichung. Weiterhin können graphische Techniken im Gegensatz zu Signifikanztests bei dieser Fragestellung mögliche Handlungsstrategien nahelegen, z.B. Datentransformationen oder die Identifikation einzelner Ausreißer.

Die allgemeine Verbreitung von Signifikanztests in der Forschungspraxis läßt sich vermutlich einfach erklären: Die Leistungsfähigkeit und die Aussagekraft von Signifikanztests werden von den meisten Anwendern falsch interpretiert[2]. Die falsche Interpretation gibt den Anwendern **scheinbar** eine Methode an die Hand, mit der sie ihre Ergebnisse automatisch und objektiv absichern können. Dies ist für viele Anwender stark entlastend. Die Beurteilung eines Experiments kann dadurch scheinbar auf eine einzige, objektiv zu berechnende Größe reduziert werden. Für die Beurteilung eines Forschungsdesigns oder für eine sinnvolle Residuendiagnose benötigt man die Erfahrung einer langen Praxis <u>und</u> inhaltliches Hintergrundwissen. "100 Significance Tests" lassen sich hingegen mit einem Entscheidungsbaum innerhalb von Sekunden anwenden. Anfänger in jedem Gebiet benötigen einfache Regeln, und diese werden auch vehement gefordert[3]. Der Verweis auf Situationsspezifika oder

---

[1] Das sind vor allem die Vermischung der Irrtumswahrscheinlichkeiten sowie die Abhängigkeit vom Stichprobenumfang, vgl. HORNUNG (1977:340).

[2] Zumindest für akademische Psychologen wurde dies mehrfach belegt, vgl. OAKES (1986:79-82).

[3] Zu den unterschiedlichen Formen der Anwendung erworbenen Wissens zwischen Anfängern und Experten vgl. DREYFUS/DREYFUS (1986, Kapitel 1) und COHEN (1989, Kapitel 6).

Abwägungen verschiedener Aspekte je nach inhaltlicher Fragestellung erwecken dagegen nicht den gewünschten Eindruck "wissenschaftlichen" Vorgehens.

Das macht Signifikanztests auch für die Autoren von Lehrbüchern und für Lehrende überaus attraktiv. Die ritualisierte Anwendung eines Signifikanztests kann unabhängig von den "Daten" erfolgen: Eine Problemstellung und einige Statistiken sind "gegeben", und man braucht auf die Details, wie die "Daten" entstanden oder warum die Fragestellung überhaupt von Interesse ist, nicht einzugehen. Stattdessen kann man sich mit Testprinzipien und Optimalitätskriterien beschäftigen. Daher erwecken viele Statistiklehrbücher den Eindruck, daß das Ziel einer Datenanalyse fast immer eine Parameterschätzung und/oder ein Signifikanztest ist[1]. Dies stimmt in der Forschungspraxis eher selten - und nicht nur in der Forschungspraxis der Sozialwissenschaften. Für die praktische Datenanalyse sind Datenanalyseplots in den meisten Fällen nützlicher als die in vielen Statistiklehrbüchern ausschließlich behandelten Signifikanztests.

[1] Ein schönes Beispiel für die Fixierung auf Tests geben HEILER/MICHELS (1994:VII): "Explorative Verfahren (...) helfen bei der Präzisierung der Fragestellung im Sinne eines statistischen Tests."

11.7 Schlußbemerkung

"Reality tests instead of t tests" (D.A.Freedman)

Datenanalyseplots sind als Hilfsmittel für den Umgang mit Daten unersetzlich. Man kann mit ihrer Hilfe aus Daten fast immer mehr lernen als allein durch das Ergebnis eines Signifikanztests. Das setzt natürlich voraus, daß eine Datenanalyse überhaupt unternommen wird, um etwas zu lernen - dies ist keineswegs selbstverständlich[1].

Auch graphische Verfahren ermöglichen keine "automatischen" Datenanalysen. Alle Datenanalyseverfahren setzen theoretische Annahmen voraus. Das gilt selbstverständlich auch für alle Arten von Datenanalyseplots. Die Interpretation von Plots ist ebenfalls abhängig von methodischem, statistischem und inhaltlichem Vorwissen. Schon allein die statistisch korrekte Interpretation von Plots muß gelernt werden. Erst recht gilt dies für methodisches und inhaltliches Vorwissen. Ohne theoretisches Modell sind aus Daten keine "neuen" Antworten zu bekommen. Die Daten erzählen keine Geschichten, und ein leerer Kopf sieht auch in Datenanalyseplots nichts.

"Graphisch gestützte Datenanalyse" ist daher in vielen Fällen Residuenanalyse. Residuen setzen ein sinnvolles Basismodell mit einem Erklärungsanspruch voraus. Dieser Erklärungsanspruch kann empirisch scheitern. Nach langer Zeit und viel Mühe kann das Ergebnis einer korrekten Datenanalyse lauten: "The data may not contain the answer" (TUKEY 1986:74).

---

[1] Die sozialen und institutionellen Bedingungen vieler Datenanalysen in der Praxis (in der Medizin, Soziologie, Psychologie, Marktforschung, historischer Sozialforschung etc.) zwingen viele Datenanalytiker dazu, "erwartete" Ergebnisse zu produzieren. Die Betreiber von "Normalwissenschaft" in diesem Sinne, wie sie sich z.B. in Diplomarbeiten, Dissertationen, und Forschungsberichten findet, sind nicht an der Gewinnung neuer Einsichten interessiert, sondern an der Demonstration ihrer persönlichen Fähigkeit zur Produktion "signifikanter" Parameterschätzungen oder "interpretierbarer Ergebnisse". Die völlige Vernachlässigung der Residuenanalyse oder gar der Datenbereinigung ist die einzige rationale Wahl von Akteuren unter solchen Produktionsbedingungen.

Anhang: Existierende Software und Hilfsmittel für eigene Programme

Standardsoftware enthält zwar häufig exzessive Präsentationsgraphikoptionen, dafür sind aber die meisten in der Literatur beschriebenen graphischen Datenanalyseverfahren in Standardprogrammpaketen wie SPSS, SAS, BMDP, SYSTAT, STATGRAPHICS, STATA und CSS nicht vorhanden. Ein schöner Beleg für diese Tatsache besteht darin, daß Abbildungen in vielen Übersichtsarbeiten zu statistischer Graphik Reproduktionen der Erstveröffentlichungen, Outputs von Spezialprogrammen oder gar das Ergebnis manueller Arbeit sind[1].

Das heißt nicht unbedingt, daß es für die jeweilige Technik keine Software gibt. Man kann aber nicht erwarten, daß ein Datenanalytiker, der ein inhaltliches Problem lösen will, Wochen damit verbringt, eine Programmiersprache wie XLISP oder S zu erlernen, um eine graphische Darstellung der Residuen seines Modells (z.B. einer Ereignisdatenanalyse) zu erhalten. Das heißt, Techniken, die nicht in den Standardprogrammen vorhanden sind, werden auch kaum angewandt. Viele Mathematiker und Statistiker übersehen, daß die von ihnen verwendeten Programme für Datenanalytiker kaum zur tatsächlich verfügbaren Software gehören können[2]. Dies als Vorwurf gegen Fachwissenschaftler zu verwenden, ist eine Verkennung der Vorteile der Arbeitsteilung. Daß die wichtigsten Softwarewerkzeuge inhaltlich arbeitender Wissenschaftler so unvollkommen sind, liegt nicht zuletzt daran, daß Statistiker, Mathematiker und Informatiker kaum auf die Hersteller der Statistikprogrammpakete Einfluß genommen haben (MASON 1991:348). Es ist kein Zufall, daß viele Prozeduren in Standardpaketen von Psychologen geschrieben wurden.

Die meisten Datenanalytiker in den Sozialwissenschaften verwenden derzeit fast ausschließlich PCs unter DOS. Daher können die wenigen Graphikprogramme, die es lediglich als Mac- oder Workstationprogramm gibt, nicht eingesetzt werden[3]. Von den Standardpaketen für DOS bzw. Windows (SPSS, SAS, BMDP, CSS, SYSTAT) ist SYSTAT mit SYGRAPH derzeit das flexibelste Graphiksystem; die meisten Abbildungen in diesem Buch wurden mit SYGRAPH 5.02 erstellt. Nur etwas weniger Möglichkeiten als SYGRAPH bietet STATA 3.1.

---

[1] Jüngste Beispiele finden sich bei WAINER/THISSEN (1993) und GESSLER (1993).

[2] Nur so sind eklatante Widersprüche über die Verfügbarkeit von Software in der Literatur (z.B. HADI 1993:785 und NEWTON 1993:803 im gleichen Band) erklärbar.

[3] Hierzu gehören vor allem DATA DESK (VELLEMAN 1989) und JMP von SAS.

Trotzdem fehlen in beiden Programmen viele Techniken, die in der Literatur der letzten Jahre diskutiert wurden. Die meisten Standardprogrammpakete liegen gegenüber der Literatur der statistischen Graphik 10-15 Jahre zurück[1]. Viele neuere Entwicklungen liegen nur als schwer oder gar nicht zugängliche Einzelprogramme vor[2]. Damit verbleiben nur zwei Möglichkeiten. Entweder man greift auf statistische Programmiersysteme oder auf eine universelle Programmiersprache zurück und schreibt sich die entsprechenden Programme selbst.

Die bekannteste und umfangreichste statistische Programmiersprache mit einer starken Betonung graphischer Darstellungen ist "S"[3]. S als Programmiersprache wird von BECKER u.a. (1988) behandelt; eine Einführung gibt SPECTOR (1994). Eine stark erweiterte kommerzielle Version von S wird als "S-Plus" vertrieben[4]. Da für graphische Darstellungen als Hilfsmittel bei der Datenanalyse meistens umfangreiche Berechnungen mit einer großen Zahl nichtelementarer Matrixoperationen erforderlich sind, ist eine leistungsfähige Matrix-Sprache wie z.B. GAUSS für die Programmierung graphischer Probleme weitaus nützlicher als es oberflächlich erscheinen mag (mit GAUSS wurden viele Abbildungen in diesem Buch erstellt). Einige Datenanalysesysteme enthalten nunmehr Matrix-Sprachen (manchmal als Zusatzprodukt) wie z.B. SPSS, SAS und STATA. Die unterschiedlichen Notationen und die Probleme der Einbindung der Graphik machen die Programmierung in diesen Systemen etwas umständlich. TIERNEY (1990) beschreibt eine interaktive graphisch orientierte Programmierumgebung im LISP-Dialekt XLISP. Die Einarbeitung in alle diese Programmierumgebungen ist allerdings mühselig[5].

---

[1] Eine detaillierte Kritik der Programmpakete findet sich bei SCHNELL (1994).

[2] Dies wird noch dadurch erschwert, daß einige akademische Autoren in diesem Bereich dazu übergegangen sind, ihre Programme kommerziell zu vermarkten. Höchst bedenklich wird diese Entwicklung vor allem dann, wenn die zugrunde liegenden Algorithmen nicht mehr detailliert berichtet werden.

[3] Im Bereich statistischer Graphik wird gelegentlich außerdem ISP verwendet; die Nutzung dieses Programms scheint gegenüber S zurückzugehen. Sowohl S als auch ISP werden von inhaltlichen Anwendern in der Praxis bisher kaum eingesetzt.

[4] Die WINDOWS-Version von S-Plus erlaubt mit zusätzlichen (WATCOM C- und Fortran-) Compilern die Einbindung von FORTRAN- und C-Routinen. Gerade dies ist bei vielen fälschlich als "S-Implementierungen" bezeichneten Programmen notwendig (als Beispiel: HÄRDLE 1991).

[5] Anschriften der Hersteller: SYSTAT: SYSTAT Inc., 1800 Sherman Avenue, Evanston, IL; STATA: Stata Corporation, 702 University Drive East, College Station, TX 77840; S-Plus: Statistical Science UK, 52 Sandfield Road, Headington, Oxford OX3 7RJ; GAUSS: Aptech Systems Inc., 26250 196th Place S.E., Kent, Washington 98042. TIERNEY stellt das entsprechende Programm XLISPSTAT kostenlos über Statlib zur Verfügung. Alle hier genannten Programme sind für Workstations (SUN,

Die relative Langsamkeit der Programmierumgebungen bei den häufig ungewöhnlich rechenintensiven graphischen Darstellungen führt dazu, daß es trotz der prinzipiellen Verfügbarkeit solcher statistischer Programmierumgebungen häufig keine andere Wahl gibt, als selbst Programme in einer universellen Programmiersprache zu schreiben. Will man tatsächlich in jedem Detail verstehen, wie eine statistische Prozedur durchgeführt wird, dann muß man ohnehin die Prozedur selbst programmieren.

Dafür ist neben der Beherrschung einer Programmiersprache wie C oder PASCAL auch heute noch die Beherrschung von FORTRAN unverzichtbar: Die meisten Algorithmen und Subroutinen in der Statistik werden immer noch als FORTRAN-Programme veröffentlicht. Wenn die notwendigen FORTRAN-Kenntnisse vorhanden sind, dann ist die Erstellung spezieller Programme relativ unproblematisch, da für fast alle Standardprobleme fertige Subroutinen existieren[1]. Solche Subroutinen (meist in Form von FORTRAN-Programmen) findet man u.a. in der Algorithmen-Sektion von "Applied Statistics", in der bis jetzt mehr als 200 Algorithmen veröffentlicht wurden. Eine Auswahl der am häufigsten genutzten ist bei GRIFFITHS/ HILL (1985) enthalten. Eine elementare, praktisch ausgerichtete Sammlung von Computerprogrammen für numerische Probleme in C, PASCAL und FORTRAN finden sich bei PRESS/FLANNERY/TEUKOLSKY/VETTERLING (1989). Weitere statistische Algorithmen finden sich in den "Communications of the American Computing Machinery" (CACM). Zusätzliche Hinweise finden sich in den Lehrbüchern für "Statistical Computing". Standardreferenzen mit höchst unterschiedlichem Schwierigkeitsgrad (und stark variierender praktischer Anwendbarkeit) für dieses Gebiet sind CHAMBERS (1977), KENNEDY/GENTLE (1980), MAINDONALD (1984) sowie THISTED (1988). Das Buch von THISTED enthält vor allem eine Reihe nützlicher Literaturhinweise zu neueren Techniken. Eine große Zahl statistischer Subroutinen ist über das weltweite Computernetz Internet erhältlich[2]. Vor allem zwei Rechner des Netzes enthalten umfangreiche statistische Softwaresammlungen:

HP) und PCs (DOS, bzw. Windows) erhältlich.

[1] Dies gilt auch für Standard-Analyseprozeduren wie multiple Regression, Faktorenanalysen, MDS usw. Entsprechende vollständige FORTRAN-Programme finden sich in einigen älteren Lehrbüchern multivariater Statistik, wie z.B. bei COOLEY/LOHNES (1971), OVERALL/KLETT (1972) und MATHER (1976). Weitere umfangreiche FORTRAN-Programmsammlungen bieten z.B. HARTIGAN (1975a) zur Clusteranalyse sowie LEE (1980) zur Ereignisdatenanalyse.

[2] Internet kann von den meisten Universitäten problemlos erreicht werden. Einen Überblick über Internet gibt KROL (1992).

statlib@lib.stat.cmu.edu und netlib@research.att.com. Beide Sammlungen sind in der BRD am besten über "anonymous ftp" am Server ftp.uni-bayreuth.de (Verzeichnis /pub/math) erreichbar. Auf diesen Maschinen findet man u.a. FORTRAN-Source-Code für die Algorithmen aus "Applied Statistics", LOWESS, Super-Smoother usw. Weiterhin werden dort S-Macros gesammelt, z.B. finden sich dort alle Smoother, die GOODALL (1990) beschreibt. Die wichtigsten Algorithmen zur Computergraphik sind in dem fast 1200 Seiten starken Standardwerk von FOLEY u.a. (1990) enthalten.

Trotz all dieser Hilfsmittel sollte der hohe Zeitaufwand für eine eigene Programmierung nicht vergessen werden; nur in sehr seltenen Fällen dürfte der Aufwand durch ein inhaltliches Problem gerechtfertigt sein. Vielleicht deshalb macht die Programmierung solcher Programme mehr Spaß als es angemessen wäre.

Literatur

AGRESTI,A.(1990): Categorical Data Analysis, New York (Wiley).

AITCHISON,J.(1986a): The Statistical Analysis of Compositional Data, London (Chapman & Hall).

AITCHISON,J.(1986b): CODA. A Microcomputer Package for the Statistical Analysis of Compositional Data, London/New York (Chapman&Hall).

AITCHISON,J.(1990): Relative Variation Diagrams for Describing Patterns of Compositional Variability; in: Mathematical Geology, 22, S.487-512.

AITCHISON,J.(1991): Compositional Data Analysis; in: LOVIE,A.D./LOVIE,P. (eds.): New Developments in Statistics for Psychology and the Social Sciences, Vol. 2, London (Routledge), S.214-233.

AKIMA,H.(1978a): A Method of Bivariate Interpolation and Smooth Surface Fitting for Irregularly Distributed Data Points; in: ACM Transactions on Mathematical Software, 4, S.148-159.

AKIMA,H.(1978b): Algorithm 526: Bivariate interpolation and smooth fitting for irregularly distributed data points; in: ACM Transactions on Mathematical Software, 4, S.160-164.

ALDENDERFER,M.S./BLASHFIELD,R.K.(1984): Cluster Analysis, Beverly Hills (Sage).

ALTMAN,N.S.(1992): An Introduction to Kernel and Nearest-Neigbor Nonparametric Regression; in: The American Statistician, 46, 3, S.175-185.

ANDERBERG,M.R.(1973): Cluster Analysis for Applications, New York (Academic Press).

ANDREWS,D.F.(1972): Plots of High-Dimensional Data; in: Biometrics, 28. S.125-136.

ANDREWS,H.P./SNEE,R.S./SARNER,M.H.(1980): Graphical Displays of Means; in: The American Statistician, 24, 4, S.195-199.

ANSCOMBE,F.J.(1973): Graphs in Statistical Analysis; in: American Statistician, 27, 1, S.17-21.

ARABIE,P./HUBERT,L.J.(1992): Combinatorial Data Analysis; in: Annual Review of Psychology, 43, S.169-203.

ARABIE,P./HUBERT,L.J./SCHLEUTERMANN,S.(1990): Blockmodels from the Bond Energy Approach; in: Social Networks, 12, S.99-126.

ASIMOV,D.(1985): The Grand Tour: A Tool for Viewing Multivariate Data; in: SIAM Journal on Scientific and Statistical Computing, 6, 1, S.128-143.

ATKINSON,A.C.(1985): Plots, Transformations and Regression, Oxford.

BACHI,R.(1968): Graphical Rational Patterns. A new approach to graphical presentation of statistics, Jerusalem (Israel University Press).

BANKS,W.P./KRAJICEK,D.(1991): Perception; in: Annual Review of Psychology, 42, S.305-331.

BATES,D./EAMES,F./WAHBA,G.(1993): Getting better Contour Plots with S and GCVPACK; in: Computational Statistics and Data Analysis, 15, S.329-342.

BEASLEY,J.D./SPRINGER,S.G.(1977): AS 111: The Percentage Points of the Normal Distribution; in: Applied Statistics, 26, 118-121.

BECKER,R.A./CLEVELAND,W.S./WILKS,A.R.(1987): Dynamic Graphics for Data Analysis; in: Statistical Science, 2, 4, S.355-395 (mit Diskussion).

BECKER,R.A./CLEVELAND,W.S.(1987): Brushing Scatterplots; in: Technometrics, 29, 2, S.127-142.

BECKER,R.A./CHAMBERS,J./WILKS,A.R.(1988): The New S Language. A Programming Environment for Data Analysis and Graphics, Pacific Groves (Wadsworth).

BECKETTI,S./GOULD,W.W.(1987): Rangefinder Box Plots; in: The American Statistician, 41, S.149

BELSLEY,D.A./KUH,E./WELSCH,R.E.(1980): Regression Diagnostics: Identifying Influential Data and Sources of Collinearity, New York (Wiley).

BENJAMINI,Y.(1988): Opening the Box of a Boxplot; in: The American Statistician, 42, 4, S.257-262.

BERRY,W.D.(1993): Understanding Regression Assumptions, Newbury Park (Sage).

BERTIN,J.(1981): Graphics and Graphic Information Processing, Berlin/New York (Original 1977, deutsche Übersetzung als "Graphische Darstellungen. Graphische Verarbeitung von Informationen" 1982).

BEST,D.J/ROBERTS,D.E.(1975): AS 91: The Percentage Points of the χ^2 Distribution; in: Applied Statistics, 24, S.385-388.

BIEHLER,R.(1982): Explorative Datenanalyse - Eine Untersuchung aus der Perspektive einer deskriptiv-empirischen Wissenschaftstheorie, Bielefeld.

BLASHFIELD,R.K./ALDENDERFER,M.S./MOREY,L.C.(1982): Validating a Cluster Analytic Solution; in: HUDSON,H.C. u.a. (eds.): New Applications of Analytic Methods for Social Science Research, San Francisco (Jossey Bass), S.167-176.

BOLLEN,K.A./ARMINGER,G.(1991): Observational Residuals in Factor Analysis and Structural Equation Models; in: Sociological Methodology, 21, S.235-262.

BOLORFOROUSH,M./WEGMAN,E.J.(1988): On Some Graphical Representations of Multivariate Data; in: WEGMAN,E.J./GANTZ,D.T./MILLER,J.J. (eds.): Computing Science and Statistics: Proceedings of the 20th Symposium on the Interface, Alexandria, VA (American Statistical Association), S.121-126.

BORTZ,J.(1977): Lehrbuch der Statistik, Berlin.

BOX,G.E.P./COX,D.R.(1964): An Analysis of Transformations; in: Journal of the Royal Statistical Society, Series B, 26, S.211-246.

BOX,G.E.P.(1976): Science and Statistics; in: Journal of the American Statistical Association, 71, 356, S.791-799.

BRADU,D./GABRIEL,K.R.(1978): The Biplots as a Diagnostic Tool for Models of Two-Way Tables; in: Technometrics, 20,1, S.47-68.

BREEN,T.J./SCHVANEFELDT,R.W.(1986): Classification of Empirically Derived Prototypes as a Function of Category Experience; in: Memory and Cognition, 14, 4, S.313-320.

BROICH,T./HÄRDLE,W./KRAUSE,A.(1990): XploRe. A Computing Environment for Exploratory Regression and Data Analysis, Institut für Gesellschafts- und Wirtschaftswissenschaften, Abteilung Wirtschaftstheorie II, Universität Bonn (neuere Versionen werden von "XploRe Systems" an der Humboldt-Universität Berlin vertrieben).

BROOK,R.J./ARNOLD,G.C.(1985): Applied Regression Analysis and Experimental Design, New York (Marcel Dekker).

BROWN,R.L./DURBIN,J./EVANS,J.M.(1975): Techniques for Testing the Constancy of Regression Relationships over Time; in: Journal of the Royal Statistical Society, B, 2, S.149-163.

BUJA,A./McDONALD,J.A.(1985): Grand Tour Methods: an Outline; in: ALLEN,D.(ed.): Computer Science and Statistics: Proceedings of the Seventeenth Symposium on the Interface, Amsterdam (North Holland), S.63-67.

BUJA,A./ASIMOV,D./HURLEY,C./McDONALD,J.A.(1988): Elements of a Viewing Pipeline for Data Analysis; in: CLEVELAND,W.S./McGILL, M.E. (eds.): Dynamic Graphics for Statistics, S.277-308.

BURN,D.A.(1993): Designing Effective Statistical Graphs; in: RAO,C.R. (ed.): Handbook of Statistics, Vol. 9, New York, S.745-773.

CAMERON,M.A.(1984): Choosing a Symmetrizing Power Transformation; in: Journal of the American Statistical Association, 79, 385, S.107-108.

CARR,D.B/LITTLEFIELD,R.J./NICHOLSON,W.L./LITTLEFIELD,J.S.(1987): Scatterplot Matrix Techniques for Large N; in: Journal of the American Statistical Association, 82, 398, S.424-436.

CARROLL,J.D./GREEN,P.E./SCHAFFER,C.M.(1986): Interpoint Distance Comparisons in Correspondence Analysis; in: Journal of Marketing Research, 23, S.271-280.

CARVER,R.P.(1978): The Case against Statistical Significance Testing; in: Harvard Educational Review, 48, 3, S.378-399.

CATTEL,R.(1966): The Scree Test for the Number of Factors; in: Multivariate Behavioral Research, 1, 2, S.245-276.

CHAMBERS,J.M.(1977): Computational Methods for Data Analysis, New York (Wiley).

CHAMBERS,J.M./CLEVELAND,W.S./KLEINER,B./TUKEY,P.A.(1983): Graphical Methods for Data Analysis, Belmont (Wadsworth).

CHAMBERS,J.M./FREENY,A.E./HEIBERGER,R.M. (1993): Analysis of Variance; Designed Experiments; in: CHAMBERS,J.M./HASTIE,T.J.(eds.): Statistical Models in S, London (Chapman & Hall), S.145-193.

CHAMBERS,J.M./KLEINER,B.(1982): Graphical Techniques for Multivariate Data and for Clustering; in: KRISHNAIAH,P.R./KANAL,L.N. (eds.): Handbook of Statistics, Amsterdam, New York, Oxford, Bd. 2, S.209-244.

CHATFIELD,C.(1985): The Initial Examination of data; in: Journal of the Royal Statistical Society, Series A, S.214-253.

CHATTERJEE,S./HADI,A.S.(1986): Influential Observations, High Leverage Points, and Outliers in Linear Regression; in: Statistical Science, 1, 3, S.379-416.

CHATTERJEE,S./HADI,A.S.(1988): Sensitivity Analysis in Linear Regression, New York (Wiley).

CHATTERJEE,S./PRICE,B.(1991): Regression Analysis by Example, 2nd.ed, New York (Wiley).

CHERNOFF,H.(1973): The Use of Faces to Represent Points in k-dimensional Space Graphically; in: Journal of the American Statistical Association, 68, S.361-368.

CHU,C.K./MARRON,J.S.(1991): Choosing a Kernel Regression Estimator (mit Diskussion); in: Statistical Science, 6, 4, S.404-436.

CLEVELAND,W.S.(1979): Robust Locally Weighted Regression and Smoothing Scatterplots; in: Journal of the American Statistical Association, 74, S.829-836.

CLEVELAND,W.S.(1984a): Graphical Methods for Data Presentation: Full Scale Breaks, Dot-Charts, and Multibased Logging; in: The American Statistician, 38, 4, S.270-280.

CLEVELAND,W.S.(1984b): Graphs in Scientific Publications; in: The American Statistician, 38, 4, S.261-269.

CLEVELAND,W.S.(1985): The Elements of Graphing Data, Pacific Grove (Wadsworth).

CLEVELAND,W.S.(1990): A Model for Graphical Perception; in: ASA Proceedings of the Section on Statistical Graphics, S.1-25.

CLEVELAND,W.S.(1993): Visualizing Data, Summit, New Jersey (Hobart Press).

CLEVELAND,W.S./DEVLIN,S.J./GROSSE,E.(1988): Regression by Local Fitting; in: Journal of Econometrics, 37, S.87-114.

CLEVELAND,W.S./DIACONIS,P./McGILL,R.(1982): Variables on Scatterplots Look More Highly Correlated when the Scales are Increased; in: Science, 216, 1550, S.1138-1141.

CLEVELAND,W.S./GROSSE,E.(1991): Computational Methods for Local Regression; in: Statistics and Computing, 1, S.47-62.

CLEVELAND,W.S./GROSSE,E./SHYU,W.M.(1993): Local Regression Models; in: CHAMBERS,J.M./HASTIE,T.J.(eds.): Statistical Models in S, New York (Chapman&Hall), S.309-376.

CLEVELAND,W.S./MALLOWS,C.L./McRAE,J.E.(1993): ATS Methods: Nonparametric Regression for Non-Gaussian Data; in: Journal of the American Statistical Association, 88, 423, S.821-835.

CLEVELAND,W.S./McGILL,R.(1984a): Graphical perception: theory, experimentation, and application to the development of graphical methods; in: Journal of the American Statistical Association, 79, S.531-554.

CLEVELAND,W.S./McGILL,R.(1984b): The Many Faces of a Scatterplot; in: Journal of the American Statistical Association, 79, 388, S.807-822.

CLEVELAND,W.S./McGILL,R.(1987): Graphical Perception: The Visual Decoding of Quantitative Information on Graphical Displays of Data; in: Journal of the Royal Statistical Society, Series A, 150, S.192-229.

CLEVELAND,W.S./McGILL,M.E./McGILL,R.(1988): The Shape Parameter of a Two Variable Graph; in: Journal of the American Statistical Association, 83, 402, S.289-300.

COHEN,A./GNADADESIKAN,R./KETTENRING,J.R./LANDWEHR,J.M.(1977): Methodological Developments in Some Applications of Clustering; in: KRISHNAIAH,R.P. (ed): Applications of Statistics, Amsterdam, S.141-162.

COHEN,G.(1989): Memory in the Real World, Hillsdale (Lawrence Erlbaum).

COHEN,J./COHEN,P.(1975): Applied Multiple Regression/Correlation Analysis for the Behavioral Sciences, Hillsdale.

CONSTANTINE,A.G./GOWER,J.C.(1978): Graphical Representation of Asymmetric Matrices, in: Applied Statistics, 27, 3, S.297-304.

COOK,D./BUJA,A./CABRERA,J.(1993): Projection Pursuit Indexes Based on Orthonormal Function Expansions; in: Journal of Computational and Graphical Statistics, 2, 3, S.225-250.

COOK,R.D./WEISBERG,S.(1989): Regression Diagnostics With Dynamic Graphics; in: Technometrics, 31, 3, S.277-311 (mit Diskussion).

COOK,R.D./WEISBERG,S.(1992): Residuals und Influence in Regression, London (Chapman & Hall).

COOKE,D./CRAVEN,A.H./CLARKE,G.M.(1985): Statistical Computing in PASCAL, London.

COOLEY,W.W./LOHNES,P.R.(1971): Multivariate Data Analysis, New York (Wiley).

COPAS,J.B.(1983): Plotting p against x; in: Applied Statistics, 32, 1, S.25-31.

CORMEN,T.H./LEISERSON,C.E./RIVEST,R.L.(1990): Introduction to Algorithms, Cambridge, Mass. (MIT-Press).

COX,C./GABRIEL,K.R.(1982): Some Comparisons of Biplot Display and Pencil and Paper E.D.A. Methods; in: LAUNER,R.L./SIEGEL,A.F. (eds.): Modern Data Analysis, New York, S.45-82.

COX,D.R./SNELL,E.J.(1968): A General Definition of Residuals; in: Journal of the Royal Statistical Society, Series B, 30, 2, S.248-265.

CUTTING,J.E.(1991): Why our Stimuli Look as They do; in: LOCKHEAD,G.R./POMERANTZ,J.R. (eds.): The perception of structure, Washington (American Psychological Association), S.41-52.

DANIEL,C.(1959): Use of Half-Normal Plots in Interpreting Factorial Two-Level-Experiments; in: Technometrics, 1, 4, S.311-341.

DAVIS,W.R.(1992): The FACRES Macro, Dept. of Sociology, Institute for Research in Social Science, University of North Carolina, verfügbar über LISTSERV@UICVM.BITNET.

DAVISON, M.L.(1983): Multidimensional Scaling, New York (Wiley).

DE LEEUW,J.(1993): Series Editor's Introduction; in: VAN DE GEER,J.P.(1993): Multivariate Analysis of Categorical Data, Newbury Park (Sage), S.IX-XI.

DENBY,L./PREGIBON,D.(1987): An Example of the Use of Graphics in Regression; in: American Statistician, 41, 1, S.33-38.

DEWEY,M.E.(1992): Algorithm AS272: Box Plots; in: Applied Statistics, 41, 1, S.274-284.

DIACONIS,P./FRIEDMAN,J.H.(1983): M and N Plots; in: RIZVI,M./RUSTAGI,J./SIEGMUND,D. (eds.): Recent Advances in Statistics; New York (Academic Press), S.425-445.

DIACONIS,P./FREEDMAN,D.(1984): Asymptotics of Graphical Projection Pursuit; in: The Annals of Statistics, 12, 3, S.793-815.

DIEKMANN,A.(1984): Einkommensdiskriminierung von Frauen - Messung, Analyseverfahren und empirische Anwendungen auf Angestellteneinkommen in der Bundesrepublik; in: MAYER,K.U./ SCHMIDT,P. (Hrsg.): Allgemeine Bevölkerungsumfrage der Sozialwissenschaften, Frankfurt, S.315-351.

DIERCKX,P.(1993): Curve and Surface Fitting with Splines, Oxford (Clarendon Press).

DILLON,W.R./GOLDSTEIN,M.(1984): Multivariate Analysis. Methods and Applications, New York.

DIXON,W.J./BROWN,M.B.(1979) (eds.): BMDP-79, Biomedical Computer Programs P Series, Berkeley.

DIXON,W.J./KRONMAL,R.A.(1965): The Choice of Origin and Scale for Graphs; in: Journal of the Association for Computing Machinery, 12, 2, S.259-261.
DOKSUM,K.A./SIEVERS,G.L.(1976): Plotting with Confidence: Graphical Comparisons of two Populations; in: Biometrika, 63, S.421-434.
DONGARRA,J.J./MOLER,C.B./BUNCH,J.R./STEWART,G.W.(1979): LINPACK User's Guide, Philadelphia (SIAM).
DRAPER,N.R./SMITH,H.(1981): Applied Regression Analysis, New York (Wiley), Second Edition.
DREYFUS,H./DREYFUS,S.(1986): Minds Over Machine, New York (Macmillan).
DU TOIT,S.H.C./STEYN,A.G.W./STUMPF,R.H.(1986): Graphical Exploratory Data Analysis, New York (Springer).
DUNN,O.J./CLARK,V.A.(1987): Applied Statistics: Analysis of Variance and Regression, New York (Wiley).
DUNN,R.(1987): Variable-Width Framed Rectangle Charts for Statistical Mapping; in: The American Statistician, 41, S.153-156.
DUNN-RANKIN,P.(1983): Scaling Methods, Hillsdale (Earlbaum).
DUNTEMAN,G.H.(1989): Principle Components Analysis, Newbury Park (Sage).
EASTON,G.S./MCCULLOCH,R.E.(1990): A Multivariate Generalization of Quantile-Quantile-Plots; in: Journal of the American Statistical Association, 85, 410, S.376-386.
EDGINGTON,E.W.(1987): Randomization Tests, New York (Marcel Dekker), 2nd ed.
EHRENBERG,A.S.C.(1981): The Problem of Numeracy; in: The American Statistician, 35, 2, S.67-71
EMERSON,J.D.(1983): Mathematical Aspects of Transformation; in: HOAGLIN,D.C./MOSTELLER,F./TUKEY,J.W. (eds.): Understanding Robust and Exploratory Data Analysis, New York, S.247-281.
EMERSON,J.D.(1991a): Introduction to Transformation; in: HOAGLIN,D.C./MOSTELLER,F./ TUKEY,J.W. (eds.): Fundamentals of Exploratory Analysis of Variance, New York (Wiley), S.365-400.
EMERSON,J.D.(1991b): Graphical Display as an Aid to Analysis; in: HOAGLIN,D.C./MOSTELLER,F./TUKEY,J.W. (eds.): Fundamentals of Exploratory Analysis of Variance, New York (Wiley), S.165-192.
EMERSON,J.D./HOAGLIN,D.C.(1983): Stem-and-Leaf Displays; in: HOAGLIN,D.C./MOSTELLER,F./TUKEY,J.W. (eds.): Understanding Robust and Exploratory Data Analysis, New York (Wiley), S.7-30.
EMERSON,J.D./STOTO,M.A.(1982): Exploratory Methods for Choosing Power Transformations; in: Journal of the American Statistical Association, 77, 377, S.103-108.
EMERSON,J.D./STOTO,M.A.(1983): Transforming Data; in: HOAGLIN,D.C./MOSTELLER, F./TUKEY,J.W. (eds.): Understanding Robust and Exploratory Data Analysis, New York (Wiley), S.97-128.
EMERSON,J.D./STOTO,M.A.(1984): Rejoinder; in: Journal of the American Statistical Association, 79, 385, S.108-109.
EMERSON,J.D./STRENIO,J.(1983): Boxplots and Batch Comparison; in: HOAGLIN,D.C./MOSTELLER,F./TUKEY,J.W. (eds.): Understanding Robust and Exploratory Data Analysis, New York (Wiley), S.58-96.
ERICKSON,B.H./NOSANCHUCK,T.A.(1977): Understanding Data, Toronto.
ESTY,W.W./BANFIELD,J.D. (1992): bpplot, Programmdokumentation im S-Archiv von STATLIB.
EUBANK,R.L.(1988): Spline Smoothing and Nonparametric Regression, New York/Basel (Marcel Dekker).
EVERITT,B.S.(1978): Graphical Techniques for Multivariate Data, London (Heinemann).
EVERITT,B.S.(1987): Graphical Displays of Complex Data - Scientific Tools or Simply Art for Art's sake; in: Bulletin of the International Statistical Institute, Proceedings of the 46th Session, S.353367.

FAUST,D.(1984): The Limits of Scientific Reasoning, Minneapolis.
FIENBERG,S.E.(1979): Graphical Methods in Statistics; in: The American Statistician, 33, 4, S.165-178.
FISZ,M.(1967): Probability Theory and Mathematical Statistics, New York (Wiley).
FLEISCHER,W./NAGEL,M.(1989): Datenanalyse mit dem PC, Berlin (VEB Verlag Technik).
FLURY,B./RIEDWYL,H.(1981): Graphical Representation of Multivariate Data by Means of Asymmetrical Faces; in: Journal of the American Statistical Association, 76, S.757-765.
FOLEY,J.D./VANDAM,A./FEINER,S.K./HUGHES,J.F.(1990): Computer Graphics. Principles and Practice, Reading, Mass. (Addison Wesley), 2nd.ed.
FOWLER,F.J./MANGIONE,T.W.(1990): Standardized Survey Interviewing: Minimizing Interviewer-Related Error, Newbury Park (Sage).
FOWLKES,E.B.(1987): Some Diagnostics for Binary Logistic Regression via Smoothing; in: Biometrika, 74, 3, S.503-515.
FOWLKES,E.B./GABBE,J.D./MCRAE,J.E.(1976): A Graphical Technique for Making a Two Dimensional Display of Multidimensional Clusters; in: ASA Proceedings of the Business and Economic Section, S.308-312.
FOX,J.(1991): Regression Diagnostics, Newbury Park (Sage).
FRANKE,R.(1982): Scattered Data Interpolation: Tests of some Methods; In: Mathematics of Computation, 38, S.181-200.
FRANSELLA,F./BANNISTER,D.(1977): A Manual for Repertory Grid Technique, London (Academic Press).
FREEDMAN,D./DIACONIS,P.(1981): On the Histogram as a Density Estimator: L_2 Theory; In: Zeitschrift für Wahrscheinlichkeitstheorie und verwandte Gebiete, 57, S.453-476.
FREEDMAN,D.A.(1985): Statistics and the Scientific Method; in: MASON,W.M./FIENBERG,S.E. (eds.): Cohort Analysis in Social Research, New York (Springer), S.343-390 (mit Diskussion).
FREEDMAN,D.A.(1987): As Others See Us: A Case Study in Path Analysis; in: Journal of Educational Statistics, 12, 2, S.101-128.
FREEDMAN,D.A.(1991): Statistical Models and Shoe Leather; in: MARSDEN,P.V. (ed.): Sociological Methodology 1991, vol. 21, S.291-313.
FRIEDMAN,J.H.(1984): A Variable Span Smoother, Technical Report 5, Department of Statistics, Stanford University.
FRIEDMAN,J.H.(1987): Exploratory Projection Pursuit; in: Journal of the American Statistial Association, 82, 397, S.249-266.
FRIEDMAN,J.H./STUETZLE,W.(1982): Projection Pursuit Methods for Data Analysis; in: LAUNER,R.L./SIEGEL,A.F. (eds.): Modern Data Analysis, New York (Academic Press), S.123-147.
FRIEDMAN,J.H./RAFSKY,L.C.(1981): Graphics for the Multivariate Two-Sample Problem; in: Journal of the American Statistical Association, 76, S.277-287.
FRIEDMAN,J.H./TUKEY,J.W.(1974): A Projection Pursuit Algorithm for Exploratory Data Analysis; in: IEEE Transactions on Computers, Series C, 23, S.881-889.
FRIENDLY,M.(1991): SAS System for Statistical Graphics, Cary/NC (SAS Institute).
FRIGGE,M./HOAGLIN.D.C./IGLEWICZ,B.(1989): Some Implementations of the Boxplot; in: The American Statistician, 43, 1, S.50-54.
FUKUNAGA,K.(1972): Introduction to Statistical Pattern Recognition, New York (Academic Press).
GABRIEL,K.R.(1971): The Biplot Graphic Display of Matrices with Application to Principal Component Analysis; in: Biometrika, 58, 3, S.453-467.
GABRIEL,K.R.(1985a): Multivariate Graphics; in: KOTZ,S./JOHNSON, N.L.(eds.): Encylopedia of Statistical Science, Vol. 6, S.66-79.
GABRIEL,K.R.(1985b): Biplot; in: KOTZ,S./JOHNSON,N.L.(eds.): Encyclopedia of Statistical Sciences, New York, Vol. 2, S.263-271.

GABRIEL,K.R./ODOROFF,C.L.(1984): Resistant Lower Rank Approximation of Matrices; in: DIDAY,E. (ed.): Data Analysis and Informatics, III, New York (North Holland), S.23-30.
GABRIEL,K.R./ODOROFF,C.L.(1986): Illustrations of Model Diagnosis by Means of Three-Dimensional Biplots; in: WEGMAN,E.J./DePRIEST,D.J. (eds.): Statistical Image Processing and Graphics, New York (Marcel Dekker), S.257-274.
GABRIEL,K.R./ODOROFF,C.L.(1990): Biplots in Biomedical Research; in: Statistics in Medicine, 9, S.469-485.
GABRIEL,K.R./RAVE,G./WEBER,E.(1976): Graphische Darstellungen von Matrizen durch das Biplot; in: EDV in Medizin und Biologie, 1, S.1-15.
GABRIEL,K.R./ZAMIR,S.(1979): Lower Rank Approximation of Matrices by Least Squares with any Choice of Weights; in: Technometrics, 21, 4, S.489-498.
GAENSSLEN,H./SCHUBÖ,W.(1976): Einfache und komplexe statistische Analyse,München.
GALE,N./HALPERIN,W.C./COSTANZO,C.M.(1984): Unclassed Matrix Shading and Optimal Ordering in Hierarchical Cluster Analysis; in: Journal of Classification, 1, S.75-92.
GALPIN,J.S./HAWKINS,D.M.(1984): The Use of Recursive Residuals in Checking Model Fit in Linear Regression; in: The American Statistician, 38, 2, S.94-105.
GAN,F.F./KOEHLER,K.J./THOMPSON,J.C.(1991): Probability Plots and Distribution Curves for Assessing the Fit of Probability Models; in: The American Statistician, 45, 1, S.14-21.
GENTLEMAN,J.F.(1981): Comment; in: Journal of the American Statistical Association, 76, S.289-291.
GERSON,M.(1975): The Techniques and Uses of Probability Plotting; in: The Statistician, 24, 4, S.235-257.
GESSLER,J.R.(1993): Statistische Graphik, Basel (Birkhäuser).
GIFI,A.(1990): Nonlinear Multivariate Analysis, New York (Wiley).
GLYMOUR,C./SCHEINES,R./SPIRTES,P./KELLY,K.(1987) Discovering Causal Structure: Artificial Intelligence, Philosophy of Science, and Statistical Modeling, Orlando (Academic Press).
GNANADESIKAN,R.(1977): Methods for Statistical Data Analysis of Multivariate Observations, New York (Wiley).
GNANADESIKAN,R./KETTENRING,J.R./LANDWEHR,J.M.(1977): Interpreting and Assessing the Results of Cluster Analysis; in: Bulletin of the International Statistical Institute, 47, S.451-463.
GOLDBERG,H./LEVINE,H.(1946): Approximate Formulas for the Percentage Points and Normalization of t and χ^2; in: Annals of Mathematical Statistics, 17, S.216-225.
GOLDBERG,K.M./IGLEWICZ,B.(1992): Bivariate Extensions of the Boxplots; in: Technometrics, 34, 2, S.307-320.
GOLDSTEIN,R.B.(1973): Chi-Square Quantiles; in: Communications of the ACM, 6, 8, S.483-485.
GOOD,I.J.(1983): The Philosophy of Exploratory Data Analysis; in: Philosophy of Science, 50, S.283-295.
GOODALL,C.(1990): A Survey of Smoothing Techniques; in: FOX,J./LANG,J.S. (eds.): Modern Methods of Data Analysis, Newbury Park (SAGE), S.126-176.
GOODMAN,L.(1991): Measures, Models and Graphical Displays in the Analysis of Cross-classified Data; in: Journal of the American Statistical Association, 86, S.1085-1138.
GORDON,A.D.(1981): Classification, London (Chapman&Hall).
GORDON,A.D.(1987): A Review of Hierarchical Classification; in: Journal of the Royal Statistical Society, Series A, 150, 2, S.119-137.
GOWER,J.C.(1966): Some Distance Properties of Latent Root and Vector Methods used in Multivariate Analysis; in: Biometrika, 53, 3, S.325-338.
GOWER,J.C.(1971): A General Coefficient of Similarity and Some of its Properties; in: Biometrics, 27, S.857-872.
GOWER,J.C.(1975): Generalized Procrustes Analysis; in: Psychometrika, 40, S.33-51.

GOWER,J.C.(1977): The Analysis of Asymmetry and Orthogonality; in: BARRA,J.R. (ed.): Recent Developments in Statistics, Amsterdam (North-Holland), S.109-123.
GOWER,J.C.(1990): Three-dimensional Biplots; in: Biometrika, 77, 4, S.773-785.
GOWER,J.C./DIGBY,P.G.N.(1981): Expressing Complex Relationships in Two Dimensions; in: BARNETT, V. (ed.): Interpreting Multivariate Data; Chichester (Wiley), S.83-118.
GOWER,J.C./HARDING,S.A.(1988): Nonlinear Biplots; in: Biometrika, 75, 3, S.445-455.
GOWER,J.C./ROSS,G.J.S.(1969): Minimum Spanning Trees and Single Linkage Cluster Analysis; in: Applied Statistics, 18, S.54-64.
GOYDER,J.(1987): The Silent Minority: Nonrespondents on Sample Surveys, (Polity Press), Cambridge.
GREEN,P.E./CARMONE,F.J./SMITH,,S.M.(1989): Multidimensional Scaling. Concepts and Applications, Boston (Allyn and Bacon).
GREEN,P.J./SIBSON,R.(1978): Computing Dirichlet Tessellations in the Plane; in: The Computer Journal, 21, 2, S.168-173.
GREENACRE,M.J.(1984): Theory and Applications of Correspondence Analysis, London. (Academic Press).
GREENACRE,M.J.(1988): Clustering the Rows and Columns of a Contingency Table; in: Journal of Classification, 5, S.39-51.
GREENACRE,M.J.(1989): The Carroll-Green-Schaffer Scaling in Correspondence Analysis: A Theoretical and Empirical Appraisal; in: Journal of Marketing Research, 26, S.358-365.
GREENACRE,M.J.(1990): Some Limitations of Multiple Correspondence Analysis; in: Computational Statistics Quarterly, 3, S.249-256.
GREENACRE,M.J.(1991): Interpreting Multiple Correspondence Analysis; in: Applied Stochastic Models and Data Analysis, 7, S.195-210.
GREENACRE,M.J.(1993): Correspondence Analysis in Practice, London (Academic Press).
GREENACRE,M.J./HASTIE,T.(1987): The Geometric Interpretation of Correspondence Analysis; in: Journal of the American Statistical Association, 82, 398, S.437-447
GRIFFITHS,P./HILL,I.D. (eds.)(1985): Applied Statistics Algorithms, Chichester (Ellis Horwood).
GROVES,R.M.(1989): Survey Errors and Survey Costs, New York (Wiley).
GRUVAEUS,G./WAINER,H.(1972): Two Additions to Hierarchical Cluster Analysis; in: British Journal of Mathematical and Statistical Psychology, 25, S.200-206.
HADI,A.S.(1993): Graphical Methods for Linear Models; in: RAO, C.R. (ed.): Handbook of Statistics, Vol. 9, New York, S.775-802.
HÄRDLE,W.(1990): Applied Nonparametric Regression, Cambridge (CUP).
HÄRDLE,W.(1991): Smoothing Techniques. With Implementation in S, New York (Springer).
HÄRDLE,W./SCOTT,D.W.(1992): Smoothing by Weighted Averaging of Shifted Points; in: Computational Statistics, 7, S.97-128.
HALL,P.(1989): On Polynomial-Based Projection Indeces for Exploratory Projection Pursuit; in: The Annals of Statistics, 17, S.589-605.
HAMILTON,L.C.(1992): Regression with Graphics. Pacific Grove (Brooks/Cole).
HARMAN,H.H.(1960): Modern Factor Analysis, Chicago.
HARTER,H.L.(1984): Another Look at Plotting Positions; in: Communications in Statistics (Theory and Method), 13, 13, S.1613-1633.
HARTIGAN,J.A.(1975a): Clustering Algorithms, New York.
HARTIGAN,J.A.(1975b): Printer Graphics For Clustering; in: Journal of Statistical Computation and Simulation, 4, S.187-213.
HARTUNG,J.(1985): Statistik, München (Oldenbourg), 4. Auflage.
HARTUNG,J./ELPELT,B.(1985): Multivariate Statistik, München (Oldenbourg), 4. Auflage.
HASTIE,T./LOADER,C.(1993): Local Regression: Automatic Kernel Carpentry, Statistical Science, 8, 2, S.120-143.

HASTIE,T.J./TIBSHIRANI,R.J.(1990): Generalized Additive Models (Chapman and Hall), London.

HEALY,M.J.R.(1968): Multivariate Normal Plotting; in: Applied Statistics, 17, S. 157-161.

HEILER,S./MICHELS,P.(1994): Deskriptive und Explorative Datenanalyse, München (Oldenbourg).

HELLER,G. (1994): Das Nierenzellkarzinom und die Belastung mit persistierenden halogenierten Kohlenwasserstoffen, unveröffentlichte Dissertation, Heidelberg.

HENSCHKE,K./NAGEL,M.(1990): Graphische Auswertung von Daten für Mediziner und Naturwissenschaftler, Berlin. (VEB Verlag Volk und Gesundheit).

HILL,G.W.(1970): Algorithm 396: Student's t-quantiles; in: Communications of the ACM, 13, S.619-620.

HILLS,M.(1969): On Looking at Large Correlation Matrices; in: Biometrika, 56, S.149-153.

HINKLEY,D.(1977): On Quick Choice of Power Transformation; in: Applied Statistics, 26, 1, S.67-69.

HOAGLIN,D.C.(1980): A Poissonness Plot; in: The American Statistician, 34, S.146-149.

HOAGLIN,D.C.(1985): Exploratory Data Analysis; in: KOTZ,S./JOHNSON,N.L.(eds.): Encyclopedia of Statistical Sciences, New York, Vol. 2, S.579-583.

HOAGLIN,D.C./TUKEY,J.W.(1985): Checking the Shape of Discrete Distributions; in: HOAGLIN,D.C./MOSTELLER,F./TUKEY,J.W. (eds.): Exploring Data Tables, Trends and Shapes, New York (Wiley), S. 345-415.

HOLLAND,J.H./HOLYOAK,K.J/NISBETT,R.E./THAGARD,P.R.(1987): Induction. Processes of Inference, Learning and Discovery, London (MIT-Press), 2. Auflage.

HOLLINGSWORTH LISANBY,S./LOCKHEAD,G.R.(1991): Subjective Randomness, Aesthetics, and Structure; in: LOCKHEAD,G.R./POMERANTZ,J.R. (eds.): The perception of structure, Washington (American Psychological Association), S.97-114.

HORN,J.L.(1965): A Rationale and Test for the Number of Factors in Factor Analysis; in: Psychometrika, 30, 2, S.179-185.

HORNUNG,J.(1977): Kritik der Signifikanztests; in: Metamed, 1, S.325-345.

HOSMER,D.W./LEMESHOW,S.(1989): Applied Logistic Regression, New York (Wiley).

HUBER,P.J.(1983): Experience with Three Dimensional Scatterplots; in: Journal of the American Statistical Association, 82, S.448-453.

HUBER,P.J.(1985): Projection Pursuit; in: The Annals of Statistics, 13, 2, S.435-475.

HUBER,P.J.(1987): Comment; in: Statistical Science, 2, 4, S.385-386.

HUBERT,L.J./BAKER,F.B.(1978): Applications of Combinatorial Programming to Data Analysis: The Traveling Salesman and Related Problems; in: Psychometrika, 43, 1, S.81-91.

INSELBERG,A.(1985): The Plane with Parallel Coordinates; in: The Visual Computer, 1, S.69-91.

IZENMAN,A.J.(1991): Recent Developments in Nonparametric Density Estimation; in: Journal of the American Statistical Association, 86, 413, S.S.205-224.

JACKSON,J.E.(1991): A User's Guide to Principal Components, New York.

JAIN,A.K./DUBES,R.C.(1988): Algorithms for Clustering Data, Englewood Cliffs (Prentice Hall).

JOBSON,J.D.(1992): Applied Multivariate Data Analysis, Vol. 2: Categorical and Multivariate Methods, New York (Springer).

JOINER,B.L.(1981): Lurking Variables: Some Examples; in: The American Statistician, 35, 4, S.227-233.

JOLLIFFE,I.T.(1986): Principal Component Analysis, New York (Springer).

JONES,M.C./SIBSON,R.(1987): What is Projection Pursuit? in: Journal of the Royal Statistical Association, Series A, 150, 1, S.1-36.

KAHNEMAN,D./TVERSKY,A.(1982): Variants of Uncertainty; in: KAHNEMAN,D./SLOVIC,P./ TVERSKY,A. (eds.): Judgements under Uncertainty: Heuristics and Biases, Cambridge (CUP), S.509-520.

KAUFMANN,H./PAPE,H.(1984): Clusteranalyse; in: FAHRMEIR,L./HAMERLE,A. (Hrsg.): Multivariate Statistische Verfahren, Berlin (de Gruyter), S.370-472.

KAUFMAN,L./ROUSSEEUW,P.J.(1990): Finding Groups in Data, New York (Wiley).

KENDALL,M.G./STUART,A.(1969): The Advanced Theory of Statistics, Vol. 1: Distribution Theory, 3.ed., London (Griffin).

KENDALL,M.G./STUART,A.(1976): The Advanced Theory of Statistics, Vol. 3: Design and Analysis, and Time Series, 3.ed., London (Griffin).

KENNEDY,W.J./GENTLE,J.E.(1980): Statistical Computing, New York (Marcel Dekker).

KENT,P.(1985): An Efficient New Way to Represent Multi-dimensional Data; in: The Computer Journal, 28, 2, S.184-190.

KIRSCHNER,H.P.(1984): ALLBUS 1980: Stichprobenplan und Gewichtung; in: MAYER, U./ SCHMIDT,P. (Hrsg.): Allgemeine Bevölkerungsumfrage der Sozialwissenschaften, Frankfurt, S.114-182.

KLEITER,K.D.(1980): Statistik; in: SPECK,J. (Hrsg.): Handbuch wissenschaftstheoretischer Begriffe, Göttingen, Band 3, S.604-608.

KLOCKARS,A.J./SAX,G.(1986): Multiple Comparisons, Newbury Park (Sage).

KOGURE,A.(1987): Asymptotically Optimal Cells for a Histogram; in: Annals of Statistics, 15, S.1023-1030.

KOSSLYN,S.M.(1985): Graphics and Human Information Processing: A Review of Five Books; in: Journal of the American Statistical Association, 80, 391, S.499-512.

KOSSLYN,S.M.(1989): Understanding Charts and Graphs; in: Applied Cognitive Psychology, 3, S.185-189.

KROL,E.(1992): The Whole Internet (O'Reilly&Associates).

KRUSKAL,J.B.(1977): The Relationship between Multidimensional Scaling and Clustering; in: VAN RYZIN,J. (ed.): Classification and Clustering, New York (Academic Press), S.17-44.

KRUSKAL,J.B./LANDWEHR,J.M.(1983): Icicle Plots: Better Displays for Hierarchical Clustering; in: The American Statistician, 37, 2, S.162-168.

KRUSKAL,J.B./WISH,M.(1978): Multidimensional Scaling, Beverly Hills (Sage).

KRZANOWSKI,W.J.(1990): Principles of Multivariate Analysis, Oxford (Clarendon Press).

KUHFELD,W.F.(1986): Metric and Nonmetric Plotting Models; in: Psychometrika, 51, 1, S.155-161.

KUHN,T.S.(1978): Die Funktion des Messens in der Entwicklung der physikalischen Wissenschaften; in: KUHN,T.S.: Die Entstehung des Neuen: Studien zur Struktur der Wissenschaftsgeschichte, Frankfurt, S.254-307.

LANDWEHR,J.M./PREGIBON,D./SHOEMAKER,A.C.(1984): Graphical Methods for Assessing Logistic Regression Models; in: Journal of the American Statistical Association, 79, 385, S.61-83.

LANGLEY,P./SIMON,H.A./BRADSHAW,G.L./ZYTKOW,J.M.(1987): Scientific Discovery. Computational Explorations of the Creative Processes, Cambridge, Mass. (MIT-Press).

LEBART,L./MORINEAU,A./WARWICK,K.M.(1984): Multivariate Descriptive Statistical Analysis, New York (Wiley).

LEE,E.T.(1980): Statistical Methods for Survival Data Analysis, Belmont/California (Wadsworth).

LEEUWENBERG,E./BOSELIE,F.(1988): Against the Likelihood Principle in Visual Form Perception; in: Psychological Review, 95, 4, S.485-491.

LEINHARDT,S./WASSERMAN,S.S.(1978): Exploratory Data Analysis: An Introduction to Selected Methods; in: Sociological Methodology 1979, S.311-365.

LEVKOWITZ,H.(1991): Exploratory Data Visualization: The Human Visual System should be the Main Design Consideration; in: ASA Proceedings of the Section on Statistical Graphics, S.60-63.

LEWANDOWSKY,S./SPENCE,I.(1989): Discriminating Strata in Scatterplots; in: Journal of the American Statistical Association, 84, 407, S.682-688.

LEWIS,P.A.W./ORAV,E.J.(1989): Simulation Methodology for Statisticians, Operation Analysts and Engineers, Belmont (Wadsworth).

LI,K.-C.(1991): Sliced Inverse Regression for Dimension Reduction; in: Journal of the American Statistical Association, 86, 414, S.316-342 (mit Diskussion).

LING,R.F.(1973): A Computer Generated Aid for Cluster Analysis; in: Communications of the ACM, 16, 6, S.355-361.

LOPES,L.L./ODEN,G.C.(1987): Distinguishing between Random and Nonrandom Events; in: Journal of Experimental Psychology, Learning, Memory, and Cognition, 13, 3, S.392-400.

LORR,M.(1983): Cluster Analysis for the Social Sciences, San Francisco (Jossey Bass).

LOVIE,P.(1987): Rezension von CLEVELAND(1985): The Elements of Graphing Data; in: Applied Statistics, 1987, 36, S.376.

LUBINSKY,D./PREGIBON,D.(1988): Data Analysis as Search; in: Journal of Econometrics, 38, S.247-268.

MADANSKY,A.(1988): Prescriptions for Working Statisticians, New York (Springer).

MADDALA,G.S.(1988): Introduction to Econometrics, New York (Macmillan).

MAGEE,L./BURBIDGE,J.B./ROBB,A.L.(1991): Computing Kernel-Smoothed Conditional Quantiles From Many Observations; in: Journal of the American Statistical Association, 86, 415, S.673-677.

MAINDONALD,J.H.(1984): Statistical Computation, New York (Wiley).

MALLOWS,C.L.(1973): Some Comments on C_p; in: Technometrics, 15, S.661-676.

MALLOWS,C.L.(1986): Augmented Partial Residuals; in: Technometrics, 28, 4, S.313- 319.

MALLOWS,C.L./TUKEY,J.W.(1982): An Overview of Techniques of Data Analysis, Emphasizing its Exploratory Aspects; in: TIAGO DE OLIVEIRA,J./EPSTEIN,B. (eds.): Some Recent Advances in Statistics, London, S.111-172.

MALLOWS,C.L./WALLEY,P.(1980): A Theory of Data Analysis? in: ASA Proceedings of the Business and Economic Statistics Section, S.8-14.

MANDEL,J.(1991): Evaluation and Control of Measurements, New York (Marcel Dekker).

MANLY,B.F.J.(1991): Randomization and Monte Carlo Methods in Biology; London (Chapman&Hall).

MANSKI,C.F.(1990): The Use of Intentions Data to Predict Behavior: A Best-Case Analysis; in: Journal of the American Statistical Association, 85, 412, S.934-940.

MARDIA,K.V.(1980): Tests of Univariate and Multivariate Normality; in: KRISHNAIAH, P.R. (ed.): Handbook of Statistics, Amsterdam, Vol. 1, S.310-320.

MARRON,J.S.(1988): Automatic Smoothing Parameter Selection: A Survey; in: Empirical Economics, 13, S.187-208.

MASON,W.M.(1991): Freedman is right as far as he goes, but there is more, and it's worse. Statisticians could help; in: Sociological Methodology, 21, S.337-351.

MATHER,P.M.(1976): Computational Methods of Multivariate Analysis in Physical Geography, London/New York (Wiley).

McCORMICK,W.T./SCHWEITZER,P.J./WHITE,T.W.(1972): Problem Decomposition and Data Reorganization by a Clustering Technique; in: Operatations Research, 20, S.993-1009.

McGILL,R./TUKEY,J.W./LARSEN,W.A.(1978): Variations of box plots; in: The American Statistician, 32, 1, S.12-16.

McLAIN,D.H.(1974): Drawing Contours from Arbitrary Data Points; in: The Computer Journal, 17, S.318-324.

McNEIL,D.(1992): On Graphing Paired Data; in: American Statistician, 46, 2, S.307-311.

MEAD,G.A.(1989): The Sorted Binary Plot: A New Technique for Exploratory Data Analysis; in: Technometrics, 31, 1, S.61-67.

MEEHL,P.E.(1978): Theoretical Risks and Tabular Asterisks: Sir Karl, Sir Ronald, and the slow progress of Soft Psychology; in: Journal of Consulting and Clinical Psychology, 46, 4, S.806-834.

MEYER,J./SHINAR,D.(1992): Estimating Correlations from Scatterplots; in: Human Factors, 34, 3, S.335-349.

MICHAEL,J.R.(1983): The Stabilized Probability Plot; in: Biometrika, 70, 1, S.11-17.
MILLER,G.A.(1956): The Magical Number Seven, Plus or Minus Two: Some Limits on Our Capacity for Processing Information; in: Psychological Review, 63, S.81-97.
MILLER,J.J./WEGMAN,E.J.(1991): Construction of Line Densities for Parallel Coordinate Plots; in: BUJA,A./TUKEY,P.A. (eds.): Computing and Graphics in Statistics, New York (Springer), S.107-123.
MILLIGAN,G.W./COOPER,M.C.(1985): An Examination of Procedures for Determining the Number of Clusters in a Data Set; in: Psychometrika, 50, S.159-179.
MILLIGAN,G.W./COOPER,M.C.(1986): A Study of the Comparability of External Criteria for Hierarchical Cluster Analysis; in: Multivariate Behavioral Research, 21, S.441-458.
MILLIGAN,G.W./COOPER,M.C.(1987): Methodology Review: Clustering Methods; in: Applied Psychological Measurement, 11, 4, S.329-354.
MILLIGAN,G.W./COOPER,M.C.(1988): A Study of Standardization of Variables in Cluster Analysis; in: Journal of Classification, 5, S.181-204.
MONETTE,G.(1990): Geometry of Multiple Regression and Interactive 3-D-Graphics; in: FOX,J./ LONG,J.S. (eds.): Modern Methods of Data Analysis, Newbury Park (Sage), S.209-256.
MOONEY,C.Z./DUVAL,R.D.(1993): Bootstrapping. A Nonparametric Approach to Statistical Inference, Newbury Park (Sage).
MORRISON,D.E./HENKEL,R.E. (eds.)(1970): The Significance Test Controversy, London.
MORTON,S.C.(1990): Interpretable Exploratory Projection Pursuit; in: Computer Science and Statistics, Proceedings of the 22th Session on the Interface, East Lansing (Michigan), S.470-474.
MOSTELLER,F./TUKEY,J.W.(1977): Data Analysis and Regression, Reading/Mass. (Addison-Wesley).
MUCHA,H.J.(1992): Clusteranalyse mit Mikrocomputern, Berlin (Akademie-Verlag).
MURTAGH,F.(1985): Multidimensional Clustering Algorithms, Wien (Physica Verlag).
NELSON,L.S.(1988): Notes on the Histogram: I. Equal Class Intervals; in: Journal of Quality Technology, 20, 3, S.211-213.
NELSON,L.S.(1989): A Stabilized Normal Probability Plotting Technique; in: Journal of Quality Technology, 21, 3, S.213-215.
NETER,J./WASSERMAN,W./KUTNER,M.H.(1990): Applied Linear Statistical Models, Boston (Irwin), 3rd. ed.
NEWTON,H.J.(1993): Graphics for Time Series Analysis; in: RAO, C.R. (ed.): Handbook of Statistics, Vol. 9, New York, S.803-823.
NISHISATO,S.(1988): Assessing Quality of Joint Graphical Display in Correspondence Analysis and Dual Scaling; in: DIDAY,E. (ed.): Data Analysis and Informatics, V, Amsterdam (North Holland), S.409-416.
NOMA,E.(1987): Heuristic Methods for Label Placement in Scatterplots; in: Psychometrika, 52, 3, S.363-468.
NORDBY,J.J.(1989): Bootstapping while Barefoot (Crime Models vs. Theoretical Models in the Hunt for Serial Killers); in: Synthese, 81, S.373-389.
NOREEN,E.W.(1989): Computer Intensive Methods for Testing Hypothesis: An Introduction, New York (Wiley).
O'HARA HINES, R.J./CARTER,E.M.(1993): Improved Added Variable and Partial Residual Plots for the Detection of Influential Observations in Generalized Linear Models; in: Applied Statistics, 42, 1, S.3-20.
OAKES,M.(1986): Statistical Inference: A Commentary for the Social and Behavioral Sciences, Chichester (Wiley).
OKABE,A./BOOTS,B./SUGIHARA,K.(1992): Spatial Tesselations: Concepts and Applications of Voronoi Diagrams, New York (Wiley).

OVERALL,J.E./KLETT,C.J.(1972): Applied Multivariate Analysis, New York.

PINKER,S.(1990): A Theory of Graph Comprehension; in: FREEDLE, R. (ed.): Artificial Intelligence and the Future of Testing, Hillsdale (Erlbaum), S.73-126.

POSSE,C.(1990): An Effective Two-Dimensional Projection Pursuit Algorithm; in: Communications in Statistics, B, Simulation and Computation, 19, 4, S.1143-1164.

PREGIBON,D.(1981): Logistic Regression Diagnostics; in: The Annals of Statistics, 9, 4, S.705-724.

PRESS,W.H./FLANNERY,B.P./TEUKOLSKY,S.A./VETTERLING,W.T.(1989): Numerical Recipes in PASCAL, Cambridge.

REINSCH,C.H.(1967): Smoothing by Spline Functions; in: Numerische Mathematik, 10, S.177-183.

RIEMANN,R.(1991): Repertory Grid Technik, Göttingen.

RIPLEY,B.D.(1981): Spatial Statistics, New York (Wiley).

ROST,J.(1988): Quantitative und qualitative probabilistische Testtheorie, Bern (Huber).

ROUSSEEUW,P.J.(1987): Silhouettes: A Graphical Aid to the Interpretation and Validation of Cluster Analysis; in: Journal of Computational and Applied Mathematics, 20, S.53-65.

ROYSTON,P.(1993): Graphical Detection of Non-normality by Using Michael's Statistic; in: Applied Statistics, 42, 1, S.153-158.

SABIN,M.A.(1985): Contouring - the State of the Art; in: R.A.EARNSHAW (ed.): Fundamental Algorithms for Computer Graphics, NATO ASI Series F17, New York (Springer), S.411-482.

SACHS,L.(1974): Angewandte Statistik, Berlin (Springer).

SAMMON,J.W.(1969): A Nonlinear Mapping for Data Structure Analysis; in: IEEE Transactions on Computers, C-18, 5, S.401-409.

SAS INSTITUTE INC.(1989): SAS/IML Software: Usage and Reference, Version 6, Cary, NC.

SAVAGE,R.(1957): Nonparametric Statistics; in: Journal of the American Statistical Association, 52, S.331-344.

SAXENA,P.C./NAVANEETHAM,K.(1991): The Effect of Cluster Size, Dimensionality, and Number of Clusters on Recovery of True Cluster Structure through Chernoff-type Faces; in: The Statistician, 40, S.415-425.

SCHLITTGEN,R./STREITBERG,B.H.J.(1987): Zeitreihenanalyse, München (Oldenbourg), 2.Auflage.

SCHMID,C.H.(1991): Value-Splitting: Taking the Data Apart; in: HOAGLIN,D.C./MOSTELLER,F./ TUKEY,J.W. (eds.)(1991): Fundamentals of Exploratory Analysis of Variance, New York (Wiley), S.72-113.

SCHNELL,R./HILL,P.B./ESSER,E.(1993): Methoden der empirischen Sozialforschung, 4. Auflage, München (Oldenbourg).

SCHNELL,R.(1986): Missing-Data-Probleme in der empirischen Sozialforschung, Dissertation, Bochum.

SCHNELL,R.(1991a): Realisierung von Missing-Data-Ersetzungstechniken innerhalb statistischer Programmpakete und ihre Leistungsfähigkeit; in: BEST,H./THOME,H. (Hrsg.): Neue Methoden der Analyse historischer Daten, St. Katharinen, S.105-137.

SCHNELL,R.(1991b): Der Einfluß gefälschter Interviews auf Survey-Ergebnisse; in: Zeitschrift für Soziologie, 20, 1, S.25-35.

SCHNELL,R.(1992): Entwicklung der Ausfälle in allgemeinen Bevölkerungsumfragen in der Bundesrepublik, unveröffentlichtes Manuskript.

SCHNELL,R.(1993): Homogenität sozialer Kategorien als Voraussetzung für "Repräsentativität" und Gewichtungsverfahren; in: Zeitschrift für Soziologie, 1, 22, S.16-32.

SCHNELL,R.(1994): Basic Requirements of Statistical Graphic Systems and Currently Available Software; in: FAULBAUM,F. (ed.): SoftStat'93: Advances in Statistical Software 4, Stuttgart (Fischer), S.311-316.

SCHÖNEMANN,P.H.(1970): On Metric Multidimensional Scaling; in: Psychometrika, 35, 3, S.349-366.

SCOTT,D.W.(1979): On Optimal Data Based Histograms; in: Biometrika, 66, 3, S.605-610.

SCOTT,D.W.(1985a): Averaged Shifted Histograms: Effektive Nonparametric Density Estimators in Several Dimensions; in: The Annals of Statistics, 13, 3, S.1024-1040.

SCOTT,D.W.(1985b): Frequency Polygons: Theory and Application; in: Journal of the American Statistical Association, 80, 390, S.348-354.

SCOTT,D.W.(1992): Multivariate Density Estimation, New York (Wiley).

SEBER,G.A.F.(1984): Multivariate Observations, New York (Wiley).

SEDGEWICK,R.(1983): Algorithms, Reading/Mass. (Addison-Wesley).

SEN,A./SRIVASTAVA,M.(1990): Regression Analysis. Theory, Methods, and Applications, New York (Springer).

SHEPARD,R.N.(1974): Representation of Structure in Similarity Data: Problems and Prospects; in: Psychometrika, 39, S.373-421.

SHORE,H.(1982): Simple Approximations for the Inverse Cumulative Function, the Density Function and the Loss Integral of the Normal Distribution; in: Applied Statistics, 31, 2, S.108-113.

SIBSON,R.(1978): Studies in the Robustness of Multidimensional Scaling: Procrustes Statistics; in: Journal of the Royal Statistical Society, Series B, 40, 2, S.234-238.

SIBSON,R.(1980): The Dirichlet Tesselation as an Aid in Data Analysis; in: Scandinavian Journal of Statistics, 7, S.14-20.

SIEGEL,S.(1976): Nichtparametrische statistische Methoden, Frankfurt/Main.

SILVERMAN,B.W.(1982): Algorithm AS176: Kernel Density Estimation Using the Fast Fourier Transform; in: Applied Statistics, 31, 1, S.93-99.

SILVERMAN,B.W.(1984): A Fast and Efiicient Cross-Validation Method for Smoothing Parameter Choice in Spline Regression; in: Journal of the American Statistical Association, 79, S.584-589.

SILVERMAN,B.W.(1985): Some Aspects of the Spline Smoothing Approach to Nonparametric Regression Curve Fitting (with discussion); in: Journal of the Royal Statistical Society, Series B, 47, S.1-52.

SILVERMAN,B.W.(1986): Density Estimation for Statistics and Data Analysis, London.

SIMONOFF,J.S./HURVICH,C.M.(1991): The Construction and Properties of Variable Width Histograms and Frequency Polygons; in: ASA Proceedings on Statistical Graphics, S.80-85.

SIXTL,F.(1982): Meßmethoden der Psychologie, Weinheim/Basel (Beltz).

SLATER,P.(ed.)(1977): The Measurement of Intrapersonal Space by Grid Technique, London (Wiley), 2 Bände.

SMITH,B.T. et.al. (1976): Matrix Eigensystem Routines: EISPACK Guide, 2nd. Edition, Berlin (Springer).

SNEDECOR,G.W./COCHRAN,W.G.(1969): Statistical Methods, 6. Auflage, Ames (Iowa State University).

SNEE,R.D.(1974): Graphical Display of Two-way Contingency Tables; in: The American Statistician, 28, 1, S.9-12.

SNYDER,W.V.(1978): Algorithm 531: Contour Plotting; in: ACM Transactions on Mathematical Software, 4, 3, S.290-294.

SOKAL,R.R.(1966): Numerical Taxonomy; in: Scientific American, Dezember, S.106-116.

SPÄTH, H.(1973): Spline-Algorithmen zur Konstruktion glatter Kurven und Flächen, Mün- chen/Wien (Oldenbourg).

SPECTOR,P.(1994): An Introduction to S and S-Plus, Belmont/California (Duxbury Press).

SPENCE,I./GARRISON,R.F.(1993): A Remarkable Scatterplot; in: The American Statistician, 47, 1, S.12-19.

SPENCE,I./LEWANDOWSKY,S.(1990): Graphical Perception; in: FOX,J./LONG,J.S. (eds): Modern Methods of Data Analysis, Newbury Park (Sage), S.13-57.

SPJOTVOLL,E.(1977): Alternatives to Plotting C_p in Multiple Regression; in: Biometrika, 64, 1, S.1-8.

SPRENT,P.(1988): Applied Nonparametric Statistical Methods, London (Chapman&Hall).

SPSS Inc.(1986): SPSS[x] User's Guide, 2nd. ed., New York (McGraw Hill).

SPSS Inc.(1991): SPSS Statistical Algorithms, 2nd. edition, Chicago (SPSS).

STATA(1992): Reference Manual, STATA Release 3, Computing Resource Center, Santa Monica (Cal.).

STEINBERG,D./COLLA,P.(1991): LOGIT: A supplementary module for SYSTAT, Evanston, Il. (SYSTAT, Inc.).

STEINHAUSEN,D./LANGER,K.(1977): Clusteranalyse, Berlin.

STEYER,R./EID,M.(1993): Messen und Testen, Berlin (Springer).

STIRLING,D.(1985a): Scale Selection and Formatting; in: GRIFFITHS,P./HILL,I.D. (eds.): Applied Statistics Algorithms, Chichester, S.222-229.

STIRLING,D.(1985b): An Improved Algorithm for Scatterplots; in: GRIFFITHS,P./HILL,I.D. (eds.): Applied Statistics Algorithms, Chichester, S.230-237.

STOCK,W.A./BEHRENS,J.T.(1991): Box, Line, and Midgap-Plots: Effects of Display Characteristics on the Accuracy and Bias of Estimates of Whisker Length; in: Journal of Educational Statistics, 16, 1, S.1-20.

STURGES,H.A.(1926): The Choice of a Class Interval; in: Journal of the American Statistical Association, 21, S.65-66.

STÜTZLE,W.(1984): Graphische Exploration multivariater Daten am Computer; in: Allgemeines Statistisches Archiv, 68, S.63-80.

SUN,J.(1990): Some Computational Aspects in Projection Pursuit; in: Computing Science and Statistics, 22th Session, East Lansing/Michigan, S.539-543.

SUN,J.(1991): Significance Levels in Exploratory Projection Pursuit; in: Biometrika, 78,4, S.759-769.

SWAYNE,D./COOK,D./BUJA,A.(1991a): User's Manual for XGobi, a Dynamic Graphics Program for Data Analysis Implemented in the X Window System (Version 2), Bellcore Technical Memorandum TM ARH-020368; verfügbar über STATLIB.

SWAYNE,D.F./COOK,D./BUJA,A.(1991b): XGOBI: Interactive Dynamic Graphics in the X Window System with a link to S; in: ASA Proceedings of the Section on Statistical Graphics, S.1-8.

TABACHNICK,B.G./FIDELL,L.S.(1989): Using Multivariate Statistics, New York (Harper&Row), 2nd. edition.

TAKANE,Y.(1987): Analysis of Contingency Tables by Ideal Point Discriminant Analysis; in: Psychometrika, 52, 4, S.493-513.

TATSUOKA,M.M.(1971): Multivariate Analysis: Techniques for Educational and Psychological Research, New York (Wiley).

THISSEN,D./BAKER,L./WAINER,H.(1981): Influence-Enhanced Scatterplots; in: Psychological Bulletin; 90, 1, S.179-184.

THISTED,R.A.(1988): Elements of Statistical Computing: Numerical Computation, New York (Chapman&Hall).

TIERNEY,L.(1990): Lisp-Stat: An Object-Oriented Environment for Statistical Computing and Dynamic Graphics, New York (Wiley).

TOOTHAKER,L.E.(1993): Multiple Comparison Procedures, Newbury Park (Sage).

TUFTE,E.R.(1970): Improving Data Analysis in Political Science; in: TUFTE,E.R. (ed.): The Quantitative Analysis of Social Problems, Reading/Mass., S.437-449 (Original in World Politics, 21, 1969, S.641-654).

TUFTE,E.R.(1983): The Visual Display of Quantitative Information, Cheshire, Connecticut.

TUKEY,J.W.(1962): The Future of Data Analysis; in: The Annals of Mathematical Statistics, 33, S.1-67.

TUKEY,J.W.(1977): Exploratory Data Analysis. Reading, Mass.

TUKEY,J.W.(1980): We Need Both Exploratory and Confirmatory; in: American Statistician, 34, S.23-25.

TUKEY,J.W.(1986): Sunset Salvo; in: The American Statistician, 40, 1, S.72-76.
TUKEY,J.W.(1990): Data-Based Graphics: Visual Display in the Decades to Come; in: Statistical Science, 5, 3, S.327-339.
TUKEY,P.A./TUKEY,J.W.(1981a): Preparation; Prechosen Sequences of Views; in: BARNETT,V. (ed.): Interpreting Multivariate Data, Chichester (Wiley), S.189- 213.
TUKEY,P.A./TUKEY,J.W.(1981b): Data-Driven View Selection; Agglomeration and Sharpening; in: BARNETT,V. (ed.): Interpreting Multivariate Data, Chichester (Wiley), S. 215-243.
TUKEY,P.A./TUKEY,J.W.(1981c): Summarization; Smoothing; Supplemented Views; in: BARNETT,V. (ed.): Interpreting Multivariate Data, Chichester (Wiley), S. 245-275.
TUKEY,J.W./TUKEY,P.A.(1983): Some Graphics for Studying Four-Dimensional Data; in: Computer Science and Statistics: Proceedings of the 14th Symposium on the Interface, New York (Springer), S.60-66.
TUKEY,J.W./TUKEY,P.A.(1990): Strips Displaying Empirical Distributions: I. Textured Dot Strips, unveröffentlichtes Research Memorandum, Bellcore.
TUKEY,J.W./WILK,M.B.(1970): Data Analysis and Statistics: Techniques and Approaches; in: TUFTE,E.R. (ed.): The Quantitative Analysis of Social Problems, Reading/Mass., S.370-390 (Original 1965).
UNDERHILL,L.G.(1990): The Coefficient of Variation Biplot; in: Journal of Classification, 7, S.241-256.
VAN DER HEIJDEN,P.G.M./FALGUEROLLES,A.D./DeLEEUW,J.D.(1989): A Combined Approach to Contingency Table Analysis using Correspondence Analysis and Log-Linear Analysis; in: Applied Statistics, 38, 2, S.249-292.
VAN DEN WOLLENBERG,A.L.(1977): Redundancy Analysis: An Alternative for Canonical Correlation Analysis; in: Psychometrika, 42, S.207-219.
VELLEMAN,P.F.(1976): Interactive Computing for Exploratory Data Analysis I: Display Algorithms; in: American Statistical Association, 1975 Proceedings of the Statistical Computing Section, Washington, zitiert nach EMERSON/HOAGLIN (1983:30).
VELLEMAN,P.F.(1989): Learning Data Analysis with Data Desk, New York (W.H. Freeman and Company).
VELLEMAN,P.F./HOAGLIN,D.C.(1981): The ABC of EDA, Boston (Duxbury Press).
VELLEMAN,P.F./WELSCH,R.E.(1981): Efficient Computing of Regression Diagnostics; in: American Statistician, 35,4, S.234-242.
VERBOON,P.(1988): Graphical Tools in Multivariate Analysis, University of Leiden, Department of Data Theory.
VINOD,H.D./ULLAH,A.(1981): Recent Advances in Regression Methods, New York (Marcel Dekker).
WAINER,H.(1984): How to Display Data Badly; in: The American Statistician, 38, 2, S.137-147.
WAINER,H.(1987): Comment: Deja View; in: Statistical Science, 2, 4, S.388-389.
WAINER,H./SCHACHT,S.(1978): Gapping; in: Psychometrika, 43, S.203-212.
WAINER,H./THISSEN,D.(1981): Graphical Data Analysis; in: Annual Review of Psychology, 32, S.191-241.
WAINER,H./THISSEN,D.(1993): Graphical Data Analysis; in: KEREN,G./LEWIS,C. (eds.): A Handbook for Data Analysis in the Behavioral Sciences: Statistical Issues, Hillsdale, New Jersey (Erlbaum), S.391-457.
WEGMAN,E,J.(1990): Hyperdimensional Data Analysis Using Parallel Coordinates; in: Journal of the American Statistical Association, 85, 411, S.664-675.
WEGMAN,E.J.(1991): The Grand Tour in k-dimensions; in: Computing Science and Statistics, Proceedings of the 22nd Symposium on the Interface, S.127-136.

WEGMAN,E.J./CARR,D.B.(1993): Statistical Graphics and Visualization; in: RAO,C.R. (ed.): Handbook of Statistics, Vol. 9, New York, S.857-958.

WEIHS,C./SCHMIDLI,H.(1990): OMEGA (Online Multivariate Exploratory Graphical Analysis) Routine Searching for Structure; in: Statistical Science, 5, 2, S.175-226 (mit Diskussion).

WELLER,S.C./ROMNEY,S.C.(1990): Metric Scaling. Correspondence Analysis. Newbury Park (Sage).

WILKINSON,L.(1979): Permuting a Matrix to a Simple Pattern; in: American Statistical Association, Proceedings of the Statistical Computing Section, S.409-412.

WILKINSON,L.(1990a): SYSTAT: The System for Statistics, Evanston, Ill. (SYSTAT Inc.).

WILKINSON,L.(1990b): SYGRAPH: The System for Graphics, Evanston, Ill. (SYSTAT Inc.).

WILK,M.B./GNANADESIKAN,R.(1968): Probability Plotting Methods for the Analysis of Data; in: Biometrika, 55, 1, S.1-17.

WISHART,D.(1987): Clustan User Manual, 4. ed., Computing Laboratory, University of St.Andrews.

WITTE,E.H.(1980): Signifikanztest und statistische Inferenz, Stuttgart (Enke).

YOUNG,F.W.(1981): Quantitative Analysis of Qualitative Data; in: Psychometrika, 46, 4, S.357-388

YOUNG,F.W.(1990): Comment: Industrial Strength VEDA; in: Statistical Science, 5, 2, S.219-222.

YOUNG,F.W./FALDOWSKI,R.A./HARRIS,D.F.(1990): The Spreadplot: A Graphical Spreadsheet with Algebraically Linked Dynamic Plots; in: ASA Proceedings of the Section on Statistical Graphics, S.42-47.

YOUNG,F.W./FALDOWSKI,R.A./McFARLANE,M.M.(1993): Multivariate Statistical Visualization; in: RAO,C.R. (ed.): Handbook of Statistics, Vol. 9, New York, S.959-998.

YOUNG,F.W./KENT,D.P./KUHFELD,W.F.(1988): Dynamic Graphics for Exploring Multivariate Data; in: CLEVELAND,W.S./McGILL,M.E. (eds.): Dynamic Graphics for Statistics, Belmont, S.391-324.

YOUNG,F.W./RHEINGANS,P.(1991): Visualizing Structure in High-Dimensional Multivariate Data; in: IBM Journal of Research and Development, 35, 1, S.97-107.

Index

www.ingramcontent.com/pod-product-compliance
Lightning Source LLC
LaVergne TN
LVHW081327011026
849161LV00013BB/2864